Detlev Frick
Andreas Gadatsch
Ute G. Schäffer-Külz

Grundkurs SAP ERP

Aus dem Bereich IT erfolgreich nutzen

SAP R/3® – Praxishandbuch Projektmanagement
von Holger Gubbels

Controlling mit SAP®
von Gunther Friedl, Christian Hilz und Burkhard Pedell

SAP®-gestütztes Rechnungswesen
von Andreas Gadatsch und Detlev Frick

Logistikprozesse mit SAP R/3®
von Jochen Benz und Markus Höflinger

Masterkurs Kostenstellenrechnung mit SAP®
von Franz Klenger und Ellen Falk-Kalms

Dispositionsparameter in der Produktionsplanung mit SAP
von Jörg Dittrich, Peter Mertens, Michael Hau und Andreas Hufgard

Unternehmensführung mit SAP BI®
von Heinz-Dieter Knöll, Christoph Schulz-Sacharow und Michael Zimpel

Grundkurs SAP ERP
von Detlev Frick, Andreas Gadatsch und Ute G. Schäffer-Külz

Detlev Frick
Andreas Gadatsch
Ute G. Schäffer-Külz

Grundkurs SAP ERP

Geschäftsprozess-orientierte Einführung mit durchgehendem Fallbeispiel

Mit 442 Abbildungen

Bibliografische Information Der Deutschen Nationalbibliothek
Die Deutsche Nationalbibliothek verzeichnet diese Publikation in der Deutschen Nationalbibliografie; detaillierte bibliografische Daten sind im Internet über <http://dnb.d-nb.de> abrufbar.

Das in diesem Werk enthaltene Programm-Material ist mit keiner Verpflichtung oder Garantie irgendeiner Art verbunden. Der Autor übernimmt infolgedessen keine Verantwortung und wird keine daraus folgende oder sonstige Haftung übernehmen, die auf irgendeine Art aus der Benutzung dieses Programm-Materials oder Teilen davon entsteht.

Die Wiedergabe von Gebrauchsnamen, Handelsnamen, Warenbezeichnungen usw. in diesem Werk berechtigt auch ohne besondere Kennzeichnung nicht zu der Annahme, dass solche Namen im Sinne von Warenzeichen- und Markenschutz-Gesetzgebung als frei zu betrachten wären und daher von jedermann benutzt werden dürfen.

Höchste inhaltliche und technische Qualität unserer Produkte ist unser Ziel. Bei der Produktion und Auslieferung unserer Bücher wollen wir die Umwelt schonen: Dieses Buch ist auf säurefreiem und chlorfrei gebleichtem Papier gedruckt. Die Einschweißfolie besteht aus Polyäthylen und damit aus organischen Grundstoffen, die weder bei der Herstellung noch bei der Verbrennung Schadstoffe freisetzen.

1. Auflage 2008

Lektorat: Günter Schulz / Andrea Broßler

Der Vieweg Verlag ist ein Unternehmen von Springer Science+Business Media.
www.vieweg.de

Umschlaggestaltung: Ulrike Weigel, www.CorporateDesignGroup.de
Druck und buchbinderische Verarbeitung: MercedesDruck, Berlin
Gedruckt auf säurefreiem und chlorfrei gebleichtem Papier.
Printed in Germany

ISBN 978-3-8348-0361-0

Vorwort

Enterprise Resource Planning-Software (ERP-Software) wird von sehr vielen Unternehmen zur Unterstützung ihrer Geschäftsprozesse eingesetzt. Dabei hat das ERP-Standardsoftwaresystem der SAP AG insbesondere in Deutschland eine marktbeherrschende Stellung inne.

ERP-Standardsoftware kann auch in der Ausbildung an den Hochschulen eine wertvolle Unterstützung liefern. Mit diesen Systemen lassen sich die betriebswirtschaftlichen Abläufe in den Unternehmen sehr schön nachvollziehen. Damit wird die betriebswirtschaftliche Theorie durch praxisnahe Übungen ergänzt.

Das vorliegende Werk ist aus der mehrjährigen Lehr- und Beratungstätigkeit der Autoren entstanden. Die Autoren bieten Lehrveranstaltungen zu den unterschiedlichsten Themen im SAP-Umfeld an. Gemeinsam ist den Autoren aber auch das Interesse an der geschäftsprozessorientierten Sichtweise der Unternehmensabläufe.

Dieses Werk unterscheidet sich daher von den vielen Lehrbüchern zu SAP-Themen darin, dass die Darstellung des SAP ERP-Systems sich konsequent an einer geschäftsprozessorientierten Sichtweise orientiert. Im Mittelpunkt der Fallstudie steht ein fiktives Unternehmen, die Musterfirma ICS GmbH, welches in drei Sparten aktiv ist: Hardware (Produktion und Verkauf von Computerhardware), Software (Entwicklung, Test und Verkauf von Computersoftware) und Consulting (Prozessanalyse und -optimierung sowie die Unterstützung bei der Einführung und Implementierung von Soft- und Hardware).

Das vorliegende Werk erläutert den Einsatz des SAP-Systems anhand von Kernprozessen aus den o. g. Sparten, sowie ausgewählten Querschnittsprozessen (Personalmanagement und Rechnungswesen). Damit werden anhand von durchgängigen Geschäftsprozessen sowohl die verschiedenen Komponenten der ERP-Software, wie auch funktionsübergreifende Integrationsaspekte anschaulich dargestellt.

Zu den Zielgruppen für dieses Werkes gehören zum einen Studierende der Betriebswirtschaft und der Wirtschaftsinformatik. Zum anderen richtet sich das Werk aber auch an Anwender in den Fachabteilungen von Unternehmen, die das SAP ERP-System einsetzen. Es soll SAP-Einsteigern helfen den notwendigen Überblick über die SAP-Software zu erhalten und als Nachschlagewerk Fragen zum täglichen Einsatz beantworten.

Die Geschäftsprozesse, die in diesem Buch dargestellt werden, wurden auf Basis der Lösung SAP ERP Edition 2004 entwickelt. Zentrale Komponente ist also SAP ECC 5.0 auf Basis des WebAS 6.40.

Mönchengladbach, St. Augustin und Heidelberg im August 2007

Detlev Frick, Andreas Gadatsch und Ute Schäffer-Külz

Inhaltsverzeichnis

Abbildungsverzeichnis

Tabellenverzeichnis

Abkürzungsverzeichnis

ABAP/4	Advanced Business Application Programming
AIS	Audit-Information-System
ALE	Application Link Enabling
ASAP	Accelerated SAP
AT	Außertariflich
BAB	Betriebsabrechnungsbogen
CATS	Computer Aided Time Sheet
CRM	Customer Relationship Management
d.l.GJ.	des laufenden Geschäftsjahres
DEÜV	Datenerfassungs- und Übertragungsverordnung
DPP	Dynamischer Posten Prozessor
DV	Datenverarbeitung
EAI	Enterprise Application Integration
ECC	Enterprise Central Component
EDV	Elektronische Datenverarbeitung
ERP	Enterprise Resource Planning
GKR	Gemeinschaftskontenrahmen
GUI	Graphical User Interface
GuV	Gewinn- und Verlustrechnung
h	Stunde (engl. „hour")
HCM	Human Capital Management
HIS	Human Resource Information System / Personalinformationssystem
IDC	International Data Corporation
IDES-System	Internet Demonstration and Education System
IKR	Industriekontenrahmen
IMG	Implementation Guide
IT	Information Technology
J2EE	Java 2 Platform, Enterprise Edition
LDAP	Lightweight Directory Access Protocol
MRP	Material Requirements Planning / Manufacturing Resources Planning
PLM	Product Lifecycle Management
PS	Projektsystem (Project System)

PSP	Projektstrukturplan
SAP	Systeme, Anwendungen und Produkte
SCM	Supply Chain Management
SOA	service-orientierte Architektur
SRM	Supplier Relationship Management
TCP/IP	Transmission Control Protocol/Internet Protocol
WebAS	Web Application Server
xApps	Extended Applications
XI	Exchange Infrastructure
ZBV	Zentrale Benutzerverwaltung

1 Einsatz betriebswirtschaftlicher Standardsoftware

1.1 Betriebswirtschaftliche Standardsoftware

Betriebswirtschaftliche Standardsoftware besteht aus Applikationen, die entweder aus einzelnen Softwarepaketen oder integrierten Komplettpaketen bestehen.

- *Büro-Applikationen* dienen der arbeitsplatzunabhängigen Bereitstellung von Grundfunktionen, wie sie typischerweise für Büroarbeitsplätze notwendig sind (z. B. Textverarbeitung).

Büro-Applikationen

- *Business-Applikationen* dienen der funktionsorientierten Unterstützung spezifischer Arbeitsplatztypen (z. B. Applikation „Vertriebsabwicklung" für Sachbearbeiter im Vertrieb).

Business-Applikationen

- *Kommunikations-Applikationen* dienen der Unterstützung von arbeitsplatzübergreifenden Tätigkeiten durch die Bereitstellung von Kommunikationsfunktionen (z. B. E-Mail).

Kommunikations-Applikationen

- *Branchen-Applikationen* unterstützen die Prozesse ausgewählter Branchen (z.B. Telekommunikation oder Versicherungen).

Branchen-Applikationen

1.2 Enterprise Resource Planning-Systeme

Enterprise Resource Planning (ERP)-Systeme unterstützen auf Basis einer gemeinsamen Datenbasis ganzheitlich die betriebswirtschaftlichen Prozesse in einem Unternehmen. Typische Beispiele sind Prozesse im Finanzwesen und Controlling, der Produktionsplanung und Steuerung, des Einkaufs und der Logistik, dem Vertrieb und Versand sowie der Personalwirtschaft.

Ein wesentliches Merkmal integrierter Standardanwendungssoftware ist die gemeinsame Verwendung von Daten. So werden Vertriebsdaten, wie z.B. Kundenstammsätze, durch Mitarbeiter im Vertrieb angelegt. Der Debitorenbuchhalter kann die im ERP-System verfügbaren Informationen (Anschrift, usw.) aufgreifen und um spezifische Informationen der Buchhaltung erweitern (z. B. Kreditlimit, Kontonummer, Zahlungsmodalitäten). Beide Mitarbeiter greifen auf dieselben Daten zu.

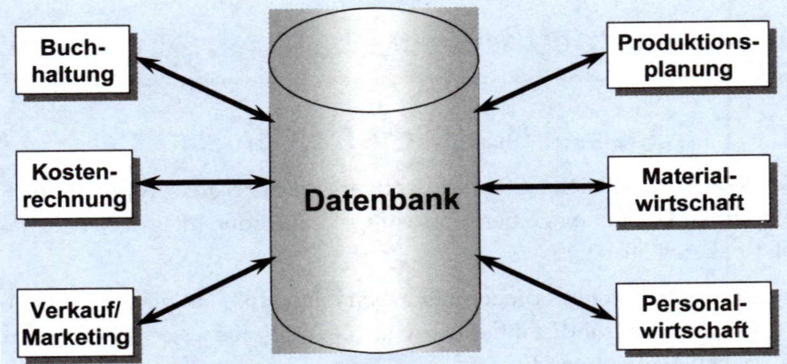

Abb. 1.1: Datenintegration in einem ERP-System

Die Datenintegration macht sich vor allem in der „Durchbuchung" von Geschäftsvorfällen in allen aktivierten Komponenten der Standardanwendungssoftware bemerkbar. Verwendet ein Unternehmen beispielsweise ein integriertes Anwendungssystem mit den Teilfunktionen Logistik/Materialwirtschaft, Produktionsplanung und Buchhaltung, so bewirkt eine Wareneingangsbuchung eines für die Produktionssteuerung notwendigen Rohmaterials folgende Aktivitäten:

- Fortschreibung der mengenmäßigen Lagerbestände in der Logistik und Materialwirtschaft,
- Auslösung eines Produktionsauftrages, der auf dieses Material wartet,
- Erhöhung der Lagerwerte in der Buchhaltung.

Nur eine durchgängige Verbindung mehrerer Anwendungsbausteine zu einem Geschäftsprozess erlaubt es, auf Schnittstellen weitgehend zu verzichten und Daten nur einmal, am Entstehungsort, zu erfassen und in allen Komponenten weiterzuverarbeiten. Integrierte Datenbanken erfordern die Plausibilitätsprüfung aller Daten schon bei der Eingabe in das System. So müssen auch bei einer mengenmäßigen Wareneingangsbuchung die buchhaltungsrelevanten Datenfelder erfasst und geprüft werden. Es muss z. B. festgestellt werden, ob eine mit dem Wareneingang zu belastende Kostenstelle überhaupt existiert. Ebenso müssen in einem solchen Beispiel die Daten des Geschäftsvorfalls in alle betroffenen Anwendungsbausteine weitergereicht, d.h. „durchgebucht" werden.

ERP-Systeme unterstützten Funktionen, die zur operativen Bearbeitung der regelmäßig anfallenden Geschäftsvorfälle eines Unternehmens notwendig sind. Beispiele sind die Erfassung von Bestellungen, Aufträgen, Durchführung der Lohn- und Gehaltsabrechnung usw. Sie grenzen sich hierdurch von Managementinformationssystemen ab, welche für die Unterstützung der Analyse von Daten eingesetzt werden können, z. B. für Kundenumsatzanalysen.

Integrierte Standardsoftwaresysteme basieren auf einem einheitlichen Entwicklungskonzept. Einzelne unabhängig voneinander konzipierte Teilfunktionen lassen sich nicht zu einem Gesamtsystem integrierten.

Das einheitliche Entwicklungskonzept ist in Form eines Schichtenmodells angelegt. Auf einer unteren Ebene wird ein Basissystem mit übergreifenden, für alle Teil-Funktionen notwendigen „Services“ konzipiert. Das SAP-System verfügt z. B. über die herstellerspezifische Programmiersprache ABAP/4, einer Programmiersprache der 4. Generation und ein von allen Softwaremodulen gemeinsam genutztes Data Dictionary. Daneben werden bei integrierten Systemen einheitliche Standards eingesetzt, so z. B. ein einheitliches Bildschirm- und Druck-Layout, verwendete Datenbanksysteme bzw. Datenbanksystemschnittstellen und Verwendung offener Schnittstellen (z. B. TCP/IP).

ERP-Systeme sind keine Einplatz-Systeme, wie z. B. ein Textverarbeitungsprogramm, das auf einem einzelnen Arbeitsplatz vollständig installiert und genutzt wird. Sie unterstützen betriebswirtschaftliche Funktionen, die in der Regel von mehreren Mitarbeitern in verschiedenen Abteilungen und auch an unterschiedlichen Standorten benötigt werden. Aus diesem Grund ist eine Schichtenarchitektur notwendig, die meist in Form des Client/Server-Prinzips mit einer Trennung der Präsentation, Verarbeitung und Datenhaltung realisiert wird.

Transaktion

Die Unterstützung operativer Geschäftsvorfälle erfordert die Veränderung von Daten mit Hilfe von Online-Transaktionen. ERP-Systeme arbeiten transaktionsorientiert, d.h. sie stellen eine Reihe von Transaktionen zur Unterstützung der Geschäftsprozesse zur Verfügung (z. B. Transaktion zum Anlegen eines Kundenauftrags, zur Erfassung einer Bestellung, zum Ändern eines Mitarbeiterstammsatzes u. a.). Transaktionen sind logisch abgeschlossene Vorgänge, die aus einzelnen Aktionen bestehen. Diese Aktionen sind stets vollständig oder gar nicht durchzuführen. Damit wird sichergestellt, dass die zugrunde liegende Datenbank immer von einem konsistenten Zustand in einen anderen konsistenten Zustand überführt wird.

1.3 Einführung von ERP-Systemen

Die Einführung einer betriebswirtschaftlichen Standardanwendungssoftware stellt hohe Anforderungen an das Einführungsteam in den jeweiligen Unternehmen. Neben fachlich-betriebswirtschaftlichen Fragestellungen werden auch völlig neue Anforderungen an die Zusammenarbeit der Mitarbeiter innerhalb und zwischen den betroffenen Bereichen des Unternehmens gestellt, da integrierte Softwaresysteme keine Abteilungsgrenzen kennen. Die Einführung einer betriebswirtschaftlichen Standardanwendungssoftware, insbesondere von klassischen ERP-Systemen, stellt einen massiven Eingriff in ein Ordnungssystem dar, der ohne Konflikte nicht zu bewältigen ist[1]. Aus diesem Grund ist die Wahl der geeigneten Grundstrategie eine besonders sensible und für den weiteren Projektverlauf wichtige Aufgabe, die nur mit Unterstützung der Unternehmensführung erfolgen kann.

[1] Vgl. Maucher, I. (2001), S. 23

Zur Einführung einer betriebswirtschaftlichen Standardanwendungssoftware gibt es zwei Grundstrategien: Die „Big-Bang-Strategie“, d.h. den stichtagsbezogenen Austausch des Systems in einem Zug oder die „Sukzessiv-Strategie“, d.h. die schrittweise Verlagerung von Prozessen in ein neues System[2].

Beim Big-Bang besteht die Möglichkeit, diesen für das Gesamtunternehmen oder, im Falle einer dezentralen Organisationsform, sukzessive nach der Festlegung eines Mastersystems, für dezentrale Einheiten (z. B. Länder oder regionale Niederlassungen) als so genannten Roll-Out durchzuführen.

Bei der Sukzessiv-Strategie sind Kriterien für die Definition der Schrittfolge zu definieren, üblicherweise unterscheidet man die abteilungsbezogene bzw. funktionsorientierte Umstellung und die marktorientierte bzw. prozessbezogene Umstellung des Systems.

[2] Vgl. ausführlich Gadatsch, A. (2005).

2 Überblick über die SAP-Software-Komponenten

2.1 Kurze Historie der SAP AG

Die Firma SAP (SAP = **S**oftware, **A**nwendungen und **P**rodukte in der Datenverarbeitung) wurde 1972 von fünf ehemaligen IBM-Mitarbeitern, Dietmar Hopp, Hans-Werner Hector, Hasso Plattner, Klaus Tschira, and Claus Wellenreuther, mit dem Ziel gegründet, eine betriebswirtschaftliche Standardanwendungssoftware zu entwickeln.

Im Jahr 1973 ist die Entwicklung der ersten Standardsoftware für den Bereich Finanzbuchhaltung abgeschlossen. Sie bildet die Basis für das SAP R/1-System. Der Buchstabe R steht für Real Time-Datenverarbeitung.

Das Nachfolgeprodukt SAP R/2 erlangt als erstes ERP-System breite Marktakzeptanz. Das System muss aber noch auf Großrechnern betrieben werden. Im Jahre 1988 geht SAP an die Börse.

Mit dem nächsten Versionssprung im Jahre 1992 wird ein völlig überarbeitetes Produkt dem Markt vorgestellt. SAP R/3 basiert auf einer Client/Server-Architektur, unterstützt das relationale Datenbankkonzept und kann auf der Hardware von verschiedenen Herstellern mit unterschiedlichen Betriebssystemen betrieben werden. Mit diesem System hat SAP weltweit die Marktführerschaft im Bereich der Standardanwendungssoftware erreicht. Seit 1998 wird die SAP AG auch an der New Yorker Börse (NYSE) notiert. Das letzte SAP R/3-Release wird 2009 bzw. 2012 gegen erhöhte Gebühr aus der Wartung genommen.

Im Jahre 2002 hat SAP den nächsten Technologiesprung unternommen und das System SAP R/3 Enterprise dem Markt vorgestellt. Das bisherige Basissystem wurde durch den SAP Web Application Server (SAP WebAS) abgelöst. Funktional sollte damit keine Veränderung erfolgen. Allerdings sind die Teilmodule neu geordnet worden und bereits einige Erweiterungen möglich.

Seit 2004 ist die neu geordnete Produktlandschaft mit dem zentralen Produktpaket mySAP Business Suite am Markt verfügbar. Die Technologiekomponenten wurden getrennt von den Anwendungskomponenten unter dem Sammelbegriff NetWeaver zusammengefasst.

Um die Marke SAP stärker zu betonen, erfolgte Anfang 2007 eine Umbenennung dahingehend, dass das Präfix „my“ aus allen entsprechenden SAP-Lösungen entfernt wurde. Daher heißt z.B. mySAP Business Suite seit 2007 nur noch SAP Business Suite.

2.2 ERP-Software-Markt

Der ERP-Software-Markt hat trotz allgemeiner Wachstumsschwächen bisher eine kontinuierliche Steigerung gezeigt. Nach einer IDC-Studie ist der ERP-Markt in Europa im Jahr 2003 um 7%, in 2004 um 1% und in 2005 um 3% angewachsen. In 2005 wird ein Umsatz von 7,5 Mrd. US-$ in Europa erreicht. Davon entfällt ein Großteil auf den Marktführer SAP, nämlich 43,7% (vgl. Abb. 2.1).

Abb. 2.1: Marktanteile ERP-Software (Europa) (Quelle: IDC)

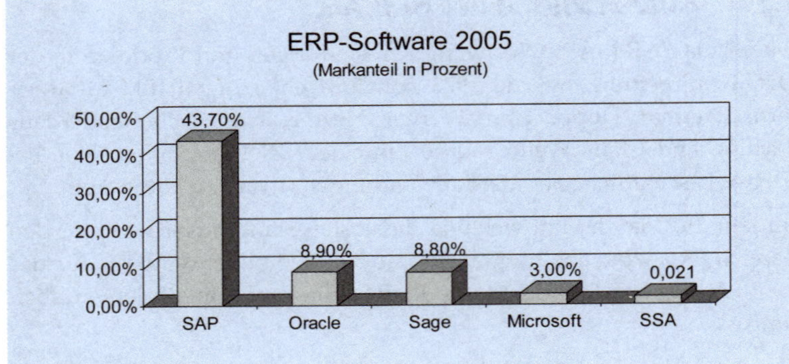

Bei den Unternehmen in Deutschland hat SAP einen ERP-Marktanteil von 68,7% im Jahr 2005 (Quelle: IDC), d.h. in fast allen großen Unternehmen wird in den betriebswirtschaftlichen Abteilungen SAP benutzt.

Einige Eckdaten zur SAP AG:

- 38.468 Mitarbeiter (Sept. 2006)
- 9,4 Mrd. Euro Jahresumsatz (2006)
- 110.600 Installationen (Ende 2005)
- 36.200 Kunden (Ende 2005)
- 12 Mio. Anwender in 120 Ländern (Ende 2005)

2.3 SAP-Produktlandschaft

Die SAP-Produktlandschaft stellt eine betriebswirtschaftliche Komplettlösung für sämtliche unternehmensinternen Funktionsbereiche, aber auch für alle unternehmensübergreifenden Prozesse bereit. Dabei gehen die Produktkomponenten teilweise weit über den klassischen ERP-Ansatz hinaus. Die nachfolgende Abb. 2.2 zeigt die Produktlandschaft im Überblick.

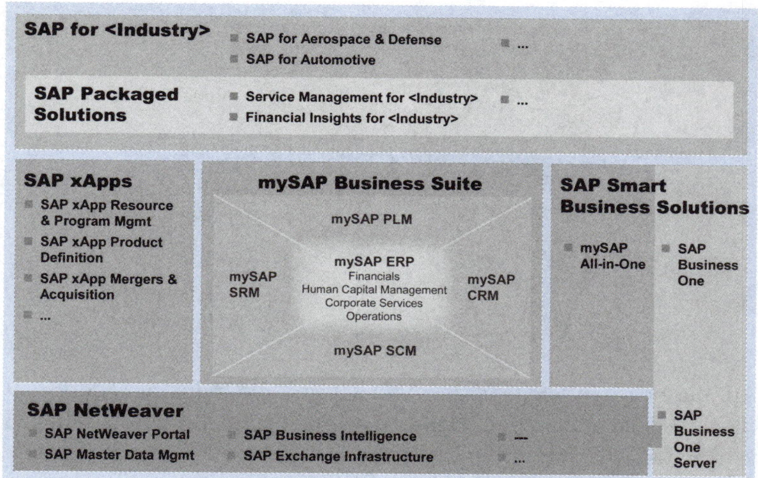

Abb. 2.2: SAP-Produktlandschaft © SAP AG

Die Produktlandschaft ist vertikal in drei Bereiche aufgeteilt. Auf der unteren Ebene finden sich die technologischen Produktkomponenten unter dem Sammelbegriff SAP NetWeaver. Auf diese Komponenten wird im nächsten Abschnitt noch näher eingegangen.

xApps

Auf der mittleren Ebene finden sich die betriebswirtschaftlichen Produktkomponenten. Diese Ebene ist horizontal in drei Bereiche unterteilt. Unter dem Begriff xApps (Extended Applications) finden sich komponentenübergreifende betriebswirtschaftliche Lösungen. Diese Lösungen verbinden also die übrigen Komponenten mit Hilfe von xApps, um komplette betriebswirtschaftliche Prozesse abbilden zu können, die mehrere Komponenten umfassen. xApps setzen allerdings den Einsatz von SAP Enterprise Portal voraus.

mySAP Business Suite

In der Mitte ist die mySAP Business Suite angesiedelt, die sämtliche betriebswirtschaftlichen Produktkomponenten enthält. Vervollständigt wird diese Ebene durch die SAP Smart Business Solutions. Hier sind die Produkte angesiedelt, die auf mittelständische und kleinere mittelständische Unternehmen abzielen. Hier findet man neben dem Produkt SAP All-in-One (eine vorkonfigurierte Lösung für die mittelständische Industrie) noch das eigenständige Produkt SAP Business One (eine Lösung für kleinere mittelständische Unternehmen). Für 2007 ist eine neue Mittelstandslösung angekündigt, die unter dem Codenamen „A1S“ zur Zeit in der Entwicklung ist.

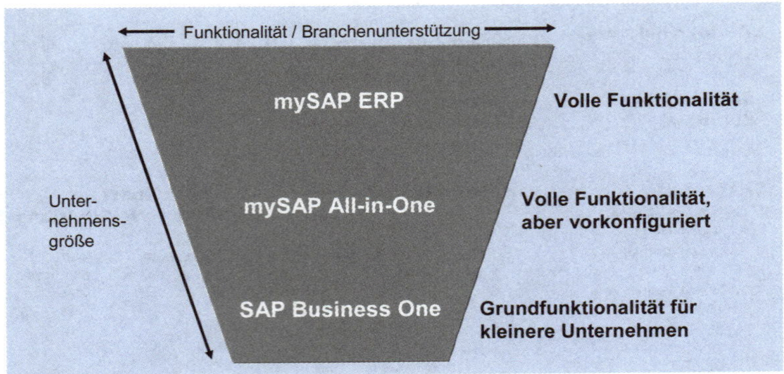

Abb. 2.3: Small Business Solution und mySAP

Branchenlösung

Auf der obersten Ebene in der Abb. 2.3 sind die Industrie- oder Branchenlösungen angesiedelt. Darunter werden spezielle Zusatzlösungen verstanden, die nur in einer bestimmten Branche benötigt werden. SAP hat für 26 Branchen solche angepassten Lösungen vorbereitet.

Die nachfolgende Abb. 2.4 zeigt als Beispiel eine Übersicht über die Versicherungslösung (SAP for Insurance). In der ERP-Lösung ist eine Erweiterung hinsichtlich der gesetzlich vorgeschriebenen Berichterstattung vorgenommen worden. Außerdem wird die Standardlösung um spezielle Lösungskomponenten z. B. für das Policenmanagement oder den Bereich des Inkasso/Exkasso ergänzt. Damit wird den besonderen Anforderungen der Versicherungsbranche Rechnung getragen.

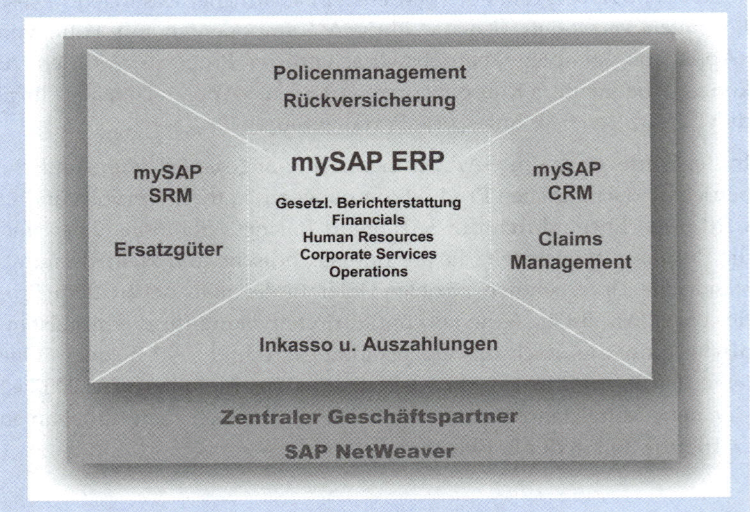

Abb. 2.4: SAP for Insurance © SAP AG

2.3.1 Betriebswirtschaftliche Produktkomponenten

Im Zentrum der neu geordneten SAP-Produktlandschaft ist die mySAP Business Suite mit ihren vielfältigen Komponenten angesiedelt. Diese Komponenten sollen nachfolgend kurz erläutert werden. Neue SAP-Kunden können nur noch Lizenzen der mySAP Business Suite oder einzelner Komponenten erwerben (vgl. Abb. 2.5).

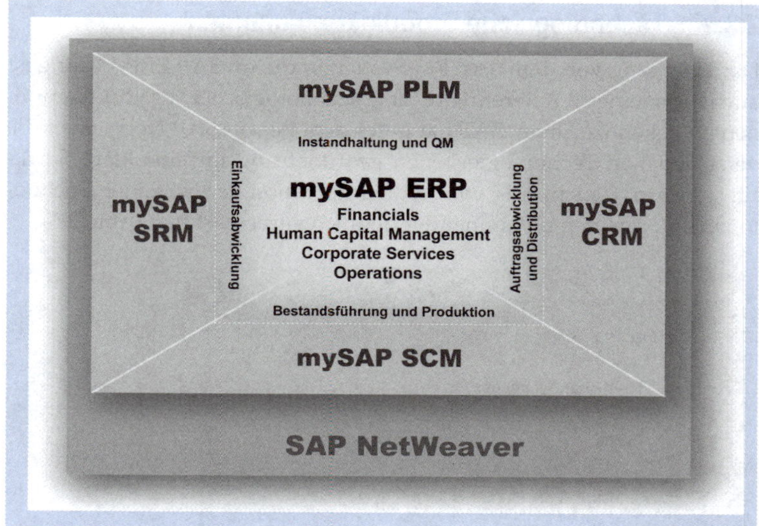

Abb. 2.5: mySAP Business Suite © SAP AG

- *mySAP ERP*: Hier sind sämtliche ERP-Funktionen zusammengefasst worden. Diese Komponente entspricht im Wesentlichen dem Vorgängerprodukt SAP R/3 Rel. 4.6C. Unter Financials werden u. a. die Funktionalitäten zum externen und internen Rechnungswesen zusammengefasst. Human Capital Management stellt u. a. die Funktionalitäten zur Personaladministration, -abrechnung und -entwicklung zur Verfügung. Corporate Services ergänzt diese Funktionen u. a. um das Travelmanagement und Corporate Real Estate. Operations beinhaltet u. a. die Funktionalitäten zum Einkauf (Purchasing) und Produktionsplanung (Production Planing).
- *mySAP CRM*: Das mySAP Customer Relationship Management ergänzt die unternehmensinternen ERP-Funktionalitäten und die kundenbezogenen Prozesse. Hier finden sich u. a. Funktionalitäten aus dem Marketing (Kampagnenmanagement), Kundenbetreuung (Customer Interaction Center) oder zum Servicemanagement.
- *mySAP SCM*: Das mySAP Supply Chain Management erweitert sämtliche Funktionalitäten der Logistikkette. Hier werden u. a. Funktionen für die Planung, Einkauf, Warehouse Management und Transport bereitgestellt.
- *mySAP SRM*: Das mySAP Supplier Relationship Management liefert Erweiterungen zum Lieferantenmanagement. Hier lassen sich u. a. Funktionen zum Management von Kontrakten und für den elektronischen Einkauf finden.
- *mySAP PLM*: Das mySAP Product Lifecycle Management ergänzt die Funktionen, die im Rahmen des Produktlebenszyklus benötigt werden. Hier kommen u. a. Funktionen zum Programmmanagement und Dokumentenmanagement hinzu.

Die weiteren Darstellungen in diesem Buch werden sich auf den Teil der Komponente mySAP ERP beschränken.

2.3.2 Technologische Produktkomponenten

Der Übergang von dem SAP R/3-System in die mySAP ERP-Lösung ist auch von einer Weiterentwicklung technologischer Produktkomponenten gekennzeichnet. SAP hat unter dem Begriff SAP NetWeaver die verschiedenen Technologieebenen geordnet und ihr eine klare Struktur gegeben. Gleichzeitig wurde die Integration der einzelnen Technologiekomponenten untereinander deutlich verbessert (vgl. Abb. 2.6).

Abb. 2.6: SAP NetWeaver © SAP AG

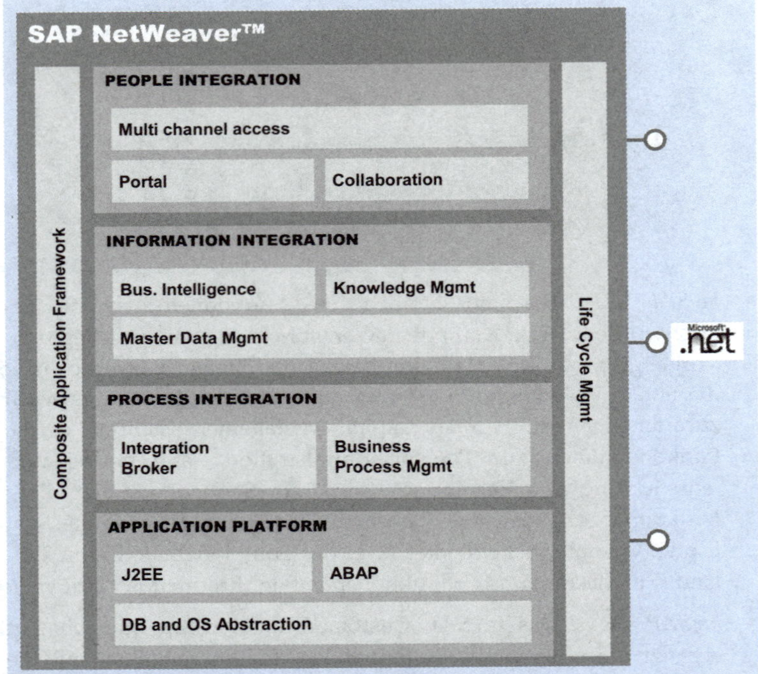

SAP NetWeaver ist insbesondere durch seine vier Integrationsebenen gekennzeichnet. Auf diesen Ebenen wurden die Technologiekomponenten neu geordnet. Nachfolgend werden diese Ebenen kurz erläutert.

People Integration

- *People Integration:* Hier wurden die Technologiekomponenten zusammengefasst, die die Zusammenarbeit von Personen oder Personengruppen unterstützen. Das SAP Enterprise Portal liefert eine webbasierte Oberfläche für die Integration verschiedenster Anwendungen. Damit lassen sich einheitliche Zugänge für Mitarbeiter, Partner, Lieferanten oder Kunden schaffen. Auch die Zusammenarbeit (Collaboration) in den einzelnen Gruppen wird z. B. durch elektronische Team Rooms und gemeinsame Dokumentablagen im Netz unterstützt.

Information Integration

- *Information Integration:* Hier wurden die Komponenten zusammengefasst, die die Integration von Informationen unterstützen. Daneben existiert auf dieser Darstellungsebene noch eine Komponente zum Wissensmanagement (Knowledge Warehouse) und zur Harmonisierung von Stammdaten (Master Data Management). Die letztgenannte Komponente ist dann erforderlich, wenn Stammdaten von mehreren Systemen genutzt werden und eine systemübergreifende Konsistenz der Stammdaten sichergestellt werden muss.

- *Process Integration:* Auf dieser Ebene soll die Prozessintegration erfolgen. Hier stehen die beiden Technologiekomponenten Integration Broker und Business Process Management zur Verfügung. Hier ist insbesondere das Enterprise Application Integration (EAI)-Tool der SAP, die SAP Exchange Infrastructure (SAP XI) zu nennen.

Process Integration:

- *Application Platform:* Diese Ebene ersetzt die alte SAP-Basis durch den völlig neuen SAP Web Application Server (SAP WebAS). Damit wurde die Technologie auf dieser Ebene grundsätzlich erneuert. Der SAP WebAS bietet offene Web-Schnittstellen und ist auch als Standalone-Variante einsetzbar. Neben der klassischen ABAP/4-Programmierumgebung unterstützt der SAP WebAS auch die Programmierung mit Java. Damit steht auch ein J2EE-konformer Applikationsserver zur Verfügung.

Application Platform:

Zusammengefasst lässt sich die SAP-Technologie wie in der nachfolgenden Abb. 2.7 darstellen: Die Schnittstelle zu den unterschiedlichen Benutzergruppen soll über das SAP Enterprise Portal erfolgen, der SAP WebAS liegt als neue Basis unter den verschiedenen SAP-Komponenten, und die Integration mit den weiteren IT-Systemen im Unternehmen übernimmt SAP XI.

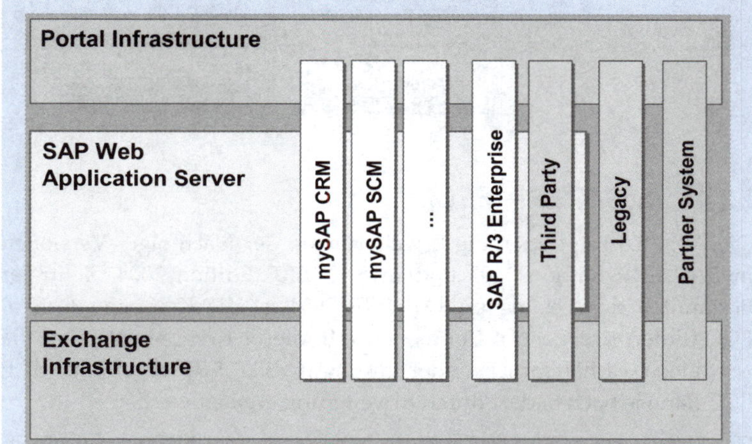

Abb. 2.7: mySAP Technologie

2.3.3 SAP R/3 Enterprise

Um den bisherigen Kunden einen reibungslosen Übergang von der SAP R/3 nach mySAP ERP zu erlauben, hat die SAP AG ein Übergangsprodukt zur Verfügung gestellt. SAP R/3 Enterprise bietet die Funktionalität der Version SAP R/3 Rel. 4.6C und verfügt schon über die neue Basis-Komponente (SAP WebAS). Eine weitere Neuerung zum Release R/3 Enterprise war, dass neue Funktionalitäten nicht mehr im klassischen Sinn durch direkte Erweiterung des Codings, sondern in klar gekapselten Einheiten (den so genannten Extensions) zur Verfügung gestellt wurden. Ziel dieser Änderung war es, den Upgrade-Aufwand für Kunden auf das Release R/3 Enterprise zu minimieren. Der SAP-interne technische Name dieses Produkts ist SAP R/3 Rel. 4.7. Nach außen wurde es jedoch nur unter der Bezeichnung SAP R/3 Enterprise positioniert. SAP R/3 Enterprise ist der Hauptbestandteil der Lösung mySAP ERP2003 und stellt die Kernfunktionalität zur Verfügung. Hinzu kommen neue Internet-Funktionalitäten, wie z.B. Internet-Sales, sowie alle Erweiterungen, die durch das Zugrundelegen der Technologieplattform SAP NetWeaver hinzugekommen sind.

Die nachfolgende Abb. 2.8 zeigt den Übergang vom klassischen R/3-Produkt über SAP R/3 Enterprise hin zu der neuen SAP ERP-Lösung.

Abb. 2.8: SAP R/3 Enterprise © SAP AG

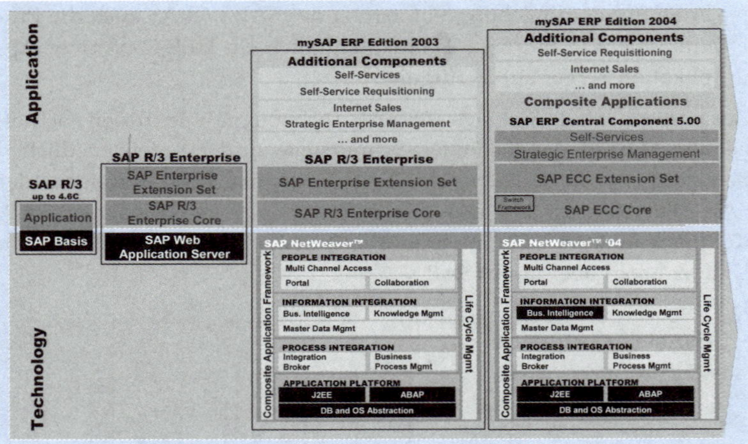

2.3.4 mySAP ERP (ECC)

Die Abb. 2.8 zeigt auch die Erweiterungen der Nachfolger-Versionen mySAP ERP Edition 2003 und mySAP ERP Edition 2004. Zentraler Bestandteil der Lösung mySAP ERP 2004 ist die Komponente SAP ECC (Enterprise Central Component). In dieser Komponente sind die zentralen Geschäftsprozesse der Lösung mySAP ERP abgebildet. SAP ECC kann je nach Bedarf durch Erweiterung ergänzt werden.

Der Umstieg von SAP R/3 auf die Lösung mySAP ERP ist mit einem Upgrade innerhalb von SAP-R/3-Releases vergleichbar und lässt sich mit SAP-Standardwerkzeugen planen und realisieren. Technisch gesehen erfolgt ein Upgrade des klassichen R/3-Systems auf die Komponente SAP ECC 5.0 (bzw. 6.0 bei mySAP ERP 2005).

Technologisch basiert SAP ECC auf der NetWeaver-Plattform. Dieser liegt der SAP Applikationsserver zu Grunde (SAP WebAS), der die

Entwicklung und Verarbeitung von J2EE und ABAP-basierten Web Anwendungen und Web Services unterstützt (vgl. Abb. 2.8).

Enterprise SOA

Eine weitere Neuerung bei der SAP ERP Lösung ist die Entwicklung neuer Funktionalitäten gemäß dem Prinzip der service-orientierten Architekturen (SOA). Ziel ist die Entwicklung wieder verwendbarer Funktionsbausteine, die als Webservices gekapselt unternehmensweit einsetzbar sind. Bisher wurde dieser Ansatz im SAP-Sprachgebrauch als Enterprise Service Architecture ESA bezeichnet. Damit wollte SAP unterstreichen, dass in ihrem ESA-Ansatz neben technologischen Aspekten insbesondere bewährte Geschäftsprozesse (sog. Best Practices) abgebildet werden. Die Verwirrung, die sich aus der unterschiedlichen Terminologie ergeben hat, ist von SAP im Jahr 2006 aufgelöst worden, indem jetzt nur noch der Begriff Enterprise SOA benutzt wird.

	Services für Endanwender					SAP NetWeaver
Analytics	Strategic Enterprise Management	Financial Analytics	Operations Analytics	Workforce Analytics		
Financials	Financial Supply Chain Management	Financial Accounting	Management Accounting	Corporate Governance		
Human Capital Management	Talent Management	Abwicklung von Personalprozessen	Personaleinsatzplanung			
Beschaffung und Logistik	Beschaffung	Zusammenarbeit mit Lieferanten	Bestandsführung und Lagerverwaltung	Warenein- und -ausgang	Transport-management	
Produktentwicklung und Fertigung	Produktionsplanung	Fertigung	Enterprise Asset Management	Produktentwicklung	Life-Cycle Data Management	
Vertrieb und Service	Kundenauftrags-management	Ersatzteilvertrieb und -service	Bereitstellung von Beratungsservices	Außenhandel	Incentive und Kommissions-management	
Corporate Services	Immobilien-management	Projektportfolio-management	Reisemanagement	Environment, Health and Safety	Qualitäts-management	

Abb. 2.9: Funktionsblöcke in der mySAP ERP Solution Map © SAP AG

mySAP ERP Solution Map

Die Abb. 2.9 zeigt die mySAP ERP Solution Map. Dort sind die Anwendungskomponenten mit ihren Funktionsblöcken auf der höchsten Aggregationsstufe dargestellt.

Die Fallstudie dieses Buches wird nicht alle Anwendungskomponenten behandeln können. Die Geschäftsprozesse unserer Fallstudie werden die Anwendungskomponenten Financials, Human Capital Management, Beschaffung und Logistik, Produktentwicklung und Fertigung sowie Vertrieb und Service berühren. Auch innerhalb der angesprochenen Anwendungskomponenten wird die Fallstudie nicht alle Funktionsblöcke abdecken. Dies muss weiterführender Literatur überlassen bleiben. Die Fallstudie versucht vielmehr die komponentenübergreifenden Geschäftsprozesse darzustellen und einen umfassenden Einblick in mySAP ERP zu geben.

Die Geschäftsprozesse, die in diesem Buch dargestellt werden, wurden auf Basis der Lösung mySAP ERP Edition 2004 entwickelt. Zentrale Komponente ist also SAP ECC 5.0 auf Basis des WebAS 6.40.

2.3.5 Anpassungsfähigkeit

Betriebswirtschaftliche Funktionen und Prozesse sind häufig nicht so unterschiedlich, dass eine individuelle Entwicklung von Softwarelösungen für jedes Unternehmen gerechtfertigt wäre. Im Sinne einer Mehrfachverwendung beinhaltet SAP standardisierte, in Software gegossene, betriebliche Prozesse.[3] Dennoch gibt es eine Vielzahl von unternehmensspezifischen Parametern und Verarbeitungsregeln, z.B. Konten, die Anzahl der selbstständig bilanzierenden Einheiten (Niederlassungen, Konzerntöchter, ...), Verzugstage oder Mahntexte bei Mahnverfahren. Für die Anpassung des SAP-Auslieferungssystems an solche individuellen Belange, d.h. die Einstellung der unternehmensspezifischen Parameter (z.B. Standardvorgaben für die Umsatzsteuer bei Auslandsgeschäften) und Verarbeitungsregeln (z.B. Skontoregeln) stehen folgende Möglichkeiten zur Verfügung:

- Customizing,
- Erweiterungen (Customer-Exists),
- Modifikationen und
- Eigenentwicklungen.

Customizing

Die von SAP „gewollte" Methode ist das Customizing. Mit Hilfe dieses Werkzeugs können die unternehmensneutral gelieferten Funktionalitäten unternehmensspezifisch angepasst werden. Das Customizing enthält im Kern eine Liste oder einen Strukturplan von einstellbaren Parametern oder Variablen. Diese Liste wird als Implementation Guide (IMG) bezeichnet. Beim Customizing wird nicht die SAP-Software im Sinne einer Veränderung oder Erweiterung des Programmiercodes modifiziert, sondern die Einstellung von bereits in der Software vorgegebenen Parametern oder Variablen vorgenommen, z.B. die Festlegung der verfügbaren Materialarten mit zugehörigen Pflegebildschirmen etc.

IMG

Der IMG ist baumartig aufgebaut. Die Einstellungsmöglichkeiten sind inhaltlich gebündelt (Controlling, Vertrieb, Unternehmen usw.). Da das Customizing für die Anpassung ausdrücklich vorgesehen ist, ist dies zugleich die für die Software ungefährlichste Art der Anpassung. Releasewechsel haben keine Auswirkungen, die gemachten Einstellungen werden beibehalten. Die einzelnen Änderungen bzw. die Einstellungsmöglichkeiten werden als IMG-Aktivitäten bezeichnet.

Customer-Exits

Für Erweiterungen des Standards sind in der SAP-Software so genannte Customer-Exits bereits enthalten. Hier können an vorbereiteter Stelle im Quelltext von Programmen, Menüs und Dynpros Bereiche mit kundenspezifischer Logik ausgestaltet werden.

---

[3] Vgl. Thome, R. (1998), S. 48.

Dynpro

Ein Dynpro ist ein DYNamisches PROgramm, welches aus einem Bildschirmbild und der damit verbundenen Ablauflogik besteht. Ein einfaches Beispiel hierzu: Beim Anlegen von Materialstammdaten werden die Grunddaten gepflegt. Hier kann u.a. angegeben werden, wie lang, breit, schwer ein Material ist, in welcher Mengeneinheit es geführt wird und wie es heißt (Bezeichnung). Mengeneinheit und Bezeichnung sind sog. Mussfelder, d.h. die Pflege dieser Felder ist obligatorisch. Verantwortlich für diese Pflegeforderung ist das Dynpro des Grunddatenbildschirms. Das Springen zu den Daten der Buchhaltung – dazu ist ein Bildschirmwechsel erforderlich – wird nicht gestattet.

Modifikationen

Modifikationen sind Veränderungen oder Erweiterungen der Standard Repository-Objekte in kundeneigenen Namensraum und bedeuten einen tief gehenden Eingriff in das SAP-System. Dabei werden vorhandene Programmteile und Datenobjekte des Standards verändert. Solche Anpassungen erzeugen bei einem Release-Wechsel in der Regel erheblichen Zusatzaufwand, da sämtliche Modifikationen manuell überprüft werden müssen. Das Customizing bietet keine Unterstützung zur Modifikation der Anwendungen. Weiter kann der Support für die modifizierte Anwendung nicht geleistet werden.

Eigenentwicklung

Eigenentwicklungen sind mit Modifikationen vergleichbar. Beispielsweise sollen Bildschirmbilder (sog. Dynpros) erzeugt werden, die mittels SAP die Pflege von externen Vertriebsinformationssystemen ermöglichen, oder es werden spezielle, im Standard nicht verfügbare Funktionen benötigt. Dazu werden teilweise auch eigene Datentabellen produziert. Die vorhandenen SAP-Anwendungen werden also durch unternehmenseigene Bildschirmbilder bzw. Anwendungen ergänzt.

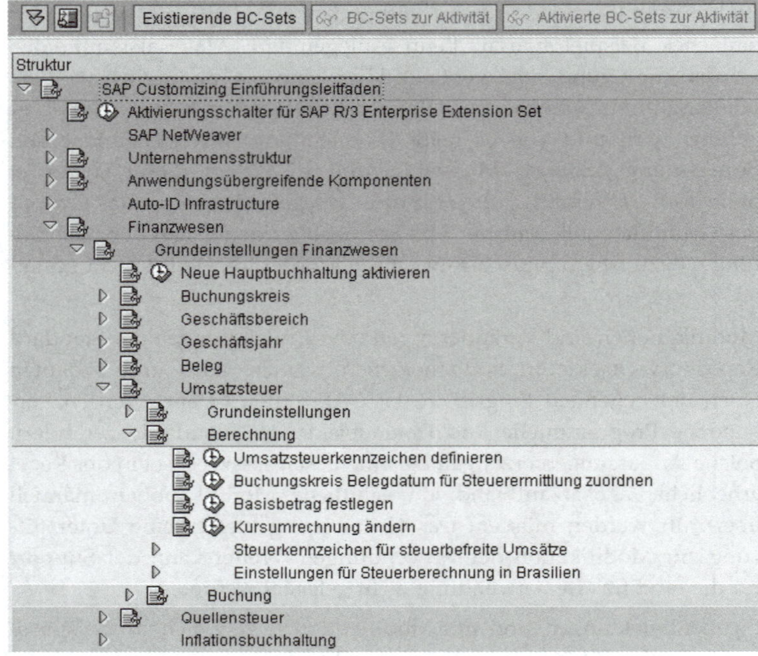

Abb. 2.10: Implementation Guide (IMG) © SAP AG

Referenz-IMG

Die Abb. 2.10 zeigt den SAP-Referenz-IMG. In älteren SAP-Versionen wurde das Referenz-IMG noch als Unternehmens-IMG bezeichnet. In diesem Referenz-IMG, sind die Einstellungsmöglichkeiten aller Anwendungen als IMG-Aktivitäten zusammengefasst.

Projekt-IMG

Um die Komplexität der Konfigurationsschritte im SAP-Referenz-IMG auf ein überschaubares Maß zu reduzieren, ist es üblich, einzelne Einführungsprojekte (Projekt-IMG) zu erstellen. In den Einführungsprojekten werden lediglich diejenigen Funktionen ausgewählt, die für die Abläufe des jeweiligen Projektes benötigt werden. Der Projekt-IMG stellt somit eine Filterung des SAP-Referenz-IMGs dar und umfasst diejenigen Anwendungskomponenten mit ihren IMG-Aktivitäten, die im Unternehmen eingesetzt werden sollen. Sollen z.B. nur die Finanzbuchhaltung und die Materialwirtschaft von SAP im Unternehmen unterstützt werden, so sollten sich auch die zugehörigen Anwendungskomponenten im Projekt-IMG befinden.

2.3.6 Entwicklungsumgebung und Standards

SAP-Systeme können auf einer Vielzahl von Rechner-Plattformen der unterschiedlichsten Hersteller installiert werden. Die Systeme sind voll skalierbar unter Beibehaltung der gleichen betriebswirtschaftlichen Funktionalität. D.h. es kann von einer kleinen Windows NT-Installation bis hin zu einer auf mehrere Rechner verteilten UNIX-Umgebung mit mehreren Hundert Anwendern wachsen, ohne dass die Anwendungsprogramme ausgetauscht oder angepasst werden müssen.

Die Endanwender der SAP-Systeme benutzen Clients, die unter Windows-Oberflächen (z. B. Windows NT/2000/XP) laufen. Die SAP-Systeme lassen sich auf unterschiedlichen Server-Betriebssystemen (z. B. HP UX, Solaris, Windows 2003 Server, Linux) betreiben. Ebenso sind verschiedene Datenbanksysteme einsetzbar (z. B. Oracle, DB2).

Das SAP-System orientiert sich und unterstützt eine Vielzahl von offenen und herstellerspezifischen IT-Standards. Hierzu gehören neben offiziellen Standards internationaler Normungsgremien (z. B. X.400, TCP/IP) auch Industriestandards (z. B. OLE von Microsoft) oder Standards von Herstellervereinigungen (z. B. die Standards der W3C).

Entwicklungsumgebung

Die Einführung und der Betrieb von SAP-Systemen werden in der Regel nicht in einem einzelnen SAP-System durchgeführt. SAP empfiehlt dazu eine Drei-System-Landschaft. In Abb. 2.11 ist eine solche Drei-System-Landschaft dargestellt.

Die Customizing- und Entwicklungsaktivitäten werden in einem Entwicklungssystem und/oder in evtl. mehreren parallelen Customizing-Mandanten, für unterschiedliche Implementierungsversionen, durchgeführt. Abgeschlossene Implementierungsschritte werden durch das Change Management über so genannte Transporte in das Test- und Abnahmesystem geliefert. Damit lassen sich einzelne Test- und Abnahmeversionen sehr genau zurückverfolgen (Konfigurationsmanagement). Die abgenommenen Versionen werden wiederum über das Change Management und den Transportmechanismus in das Produktionssystem ausgeliefert.

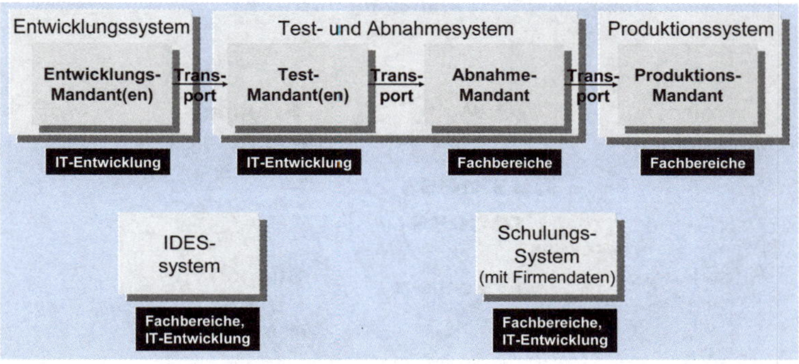

Entwicklungssystem
Entwicklungs-Mandant(en)
Trans-port
Test- und Abnahmesystem
Test-Mandant(en)
Trans-port
Abnahme-Mandant
Trans-port
Produktionssystem
Produktions-Mandant
IT-Entwicklung
IT-Entwicklung
Fachbereiche
Fachbereiche
IDES-system
Schulungs-System (mit Firmendaten)
Fachbereiche, IT-Entwicklung
Fachbereiche, IT-Entwicklung

Abb. 2.11: Organisation der Entwicklungsumgebung

Daneben werden je nach Bedarf häufig noch weitere Systeme für Schulungs- und Evaluationsaufgaben betrieben. In manchen Fällen werden Schulungsmandanten mit Produktivdaten auch auf dem Test- und Abnahmesystem betrieben.

Die einzelnen Systeme haben unterschiedliche Anforderungen an die Performanz der Hardware. Für das Produktionssystem existieren in der Regel sehr hohe Anforderungen an Performanz und Verfügbarkeit.

Die Performanz-Anforderungen an die übrigen Systeme sind dagegen deutlich niedriger.

Die Entwicklung und Einführung von solch komplexen Systemen benötigt entsprechende Einführungsprojekte und Vorgehensmodelle. Da sich die Anpassung eines SAP-Systems deutlich von der Erstellung von Individualsoftware unterscheidet, sind für hier eigene oder zumindest angepasste Vorgehensmodelle notwendig.

ASAP

Diesen Umstand hat die SAP recht früh mit der Entwicklung eines eigenen Vorgehensmodells Rechnung getragen. Das ASAP (Accelerated SAP) genannte Vorgehensmodell wurde Interessierten kostenfrei zur Verfügung gestellt. Später wurde das Vorgehensmodell um vor- und nachgelagerte Aktivitäten ergänzt. Zur Definition des eigentlichen Projektumfangs wurde ein so genannter Solution Map Composer bereitgestellt. Außerdem wurden Tools zur Unterstützung von Verbesserungsmaßnahmen beim Betrieb von SAP-Systemen entwickelt. Damit lassen sich z. B. die produktiven Systeme in den ersten Monaten hinsichtlich der Performanz optimieren.

SAP Solution Manager

Der aktuelle Schritt in dieser Entwicklung ist der SAP Solution Manager, der die Methoden und Werkzeuge in einem System zusammenfasst. Der SAP Solution Manager unterstützt nicht nur die gesamten Entwicklungsphasen, sondern kann auch für das Management des Betriebs von SAP-Systemen eingesetzt werden. Die Abb. 2.12 zeigt die Funktionalitäten des SAP Solution Manager im Überblick.

Abb. 2.12: SAP Solution Manager © SAP AG

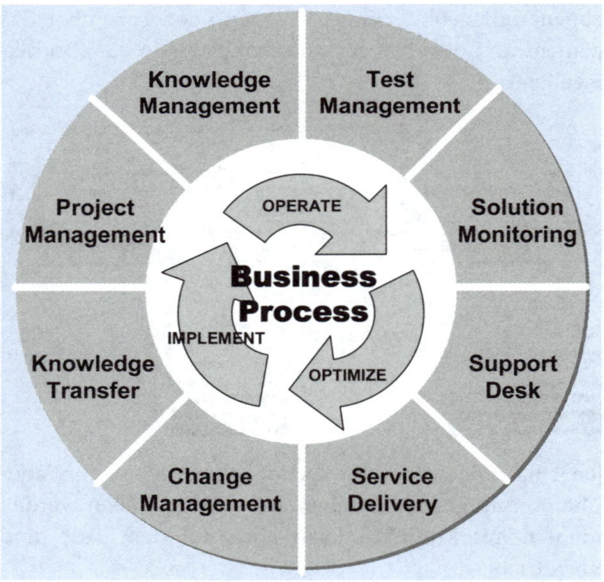

2.3.7 Allgemeine Systemeigenschaften

Alle bisher beschriebenen Produktkomponenten der SAP weisen eine Reihe von allgemeinen Systemeigenschaften auf, die in diesem Abschnitt noch kurz zusammengefasst werden.

Internationaler Einsatz

Die Produktkomponenten sind mehrsprachig und konsequent auf einen internationalen Einsatz hin konzipiert. Im Rahmen der Systemkonfiguration werden länderspezifische Besonderheiten ebenso berücksichtigt wie z. B. Musterkontenpläne, Bankdaten oder Umsatzsteuer-Regelungen. In der Buchhaltung können je bilanzierender Einheit neben der Hauswährung bis zu zwei weitere Währungen parallel geführt werden.

Mandantenfähigkeit

Alle Produktkomponenten sind in der Lage, in einer Installation mehrere rechtlich und wirtschaftlich selbstständige Unternehmen abzuwickeln, z. B. Mutter- und Tochtergesellschaften.

Organisationselemente

Die Organisationsstrukturen eines Unternehmens wie Werke, Lagerorte, Vertriebsorganisationen, Niederlassungen lassen sich flexibel über so genannte Organisationselemente in den Systemen abbilden.

Integration

Die Produktkomponenten zeichnen sich durch die Integration von mehreren betriebswirtschaftlichen Teilkomponenten aus. Alle Transaktionen werden auf einer zentralen Datenbasis durchgeführt. Durch die Standardsystemschnittstellen mit einer sehr großen Anzahl von vorbereiteten Business-Szenarien lassen sich die verschiedenen Produktkomponenten sehr einfach miteinander integrieren.

2.3.8 Systemarchitektur

Client/Server-Architektur

Betriebswirtschaftliche Anwendungssoftware erfordert eine Unabhängigkeit des Anwenders von technischen Implementierungsfragen. Das grundlegende Prinzip der SAP-Systeme ist eine dreistufige Client/-Server-Architektur, die auf einer Vielzahl von Hardware- und Systemplattformen implementierbar ist. Das SAP-System unterscheidet:

- Datenbankdienste zur Speicherung und Abfrage der betriebswirtschaftlichen Daten,
- Anwendungsdienste zur Abwicklung der betriebswirtschaftlichen Funktionalität und
- Präsentationsdienste zur Führung der Benutzerdialoge über eine grafische Oberfläche.

Dies bedeutet, dass die Daten (Programme, Systemeinstellungen, Anwendungsdaten) über einen Datenbankserver bereitgestellt werden. Die Anwendungen (Buchhaltung, Logistik u. a.) werden durch einen oder mehrere Applikationsserver zur Verfügung gestellt. Die Benutzerdialoge der Front-Ends werden durch Präsentationsserver abgewickelt, die in der Regel auf PC-Basis installiert sind. In der Praxis liegen Daten- und Anwendungsserver bei kleineren Installationen allerdings häufig auf einem Rechner. Das Grundprinzip der SAP-Architektur wird in der Abb. 2.13 dargestellt.

Abb. 2.13: Dreistufige Client-/Server-Architektur

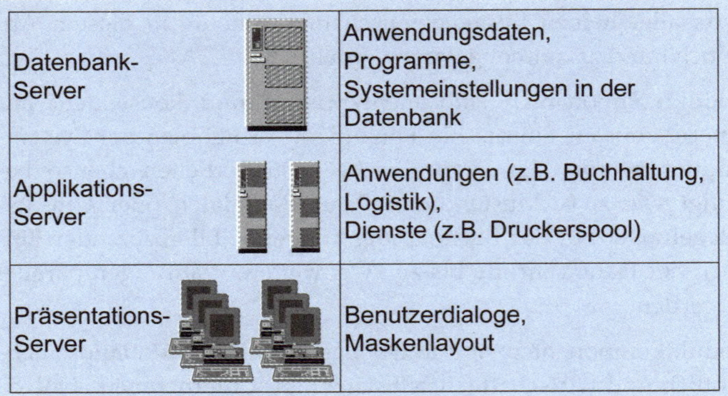

Allgemein ist die Client-/Server-Architektur eine kooperative Form der Informationsverarbeitung, bei der sich mehrere Softwarekomponenten bei der Aufgabenerledigung ergänzen. Diese Softwarekomponenten befinden sich auf einem Rechner oder sind auf unterschiedliche Rechner aufgeteilt. In jedem Fall wird das TCP/IP-Protokoll zur Kommunikation zwischen den Softwarekomponenten genutzt. Einige Softwarekomponenten bieten Dienste an (engl.: server), andere Komponenten (engl.: clients) nehmen diese bei Bedarf in Anspruch.

Wenn der Benutzer z. B. aus einer Maske heraus eine Auswertung anfordert, dann benutzt die Präsentationsanwendung (SAP GUI) in der Rolle eines Clients einen Dienst des Applikationsrechners in der Rolle des Servers. Dieser muss sich für die Auswertung Daten aus der Datenbank liefern lassen. Dazu tritt der Applikationsrechner wiederum als Client an den Datenrechner heran und nutzt dort angebotene Services.

2.4 Wirtschaftlichkeit des Einsatzes von SAP

Häufig sind mit der Einführung eines SAP-Systems wirtschaftliche Erwartungen verbunden, welche die Wettbewerbsfähigkeit des Unternehmens erhalten und sichern sollen. Neben den reinen Anschaffungskosten für die Standardsoftware fallen andere Kostenarten bei der Einführung eines SAP-Systems wesentlich stärker ins Gewicht. Die wesentlichen Kostenkategorien einer SAP-Einführung sind:[4]

- Kosten für externe Berater,
- Kosten zur Anschaffung oder Erweiterung der Hardware- und Systemsoftware
- Kosten für die Abstellung eigener Mitarbeiter für das Einführungsprojekt,

---

[4] vgl. Buxmann/König (1996).

- Anschaffungs- und Wartungskosten für die SAP-Standardsoftware,
- Kosten für Schulungsmaßnahmen.

Kosten für externe Berater

Wegen des hohen Bedarfes an produktspezifischem Know-how ist eine Einführung von SAP-Systemen in aller Regel mit dem Einsatz externer Berater verbunden. Berater kommen üblicherweise in allen Projektphasen zum Einsatz, insbesondere bei der oft mit der SAP-Einführung verbundenen Reorganisation der Geschäftsprozesse (Business Reengineering), vor allem aber beim Customizing des SAP-Systems, der Anwenderschulung, der Realisierung von Erweiterungen (insbesondere Eigenentwicklungen mit der von SAP entwickelten Programmiersprache ABAP/4) und sehr häufig über längere Zeiträume hinweg bei der Einführungsunterstützung des produktiven Systems (häufig noch 2-3 Jahre nach Produktivstart). Demzufolge stehen Beraterkosten, wie die obige empirische Untersuchung zeigt, an erster Stelle der Kostenarten, die mit der Einführung von SAP-Systemen verbunden sind.

Kosten der IT-Infrastruktur

Da die Einführung von Client-/Server-Systemen vor allem bei einem Wechsel von Großrechnersystemen mit Hardwareerweiterungen (Server, Endgeräte, Netzwerk) verbunden ist, erklärt dies die an zweiter Stelle genannte Kostenart für entsprechende Erweiterungen der IT-Infrastruktur. Außerdem ist für die SAP-Einführung eine entsprechende Entwicklungsumgebung bereit zu stellen, die selten in dieser Form bereits in den Unternehmen existiert. Unternehmen, denen bereits eine Netzinfrastruktur mit geeigneten Endgeräten zur Verfügung steht, können mit geringeren Kosten rechnen.

	Durchschnitt	Kleinster	Größter
BaaN	25	12	38
JDEdwards	22	6	44
LAWSON Software	23	7	56
ORACLE	26	4	70
PeopleSoft	25	12	48
SAP	20	3	48
SSA System Software	17	9	25

Abb. 2.14: Einführungszeiten in Monaten (Quelle: Meta-Group)

Projektlaufzeit

Die Projektlaufzeit und damit die Dauer der SAP-Einführung variiert je nach Projektumfang und Komplexität erheblich. Eine Studie der

META-Group aus dem Jahre 1999 hat die in der Abb. 2.14 dargestellten Einführungszeiten für unterschiedliche Standardsoftwaresysteme ergeben. Je nach Dauer der Einführungszeit fallen auch entsprechende Kosten für das Einführungsprojekt an.

Nutzenpotenziale

Trotz der enormen Kosten zeigt der Erfolg des SAP-Systems, dass dem Aufwand erhebliche Nutzenpotenziale gegenüberstehen, die einen Einsatz rechtfertigen können. Die wesentlichen Nutzenkategorien einer SAP-Einführung sind:[5]

- Bessere Planung, Steuerung und Kontrolle der betrieblichen Geschäftsprozesse,
- Einheitliche und konsistente Datenbasis,
- Verbesserte Flexibilität im Hinblick auf eine Anpassung der Informationssysteme und Geschäftsprozesse an geänderte Anforderungen,
- Verkürzung von Durchlaufzeiten der betrieblichen Geschäftsprozesse,
- Qualitative Verbesserung der betrieblichen Geschäftsprozesse.

Während in der Vergangenheit mit der Einführung von Standardsoftware vor allem die IT-gestützte Abdeckung wichtiger Unternehmensfunktionen im Vordergrund des Unternehmensinteresses stand, wird bei der R/3-Einführung vor allem eine Verbesserung der Unterstützung der betrieblichen Geschäftsprozesse gesehen.

---

[5] vgl. Buxmann/König, 1996.

3 Einführung in die Bedienung von SAP-Systemen

3.1 Systemstart und An-/Abmeldung

Die Benutzung des SAP-Systems wird im folgenden auf der Grundlage des IDES-Systems (IDES= **I**nternet **D**emonstration and **E**ducation **S**ystem) gezeigt, das ein von der SAP mit dem SAP-System ausgeliefertes Beispielunternehmen darstellt. Der Start von SAP wird auf der Betriebssystemebene des Arbeitsplatzrechners durch einen Doppelklick auf das SAP-Logon-Symbol eingeleitet.

Abb. 3.1: SAP-Logon-Bild © SAP AG

Danach öffnet sich ein Fenster (Abb. 3.1) mit den SAP-Systemen, die gestartet werden können. Zu jedem der angegebenen Systeme sind vorher die notwendigen Anmeldedaten hinterlegt worden. Nach Auswahl des IDES-Systems kann über die Drucktaste *Anmelden* oder durch Doppelklick die Anmeldung erfolgen.

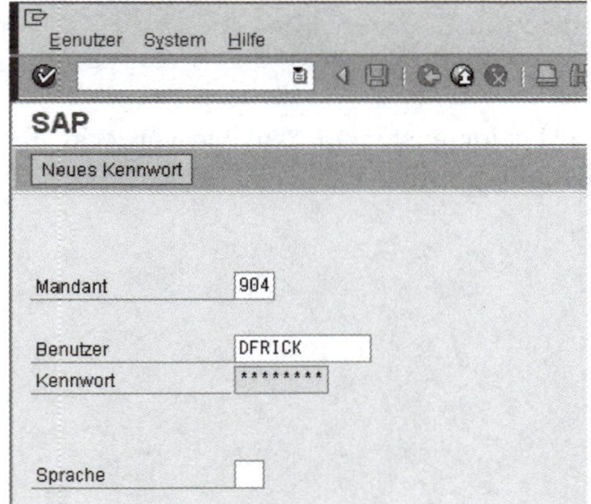

Abb. 3.2: Anmeldebild ©SAP AG

Nach dem Start des ausgewählten SAP-Systems erscheint ein Anmeldebild (vgl. Abb. 3.2), in dem die personenbezogenen Daten (Mandant,

Benutzeridentifikation, Kennwort und Sprachenschlüssel) zu erfassen sind.

Nach Erfassung der Anmeldedaten ist die *ENTER*-Taste oder die Drucktaste *ENTER*[6] mit der Maus zu betätigen.

Der Mandant beinhaltet das technische System, in dem gearbeitet wird. Die Mandantennummer kann je nach Installation unterschiedlich sein. In unserem Beispiel wird das verwendete IDES-System über den Mandanten 904 erreicht. Der Sprachenschlüssel steuert die Sprache für Menübefehle, Fehlermeldungen, Dokumentation und Inhalte (z. B. Kostenarten- und Kostenstellentexte). Je nach Systemkonfiguration sind Mandant oder Sprachkennzeichen bereits vorbelegt, so dass keine Eingabe erforderlich ist. Nach der Anmeldung (Login) kann das System benutzt werden.

Beim erstmaligen Systemstart wird ein Initial-Kennwort vorgegeben, das zwangsweise vom Anwender geändert werden muss. Während des Anmeldevorgangs können Sie ein neues Kennwort vergeben. Das Kennwort sollte regelmäßig gewechselt werden. Das kann bei jedem Anmeldevorgangs erfolgen. Hierzu klicken Sie schon während der Anmeldung auf die Drucktaste *Neues Kennwort* oder die Taste *F5* (vgl. Abb. 3.3).

Abb. 3.3: Neues Kennwort vergeben ©SAP AG

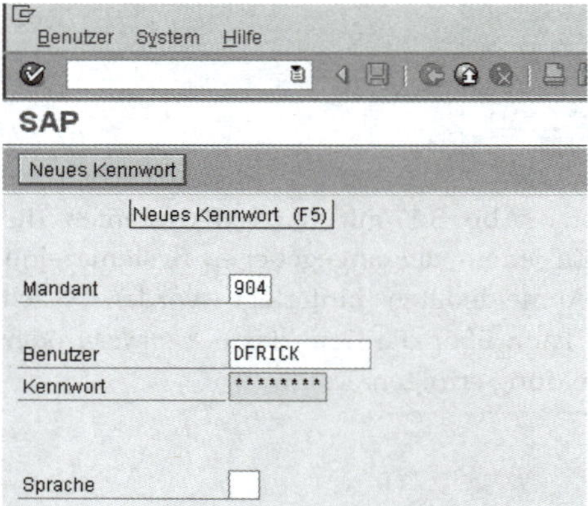

Sie erhalten anschließend ein Dialogfenster, in dem Sie verdeckt ihr neues Kennwort erfassen müssen (vgl. Abb. 3.4).

[6] Vgl. die Symbole und Funktionstasten im Abschnitt 3.3.2.

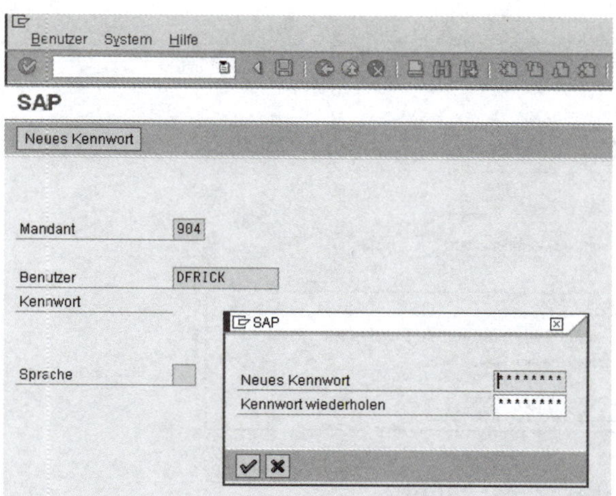

Abb. 3.4: Kennwort wechseln ©SAP AG

Das neue Kennwort muss zweimal eingegeben werden und ist sofort wirksam. Nach der Beendigung der Arbeit mit dem SAP-System erfolgt die Abmeldung (Logoff) durch den in Abb. 3.5 dargestellten Befehl aus der Menüleiste (Menüpfad: System➔Abmelden). Alternativ kann das SAP-System auch über die Drucktaste *Fenster schließen*, wie bei allen Windows-Anwendungen, verlassen werden.

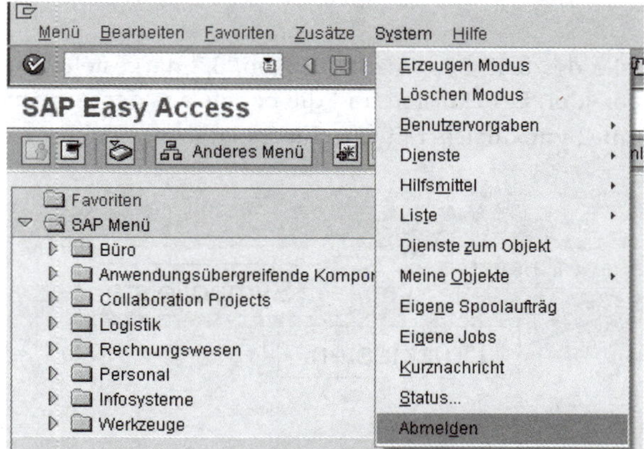

Abb. 3.5: Abmeldung ©SAP AG

Nach der Abmeldung erscheint eine Sicherheitsabfrage, die mit der Drucktaste *Ja* zu quittieren ist. Diese Sicherheitsabfrage wird immer gestellt, auch wenn alle Daten vorher gesichert wurden (vgl. Abb. 3.6).

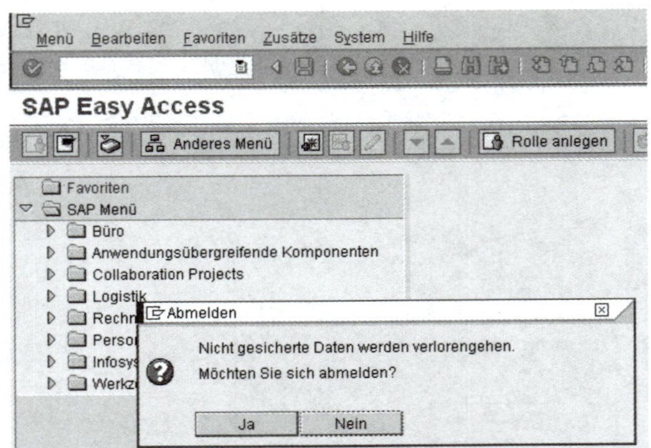

Abb. 3.6: Sicherheitsabfrage ©SAP AG

3.2 Benutzungsoberfläche

Die SAP-Benutzungsoberfläche bietet eine rollenbasierte Menüführung, d. h. der Umfang der Menüpunkte orientiert sich an den vom Benutzer benötigten Funktionen. Daneben stellt das SAP-System eine Fülle an standardisierten GUI-Elementen (GUI = Graphical User Interface) zur Verfügung. Dies sind u. a. Mausbedienung für alle Funktionen, Drucktasten, Auswahlknöpfe, Radiobuttons, Pop-Up-Menüs und Rollbalken.

Eine typische Maske des SAP-Systems ist in Abb. 3.7 dargestellt. Zu sehen sind Eingabefelder, Drucktasten und die bereits aus der vorigen Darstellung bekannte Symbolleiste mit verschiedenen Icons.

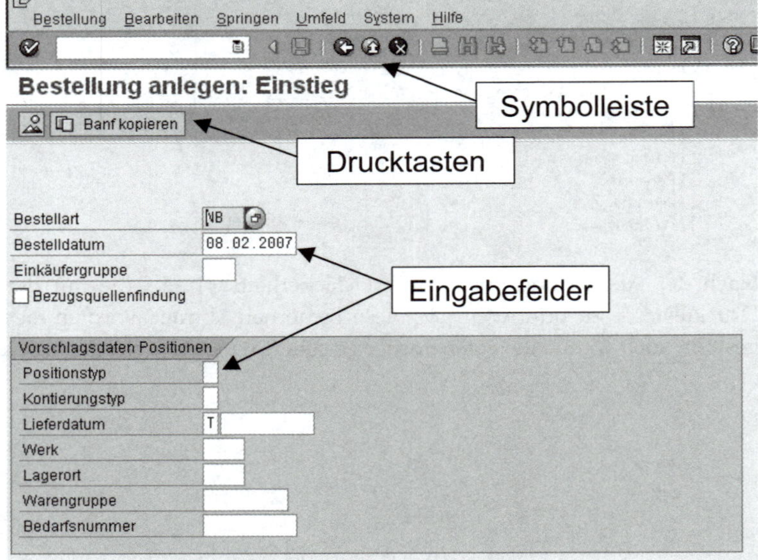

Abb. 3.7: Typische Maske des SAP-Systems ©SAP AG

3.3 Navigation im SAP-System

3.3.1 Menüstruktur

Alle Funktionen des SAP-Systems lassen sich über eine tief geschachtelte Menüstruktur ansteuern. Hierzu steht ein Explorer zur Navigation zur Verfügung, der intuitiv bedienbar ist. Die Baumstruktur ist rollenabhängig, d. h. der Funktionsumfang wird an die vom Bearbeiter benötigten Funktionen angepasst. Im Folgenden wird jedoch immer der Maximalumfang (das sogenannteSAP Easy Access-Menü oder einfach SAP-Menü) genutzt.

Im Folgenden wird die Bildschirmfolge dargestellt, mit der die Änderungstransaktion für ein Kreditorenkonto (Lieferantenkonto) erreicht werden kann. Hierzu ist die folgende Baumstruktur, wie in Abb. 3.8 dargestellt, zu öffnen.

Menüpfad

Der vollständige Menüpfad lautet: Rechnungswesen➔Finanzwesen➔ Kreditoren➔Stammdaten➔FK02 – Ändern.[7]

Anschließend ist die gewünschte Transaktion „FK02 – Ändern" zu markieren und mit einem Doppelklick oder mit der Taste *ENTER* zu aktivieren. Nach Ausführung des obigen Menübefehls gelangt man in das Startbild zur Stammdatenänderung. Hier sind die Daten des zu ändernden Kreditors (Konto-Nr. und Buchungskreis) anzugeben. Außerdem muss angegeben werden, auf welche Stammdatenbereiche (Masken) sich die Änderung bezieht. Nur die angekreuzten Masken werden dann für die Änderung angeboten. Anschließend wird mit *ENTER* bestätigt und die gewünschten Stammdaten werden angezeigt.

---

[7] Hinweis: Der Transaktionscode (TCODE) (hier *FK02*) wird nur dann im Menüpfad angezeigt, wenn der Benutzer dies vorher in den Einstellungen (Menüpfad: Zusätze➔Einstellungen) eingeschaltet hat. In der Standardeinstellung wird nur *Ändern* im Menü angezeigt.

Abb. 3.8: SAP-Menü ©SAP AG

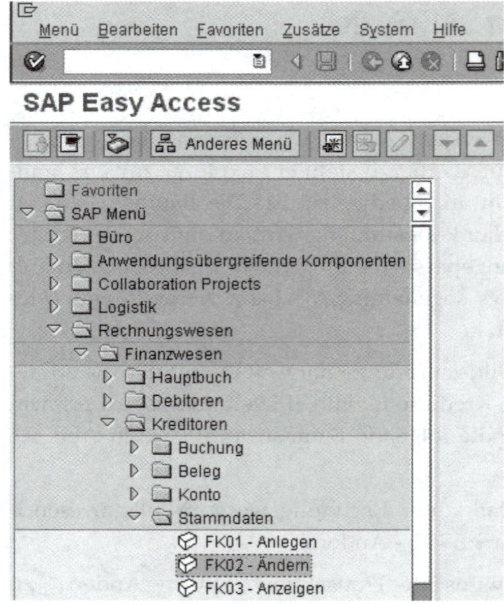

3.3.2 Symbole und Funktionstasten

Die grafische Oberfläche des SAP-Systems unterstützt häufig verwendete Befehle über spezielle Icons. Parallel dazu ist die Eingabe über eine Taste bzw. Tastenkombination möglich. Die Abb. 3.9 zeigt ausgewählte Symbole und Funktionstasten der Funktionsleiste, die bei vielen Bildschirmbildern am oberen Bildrand erscheint.

Abb. 3.9: Symbole und Funktionstasten ©SAP AG

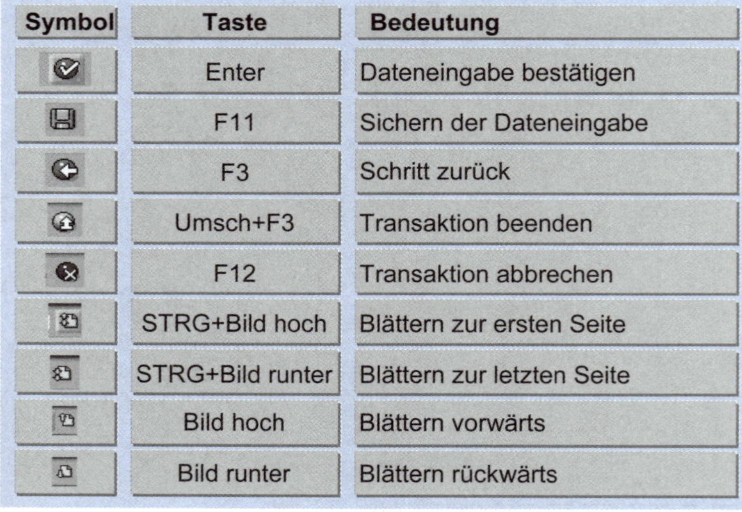

Symbol	Taste	Bedeutung
	Enter	Dateneingabe bestätigen
	F11	Sichern der Dateneingabe
	F3	Schritt zurück
	Umsch+F3	Transaktion beenden
	F12	Transaktion abbrechen
	STRG+Bild hoch	Blättern zur ersten Seite
	STRG+Bild runter	Blättern zur letzten Seite
	Bild hoch	Blättern vorwärts
	Bild runter	Blättern rückwärts

Durch *ENTER* werden die im Eingabefenster vorgeschlagenen Eingaben bestätigt. Nach dem Befehl werden die Daten vom SAP-System geprüft. Werden keine Fehler festgestellt, wird ggf. die nächste Maske angezeigt. Im Fehlerfall werden Fehlermeldungen oder Warnungen (die nochmals mit *ENTER* bestätigt werden müssen) erzeugt.

Mit dieser Funktion wird zunächst geprüft, ob die erfassten Daten fehlerfrei sind. Ist dies der Fall, dann werden die Daten gesichert, d.h. auf der Datenbank fortgeschrieben. Ansonsten wird eine Fehlermeldung oder eine Warnung erzeugt. Warnungen müssen mit *ENTER* bestätigt werden, Fehlermeldungen müssen mit Datenkorrekturen bearbeitet werden.

Im Einstiegsbild einer Anwendung springt das System zurück zum Menü des Arbeitsgebietes. In einem Detailfenster geht das Programm zurück zum Einstiegsfenster.

In einer Anwendung wird die Anwendung beendet, anschließend wird die vorherige Menüebene angezeigt. In einem Anmeldefenster wird der Benutzer vom System abgemeldet. Auf dem SAP-Hauptmenü wird der Modus beendet.

Dieser Befehl bricht die aktuelle Anwendung ab. Eingegebene Daten werden nicht gesichert.

Diese Symbole unterstützen das Blättern in Berichten zur jeweiligen Position. Je nach Symbol wird an den Anfang bzw. das Ende des Berichts oder jeweils eine Seite vor bzw. zurück gesprungen.

3.3.3 Arbeiten mit mehreren Fenstern

Mit dem SAP-System ist paralleles Arbeiten mit mehreren virtuellen Bildschirmfenstern (Modi) möglich. Damit können z.B. zwei Transaktionen gleichzeitig bearbeitet werden. Die Umschaltung zwischen den Modi erfolgt mit der Standard-Tastenkombination ALT+TAB, mit der üblicherweise zwischen einzelnen Tasks (Fenstern) umgeschaltet werden kann.

Menüpfad

Ein neues Fenster kann über folgenden Menüpfad geöffnet werden (vgl. Abb. 3.10): System➔Erzeugen Modus.

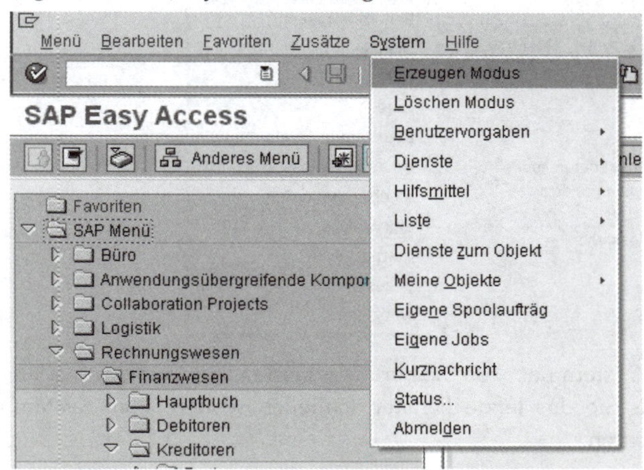

Abb. 3.10: Erzeugen Modus ©SAP AG

Alternativ kann ein neuer Modus auch über das nebenstehende Symbol aus der Symbolleiste gestartet werden. Der neue Modus startet in beiden Fällen mit dem SAP-Menü.

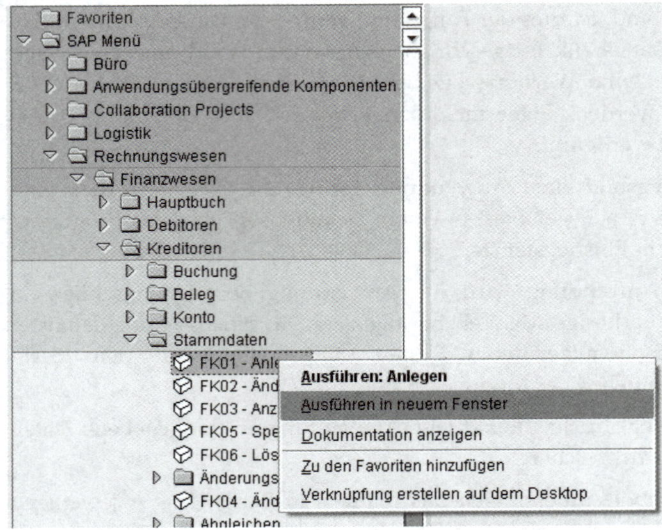

Abb. 3.11: Start Transaktion in einem neuen Modus ©SAP AG

Beim Start einer Transaktion kann (per rechter Maustaste) auch gleich angegeben werden, dass diese Transaktion in einem neuem Fenster ausgeführt werden soll (vgl. Abb. 3.11). Es existieren also verschiedene Wege zum Öffnen von SAP-Fenstern bzw. Modi.

Insgesamt ist die Anzahl paralleler Modi auf sechs beschränkt, d.h. es können maximal 6 SAP-Fenster geöffnet werden.

Menüpfad

Aktive Bildschirme können über den folgenden Menüpfad geschlossen werden: System➔Löschen Modus (vgl. Abb. 3.12).

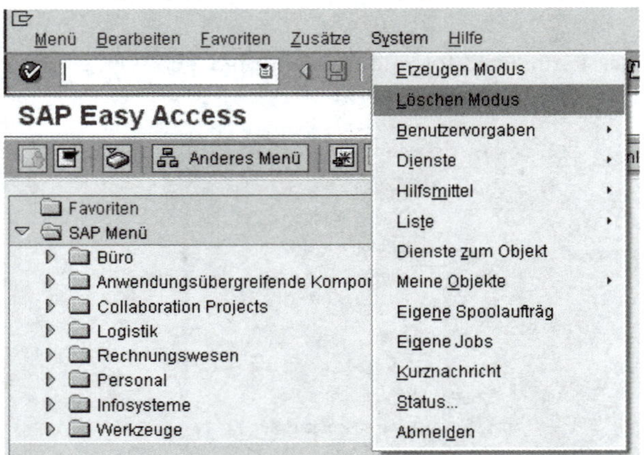

Abb. 3.12: Löschen Modus ©SAP AG

Ggf. fragt das System nach, ob Sie bereits erfasste Daten sichern wollen oder sich, falls Sie das letzte Fenster schließen wollen, vom System abmelden möchten.

3.3.4 Hilfefunktionen

Kontextsensitive Hilfe

Das SAP-System stellt dem Anwender vielfältige Hilfemöglichkeiten zur Verfügung. Die kontextsensitive Hilfe gibt detaillierte Informationen zu Bildschirmelementen (Felder, Menüs) sowie zu Fehlermeldungen. Durch die Positionierung des Cursors auf das gewünschte Feld und das Drücken der Funktionstaste *F1* (bzw. dem Fragezeichen in der Funktionstastenleiste erhält man detaillierte Informationen und Verweise. In der nachfolgenden Abb. 3.13 wurde z.B. der Cursor in das Eingabefeld Kreditor positioniert und die Taste *F1* betätigt. Das SAP-System erläutert das Eingabefeld in einem separaten Hilfefenster (Performance Assistant).

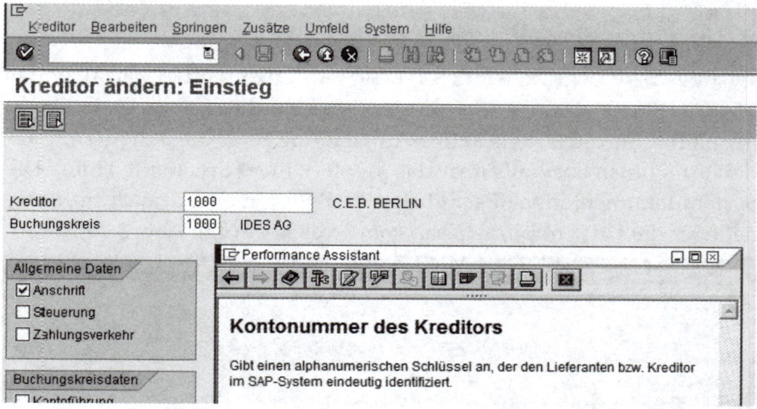

Abb. 3.13: Kontextsensitive Hilfe über F1 ©SAP AG

F4-Hilfe

Eine Liste der möglichen Eingabewerte oder Suchhilfe (Matchcodes) erhält man durch die Cursorpositionierung auf das Eingabefeld und das Drücken der Funktionstaste *F4* bzw. dem Icon, das rechts neben dem Feld erscheint.

Die vollständige Systemdokumentation (SAP Online-Hilfe)wird auf DVD ausgeliefert. Da die Systemdokumentation sehr umfangreich geworden ist, wird man sie in der Regel auf einem Server für alle Benutzer des SAP-Systems zentral installieren. Dem einzelnen Benutzer wird die Hilfe über einen Web-Browser, also außerhalb der SAP-GUI, angezeigt (vgl. Abb. 3.14).

Menüpfad

Im SAP-System erreicht man die Online-Dokumentation über den Menüpfad Hilfe➔SAP-Bibliothek.

Abb. 3.14: SAP-Bibliothek ©SAP AG

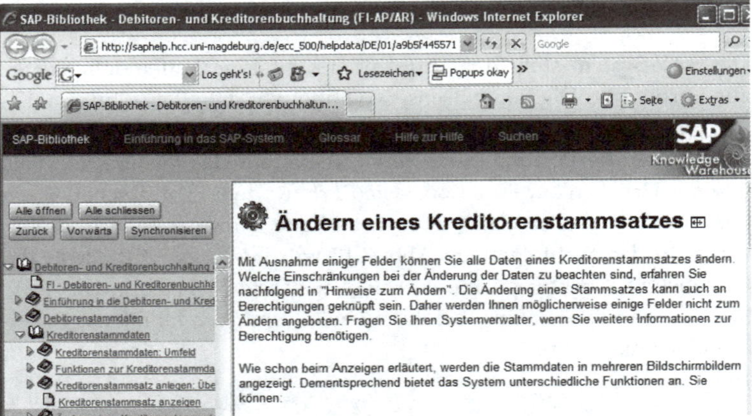

Wichtige SAP-Begriffe werden im Glossar kurz erläutert, das über das Menü (Hilfe→Glossar) zu erreichen ist. Eine themenbezogene Dokumentation für die jeweils aktive Anwendung bzw. die aktive Transaktion erhält man ebenfalls über das Menü (Hilfe→Erweiterte Hilfe). Die Systemdokumentationen sämtlicher SAP-Systeme sind auch im Internet über die URL: http://help.sap.com erreichbar (vgl. Abb. 3.15).

Abb. 3.15: SAP Help Portal ©SAP AG

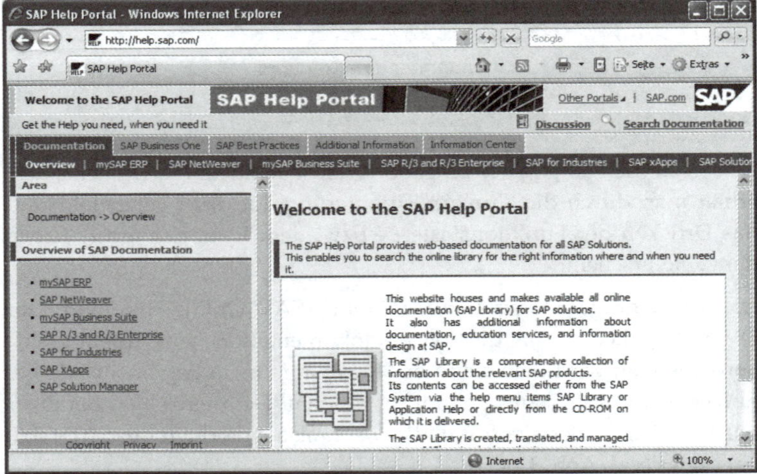

3.3.5 Transaktionscodes

TCODE

Der übliche Weg, eine SAP-Transaktion zu starten, ist die Auswahl über das SAP-Menü. Zusätzlich bietet das System die Möglichkeit, eine Transaktion durch die Angabe ihres technischen Namens (Transaktionscode – TCODE) direkt zu starten. Damit sind versierte SAP-Anwender in der Lage, die von ihnen häufig benutzten Transaktionen ohne lange Suche im SAP-Menü direkt zu starten.

Befehlsfeld oder Kommandofeld

Der Transaktionscode (d.h. der technische Name des SAP-Programms) wird in das Befehlsfeld in der Symbolleiste eingetragen. Das Befehlsfeld kann evtl. zugeklappt sein. Mit dem kleinen Dreieck neben dem *Enter*-Symbol lässt sich das Befehlsfeld auf- bzw. zuklappen. Die

Transaktionen werden in der Syntax „/nxxxx" eingetragen. Der String „xxxx" bezeichnet hierbei den Transaktionscode (TCODE). Soll die Transaktion in einem neuen Modus gestartet werden, dann lautet die Syntax „/oxxxx".

Tab. 3.1: Syntaxbeschreibung der Benutzung des Befehlsfelds

Syntax	Bedeutung
/nxxxx	Die Transaktion (TCODE = xxxx) wird im selben Modus (Fenster) aufgerufen.
/*xxxx	Die Transaktion (TCODE = xxxx) wird im selben Modus (Fenster) aufgerufen, wobei das Einstiegsbild übersprungen wird.
/oxxxx	Die Transaktion (TCODE = xxxx) wird in einem neuen Modus aufgerufen.
/n	Die aktuelle Transaktion wird beendet. Ungesicherte Änderungen gehen verloren.
/i	Der aktuelle Modus wird gelöscht.
/o	Eine Modusliste wird erzeugt.
/ns000	Die aktuelle Transaktion wird beendet. Ungesicherte Änderungen gehen verloren. SAP kehrt zum Startmenü zurück.
/nend	Abmelden vom System.
/nex	Abmelden vom System ohne Sicherheitsabfrage.

In der SAP ECC 5.0 existieren insgesamt 82.715 verschiedene Transaktionen. In Abb. 3.16 wird exemplarisch gezeigt, wie eine Transaktion im Befehlsfenster gestartet wird.

Menüpfad

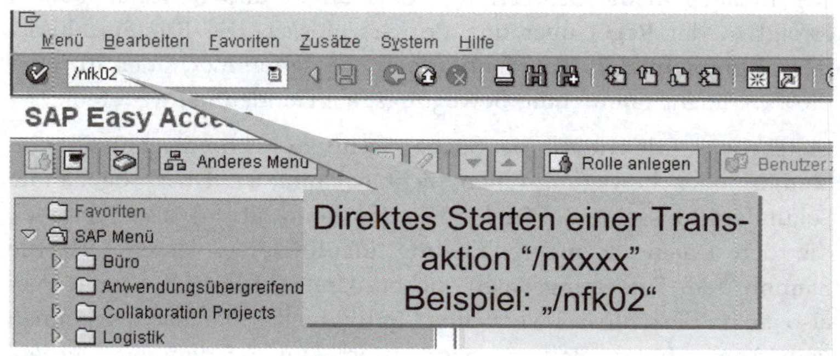

Abb. 3.16: Transaktionsstart im Kommandofeld ©SAP AG

Über den folgenden Menüpfad den Transaktionscode erhält man Informationen zu der jeweils gestarteten Transaktion, sowie weitere technische Informationen zum benutzen System: System➔Status (vgl. Abb. 3.17). Derzeit befindet sich der angegebene Benutzer im Mandanten 904 in der Transaktion *SESSION_MANAGER*. Dies ist das Einstiegsbild mit dem SAP-Menü, welches direkt nach der Anmeldung angezeigt wird. Zusätzlich werden Daten zu dem benutzten SAP-System, der benutzten Rechner (Applikationsserver) und der Datenbank (Datenbankserver) angezeigt.

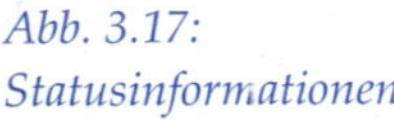

Abb. 3.17: Statusinformationen

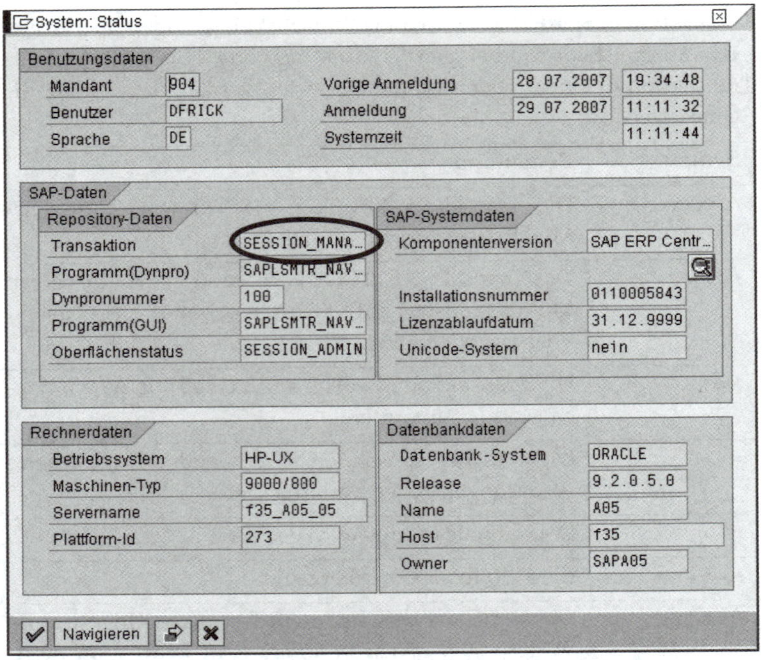

Alternativ können Sie den technischen Namen (TCODE) aus dem SAP-Menü entnehmen, wenn Sie die technischen Namen in den Einstellungen des SAP-Menüs eingeschaltet haben (Menüpfad Zusätze→ Einstellungen).

3.3.6 Suchhilfe (Matchcode)

Primärschlüssel

Der Einstieg in die Bearbeitung von Stamm- und Bewegungsdaten erfolgt in der Regel über den Primärschlüssel. Die Primärschlüssel (z.B. Kontonummer, Kundennummer, Belegnummer) identifizieren die jeweiligen Stamm- oder Bewegungsdaten eindeutig im System.

Matchcodes

Matchcodes erleichtern die Suche, wenn der Primärschlüssel von Stamm- oder Bewegungsdaten nicht bekannt ist. Über sogenannte Sekundärschlüssel (z.B. PLZ bei Kundenstammsätzen), also Schlüssel, die den Datensatz nicht eindeutig identifizieren, lassen sich die Stamm- oder Bewegungsdaten suchen. Unter Matchcodes kann man also Sekundärschlüssel verstehen. Individuelle Matchcodes können vom Anwender im Rahmen des Customizing frei definiert werden. Über die Suche mittels eines Matchcodes werden dem Benutzer die zu diesem Matchcode zugehörigen Primärschlüssel angezeigt, und eine gezielte Auswahl des gesuchten Datensatzes kann erfolgen..

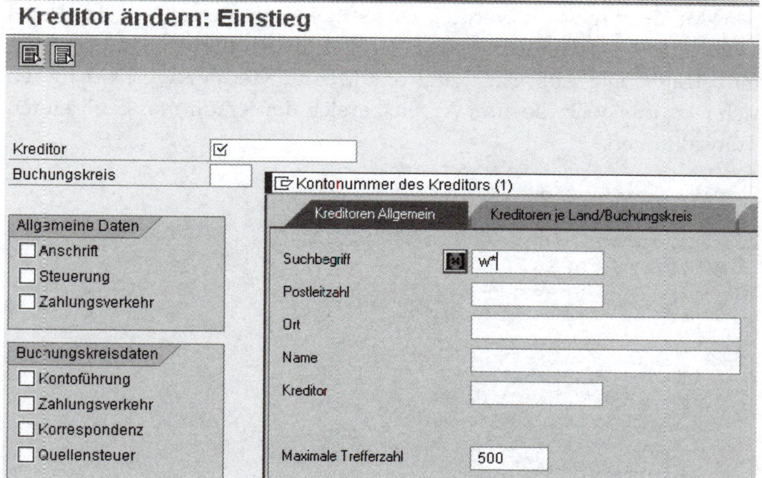

Abb. 3.18: Matchcode-Suche ©SAP AG

Das Beispiel in Abb. 3.18 zeigt die Matchcode-Suche bei der Auswahl der Kreditorenkontonummer. In dem Eingabefeld Kreditor wird entweder die *F4-Ta*ste betätigt oder das nebenstehende Symbol angeklickt. In dem sich öffnenden Fenster können dann die gewünschten Matchcodes (hier w* für alle Kreditoren, die im Suchbegriff mit w beginnen) eingetragen werden.

3.3.7 Individualisierung der Menüs

Favoriten

Das SAP-System bietet ab SAP R/3 Release 4.6 eine Reihe von komfortablen Möglichkeiten, die Menüstrukturen an die Anforderungen der Arbeitsplätze anzupassen. Zum einen lassen sich benutzerindividuell so genannte Favoriten anlegen. Dies können SAP-Transaktionen oder auch Links auf Internet- bzw. Intranet-Seiten sein.

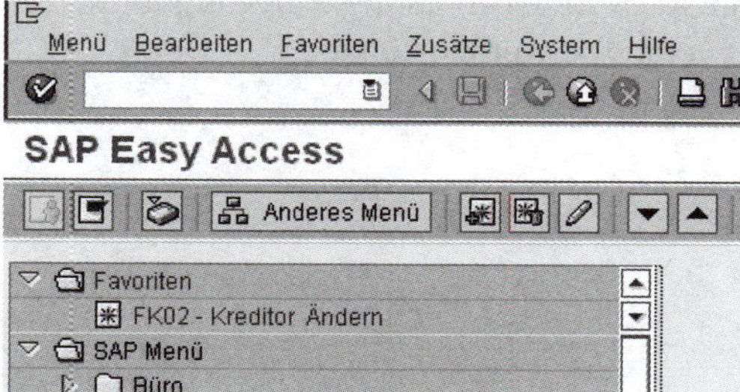

Abb. 3.19: Favoriten ©SAP AG

Die Abb. 3.19 zeigt, dass die Transaktion FK02 (Kreditorenstammdaten ändern) in die Favoriten hinzugefügt wurde. Dies kann auf unterschiedliche Weise erfolgen. Wenn man z.B. die entsprechende Transaktion mit der rechten Maustaste anklickt, dann wird in dem Kontextmenü u.a. auch die Funktion „Zu den Favoriten hinzufügen" angeboten.

Sammelrolle

Weiterhin können mit Hilfe von Einzel- und Sammelrollen an den Stellenbeschreibungen der Benutzer orientierte Menüs festgelegt werden, so dass nur die für den Benutzer notwendigen Transaktionen im

SAP-Menü dargestellt werden. Diese Zuordnung erfolgt in der Regel nicht durch den Benutzer selbst, sondern durch den zuständigen Administrator. Die Abb. 3.20 zeigt das Menü „Kreditoren". Dort finden sich jetzt nur noch die zum Arbeitsbereich der Kreditoren gehörenden Transaktionen.

Abb. 3.20: Startmenü Sammelrolle Kreditoren ©SAP AG

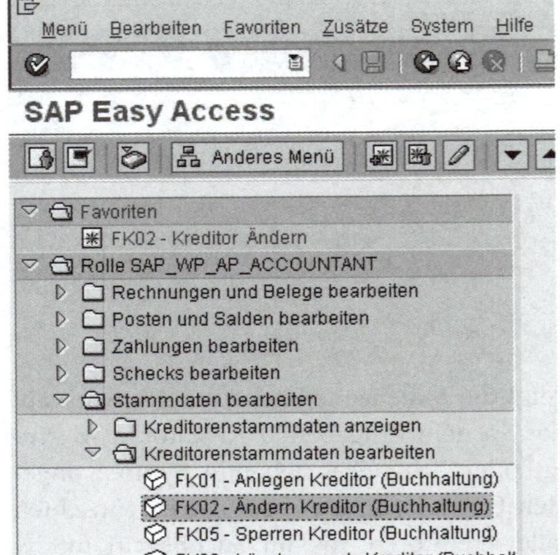

Benutzerstammsatz

Jeder Benutzer des SAP-Systems erhält, wie erwähnt, einen eigenen Benutzernamen, mit dem er sich am System anmelden muss, um arbeiten zu können. Mit dem Benutzernamen ist ein Benutzerstammsatz verbunden, der die persönlichen Informationen (wie Name, Adresse, etc.) des Benutzers sowie bestimmte benutzerspezifische Voreinstellungen (z.B. Standarddrucker, Vorschlagswerte für bestimmte Felder wie Buchungskreis etc.) enthält. Diese Voreinstellungen können in der Regel vom Benutzer selbst angepasst werden. Im Gegensatz dazu enthält der Benutzerstamm auch Angaben zu den Berechtigungen, die nicht selbst vom Benutzer verändert werden können.

4 Prozessbeschreibung der Fallstudie

4.1 Grundlegende Annahmen

Die Idee dieses Buches besteht darin, die Leser anhand typischer ausgewählter Geschäftsprozesse in die Funktionalität des SAP-Systems einzuführen. Hierbei sollen auch exemplarisch Beziehungen zwischen verschiedenen Prozessschritten aufgezeigt werden, um den integrativen Charakter des SAP ERP-Systems herauszustellen.

Um einen möglichst realitätsnahen Bezug herzustellen, sind die Verfasser von folgenden grundlegenden Annahmen ausgegangen.

- Als Unternehmenstyp wird ein deutsches IT-Dienstleistungsunternehmen mittlerer Größenordnung beschrieben, welches als GmbH eine juristische Rechtsform aufweist. Es wird im Buch durchgängig als „Musterfirma ICS GmbH" bezeichnet.
- Das Unternehmen ist in drei verwandten Sparten aktiv:
  - Hardware (Produktion und Verkauf von Computerhardware),
  - Software (Entwicklung, Test und Verkauf von Computersoftware),
  - Consulting (Prozessanalyse und -optimierung sowie die Unterstützung bei der Einführung und Implementierung von Soft- und Hardware).

Um zu vermeiden, dass zunächst umfangreiche Customizing-Einstellungen durchzuführen sind, wurde als Datenbasis die IDES-Modellfirma der SAP AG ausgewählt. Im Buch werden daher die Organisationselemente (Buchungskreise, Werke, Lagerorte u.a.m.) der IDES-Modellfirma genutzt.

Diese Vorgehensweise hat für Sie als Leser den großen Vorteil, dass Sie überall dort, wo ein IDES-System zur Verfügung steht, die Übungen dieses Buches ohne größere Customizing-Arbeiten nacharbeiten können. Bis auf die im Text vermerkten Angaben sind im Normalfall keine weiteren Einstellungen erforderlich.

4.2 Unternehmensprozessmodell

Das Unternehmensprozessmodell in Abb. 4.1 beschreibt die Kernprozesse des Unternehmens. Sie sind nach Sparten Hardware, Software und Consulting gegliedert. Die beiden Prozesse *Produktion und Verkauf von Hard- und Software* bzw. der Prozess *Consulting als Dienstleistung* werden in den Kapiteln 5 bzw. 6 ausführlich behandelt. Dort finden Sie auch weitere Erläuterungen zum Prozessmodell.

Abb. 4.1: Kernprozesse

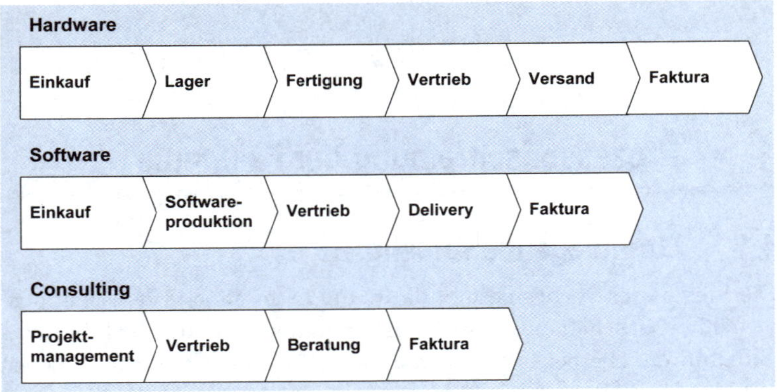

Hardware
Einkauf | Lager | Fertigung | Vertrieb | Versand | Faktura

Software
Einkauf | Software-produktion | Vertrieb | Delivery | Faktura

Consulting
Projekt-management | Vertrieb | Beratung | Faktura

Das Prozessmodell in Abb. 4.2 zeigt zwei ausgewählte und besonders wichtige Unterstützungsprozesse, nämlich die Prozesse *Personalmanagement* und *Rechnungswesen*. Die Teilprozesse des *Personalmanagements* werden im 7. Kapitel behandelt.

Die Teilprozesse *Controlling* und *Finanzbuchhaltung* des Unterstützungsprozesses *Rechnungswesen* werden im 8. Kapitel beschrieben. Auf die Teilprozesse *Anlagenbuchhaltung* und *Reisemanagement* wird nicht näher eingegangen, da sie für das grundsätzliche Systemverständnis nicht zwingend erforderlich sind.

Abb. 4.2: Unterstützungsprozesse

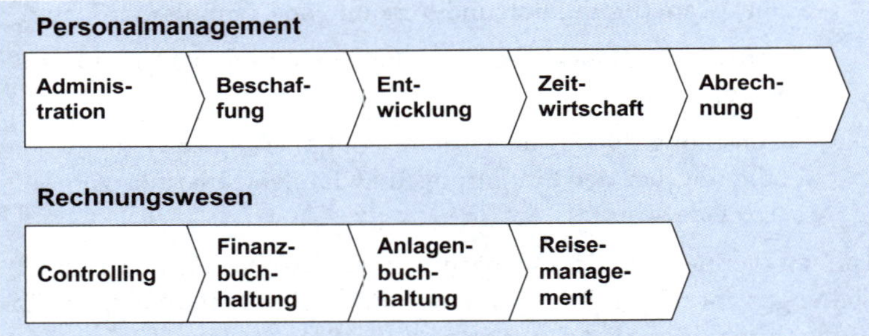

Auf weitere typische Unterstützungsprozesse (z. B. Informationsverarbeitung) wird hier verzichtet, da sie für das einführende Systemverständnis nicht zwingend erforderlich sind.

4.3 Produktion und Vertrieb von Computerhardware

4.3.1 Stammdaten und Vorbereitungen

In der Abb. 4.3 werden die für den Prozess Hardware notwendigen Stammdatenmanagementprozesse und weitere Vorbereitungen dargestellt.

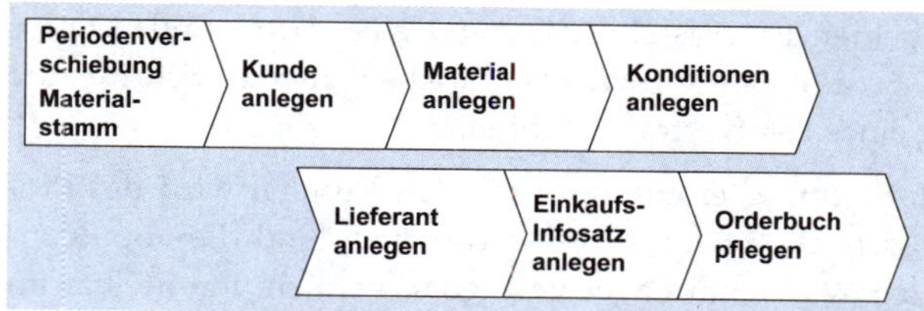

Abb. 4.3: Hardware – Stammdaten und Vorbereitungen

Der erste Prozessschritt *Periodenverschiebung Materialstamm* ist technisch in der Datenbankstruktur des SAP-Systems begründet. Ein Materialstamm enthält grob gesagt drei Felder für innerbetriebliche Verrechnungspreise: Vergangenheit, Aktuell und Zukunft. Da Verrechnungspreise sich auf einen bestimmten Zeitpunkt beziehen, muss der Zeitpunkt im Materialstamm mit der aktuellen Buchungsperiode übereinstimmen. In produktiven SAP-Systemen erfolgt der *Periodenwechsel* im Materialstamm monatlich, so dass hier i. d. R. keine Unstimmigkeiten mit dem realen Kalender auftreten. In Schulungssystemen, die oft zum Nacharbeiten der Übungen verwendet werden, ist nicht immer sichergestellt, dass die Buchungsperioden aktuell sind. Daher sollten Sie prüfen, ob dieser Schritt notwendig ist und ihn ggf. durchführen.

In den nächsten beiden Prozessschritten werden Kundenstammsätze bzw. Materialstammsätze für die Folgeübungen angelegt. Beim Anlegen der Materialstammsätze werden auch Stücklisten und Arbeitspläne für selbst produzierte Erzeugnisse angelegt. Sie gelten im SAP-System ebenfalls als Stammdaten.

Hinweis

Diese Übungen sollten Sie ggf. mehrmals durchführen, bis Sie im Umgang mit den komplexen Transaktionen sicher sind.

Im Prozessschritt *Konditionen anlegen* werden die Verkaufspreise und Preisstaffeln (bei Mengenabnahme etc.) unserer Erzeugnisse im System hinterlegt.

Die Prozessschritte *Lieferant anlegen, Einkaufsinfosatz anlegen, Orderbuch pflegen* dienen der Anlage der Lieferantenstammsätze und der Beschaffungspreise für Zukaufteile.

Im *Einkaufsinfosatz* wird ein *Artikelpreis* für ein Zukaufteil hinterlegt. Im *Orderbuch* wird festgelegt, bei welchem Lieferanten ein Artikel im Normalfall beschafft wird. Hier sind auch mehrere Alternativen hinterlegbar, z.B. 30% des Beschaffungsvolumens beim Lieferanten A, 70% beim Lieferanten B.

4.3.2 Geschäftsvorfälle

Das Prozessmodell in Abb. 4.4 gibt einen umfassenden Überblick über die Prozessschritte der Sparte Hardware. Der Prozess beginnt bei der Kundenanfrage und endet bei der Buchung der Kundenzahlung.

In den ersten beiden Prozessschritten *Anfrage bearbeiten* und *Angebot bearbeiten* wird der Pre-Sales-Prozess beschrieben, also die Schritte, die zu Anbahnung eines Kaufvertrages führen.

Für den Fall der Auftragserteilung durch den Kunden wird der Prozess im Prozessschritt *Auftrag anlegen* fortgesetzt. Sind die vom Kunden gewünschten Waren am Lager verfügbar, können unmittelbar im Anschluss daran die Folgeschritte *Lieferung* und *Warenausgabe*, *Faktura erstellen* und *Zahlung buchen* durchgeführt werden.

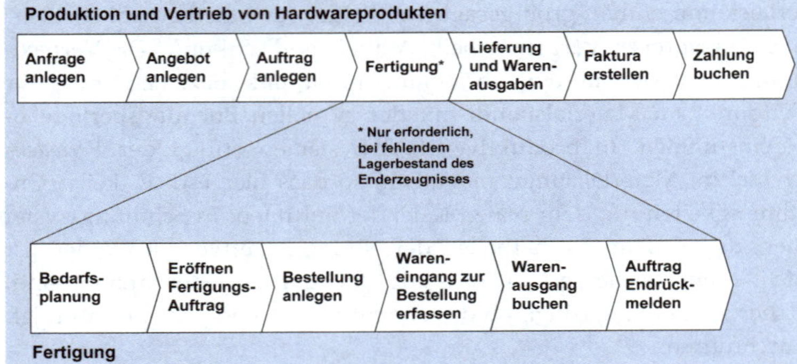

Abb. 4.4: Hardware – Geschäftsvorfälle

Für den Fall, dass fehlende Waren oder Komponente selbst gefertigt oder einzelne Teile bei Lieferanten beschafft werden müssen, tritt die in der Grafik eingeschobene Prozessfolge *Fertigung* in Kraft. Zunächst erfolgt hier die *Bedarfsplanung*. Auf der Grundlage der Fertigungsstückliste wird in diesem Prozessschritt überprüft, welche Einsatzmaterialen erforderlich sind. Dies wird mit dem aktuellen Lagerbestand und offenen Bestellungen beim Lieferanten und weiteren zu beliefernden Kundenaufträgen abgeglichen. Als Ergebnis erhält man den Nettobedarf, also die zu fertigenden bzw. beschaffenden Materialien.

Nach der Ermittlung der Nettobedarfe folgen weitere Prozessschritte. Zunächst werden Fertigungsaufträge eröffnet, aus denen hervorgeht, welche Materialien wann und in welcher Menge herzustellen sind. Für Zukaufteile sind Bestellungen bei Lieferanten anzulegen. Nach der Warenlieferung werden die Mengen dem Lagerbestand gutgeschrieben. Die Bereitstellung der Einsatzmaterialien für die Fertigung wird über Warenausgangsbuchungen (vom Rohstoff- oder Teilelager) nachvollzogen. Nach Abschluss der Fertigung der selbst herzustellenden Materialien wird der Auftrag abgeschlossen. Mit der Endrückmeldung ist der Fertigungsprozess abgeschlossen.

4.3.3 Reporting und Analyse

Im Rahmen des Prozesses *Fertigung und Verkauf von Computerhardware* fallen vielfältige Analysen an, die zum Teil auch ad hoc durchgeführt werden. Die Abb. 4.5 zeigt ausgewählte Analysen, die für diesen Prozess von besonderer Bedeutung sind.

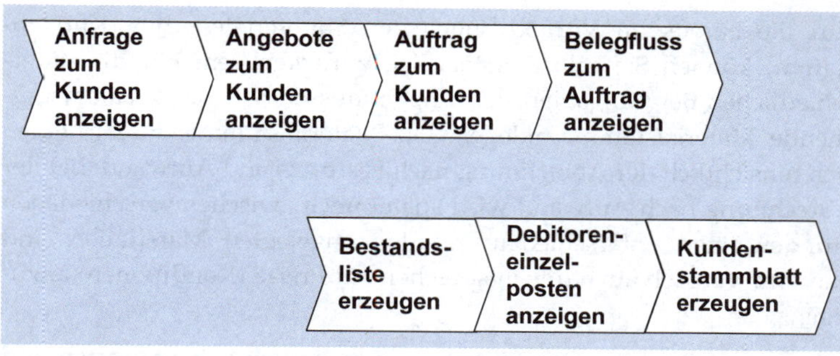

Abb. 4.5: Hardware – Reports und Analysen

In wesentlichen handelt es sich hierbei um Auswertungen von Anfragen, Angeboten und Aufträgen eines Kunden und auftragsbezogene Analysen des Werteflusses, von Lagerbeständen bzw. von Kundendaten.

4.3.4 Einstellungen

Abgesehen von umfangreichen Customizing-Einstellungen, die im Rahmen dieses Buches leider nicht behandelt werden können, fallen im laufenden Betrieb insbesondere die monatlichen Periodenverschiebungen an, die bereits im Rahmen der vorbereitenden Aktivitäten erläutert wurden (vgl. Abb. 4.6)

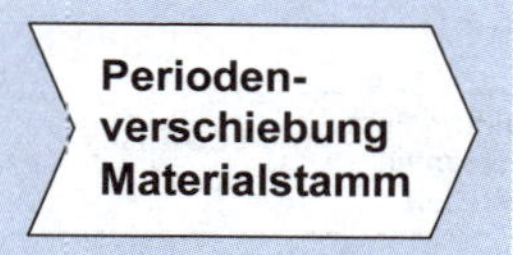

Abb. 4.6: Hardware – Einstellungen

4.4 Consulting als Dienstleitung

Zur Darstellung von Beratungsdienstleitungen werden wir in diesem Buch einen Ausflug in das SAP-Projektsystem unternehmen. Im Projektsystem sind sehr vielfältige Prozesse zum Projektmanagement vorhanden, die im Rahmen dieses Buches leider nicht vollständig behandelt werden können. Es werden aber die wichtigsten Grundfunktionen mit der Integration in die übrigen SAP-Module dargestellt.

4.4.1 Stammdaten und Vorbereitungen

Bevor Sie das Projekt im SAP-System anlegen und die Beratungsleistung in einem Kundenauftrag hinterlegen können, müssen erst einige Stammdaten angelegt werden. Eine Übersicht zu den vorbereitenden Schritten erhalten Sie in Abb. 4.7.

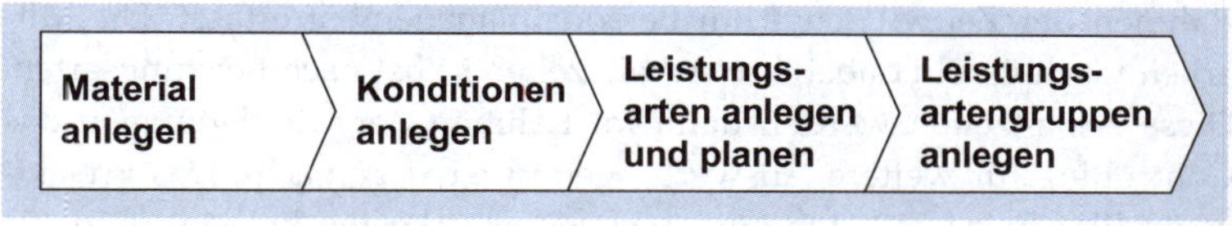

Material anlegen | Konditionen anlegen | Leistungs-arten anlegen und planen | Leistungs-artengruppen anlegen

Abb. 4.7: Consulting-Stammdaten und Vorbereitungen

Auf die bereits im Vorfeld angelegten Stammdaten (hier Kundenstamm) können Sie selbstverständlich zurückgreifen. Für die unterschiedlichen Beratungsdienstleistungen müssen Sie aber noch entsprechende Materialstämme anlegen. Die Materialstämme unterscheiden sich hinsichtlich der Abrechnung nach Festpreis und Aufwand. Bei der Abrechnung nach Aufwand wird später noch zwischen verschiedenen Stundensätzen unterschieden. Zu den angelegten Materialien sind dann im Vertrieb auch die entsprechenden Preise (Konditionen) anzulegen.

Für den aufwandsbezogenen Anteil müssen noch Leistungsarten und Leistungsartengruppen angelegt werden. Diese Stammdaten gehören zum Controlling und werden u.a. benötigt, um später die aufwandsbezogene Abrechnung zu realisieren.

4.4.2 Geschäftsvorfälle

Abb. 4.8 zeigt im Überblick die Prozessschritte zur Abwicklung von Beratungsprojekten im SAP-System. Der Prozess beginnt im SAP-Projektsystem, wo zunächst die Projektstruktur definiert wird. Anschließend teilt sich der Prozess in zwei Zweige. Der erste Zweig beschreibt die Vorgehensweise für den Festpreisanteil, und der zweite Zweig geht auf den aufwandsbezogenen Anteil ein.

Abb. 4.8: Consulting – Geschäftsvorfälle

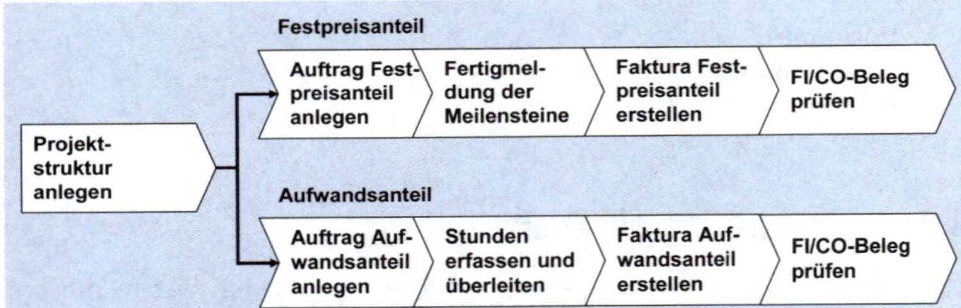

Zunächst ist im Vertrieb der Kundenauftrag anzulegen und mit den entsprechenden Elementen in der Projektstruktur zu verbinden. Dies gilt für beide Zweige, jedoch mit leicht unterschiedlichen Vorgehensweisen und anderen Inhalten.

Im Festpreisanteil sind dann die erledigten Meilensteine zu melden, damit die entsprechende Kundenrechnung erstellt werden kann. Um den ordnungsgemäßen Abschluss des Prozesses feststellen zu können, sollten die entstandenen Belege in der Buchhaltung und dem Controlling geprüft werden.

Im aufwandsbezogenen Anteil werden die erbrachten Stunden im Rahmen der Zeitwirtschaft im Personalmanagement erfasst. Die Mitarbeiter schlüsseln dabei ihre Arbeitszeiten selbst nach Leistungsarten. Diese Arbeitzeiten werden dann im Rahmen der Überleitung in das Controlling für weitere Auswertungen nutzbar gemacht. Das Projektcontrolling wird mit den entsprechenden Istkosten belastet, und für die Fakturierung werden die Beratungsstunden nach den Kategorien gesammelt. Nach der Erstellung der Kundenrechnungen können in der Buchhaltung und im Controlling die gebuchten Belege abschließend geprüft werden.

4.4.3 Reporting und Analyse

Die Reporting- und Analyseprozesse können je nach Arbeitsbereich sehr stark variieren. Auswertungen können im Vertrieb, in der Buchhaltung und im Controlling erfolgen. In diesem Buch werden nur einige ausgewählte Auswertungen aus dem Bereich des Projektcontrollings vorgestellt. Abb. 4.9 zeigt die Prozesse in der Übersicht.

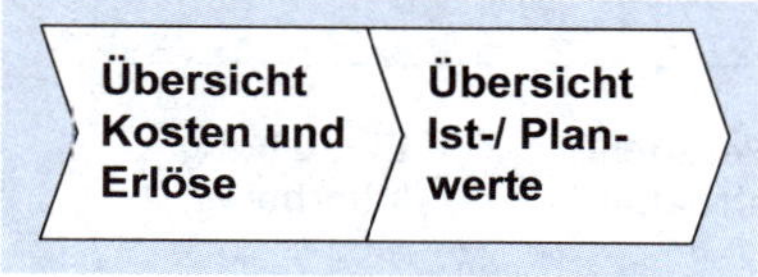

Übersicht Kosten und Erlöse	Übersicht Ist-/ Planwerte

Abb. 4.9: Consulting – Reports und Analysen

Die erste Analyse beschränkt sich auf die Zusammenstellung der Kosten und Erlöse des Projekts. Dort lassen sich auf den verschiedenen Strukturebenen des Projekts entsprechende Summen bilden.

Die zweite Analyse stellt den Istwerten des Projekts die Planwerte gegenüber und ermittelt die absoluten und relativen Abweichungen. Dies ist für den Projektmanager ein wichtiges Instrument, um zu jeder Zeit einen aktuellen Status seines Projekts zu erhalten.

4.4.4 Einstellungen

Für die Durchführung der Fallstudie sind in diesem Teil zwei Einstellungen im Customizing vorzunehmen. Die Einstellungen sind in der Abb. 4.10 dargestellt und müssen vor der Durchführung der Geschäftsvorfälle erfolgen.

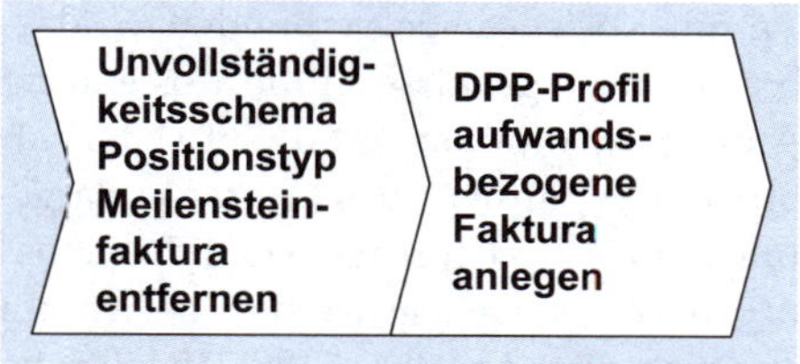

Unvollständigkeitsschema Positionstyp Meilensteinfaktura entfernen	DPP-Profil aufwandsbezogene Faktura anlegen

Abb. 4.10: Consulting – Einstellungen

Für die Meilensteinfaktura muss das Unvollständigkeitsschema des Positionstyps TAO entfernt werden und für die aufwandsbezogenen Fakturen ein DPP-Profil (dynamischer Posten-Prozessor-Profil) angelegt werden, das die besonderen Gegebenheiten der Fallstudie berücksichtigt. Hier werden die Leistungsartengruppen, die bei den Stammdaten angelegt wurden, für die spätere aufwandsbezogene Faktura zugeordnet.

4.5 Personal

Die Komponente HCM (Human Capital Management) umfasst alle personalwirtschaftlichen Prozesse, die in einem Unternehmen durchgeführt werden müssen. Im Rahmen des vorliegenden Buches werden die wichtigsten Prozesse beispielhaft dargestellt und in Form von Übungen nachvollzogen.

4.5.1 Stammdaten und Vorbereitungen

In Abb. 4.11 werden die für die Durchführung der Geschäftsprozesse im Personalmanagement notwendigen Vorbereitungen dargestellt.

Abb. 4.11: Stammdaten und Vorbereitungen für Personalprozesse

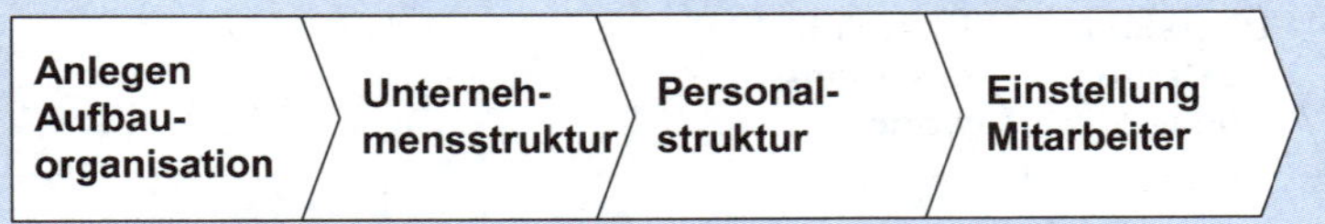

Zunächst muss mit Hilfe der Komponente Aufbauorganisation die aktuelle Organisations- und Berichtsstruktur unserer Musterfirma ICS GmbH abgebildet werden. Bei der Erstellung der unternehmensspezifischen Aufbauorganisation werden unterschiedliche Organisationsobjekte angelegt und miteinander verknüpft. Die Grundlage einer Aufbauorganisation bilden die so genannten Organisationseinheiten (z.B. Abteilungen oder Teams), deren Hierarchie den funktionalen Aufbau eines Unternehmens widerspiegelt. Zusätzlich werden Planstellen benötigt, d.h. die von Mitarbeitern zu besetzenden Positionen. Die Planstellen mit ihren Verknüpfungen bilden die Berichtsstrukturhierarchie ab. Nach dem Anlegen der Planstellen können Mitarbeiter eingestellt und zugeordnet werden, d.h. es erfolgt eine Verknüpfung zwischen den Mitarbeitern und den Planstellen. Darüber hinaus werden die Organisationseinheiten mit Kostenstellen verbunden, so dass u.a. eine Verbuchung der Abrechnungsergebnisse in die Kostenrechnung erfolgen kann. Die Aufbauorganisation kann entweder als Baumstruktur oder grafisch aufbereitet (in der Strukturgrafik) dargestellt werden. Zur Durchführung der Geschäftsprozesse im HCM muss keine komplett neue Aufbauorganisation angelegt werden, da wir auf die bereits vorhandene Aufbauorganisation der IDES-Modellfirma zurückgreifen können. Diese muss jedoch erweitert werden, so dass Sie eine neue Beratungsabteilung mit einigen Planstellen anlegen werden. Da diese Planstellen besetzt werden müssen, werden Sie nach der Erweiterung neue Mitarbeiter einstellen.

Bei der Einstellung werden die neuen Mitarbeiter zusätzlich in die Unternehmens- und Personalstruktur eingebunden. Im Rahmen der Unternehmensstruktur erfolgt eine Strukturierung der Firma nach personaladministrativen, personalzeitwirtschaftlichen und personalabrechnungsorganisatorischen Gesichtspunkten. Dies ist notwendig, da an den verschiedenen Standorten des Unternehmens i.d.R. unterschiedliche gesetzliche, tarifliche sowie unternehmensspezifische Regelungen gelten. Zusätzlich werden die Mitarbeiter im Rahmen der Personalstruktur bezüglich ihres Status, d.h. ihrer Stellung im Unternehmen strukturiert (z.B. Angestellte, Auszubildende, Außertariflich Angestellte). Da mit der Erstellung der Unternehmens- und Personalstruktur komplexe Customizing-Aktivitäten verbunden sind, die gleichzeitig umfangreiche Auswirkungen auf alle Geschäftsprozesse im Personalmanagement haben, werden für die durchzuführenden Geschäftsprozesse die in der IDES-Modellfirma bereits vorhandenen Strukturen genutzt.

4.5.2 Geschäftsvorfälle

Abb. 4.12 gibt einen Überblick über die einzelnen Teilprozesse im Personalmanagement.

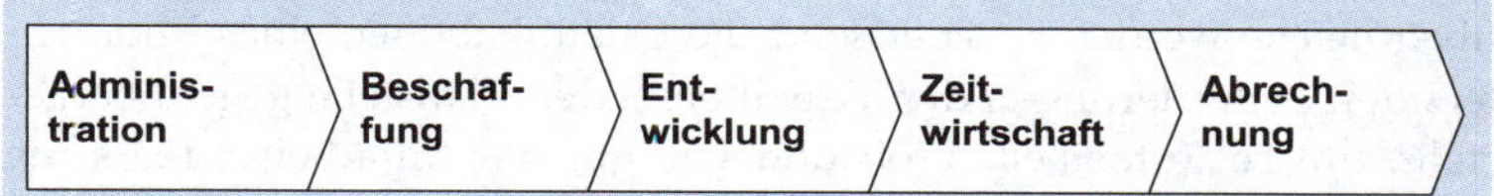

Abb. 4.12: Prozess Personalmanagement

Chronologisch gesehen ist der Personalbeschaffungsprozess als Einstieg in das Personalmanagement zu betrachten. Da aber bei den Vorbereitungen bereits Mitarbeiter eingestellt wurden, beginnen die Geschäftsprozesse hier mit der Personaladministration. Im Rahmen der Personaladministration werden die grundlegenden personalwirtschaftlichen Vorgänge bei der Stammdatenverwaltung beschrieben. Dazu gehören z.B. ein organisatorischer Wechsel, eine Gehaltserhöhung oder der Austritt eines Mitarbeiters, sowie kleinere Änderungen wie der Wechsel einer Bankverbindung oder eine Adressänderung.

Mittels der Komponente Personalbeschaffung (vgl. Abb. 4.13) wird neues Personal rekrutiert. Dabei wird der komplette Personalbeschaffungsprozess von der Ersterfassung der Bewerberdaten bis zur Besetzung der vakanten Planstelle unterstützt. Zunächst sind dafür personalwerbende Aktivitäten notwendig, wie z.B. die Ausschreibung einer Vakanz über unterschiedliche Medien. Die daraufhin im Unternehmen eingehenden Bewerbungen bilden – gemeinsam mit den Spontanbewerbungen – die Basis für den Auswahlprozess. Im Rahmen des Auswahlprozesses erfassen Sie alle relevanten Daten eines Bewerbers, laden den Bewerber zum Vorstellungsgespräch ein und stellen ihn schließlich als neuen Mitarbeiter ein.

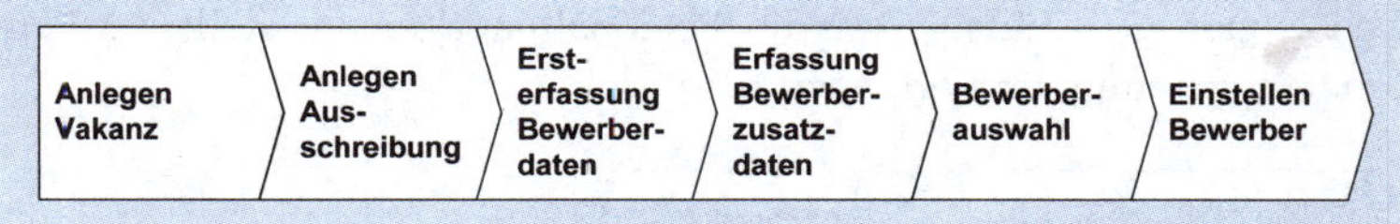

Abb. 4.13: Prozess Personalbeschaffung

Im Rahmen der Komponente Personalentwicklung soll der qualitative Personalbedarf des Unternehmens gedeckt werden (vgl. Abb. 4.14).

Abb. 4.14: Prozess Personalentwicklung

Zunächst muss ein Qualifikationskatalog vorhanden sein, in dem alle Kenntnisse und Kompetenzen verwaltet werden, die für das Unternehmen von Bedeutung sind. Hier greifen wir auf den Qualifikationskatalog des IDES-Systems zurück. Danach müssen für die einzelnen Planstellen Anforderungsprofile hinterlegt werden, in denen genau festgelegt wird, welche Fähigkeiten und Kenntnisse vom jeweiligen Inhaber in welcher Ausprägung benötigt werden. Zusätzlich müssen für die Mitarbeiter Qualifikationsprofile hinterlegt werden, die den aktuellen Qualifizierungsstand widerspiegeln. Über so genannte Profilvergleiche werden anschließend die Qualifikationen eines Mitarbeiters den Anforderungen der aktuell besetzten Planstelle gegenübergestellt, um so festzustellen, ob und wie gut der Mitarbeiter für seine Position geeignet ist. Auf der Basis der angelegten Profile werden danach Laufbahn- und Nachfolgeplanungen durchgeführt. Mit der Laufbahnplanung werden mögliche Karriereziele für die Mitarbeiter identifiziert, d.h. deren berufliche Laufbahn geplant. Mit Hilfe der Nachfolgeplanung wird sichergestellt, dass Kandidaten zur Wiederbesetzung von offenen Positionen verfügbar sind.

Voraussetzung für die Durchführung von Prozessen in der Personalzeitwirtschaft ist das Vorhandensein von Arbeitszeitplänen, denen die Mitarbeiter zugeordnet sein müssen (vgl. Abb. 4.15).

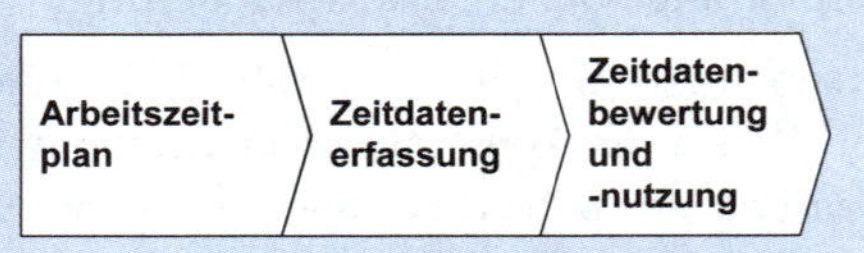

Abb. 4.15: Prozess Personalzeitwirtschaft

Wir verwenden bereits im IDES-System vorhandene Arbeitszeitpläne. Die Arbeitszeiten der Mitarbeiter (insbesondere die Abweichungen vom Arbeitszeitplan, wie z.B. Urlaub, Krankheit, Dienstreisen, Vertretungen) müssen erfasst werden, damit sie sowohl im Rahmen der Zeitwirtschaft (z.B. zur Führung von Gleitzeitkonten), wie auch in anderen Komponenten (z.B. Personalabrechnung, Kapazitätsplanung) verwendet werden können.

Den letzten Geschäftsprozess im Personalmanagement stellt die Personalabrechnung dar (vgl. Abb. 4.16).

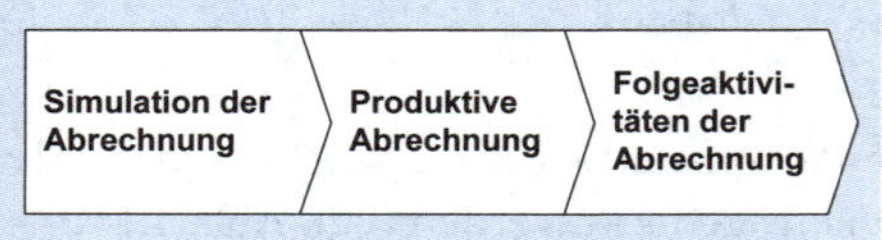

Abb. 4.16: Prozess Personalabrechnung

Hier wird das Entgelt für die geleistete Arbeit der Mitarbeiter berechnet. Zusätzlich wird eine Reihe von Folgeaktivitäten durchgeführt, wie z.B. die Erstellung des Entgeltnachweises für die Mitarbeiter, sowie die Überleitung der Abrechnungsergebnisse in das Rechnungswesen.

4.5.3 Reporting und Analyse

Im Personalmanagement müssen regelmäßig vielfältige mitarbeiterbezogene Auswertungen und Analysen erstellt werden. Dazu gehören z.B. Mitarbeiterlisten, die anhand verschiedenster Kriterien erstellt werden müssen, verschiedene Statistiken, Personalbestandsentwicklungen und ähnliches. Es werden die unterschiedlichen Möglichkeiten dargestellt, die zur Auswertung der Personaldaten im SAP-System zur Verfügung stehen.

4.5.4 Einstellungen

Die für die Durchführung der personalwirtschaftlichen Prozesse notwendigen Customizing-Aktivitäten würden den Rahmen dieses Buches sprengen, und können daher nicht behandelt werden. Basis sind somit die Customizing-Einstellungen des IDES-Systems.

4.6 Controlling

4.6.1 Stammdaten und Vorbereitungen

In Abb. 4.17 werden die beiden wesentlichen Stammdatenprozesse für das Controlling aufgeführt: *Kostenstelle und Innenauftrag anlegen.*

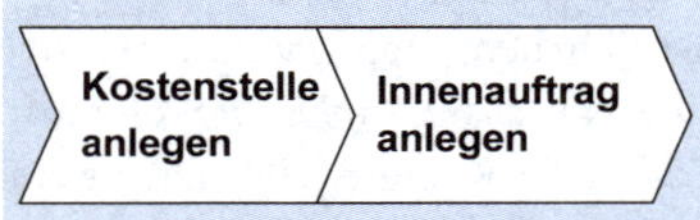

Abb. 4.17: Stammdaten für Controlling-Prozesse

Kostenstellen sind betriebliche Verantwortungsbereiche für Kosten und zum Teil auch Erlöse. Eine Kostenstelle kann für eine einzelne Maschine, eine Abteilung oder auch für einen größeren betrieblichen Bereich gebildet werden. Die Kostenstellenstruktur orientiert sich in vielen Betrieben an der Aufbauorganisation des Unternehmens, d. h. am Organigramm.

Der *Kostenstellenstammsatz* hat für einen begrenzten Zeitraum (i.d.R. ein Jahr) Gültigkeit und nimmt sowohl Plandaten (Plankosten, Planerlöse, Planleistungsmengen), als auch Istdaten (Rechungsbuchungen, Leistungsverrechungen u.a. m.) auf.

Innenaufträge dienen der Sammlung und Weiterverrechnung von Kosten und Erlösen von ausgewählten Objekten eines Unternehmens. Dies können z. B. Kostensammler für Reparaturen, die Entwicklungskosten einer Fertigungsanlage oder eines Softwareprojektes sein. In Frage kommen aber auch Kunden- oder Fertigungsaufträge oder Investitionen über einen mehrjährigen Zeitraum. Aufträge sind die Grundlage für die Planung und Verrechnung von objektbezogenen Kosten- und Erlösen. Die Anzahl der Aufträge ist in einem Unternehmen i.d.R. deutlich höher als die Zahl der Kostenstellen.

4.6.2 Geschäftsvorfälle

Der Planungs- und Abrechnungsprozess im Controlling wird in seinen wesentlichen Punkten in der Abb. 4.18 als Wertschöpfungskettendiagramm beschrieben.

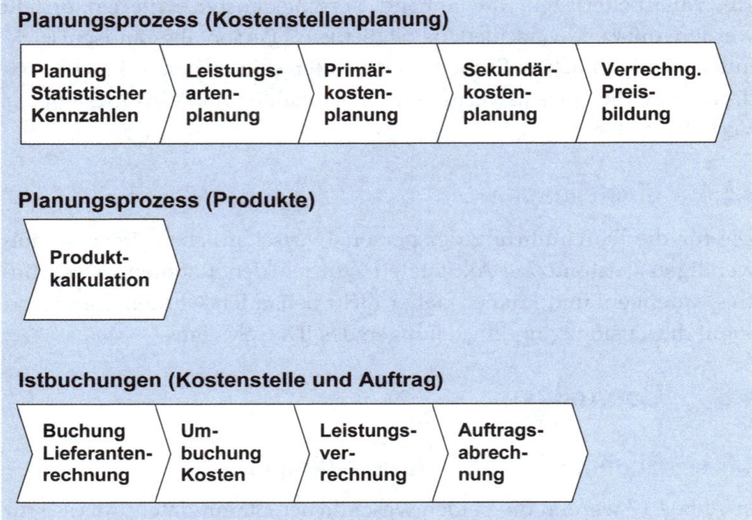

Abb. 4.18: Prozesse im Controlling

Von zentraler Bedeutung ist vor allem der Prozess der *Kostenstellenplanung*, die in den Unternehmen meist jährlich, beginnend im August/September durchgeführt wird. Die *Kostenstellenplanung* beginnt mit der *Planung von statistischen Kennzahlen* je Kostenstelle. Dies sind z.B. Angaben über Mitarbeiterzahlen, Bürofläche, Telefonausstattung u.a.m. Diese Angaben dienen entweder rein statistischen Zwecken, können aber auch für die Kostenverrechnung verwendet werden (z.B. Verrechnung der Raummiete nach belegter Grundfläche).

Als nächstes beginnt die *Leistungsartenplanung* je Kostenstelle. Hier wird festgelegt, welchen mengenmäßigen Output eine Kostenstelle im Planjahr erzielen soll. Dies kann z.B. die Anzahl der Maschinenstunden bei einer Fertigungskostenstelle sein oder die Menge der Elektrikerstunden auf einer Handwerkerkostenstelle.

Anschließend werden die *Primärkosten geplant*. Hierunter sind von außen auf das Unternehmen zukommende Kosten (Formulierung?) (z.B. Energierechnung eines Stromlieferanten) zu verstehen. Hieran schließt sich die Planung der Sekundärkosten an. Darunter sind die innerbetrieblich verteilten Kosten zu verstehen (z.B. Stromkostenumlage).

Sind alle Kosten ermittelt, können die Kostensätze bzw. Verrechnungspreise der Kostenstellen ermittelt werden (Gesamtkosten dividiert durch die Gesamtleistungsmenge).

Daneben erfolgt im Planungsbereich insbesondere die Planung der Produktkosten (Produktkalkulation).

Im laufenden Betrieb fallen *Istkosten* an, die sich in Form von Kosten- und Erlösbuchungen auf den Kostenstellen und Aufträgen niederschlagen. Insbesondere fallen *Istkostenbuchungen* auf Kostenstellen und Aufträge sowie *Umbuchungen* von Kosten oder Erlösen an.

Ein weiterer wichtiger Punkt sind die *Erfassung und Bewertung von Leistungsmengen* auf Kostenstellen und Aufträgen. Dies können z.B. die geleisteten Fertigungsstunden für einen Auftrag sein oder die Anzahl der tatsächlich angefallenen Programmierstunden für ein Softwareentwicklungsprojekt.

4.6.3 Reporting und Analyse

Im Controlling fallen vielfältige Auswertungen und Analyseaufgaben an. Sie alle aufzuzählen würde den Rahmen dieses Kapitels sprengen. Von besonderer Bedeutung sind die in Abb. 4.19 aufgeführten Auswertungen der Kostenstellen, Aufträge sowie Kalkulationen.

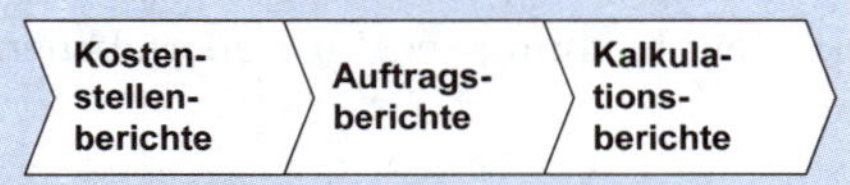

Abb. 4.19: Auswertungen im Controlling

Die Auswertungen können sich auf Planwerte, Istbuchungen und auch auf Abweichungen sowie Perioden- und Objektvergleiche beziehen. So kann z.B. ein Vergleich der Fertigungskostenstellen an verschiedenen Standorten erfolgen oder eine Gegenüberstellung von verschiedenen Kundenaufträgen.

4.6.4 Einstellungen

Im Rahmen der Einführung einer Kostenrechnung sind umfangreiche Festlegungen erforderlich, die sich auch in den Informationssystemen niederschlagen. Insbesondere sind Kostenarten und Berichtsstrukturen (z.B. Aufbau des Kostenstellenberichts) festzulegen und Kontierungsvorschriften zu erstellen.

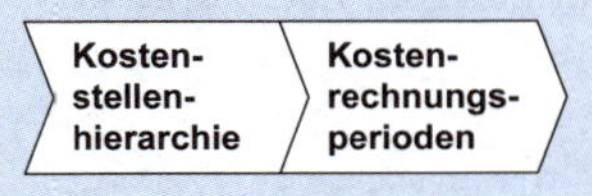

Abb. 4.20: Laufende Einstellungen im Controlling

In der Abb. 4.20 sind zwei ausgewählte laufende Einstellungen aufgeführt, die im Rahmen des SAP-Einsatzes von besonderer Bedeutung sind. Sämtliche Kostenstellen müssen in mindestens eine Kostenstellenhierarchie eingefügt werden. Dies ist deshalb erforderlich, damit ein hierarchisches Berichtswesen möglich ist und die Gesamtkosten des Unternehmens ermittelt werden können.

Kostenrechnungsrelevante Buchungen werden in jahresbezogene Buchungsperioden (Januar, Februar, usw.) untergliedert. Um zu verhindern, dass völlig frei in Buchungsperioden gebucht wird, ist es erforderlich, nur gewünschte Perioden zu öffnen bzw. zu sperren. Diese Funktion wird laufend je nach Bedarf ausgeführt. Insbesondere werden abgeschlossene Perioden geschlossen und freigegebenen Perioden geöffnet.

4.7 Finanzbuchhaltung

4.7.1 Stammdaten und Vorbereitungen

Die Finanzbuchhaltung hat die Aufgabe, die realen Geschäftsvorfälle im Unternehmen (z. B. Käufe von Waren, Gehaltszahlungen, Verkauf von Produkten) aufzuzeichnen und entsprechend den gesetzlichen Vorschriften systematisch zu gliedern. Zahlreiche landesspezifische Vorschriften sind daher zu beachten. Bevor ein Buchhaltungssystem operativ genutzt werden kann, müssen umfangreiche Festlegungen getroffen und im System eingestellt werden. Dieser Vorgang wird bekanntlich auch als Customizing bezeichnet.

Da im Rahmen dieses Buches die Einstellungen des IDES-Systems der SAP AG verwendet werden, ist es nicht nötig, z. B. einen Kontenplan festzulegen und Buchhaltungskonten, Buchungsregeln, Steuertabellen u.a. anzulegen.

Allerdings ist es erforderlich, Stammdaten für Lieferanten (Kreditorenstamm), Kunden (Debitorenstamm) und ggf. auch Bankdaten (Bankenstamm) anzulegen. Diese zentralen Teilprozesse sind in Abb. 4.21 hinterlegt.

Abb. 4.21: Stammdaten der Finanzbuchhaltung

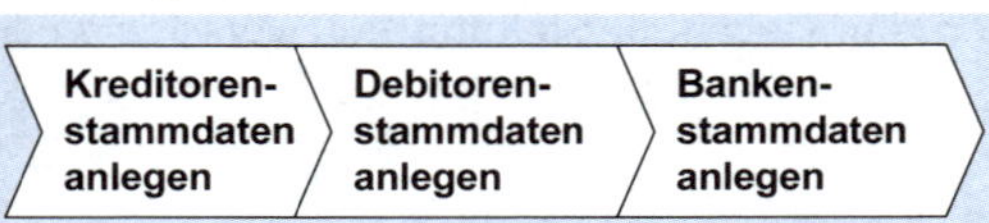

Im Prozess *Fertigung und Verkauf von Computerhardware* werden Stammsätze für Lieferanten und Kunden angelegt. Hierbei werden auch die für die Buchhaltung erforderlichen Datenfelder (z.B. Bilanzkonten) gepflegt. Es ist aber auch möglich, aus Sicht der Buchhaltung Stammsätze anzulegen und später die aus Sicht der Logistik notwendigen Felder (z.B. Lieferanschrift, Lieferbedingungen) nachzupflegen.

4.7.2 Geschäftsvorfälle

Die Prozesse der Finanzbuchhaltung sind komplex. Im Rahmen dieser integrierten Einführung werden daher nur die wesentlichen Buchungsprozesse, die sich aus operativen Geschäftsvorfällen (z. B. Verkauf von Produkten, Beschaffung von Materialien oder Dienstleistungen) ergeben, behandelt (vgl. Abb. 4.22).

Abb. 4.22: Buchungsprozesse der Finanzbuchhaltung

Der Teilprozess *Belege buchen* umfasst vielfältige Buchungsvorgänge. Beispiele sind Eingangsrechnungen von Lieferanten, Gutschriften, Ausgangsrechnungen an Kunden.

Da in einer Buchhaltung alle Vorgänge nachvollziehbar sein müssen, dürfen keine Buchungen nachträglich geändert oder gelöscht werden. Die Vorschriften des Handelsgesetzbuches, des Steuerrechtes und weitere Normen verbieten nachträgliche Manipulationen. Sie sind als Grundsätze ordnungsgemäßer Buchführung bekannt.

Der Teilprozess *Beleg stornieren* beschreibt die wertmäßige Neutralisierung von Buchungen, die fehlerhaft sind und deshalb korrigiert werden müssen. Diese Korrektur erfolgt durch Gegenbuchungen, die den fehlerhaften Vorgang wertmäßig neutralisieren, den Vorfall selbst aber nachvollziehbar belassen.

Der Teilprozess *Zahlungslauf* beschreibt einen typischen komplexen Vorgang der Finanzbuchhaltung, den Ausgleich aller fälligen Verbindlichkeiten (z.B. Rechnungen von Lieferanten).

Im Normalfall strebt ein Unternehmen an, Rechnungen an Kunden automatisch im Zusammenhang mit der Fakturierung zu buchen. In Sonderfällen sind jedoch auch manuelle Buchungen erforderlich. Dies wird im Prozess *Rechnung manuell buchen* beschrieben.

Der *Mahnlauf* ist ein weiterer komplexer Vorgang. In diesem Prozess werden die Forderungen des Unternehmens auf Fälligkeit überprüft und ggf. Erinnerungsschreiben, Mahnbriefe bzw. Unterlagen für das gerichtliche Mahnverfahren erstellt.

Auf die Behandlung spezieller Buchhaltungsprozesse, wie z.B. Sonderbuchungen für den Monats- oder Jahresabschluss wird verzichtet, da hierzu detaillierte Buchhaltungs- und Bilanzierungskenntnisse erforderlich sind, die nicht allgemein vorausgesetzt werden können.

4.7.3 Reporting und Analyse

Die Anzahl der Auswertungen und Reports im Bereich der Buchhaltung ist naturgemäß hoch, da das Rechnungswesen vor allem auf Auswertungen angewiesen ist.

Abb. 4.23: Auswertungsprozesse in der Buchhaltung

Daher werden in Abb. 4.23 nur die zentralen Prozesse aufgeführt: , die für das grundsätzliche Verständnis erforderlich sind: Kontenanalysen,

Konten- und Saldenlisten sowie die Abschlussauswertungen für die Bilanz- und Gewinn- und Verlust-Rechnung (GuV).

4.7.4 Einstellungen

Im Rahmen der laufenden Aktivitäten der Buchhaltung sind zahlreiche Einzelaufgaben durchzuführen, von denen hier nur einige wenige ausgewählt wurden (vgl. Abb. 4.24).

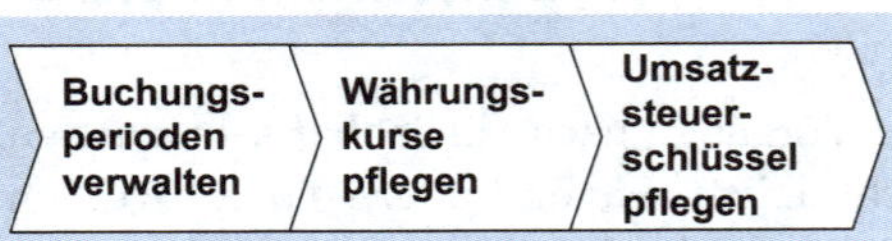

Abb. 4.24: Ausgewählte laufende Arbeiten der Finanzbuchhaltung

So müssen analog dem Verfahren in der Kostenrechnung *Buchungsperioden geöffnet und gesperrt* werden. Bei internationalen Geschäften fallen Fremdwährungsbuchungen an. Für die Umrechnung der Belege ist eine *Währungskurstabelle zu pflegen*. Gelegentlich sind auch Eingriffe in das Customizing des SAP-Systems erforderlich, wenn sich grundlegende Rahmenbedingungen ergeben, wie z.B. Änderungen im Umsatzsteuerrecht. Deshalb wird im Rahmen dieses Buches exemplarisch eine Umsatzsteuererhöhung und ihre Auswirkungen auf die Systemeinstellungen behandelt.

5 Produktion und Vertrieb von Hardware-Produkten

5.1 Stammdaten und Vorbereitungen

Für den Prozess „Vertrieb und Produktion von Hardwareprodukten“ der ICS GmbH müssen vorab einmalig Stammdaten angelegt werden, u.a. ein Kundenstammsatz, ein Materialstammsatz mit Stückliste und Arbeitsplan für ein Fertigerzeugnis, ein Konditionensatz für die Preisfindung im Vertrieb, Einkaufsinfosätze und Orderbucheinträge für den automatisierten Einkauf von Einsatzmaterialien.

Unter Umständen muss bei selten genutzten Systemen noch die Periode im Materialstamm auf einen aktuellen Wert „verschoben“ werden. Dies ist erforderlich, damit Lagerbewegungen mit realistischen Kalenderwerten möglich sind, da logistische Buchungen nur in die laufende und die nächste Periode möglich sind.

Die Vorbereitungen sollten möglichst in der angegebenen Reihenfolge abgearbeitet werden, wenngleich die Reihenfolge nicht in allen Details zwingend ist.

Das Wertschöpfungskettendiagramm der Musterfirma ICS GmbH in Abb. 5.1 zeigt die notwendigen Prozessschritte unter Angabe der SAP-Transaktionscodes, mit der die notwendigen Programme direkt aufgerufen werden können.

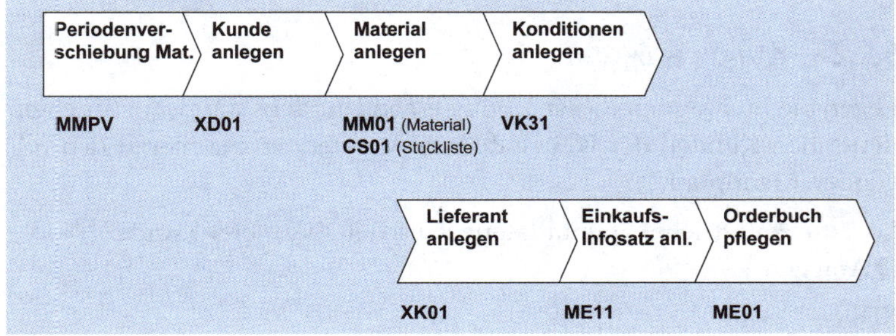

Abb. 5.1: Vorbereitende Prozess-Schritte

5.1.1 Periodenverschiebung Materialstamm

Übung: Periode verschieben

Die Durchführung dieser Übung sollte zuvor mit dem jeweiligen Systemverantwortlichen abgeklärt werden, da sich der Programmlauf auf alle Benutzer im System auswirkt.

Menüpfad

Logistik ➔Materialwirtschaft➔Materialstamm➔Sonstige

Transaktion

MMPV – Periode verschieben

Erfassen Sie in der Startmaske (vgl. Abb. 5.2) folgende Werte:

- Ab Buchungskreis = 1000,
- Bis Buchungskreis = 1000,
- kommende Periode (=Monat/Jahr).

Lassen Sie das Programm vorsichtshalber zunächst nur mit der Einstellung „Periode nur prüfen" laufen (Wählen Sie *ausführen*). Wenn keine Fehlermeldung erfolgt, können Sie das Programm erneut mit den Parametern *Prüfen und verschieben* ausführen. Anschließend erfolgt eine Quittierung des Systems mit dem Text *Buchungskreis 1000 umgesetzt* unter Angabe der gewählten Periode.

Abb. 5.2: MPPV Periodenverschiebung Materialstamm © SAP AG

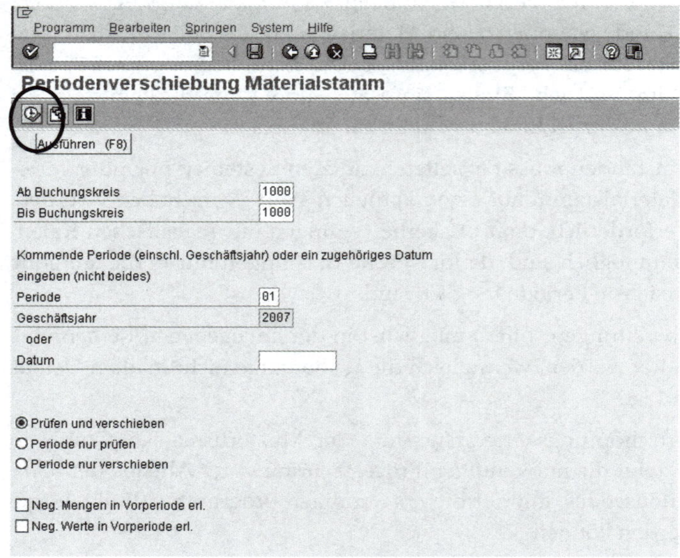

5.1.2 Kunde anlegen

Übung: Kundenstamm anlegen

Legen Sie im Rahmen dieser Übung einen Kundenstammsatz für einen deutschen Kunden der ICS GmbH an. Verwenden Sie hierzu den folgenden Menüpfad.

Menüpfad

Logistik➔Vertrieb➔Stammdaten➔Geschäftspartner➔Kunde ➔Anlegen

Transaktion

XD01 – Gesamt

Mit Hilfe der Transaktion *XD01* können sämtliche Datenbereiche des Kundenstamms, also Vertriebs- und Buchhaltungsdaten in einem Durchgang angelegt werden. Prinzipiell ist auch die Transaktion *VD01 – Vertrieb* möglich, dann müssten Sie jedoch später die Buchhaltungsdaten mit *XD01* bzw. *FD01* nachpflegen.

Hinweis

Der Kundenstamm enthält zahlreiche Datenfelder. Für die Übungen in diesem Buch müssen Sie nur ausgewählte Felder pflegen.

Nach dem Aufruf der Transaktion gelangen Sie in das Startbild (vgl. Abb. 5.3). Wählen Sie beim Datenfeld *Kontengruppe*: *Debitor allgemein* aus. Die *Kontengruppe* steuert u.a. die Nummernvergabe und später den Maskenaufbau bei der Erfassung von Rechnungen. Sie legt z.B. fest, ob ein Feld nur angezeigt wird, geändert werden kann, oder ob es als Mussfeld ausgefüllt werden muss.

Den Schlüsselbegriff (Kontonummer) für den Debitor können Sie beliebig alpha-numerisch festlegen, z.B. *Ihr Name GmbH*). Als *Buchungskreis* legen Sie *1000* fest. Für den *Vertriebsbereich* gelten folgende Werte:

- Verkaufsorganisation = 1000 Deutschl. Frankfurt,
- Vertriebsweg = 10 Endkundenverkauf,
- Sparte = 00 Spartenübergreifend.

Als *Vorlage* für den Debitor tragen Sie bitte den Wert *1000* ein. Der Debitor ist bereits vorhanden. Er enthält Musterdaten, die zur Vereinfachung in den Stammsatz kopiert werden.

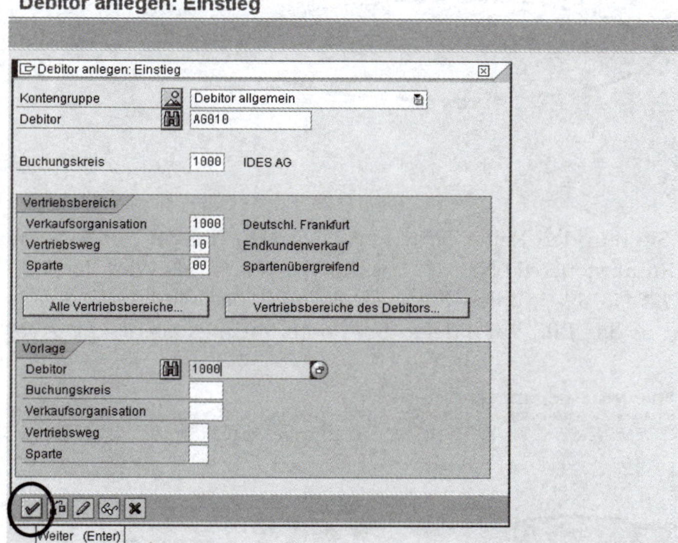

Abb. 5.3: XD01 Startbild © SAP AG

Notieren Sie die Debitorennummer (Kundennummer) für die späteren Übungen. Bestätigen Sie ihre Eingabe mit *Enter*. Den Hinweis *Die Kontengruppe der Vorlage ist Auftraggeber* müssen Sie mit *Enter* quittieren. Auf dem nächsten Bild (vgl. Abb. 5.4) erfassen Sie die Adressdaten des Kunden. Wählen Sie beliebige Angaben für *Name, Suchbegriff, Ort, Straße* und *Postleitzahl*.

Suchbegriff

Wählen Sie den Namen und den Suchbegriff so, dass Sie ihn sich leicht merken können. Dies erleichtert die spätere Suche nach der Kundennummer, falls diese verloren geht.

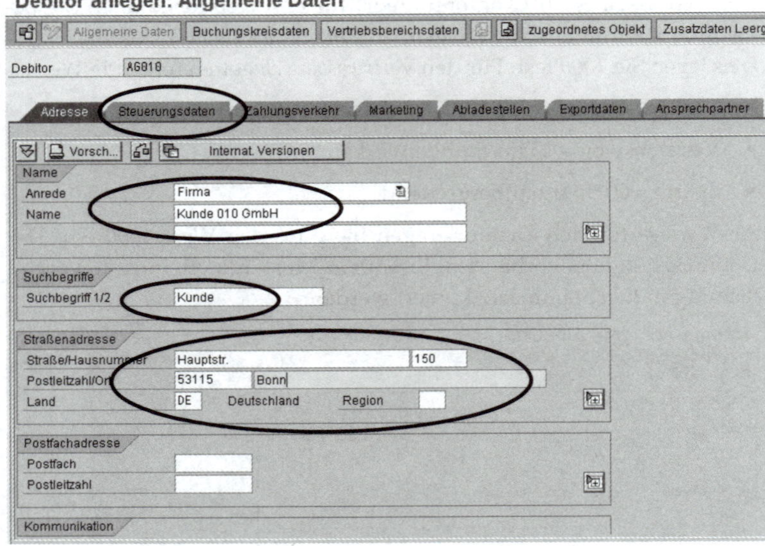

Abb. 5.4: XD01 Adressdaten © SAP AG

Wählen Sie nun den Reiter *Steuerungsdaten*. Auf diesem Bild ist eine fiktive Umsatzsteuer-ID-Nr. zu erfassen. Wählen Sie als Wert den Eintrag *DE123456789*. Wählen Sie anschließend *Buchungskreisdaten*. Sie gelangen in das Bild zur Pflege der Kontoführungsdaten (vgl. Abb. 5.5).

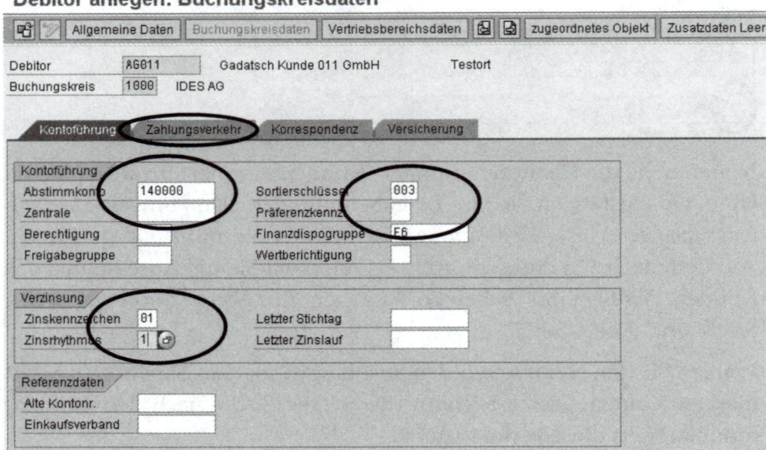

Abb. 5.5: XD01 Kontoführung © SAP AG

Tragen Sie in das Feld *Abstimmkonto* den Wert *140000* (=Debitoren-Ford. Inl.) ein. Der *Sortierschlüssel 003* bewirkt, dass die Buchungsdaten (Rechnungen, Gutschriften, Zahlungen etc.) im Buchhaltungskonto nach Datum sortiert aufgelistet werden. Tragen Sie im Feld *Finanzdispogruppe* den Wert *E6* für *Großhandel* ein. Wählen Sie anschließend den Reiter *Zahlungsverkehr*.

Verzinsung

Die Einträge *01* im Feld *Zinskennzeichen* bzw. *1* für *Zinsrhythmus* bewirken eine monatliche Verzinsung offener Posten (d.h. nicht gezahlter Verbindlichkeiten).

Zahlwege

Im Bild *Zahlungsverkehr* (vgl. Abb. 5.6) sind die Zahlwege *S* und *U* (*Scheck* und *Überweisung*) sowie die Zahlungsbedingung *ZB01* (*Sofort zahlbar ohne Abzug*) zu erfassen.

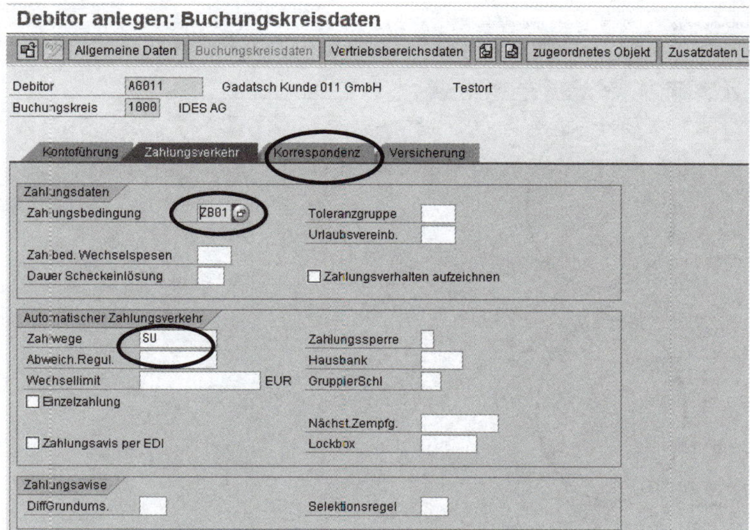

Abb. 5.6: XD01 Zahlungsverkehr © SAP AG

Wählen Sie anschließend *Korrespondenz* (vgl. Abb. 5.7). Dort tragen Sie im Feld *Mahnverfahren* den Wert *0001* ein. Dies bewirkt im Rahmen des maschinellen Mahnlaufes eine 14-tägige Mahnung des Kunden, falls er seine Rechnungen nicht zeitgerecht bezahlt.

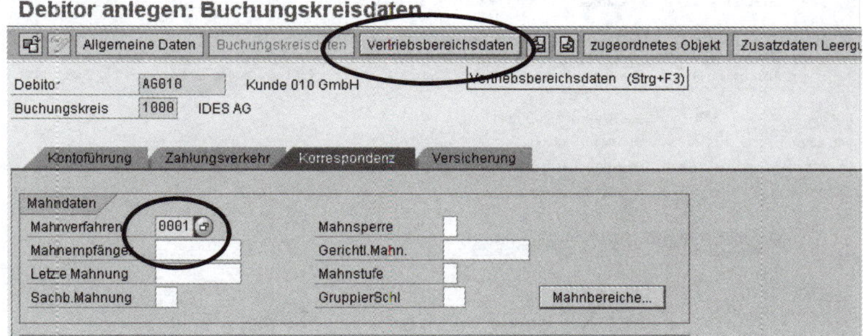

Abb. 5.7: XD01 Korrespondenz © SAP AG

Damit sind die allgemeinen Adressdaten des Kunden sowie die speziellen Buchhaltungsdaten erfasst. Wählen Sie anschließend oben im Bild den Menüpunkt *Vertriebsbereichsdaten*. Dort (vgl. Abb. 5.8) müssen weitere Angaben erfasst werden, die für die korrekte Auftragsabwicklung erforderlich sind:

- Kundenbezirk = DE0020 Westdeutschland,
- Verkaufsbüro = 1000 Büro Frankfurt,
- Verkäufergruppe = 100 Anton,
- Kundengruppe = 10 Privatkunde,
- Preisgruppe = 01 Großabnehmer,
- Kundenschema = 1 Standard,
- Preisliste = 01 Großhandel.

Abb. 5.8: XD01 Verkauf © SAP AG

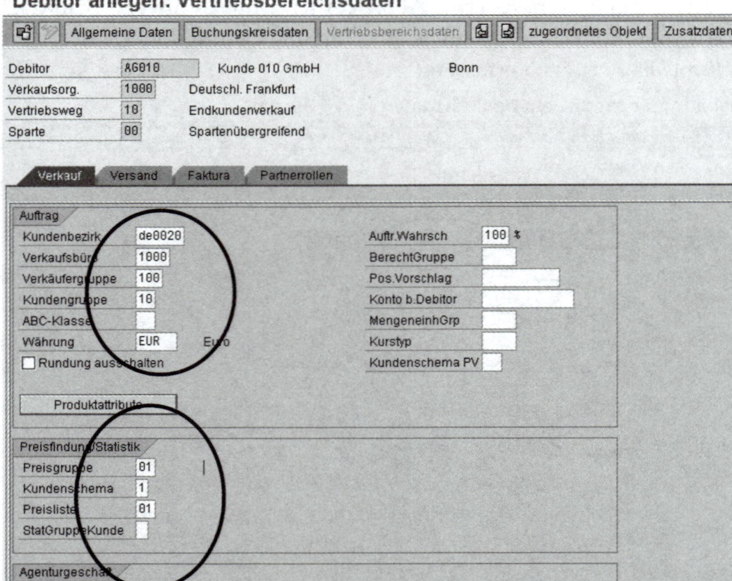

Versand

Wählen Sie nun *Versand*. Hier sind zwei Angaben für die Auslieferung von Waren erforderlich (vgl. Abb. 5.9):

- Versandbedingung = 02 Standard,
- Auslieferungswerk = 1000 Werk Hamburg.

Abb. 5.9: XD01 Versand © SAP AG

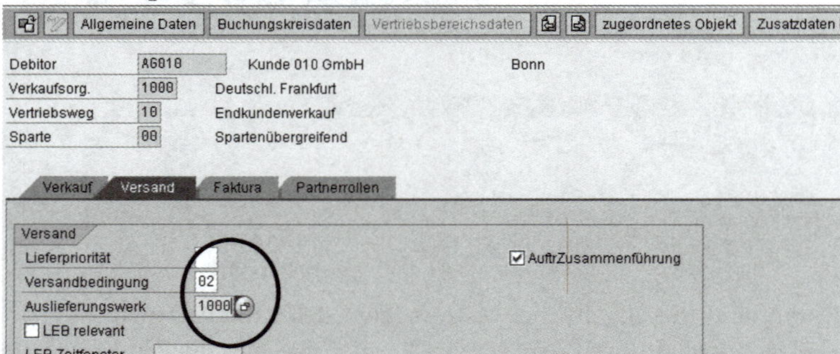

Faktura

Wählen Sie anschließend *Faktura*, um Angaben für die Rechnungserstellung (Fakturierung) zu erfassen (vgl. Abb. 5.10):

- Incoterms = UN unfrei,
- Zahlungsbed. = 0001 sofort fällig,
- Kontierungsgruppe = 01 Erlöse Inland,
- Steuerklasse = 1 steuerpflichtig.

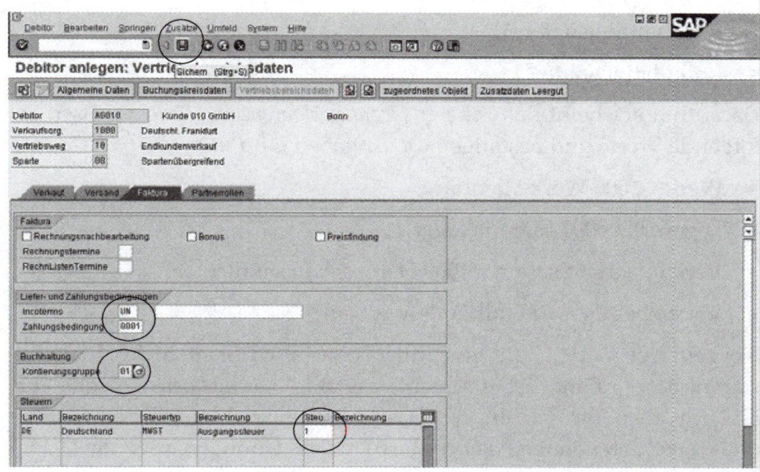

Abb. 5.10: XD01 Faktura © SAP AG

Wählen Sie abschließend *Sichern*. Das System quittiert ihre Angaben. Der Debitorenstammsatz ist angelegt.

5.1.3 Material anlegen

Übung: Materialstamm anlegen

Für den weiteren Verlauf der Übungen muss ein Materialstamm (Transaktion *MM01*) inklusive Stückliste (Transaktion *CS01*) und Arbeitsplan (Transaktion *CA01*) für das Fertigerzeugnis angelegt werden.

1. Schritt. Legen Sie zunächst den Materialstamm für das Fertigprodukt an.

Menüpfad

Logistik➔Materialwirtschaft➔Materialstamm➔Material ➔Anlegen allgemein

Transaktion

MM01 – Sofort

Tragen Sie im ersten Bild (vgl. Abb. 5.11) für die Branche *Handel* und für die Materialart *Fertigerzeugnis* ein. Das Feld *Material* bleibt leer, denn die Materialnummer wird später vom System vergeben. Wählen Sie danach *Sichtenauswahl*.

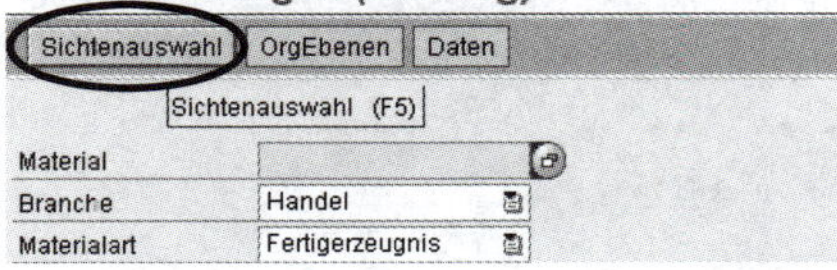

Abb. 5.11: MM01 Startbild © SAP AG

Die Menge der Datenfelder des Materialstamms ist sehr umfangreich und deshalb in Sichten gegliedert, welche zusammengehörende Gruppen zusammenfassen.

Selektieren Sie im nächsten Bild die für die nächsten Übungen benötigten Sichten und bestätigen Sie ihre Eingaben mit *Enter*:

- Grunddaten 1,
- Vertrieb:Verkaufsorg.Daten 1,
- Vertrieb:Allg./Werksdaten,
- Arbeitsvorbereitungsdaten,

- Buchhaltungsdaten 1,
- Kalkulationsdaten 1.

Organisations-ebenen

Daraufhin erscheint das Fenster *Organisationsebenen*. Dort erfassen Sie folgende Werte und bestätigen die Angaben mit *Enter*:

- Werk = 1000 Werk Hamburg,
- Lagerort = 0001 Materiallager,
- Verkaufsorganisation = 1000 Deutschl. Frankfurt,
- Vertriebsweg = 10 Endkundenverkauf.

Grunddaten

Sie gelangen nun in die von Ihnen gewählten Sichten des Materialstammsatzes. Zunächst erscheint das Bild *Grunddaten 1* (vgl. Abb. 5.12), in dem die wichtigsten Basisdaten eines Materialstammsatzes erfasst werden können. Sie benötigen für die Übungen folgende Datenfelder:

- Text = Personalcomputer,
- Basismengeneinheit = ST Stück,
- Sparte = 00 Spartenübergreifend,
- Bruttogewicht = 3 kg,
- Nettogewicht = 2 kg.

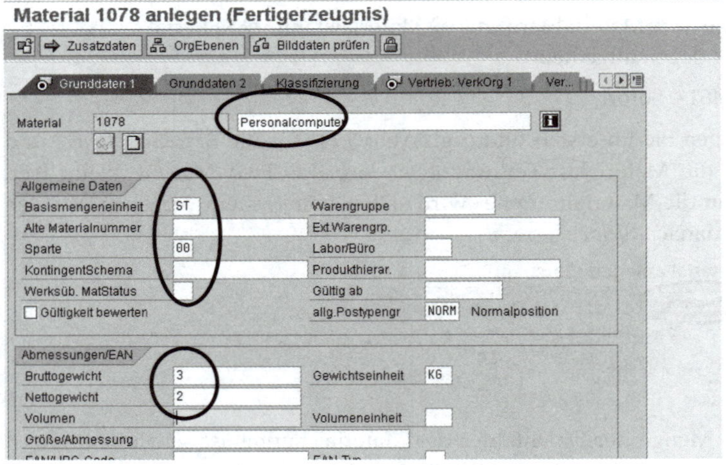

Abb. 5.12: MM01 Grunddaten 1 © SAP AG

Bestätigen Sie die erfassten Daten mit *Enter* oder scrollen Sie nach rechts bis zum Registerblatt *Vertrieb:VerkOrg 1* (vgl. Abb. 5.13).

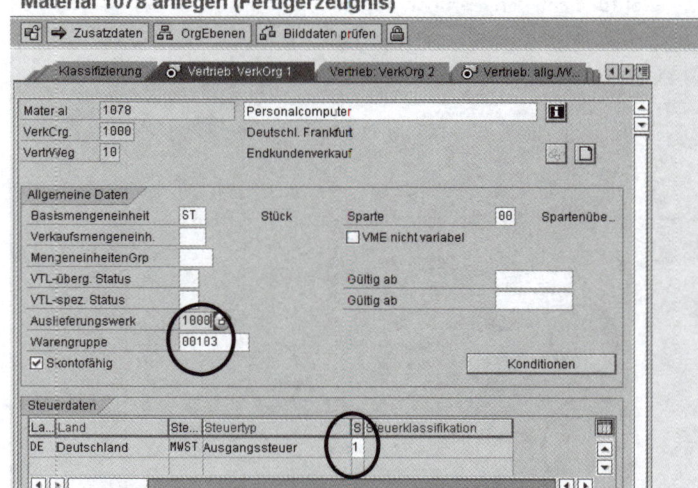

Abb. 5.13: MM01 Vertrieb/Verk.Org 1 © SAP AG

Erfassen Sie im Bild *Vertrieb/Verk.Org 1* folgende Daten:

- Warengruppe = 00103 Elektronik,
- Auslieferungswerk = 1000 Werk Hamburg,
- Steuerklassifikation = 1 Volle Steuer.

Bestätigen Sie ihre Angaben mit *Enter* oder scrollen rechts zum nächsten aktiven Registerblatt.

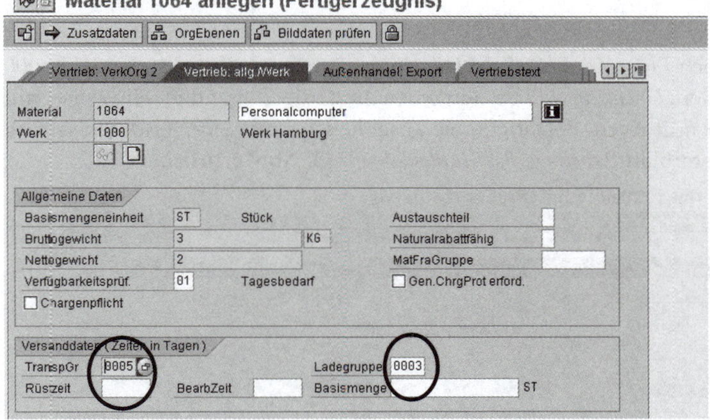

Abb. 5.14: MM01 Vertrieb allg. Werk © SAP AG

Im Registerblatt *Vertrieb:allg./Werk* tragen Sie im unteren Bildschirmbereich *Versanddaten* folgende Werte ein:

- Transportgruppe = 0005 Lose auf LKW,
- Ladegruppe = 0003 Manuell.

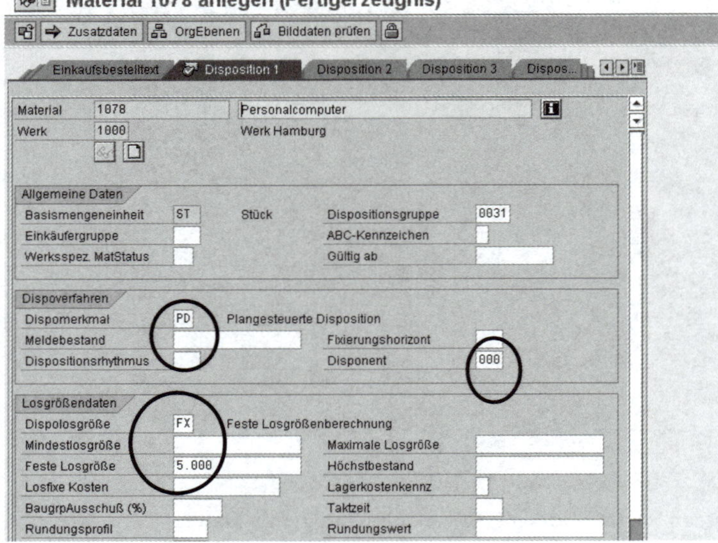

Abb. 5.15: MM01 Disposition 1 © SAP AG

Bestätigen Sie erneut mit *Enter* und wechseln zum nächsten Bild.

Disposition

Geben Sie im Registerblatt *Disposition 1* folgende Daten ein:

- Dispomerkmal = PD Plangesteuerte Disposition,
- Disponent = 000,
- Dispolosgröße = FX Feste Losgrößenberechnung,
- Feste Losgröße = 5000 Stück.

Danach *Enter*. Im Folgebild *Disposition 2* müssen Sie noch den Wert *000* für den *Horizontschlüssel* eingeben und die folgenden Hinweise mit *Enter* quittieren. Bestätigen Sie abschließend mit *Enter* und gehen zum Registerblatt *Arbeitsvorbereitungsdaten* (vgl. Abb. 5.16) über.

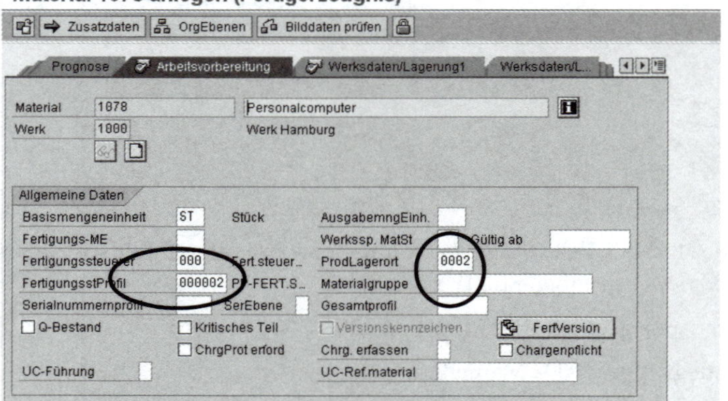

Abb. 5.16: MM01 Arbeitsvorbereitung © SAP AG

Erfassen Sie folgende Werte:

- Fertigungsteuerer = 000,
- Fertigungssteuerungsprofil = 000002 Automatik,

- Produktionslagerort = 0002 Fertigwarenlager.

Bestätigen Sie mit *Enter* und gehen zu den Buchhaltungsdaten (vgl. Abb. 5.17).

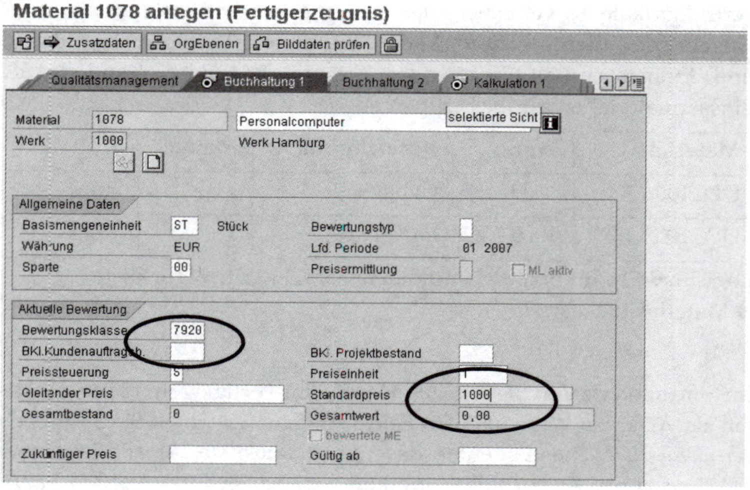

Material 1078 anlegen (Fertigerzeugnis)
Zusatzdaten | OrgEbenen | Bilddaten prüfen
Qualitätsmanagement | Buchhaltung 1 | Buchhaltung 2 | Kalkulation 1
Material 1078 Personalcomputer selektierte Sicht
Werk 1000 Werk Hamburg
Allgemeine Daten
Basismengeneinheit ST Stück Bewertungstyp
Währung EUR Lfd. Periode 01 2007
Sparte 00 Preisermittlung ML aktiv
Aktuelle Bewertung
Bewertungsklasse 7920
Bkl.Kundenauftragb. BKl. Projektbestand
Preissteuerung S Preiseinheit 1
Gleitender Preis Standardpreis 1000
Gesamtbestand 0 Gesamtwert 0,00
bewertete ME
Zukünftiger Preis Gültig ab

Abb. 5.17: MM01 Buchhaltungsdaten © SAP AG

Erfassen Sie hier die *Bewertungsklasse 7920* für Fertigerzeugnisse und legen als *Standardpreis* den Betrag von *1000 Euro* fest. Mit *Enter* gelangen Sie in das letzte Registerblatt *Kalkulationsdaten 1*. Dort ist für die hier notwendigen Zwecke nur das Datenfeld *Kalkulationslösgröße* (*100 Stück*) zu erfassen.

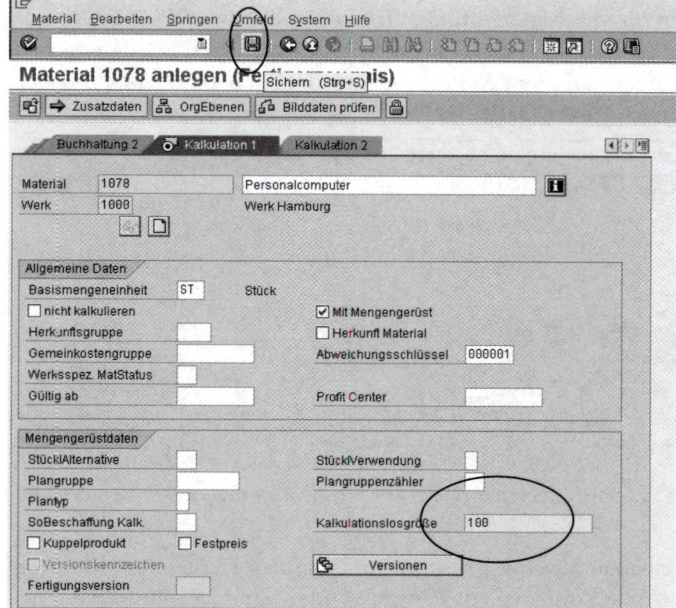

Abb. 5.18: MM01 Kalkulation 1 © SAP AG

Danach können Sie den Stammsatz sichern. Notieren Sie bitte die Materialnummer, die unten am Bildschirmrand angezeigt wird. Damit ist der erste Schritt abgeschlossen, der Materialstammsatz ist angelegt.

Stückliste

2. Schritt. Legen Sie eine Stückliste an, die die Kaufteile (Festplatte, Gehäuse) mit dem Fertigerzeugnis verbindet.

Unter einer *Stückliste* ist ein strukturiertes Verzeichnis für Halb- oder Fertigfabrikate zu verstehen, das alle eingehenden Bestandteile unter Angabe der Identifikation (Materialnummer), Bezeichnung, Menge und Einheit enthält. Verwenden Sie die folgenden Kaufteile als Einsatzmaterialien für Ihr Fertigerzeugnis.

Tab. 5.1: Kaufteile

Material	Werk	Bezeichnung	Menge	Einheit
DPC1006	1000	Gehäuse	1	Stück
DPC1002	1000	Festplatte	1	Stück

Menüpfad

Logistik➔Produktion➔Stammdaten➔Stücklisten➔Stückliste ➔Materialstückliste

Transaktion

CS01 – Anlegen

Im Startbild erfassen Sie bitte als *Material* ihr Fertigerzeugnis und wählen als *Werk* den Wert *1000*. Im Feld *Verwendung* wählen Sie *3* für *Universalstückliste*. Dies bedeutet, dass diese Stückliste für alle Prozesse, z.B. Fertigung, Konstruktion, Kalkulation u.a. genutzt werden kann. Als Gültigkeitsdatum (*Gültig ab*) wählen Sie bitte den Jahresanfang. Bestätigen Sie die Daten mit *Enter*.

Positionsübersicht

Danach erscheint die Positionsübersicht Ihrer Materialstückliste (vgl. Abb. 5.19). Hier legen Sie jeweils eine Zeile für jedes Einsatzmaterial an. Sie wählen für den Positionstyp L (Lagermaterial), für Komponenten geben Sie die Materialnummern DPC1002 bzw. DPC1006 an und als Menge jeweils 1. Sobald Sie mit *Enter* bestätigen, werden weitere Informationen aus dem Materialstamm der Einsatzmaterialien angezeigt. Sichern Sie die Daten.

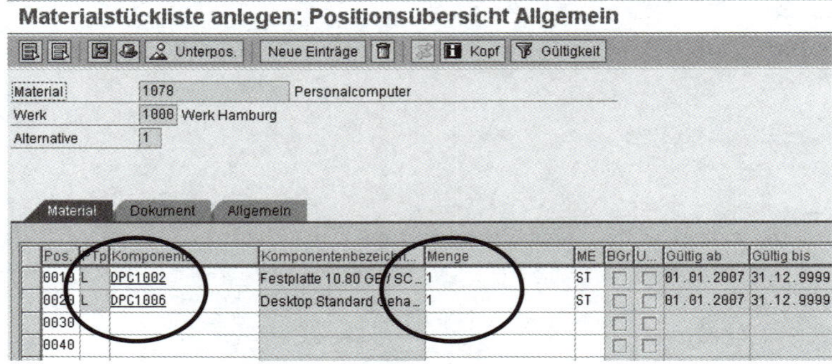

Abb. 5.19. CS01 Positionsübersicht © SAP AG

Arbeitsplan

3. Schritt: Legen Sie einen Arbeitsplan für die Montage des Personalcomputers an.

Ein Arbeitsplan ist eine strukturierte Liste der Tätigkeiten, die exakt angibt, welche Vorgänge zur Fertigung oder Montage eines Erzeugnisses (Halb- oder Fertigerzeugnis) unter Angabe der Arbeitsplätze und notwendigen Zeiten erforderlich sind.

Menüpfad

Logistik➔Produktion➔Stammdaten➔Arbeitspläne ➔Arbeitspläne➔Normalarbeitspläne

Transaktion

CA01 – Anlegen

Wählen Sie im Startbild für *Material* Ihr Fertigerzeugnis, das *Werk 1000* und für den *Stichtag* den Jahresanfang. Bestätigen Sie Ihre Angaben mit *Enter*. Sie gelangen in ein Bild zur Erfassung der Kopfdaten (vgl. Abb. 5.20).

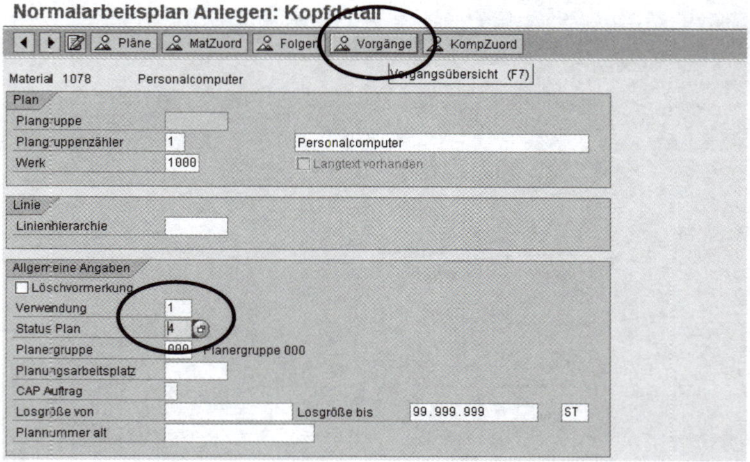

Abb. 5.20: CA01 Kopfdaten © SAP AG

Erfassen Sie folgende Daten:

- Verwendung = 1 Fertigung,
- Status Plan = 4 Freigegeben allgemein.

Vorgänge

Wählen Sie danach *Vorgänge*. Sie gelangen zur Vorgangsübersicht, in der die Arbeitsvorgänge zur Herstellung des Erzeugnisses erfasst werden können (vgl. Abb. 5.21).

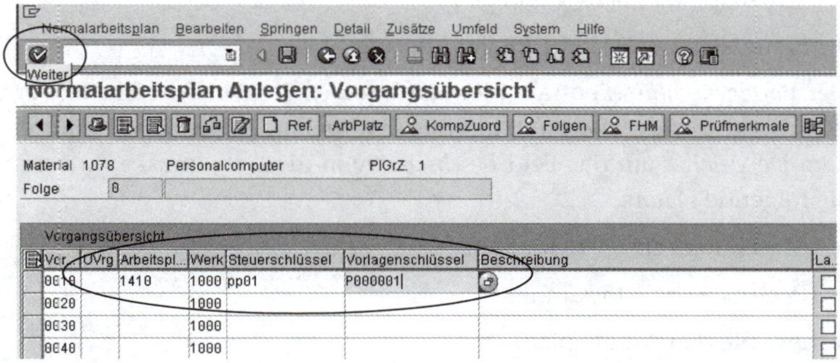

Abb. 5.21: CA01 Vorgangsübersicht © SAP AG

In der Vorgangsübersicht erfassen Sie die Daten für den ersten Vorgang unter der Vorgangsnummer 0010:

- Arbeitsplatz = 1410 Montage III,
- Steuerschlüssel = PP01 Eigenfertigung,
- Vorlagenschlüssel = P000001 Bereitstellen Material.

Vorgangsdetails

Bestätigen Sie Ihre Angaben mit *Enter*. Wenn der Beschreibungstext angezeigt wird, gelangen Sie durch einen *Doppelklick* auf den Text in die Detailmaske (vgl. Abb. 5.22).

Abb. 5.22: CA01 Arbeitsplandetails © SAP AG

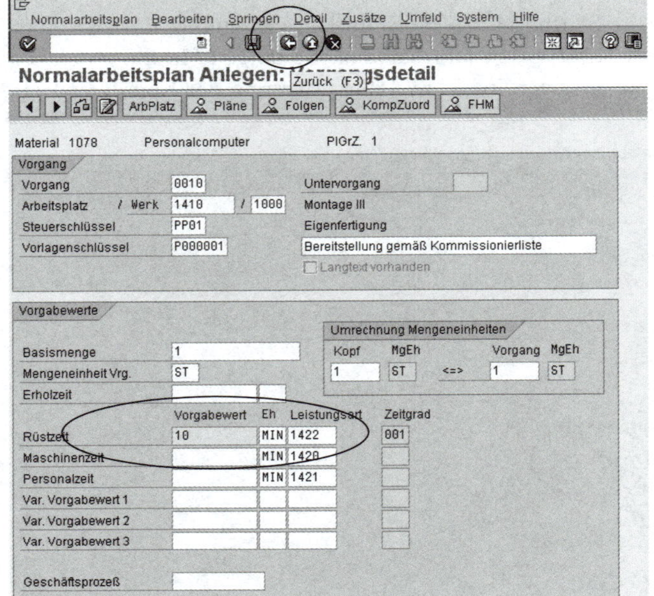

In der Detailmaske ändern Sie in der Zeile *Rüstzeit* den Eintrag im Feld *Leistungsart* auf den *Wert 1422* (Rüststunden) und tragen *10 Minuten* als Zeitansatz für die Rüstzeit ein. Wählen Sie anschließend *Zurück (F3)* um wieder in die Vorgangsübersicht zu gelangen.

Nun können Sie die Daten für den zweiten Vorgang (Vorgangsnummer 0020) erfassen:

- Arbeitsplatz = 1410 Montage III,
- Steuerschlüssel = PP01 Eigenfertigung.

Der *Vorlagenschlüssel* entfällt hier, dafür geben Sie den Text *Montage des PCs* direkt in das Feld ein. Anschließend gelangen Sie wieder mit einem *Doppelklick* auf das Feld *Beschreibung* in die Detailmaske. Erfassen Sie folgende Daten:

- Maschinenzeit = 10 Minuten,
- Personenzeit = 15 Minuten

Sichern Sie den Arbeitsplan.

5.1.4 Konditionen anlegen

Damit Ihr Erzeugnis von der Musterfirma ICS GmbH verkauft werden kann, muss ein Verkaufspreis hinterlegt werden.

Übung: Konditionen anlegen

Legen Sie einen Preis fest, der für alle Kunden des Unternehmens gilt. Auf Preisstaffeln wird im Rahmen dieser Übungen zur Vereinfachung verzichtet.

Menüpfad

Vertrieb➔Stammdaten➔Konditionen

Transaktion

VK31 – Anlegen

Öffnen Sie im ersten Bild den Ordner *Konditionen* und wählen dann *zum Material.* Sie gelangen in die Übersichtsdarstellung. Wählen Sie dort in der 1. Spalte das Feld *Selektion: Material mit Freigabestatus* (2. Zeile) aus. Nun befinden Sie sich im Bild *Konditionssätze anlegen – Schnellerfassung* (vgl. Abb. 5.23).

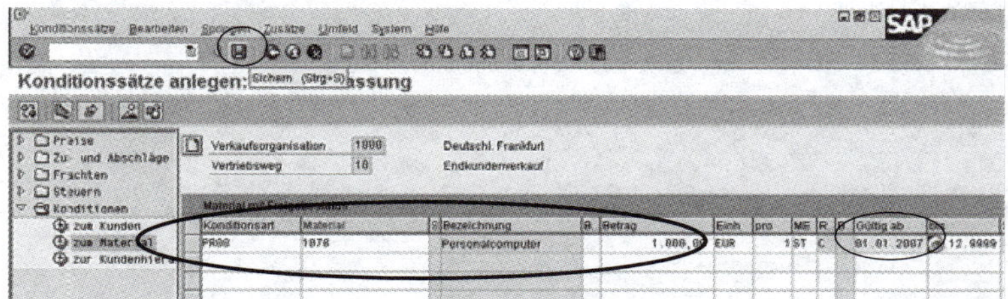

Abb. 5.23: VK31 Kondition Schnellerfassung © SAP AG

Erfassen Sie zunächst im oberen Teil des Bildes die Daten:

- Verkaufsorganisation = 1000 Deutschland Frankfurt,
- Vertriebsweg = 10 Endkundenverkauf.

Tragen Sie anschließend in der ersten Zeile im Feld *Konditionsart* den Wert *PR00,* unter *Material* Ihr Fertigerzeugnis und im Feld *Betrag* den Wert *1000* (Euro) ein. Bestätigen Sie die Angaben mit *Enter.* Das System ergänzt nun einige Daten.

Sichern

Überschreiben Sie das Feld *Gültig ab,* das mit dem Tagesdatum vorbelegt wurde, mit dem Jahresbeginn. Bestätigen Sie Ihre Angaben mit *Enter* und sichern Sie die Daten.

5.1.5 Lieferant anlegen

Übung: Lieferant anlegen

In dieser Übung wird ein Lieferantenstammsatz (Kreditorenstamm) angelegt. Er ist für die Bestellabwicklung (Erfassung von Anfragen, Angeboten und Bestellungen) und für die Buchhaltung (Erfassung und Zahlung der Rechnungen) notwendig. Deshalb sind neben den üblichen Adress- und Konditionsfeldern auch Daten der Finanzbuchhaltung zu pflegen.

Menüpfad

Logistik➔Materialwirtschaft➔Einkauf➔Stammdaten➔Lieferant ➔Zentral

Transaktion

XK01 – Zentral

Nach dem Start der Transaktion erfassen Sie im Startbild im Feld *Buchungskreis* den Wert *1000,* im Feld *Einkaufsorganisation* den Wert *1000.*

Als *Kontengruppe* wählen Sie *KRED* (Kreditoren). Im Feld *Vorlage* tragen Sie den Wert *1000* ein. Dies ist ein Lieferantenstammsatz, der schon im System vorhanden ist. Von ihm übernehmen wir einige Einstellungen um die Erfassung zu vereinfachen. Bestätigen Sie Ihre Angaben mit *Enter*.

Abb. 5.24: XK01 Kreditor Anschrift © SAP AG

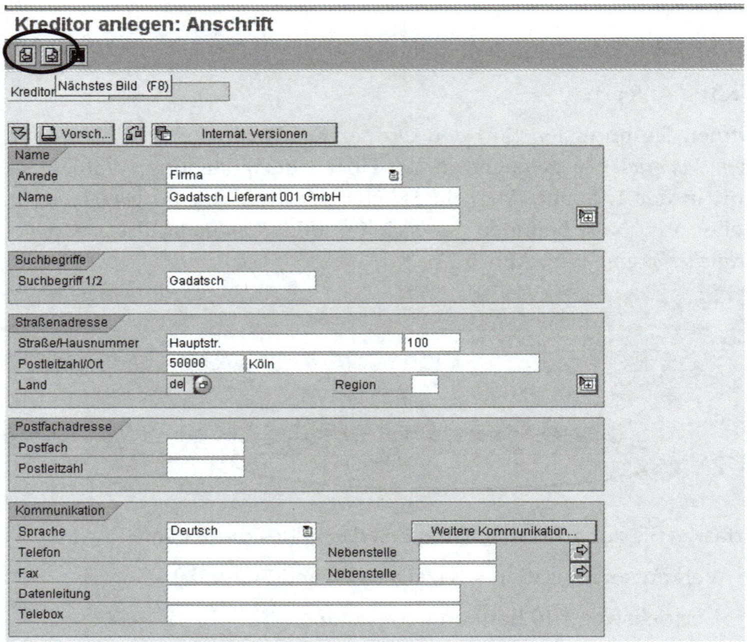

Kreditor anlegen: Anschrift
Kreditor Nächstes Bild (F8)
Vorsch... Internat. Versionen
Name
Anrede Firma
Name Gadatsch Lieferant 001 GmbH
Suchbegriffe
Suchbegriff 1/2 Gadatsch
Straßenadresse
Straße/Hausnummer Hauptstr. 100
Postleitzahl/Ort 50000 Köln
Land de Region
Postfachadresse
Postfach
Postleitzahl
Kommunikation
Sprache Deutsch Weitere Kommunikation...
Telefon Nebenstelle
Fax Nebenstelle
Datenleitung
Telebox

Das System quittiert Ihre Angaben mit einem Hinweis, den Sie erneut mit *Enter* bestätigen müssen. Sie sind nun im Bild *Kreditor anlegen – Anschrift* (vgl. Abb. 5.24). Mit den in der Abbildung markierten Drucktasten können Sie vor- und zurückblättern.

Als *Anrede* sollten Sie *Firma* wählen. Den *Namen* können Sie frei festlegen, ebenso den *Suchbegriff*. Letzterer sollte kurz und prägnant sein. Sofern Sie zu viele Stellen angeben, erfolgt eine Hinweismeldung, die Sie mit *Enter* bestätigen müssen.

Unternehmenssitz

Der Lieferant hat seinen Sitz in Köln. Die Postleitzahl, Straße, Telefonnummer usw. wählen Sie bitte selbst. Gehen Sie anschließend mit *Enter* oder *Nächstes Bild* zur Folgemaske *Kreditor anlegen – Steuerung*.

Umsatzsteuer

Dort müssen Sie nur das Feld Umsatzsteueridentifikationsnummer füllen. Verwenden Sie den fiktiven Wert *DE123456789. DE* steht für Deutschland. Gehen Sie anschließend mit *Enter* oder *Nächstes Bild* zur Folgemaske *Kreditor anlegen – Zahlungsverkehr (vgl.* Abb. 5.25*).*

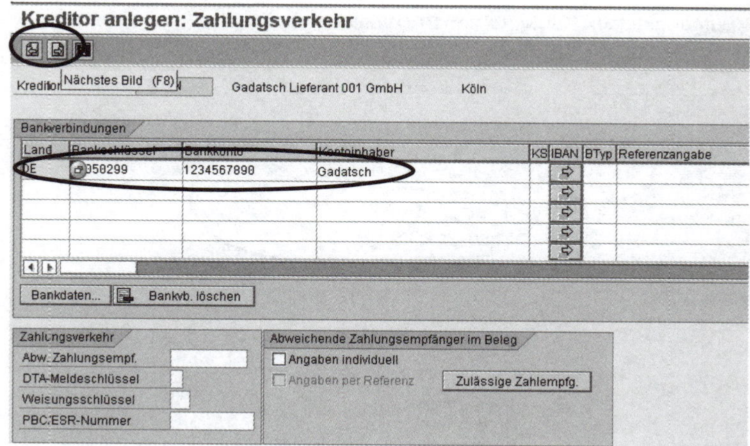

Abb. 5.25: XK01 Zahlungsverkehr © SAP AG

Im Bild Zahlungsverkehr müssen Sie mindestens eine Bankverbindung erfassen. Sie wird für den automatisierten Zahlungsverkehr benötigt. In unserem Fall hat der Lieferant nur ein Bankkonto bei der Kreissparkasse in Köln (Bankschlüssel 370 502 99 = Bankleitzahl). Hierzu sind folgende Angaben zu erfassen:

- Land = DE Deutschland,
- Bankleitzahl = 37050299,
- Konto = beliebig, max. 10 Stellen lang,
- Kontoinhaber = beliebig.

Bestätigen Sie Ihre Angaben mit *Enter*. Sollte die Bank dem System noch unbekannt sein, öffnet sich ein Fenster. Dort müssen Sie die notwendigen Angaben erfassen (Bankname u.a.). Damit wird gleichzeitig der Bankenstamm angelegt.

Kontoführung

Gehen Sie anschließend mit *Enter* oder *Nächstes Bild* zur Folgemaske *Kontoführung Buchhaltung* (vgl. Abb. 5.26). Dort werden wichtige Angaben für die Finanzbuchhaltung hinterlegt:

- Abstimmkonto = 160000,
- Sortierschlüssel = 003,
- Finanzdispogruppe = A1.

Abstimmkonto

Das *Abstimmkonto* ist das Bilanzkonto, unter dem alle relevanten Wertbewegungen (Rechnungen, Gutschriften etc.) gesammelt und später in der Unternehmensbilanz dargestellt werden.

Sortierschlüssel

Der *Sortierschlüssel 003* bewirkt, dass die Einzelposten später im Buchhaltungskonto nach dem Belegdatum vorsortiert werden. Sie können auch einen anderen Schlüssel festlegen. Allerdings weichen dann einige Bildschirmdarstellungen von denen hier im Buch ab.

Finanzdispogruppe

Die *Finanzdispogruppe A1* ordnet den Lieferanten der Gruppe *Kreditoren Inland* zu.

Abb. 5.26: XK01 Kontoführung Buchhaltung © SAP AG

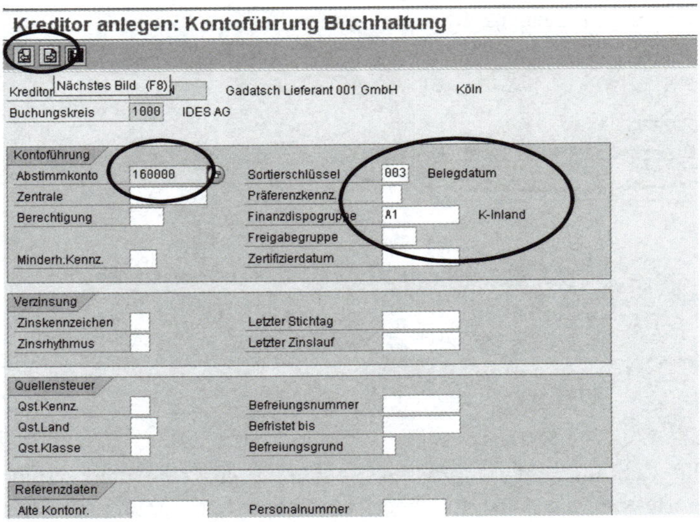

Gehen Sie anschließend mit *Enter* oder *Nächstes Bild* zur Folgemaske *Zahlungsverkehr Buchhaltung (vgl.* Abb. 5.26). Dort werden die Angaben für die Automatisierung des Zahlungsverkehrs (Zahlprogramm) hinterlegt.

Zahlwege

Mit dem Lieferant wurden die Zahlungswege *Scheck* und *Überweisung* und die *Zahlungsbedingung 0001* (Sofort netto zahlbar) vereinbart. Erfassen Sie diese Daten in der Maske. Im Feld *Zahlwege* können Sie Abkürzungen (z.B. *S* für *Scheck*) eingeben oder über einen *Doppelklick* in eine Spezialmaske verzweigen.

Abb. 5.27: XK01 Zahlungsverkehr Buchhaltung © SAP AG

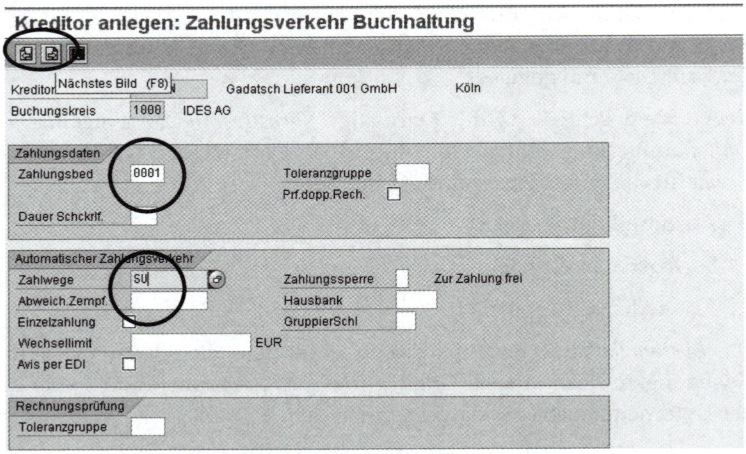

Auf dem nächsten Bild *Korrespondenz Buchhaltung* sind keine Eingaben erforderlich. Gehen Sie mit *Enter* oder *Nächstes Bild zur* Maske *Einkaufsdaten*. Dort erfassen Sie im Feld Bestellwährung den Schlüssel *EUR* und sichern den Stammsatz. Die Lieferantennummer wird am unteren Bildschirmrand (Statuszeile) angezeigt. Notieren Sie sich bitte die Lieferantennummer ohne führende Nullen für spätere Übungen!

5.1.6 Einkaufsinfosatz anlegen

Um den Einkauf zu vereinfachen, können Preise für Materialien hinterlegt werden. Mit einem Einkaufsinfosatz legen Sie u.a. fest, welcher Preis bei welchem Lieferanten für ein Material bezahlt werden muss. Einkaufsinfosätze können auch für Dienstleistungen angelegt werden.

Übung: Infosatz anlegen

Erfassen Sie bei dieser Übung die in der folgenden Tabelle angegebenen Preise und unterstellen für jedes Teil eine Normalmenge von 100 Stück je Bestellung.

Tab. 5.2: Preise für Einkaufsinfosätze

Buchungskreis	Werk	Material	Text	Preis
1000	1000	DPC1006	Gehäuse	50 Euro
1000	1000	DPC1002	Festplatte	70 Euro

Menüpfad

Logistik➔Materialwirtschaft➔Einkauf➔Stammdaten➔Infosatz

Transaktion

ME11 – Anlegen

Im ersten Bild (vgl. Abb. 5.28) erfassen Sie folgende Daten:

- Lieferant (Nummer aus Abschnitt 5.1.5 Lieferant anlegen),
- Buchungskreis = 1000,
- Einkaufsorganisation = 1000,
- Material (lt. Aufgabenstellung),
- Infotyp = Normal.

Bestätigen Sie Ihre Angaben mit *Enter*.

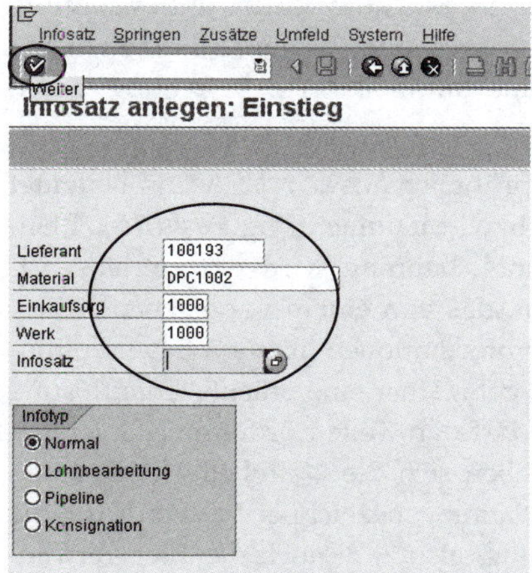

Abb. 5.28: ME11 Einstieg © SAP AG

Selektieren Sie nun *EinkaufsorgDaten1*. Sie gelangen in die Maske *Infosatz anlegen – Einkaufsorganisationsdaten* (vgl. Abb. 5.29). Legen bzw. ergänzen Sie die folgenden Felder mit den angegebenen Werten:

- Planlieferzeit = 10 Tage,
- Einkäufergruppe = 001,
- Normalmenge = 100 Stück,
- Preis = 50 bzw. 70 Euro je nach Teilenummer.

Sichern Sie Ihre Daten.

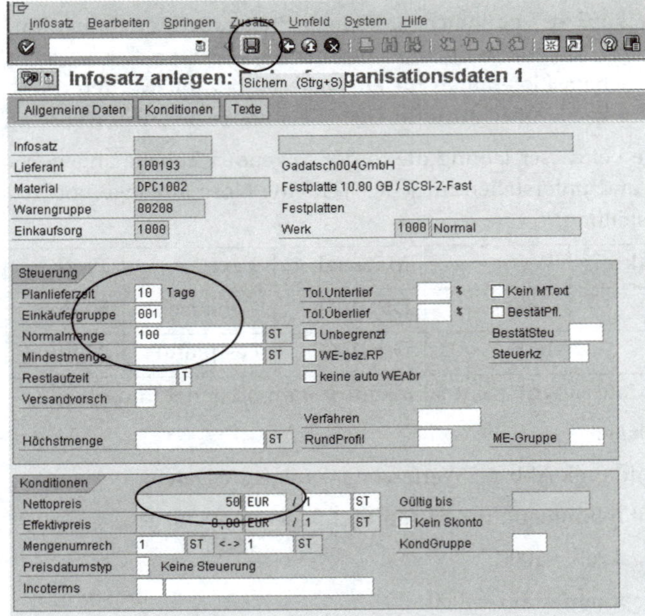

Abb. 5.29: ME11 Einkaufs-organisationsdaten © SAP AG

5.1.7 Orderbuch pflegen

Neben den Preisen für Materialien muss das SAP-System noch Ihre bevorzugten Lieferanten kennen, um eine automatisierte Beschaffung durchzuführen. Das Orderbuch ordnet einer Materialnummer einen Lieferanten zu. Hierdurch ist eine automatisierte Bestellung durch einen MRP-Lauf möglich.

MRP

Die Abkürzung MRP kommt ursprünglich aus den USA und bedeutet Material Requirements Planning bzw. Manufacturing Resources Planning. Unter Material Requirements Planning wird ein betriebswirtschaftliches Verfahren verstanden, das von einem vorgegebenen Produktionsprogramm und Bestandsinformationen über am Lager befindliche Teile und Komponenten ausgeht. Über eine Stücklistenauflösung werden die notwendigen Rohbedarfe an Teilen ermitteln. Unter Berücksichtigung der Bestände ergeben sich die Nettobedarfe. Der Begriff Manufacturing Resources Planning bezeichnet Software für die Produktionsplanung und Steuerung, also z. B. auch das hier verwendete Produkt der Firma SAP AG. Eine Weiterentwicklung von MRP ist unter der Abkürzung MRP II bekannt. Hierunter wird die Berücksichtigung weiterer Informationen, wie z. B. des Absatzprogramms und von Deckungsbeitragsinformationen verstanden. MRP II erlaubt also in Engpasssituationen ertragsstarke Produkte in der Fertigung vorzuziehen.

Übung: Orderbucheintrag anlegen

Legen Sie für die Einsatzmaterialien DCP1006 und DCP1002 (Buchungskreis = 1000, Werk = 1000) je einen Orderbucheintrag zu Ihrer Lieferantennummer an.

Menüpfad

Logistik➔Materialwirtschaft➔Einkauf➔Stammdaten➔Orderbuch

Transaktion

ME01 – Pflegen

Im ersten Bild *Orderbuch pflegen – Einstieg* erfassen Sie die *Materialnummer* und das *Werk 1000*. Sie gelangen in das *Übersichtsbild* (vgl. Abb. 5.30).

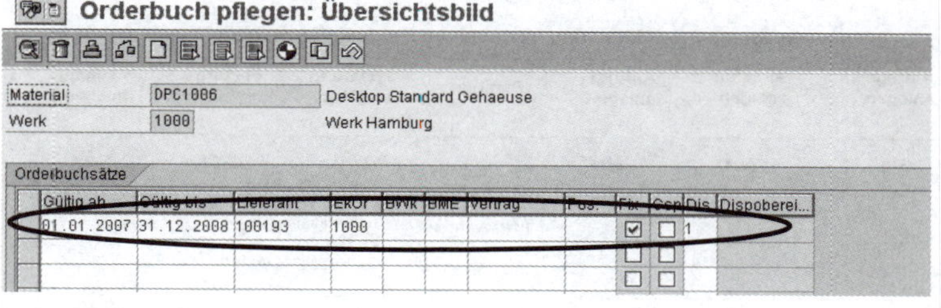

Abb. 5.30: ME01 Orderbuch pflegen Übersichtsbild © SAP AG

Erfassen Sie folgende Daten:

- Gültig ab = 01.01. des laufenden Jahres,
- Gültig bis = 31.12. des Folgejahres,
- Lieferant = Ihre Lieferantennummer,
- Einkaufsorganisation = 1000,
- Fix = feste Bezugsquelle (ankreuzen),
- Dis (Verwendung in der Disposition) = 1 Satz ist für die Disposition relevant).

Anschließend können Sie den Datensatz sichern und den Vorgang für weitere Materialien durchführen.

5.2 Prozesse (Bewegungsdaten)

5.2.1 Prozessüberblick

Verkauf

Zunächst soll eine vorliegende Kundenanfrage über 200 Personal-Computer im System erfasst werden. Auf Basis der Daten aus der Kundenanfrage wird ein Angebot erstellt. Das Angebot wird an schließend an den Kunden übermittelt. Der Kunde nimmt das Angebot an und erteilt einen Auftrag, der im System erfasst wird. Die Auftragsmenge (50 Stück) ist ungleich der Angebotsmenge (200 Stück). Die restlichen Angebotsdaten (Kundennummer etc.) sollen in den Auftrag übernommen werden.

Fertigung

Zum Auffüllen des Lagerbestandes soll ein Fertigungsprozess angestoßen werden, der zu einer Einlagerung von Fertigerzeugnissen führt. Fehlende Materialien werden über den Einkauf beschafft. Im System ist eine Lieferung anzulegen, ein Transportauftrag zu veranlassen und schließlich der Warenausgang zu buchen. Nach erfolgtem Warenausgang kann die Rechung (Faktura) erstellt werden.

Buchhaltung

Die vom Kunden veranlasste Zahlung des Rechnungsbetrages wird in das System eingebucht. Damit ist der Geschäftsprozess abgeschlossen.

In der Abb. 5.31 ist der Gesamtprozess der Musterfirma ICS GmbH schematisch unter Angabe der SAP-Transaktionscodes als Wertschöpfungskettendiagramm dargestellt. Der Prozess Fertigung ist wegen der Komplexität weiter untergliedert. Er ist nur erforderlich, wenn die Lagerbestände für die Enderzeugnisse nicht ausreichen.

Abb. 5.31: Prozessüberblick Produktion und Vertrieb von Hardware

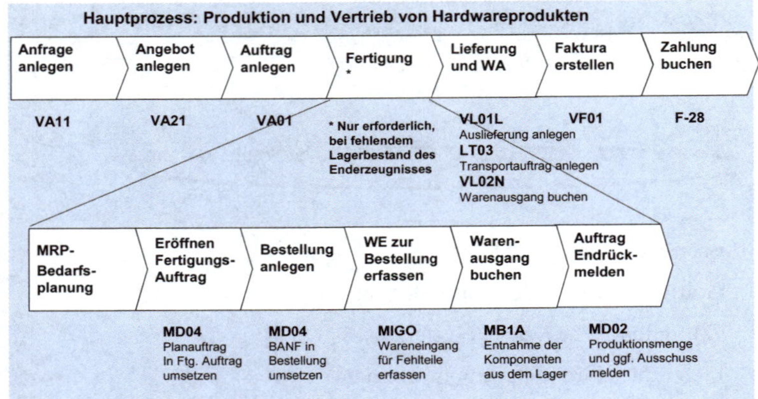

5.2.2 Anfrage

Übung: Anfrage erfassen

Der von Ihnen bereits im System angelegte Kunde fragt bei Ihnen telefonisch 200 PCs in identischer Ausführung an. Die Auslieferung soll innerhalb von 4 Wochen erfolgen. Sie möchten diese Anfrage im System erfassen, um den Vorfall zu dokumentieren.

Menüpfad

Logistik➔Vertrieb➔Verkauf ➔Anfrage

Transaktion

VA11 – Anlegen

Im ersten Bild erfassen Sie bitte folgende Daten:

- Anfrageart = AF Anfrage,
- Verkaufsorg = 1000 Deutschl. Frankfurt,
- Vertriebsweg = 10 Endkundenverkauf,
- Sparte = 00 Spartenübergreifend.

Bestätigen Sie Ihre Angaben mit *Enter*. Sie gelangen in eine Maske, in der Sie den Auftraggeber (Kundennummer), Bestelldatum (Tagesdatum), Wunschlieferdatum (Tagesdatum + 20 Arbeitstage), Material (Nummer ihres Fertigerzeugnisses) erfassen können. Bestätigen Sie die Angaben wiederum mit *Enter*. Das System prüft die Daten und erwartet eine Bestätigung mit *Enter* auf die Meldung *Änderung des Rechnungstermins. Fakturadatum wird neu ermittelt"* (vgl. Abb. 5.32) und zeigt anschließend die Materialbezeichnung aus dem Materialstamm am Bildschirm an.

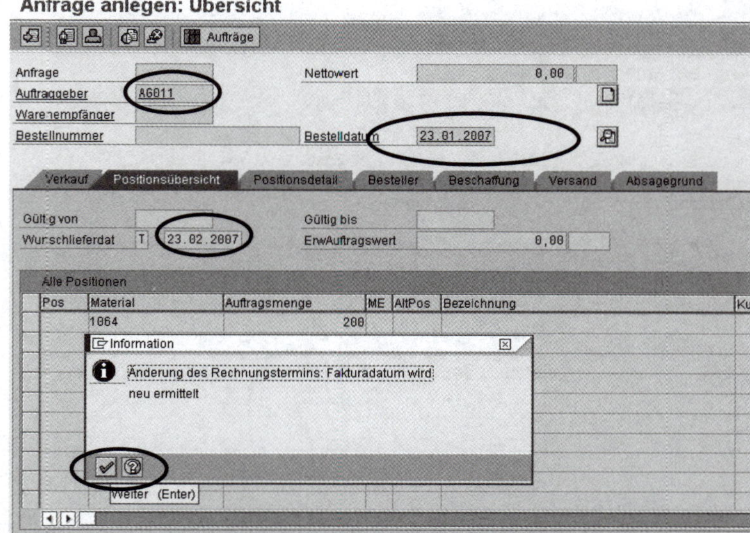

Abb. 5.32: VA11 Anfrage anlegen © SAP AG

Sichern

Sie können nun die Daten sichern. Notieren Sie sich ggf. die Nummer der Anfrage. Sie wird am unteren Bildschirmrand in der Statuszeile angezeigt.

5.2.3 Angebot

Übung: Angebot anlegen

Ein Angebot ist eine Willenserklärung des Unternehmens, Waren oder Dienstleistungen zu einem bestimmten Preis zu verkaufen bzw. zu erbringen. Angebote sollten befristet abgegeben werde, da sich Rahmenbedingungen ändern können (z.B. Rohstoffkostensteigerung, Lieferengpässe). Erstellen Sie daher zur Anfrage ihres Kunden ein befristetes Angebot, das auf die erfassten Daten der Anfrage zurückgreift.

Menüpfad

Logistik➔Vertrieb➔Verkauf ➔Angebot

Transaktion

VA21 – Anlegen

Im ersten Bild erfassen Sie bitte folgende Daten:

- Angebotsart = AG Angebot,
- Verkaufsorg = 1000 Deutschl. Frankfurt,
- Vertriebsweg = 10 Endkundenverkauf,
- Sparte = 00 Spartenübergreifend,
- Verkaufsbüro = 1000 Büro Frankfurt,
- Verkäufergruppe = 100 Gr. F1 Hr. Anton.

Wählen Sie *Anlegen mit Bezug*, um auf die Anfrage zurückzugreifen. Im nächsten Bild können Sie die Anfragenummer übernehmen, sofern diese bekannt ist. Alternativ können Sie über den Druckknopf *Suche ausführen* Ihre angelegte Anfrage in der Datenbank suchen. In der

Positionsübersicht (vgl. Abb. 5.33) legen Sie bitte noch fest, in welchem Zeitraum das Angebot gültig ist (Gültig von bzw. Gültig bis).

Abb. 5.33: VA21 Angebot anlegen ©SAP AG

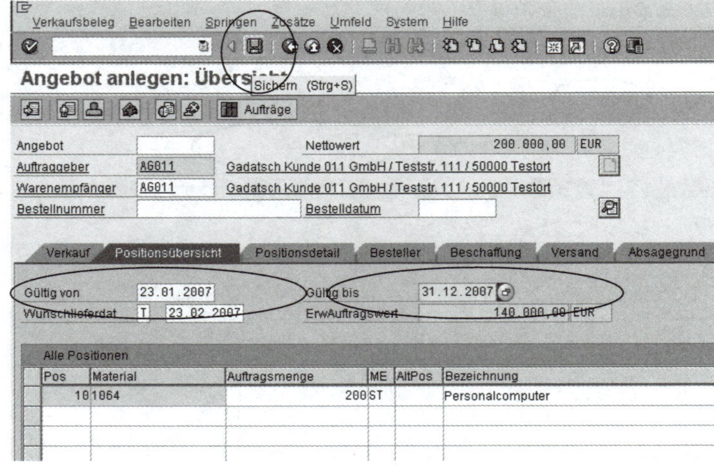

5.2.4 Auftrag

Übung: Auftrag anlegen

Der Kunde unserer Musterfirma ICS GmbH erteilt uns nun einen Auftrag. Allerdings nicht über 200 Stück, sondern nur über 50 Stück. Die Lieferung soll in vier Wochen erfolgen. Erfassen Sie den Auftrag unter Nutzung der Daten aus dem Angebot.

Menüpfad

Logistik➔Vertrieb➔Verkauf ➔Auftrag

Transaktion

VA01 – Anlegen

Im ersten Bild erfassen Sie bitte folgende Daten:

- Auftragsart = TA Terminauftrag,
- Verkaufsorg = 1000 Deutschl. Frankfurt,
- Vertriebsweg = 10 Endkundenverkauf,
- Sparte = 00 Spartenübergreifend,
- Verkaufsbüro = 1000 Büro Frankfurt,
- Verkäufergruppe = 100 Gr. F1 Hr. Anton.

Bestätigen Sie die Daten mit *Enter*. Im nächsten Fenster können Sie die Angebotsnummer erfassen und übernehmen (ggf. können Sie auch Ihr Angebot suchen, wenn die Nummer nicht bekannt ist). Wählen Sie anschließend *Übernehmen*.

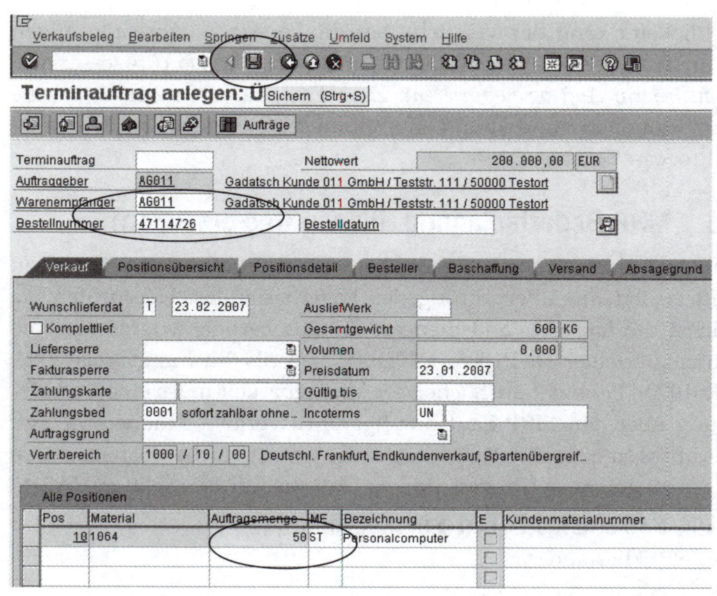

Abb. 5.34: VA01 Auftrag anlegen ©SAP AG

Sie gelangen in die Erfassungsmaske (vgl. Abb. 5.34). Ändern Sie die *Auftragsmenge* auf *50 Stück* und hinterlegen eine fiktive Bestellnummer (hier *47114726*). Sichern Sie anschließend die Daten und notieren sich ggf. die Auftragsnummer.

Stand des Gesamtprozesses

Damit ist der erste vertriebsorientierte Teil des Gesamtprozesses abgeschlossen. Sofern der Lagerbestand des Fertigerzeugnisses nicht ausreicht, ist der Fertigungsprozess bzw. der Beschaffungsprozesse von fehlenden Lagerteilen anzustoßen. Ansonsten kann sofort die Auslieferung des Auftrages angestoßen werden (Prozess *Lieferung*).

5.2.5 Fertigung (Überblick)

Prozessüberblick

Der Fertigungsprozess der Musterfirma ICS GmbH gliedert sich in mehrere Teilschritte. Zunächst wird eine Bedarfsplanung durchgeführt (Prozess *MRP-Bedarfsplanung*).

Als Ergebnis werden Planaufträge für fehlende, selbst zu fertigende Teile erzeugt. Diese werden in Echtaufträge umgesetzt, die für die operative Durchführung der Fertigung herangezogen werden (Prozess: *Eröffnen Fertigungsauftrag*). Falls bei den Lieferanten der Musterfirma Teile bestellt werden müssen, sind hierzu Bestellungen anzulegen (Prozess: *Bestellung anlegen*). Nach dem Wareneingang der bestellten Teile (Prozess: *WE zur Bestellung* erfassen) kann mit der Fertigung begonnen werden.

Wenn die Teile für den Fertigungsprozess dem Lager entnommen werden, sind die Mengen als Warenausgang zu erfassen (Prozess: Warenausgang buchen). Ist der Auftrag komplett bearbeitet, wird der Auftrag fertiggemeldet (Prozess: *Auftrag endrückmelden*). Die gefertigten Teile sind im Fertigwarenlager aufzunehmen.

Anschließend kann der Vertrieb über die Fertigerzeugnisse verfügen und die Auslieferung und weitere Schritte veranlassen (Prozesse: *Auftrag ausliefern, Auftrag fakturieren*). Zum Ende des Prozesses wird die Buchhaltung aktiv und kann den Zahlungseingang des Kunden erfassen (Prozess: *Zahlung buchen*).

5.2.6 MRP-Bedarfsplanung (Planauftrag erzeugen)

Übung: Planauftrag erzeugen

Die Bedarfsplanung der ICS GmbH erfolgt in drei Schritten. Im ersten Schritt erfolgt die Überprüfung des Lagerbestandes. Überprüfen Sie zunächst die Lagerbestandsmengen für das Fertigerzeugnis und die Einsatzmaterialien DCP1006, DCP1002 (jeweils Buchungskreis=1000, Werk=1000). Bei nicht ausreichender Verfügbarkeit muss eine Bedarfsplanung über den MRP-Lauf durchgeführt werden. Erhöhen Sie ggf. die Auftragsmenge im Kundenauftrag, um zu nicht ausreichenden Mengen zu gelangen (Prozess *Auftrag_Anlegen* mit Transaktion VA01).

Menüpfad

Logistik➔Materialwirtschaft➔Bestandsführung ➔Umfeld➔Bestand

Transaktion

MD04 – Akt. Bed./Best.Liste

Erfassen Sie im ersten Bild der Bestandsliste folgende Daten:

- Material (lt. Aufgabenstellung),
- Dispobereich = 1000 Hamburg,
- Werk = 1000 Werk Hamburg.

Bestätigen Sie Ihre Angaben anschließend mit *Enter*. Die Liste in Abb. 5.35 zeigt neben den Kunden- und Fertigungsaufträgen im Saldo einen Minderbestand (hier 1054 Stück). Es ist also erforderlich, weitere Teile zu produzieren, um die Kundenaufträge zu bedienen.

Bedarfs-/Bestandsliste von 09:25 Uhr

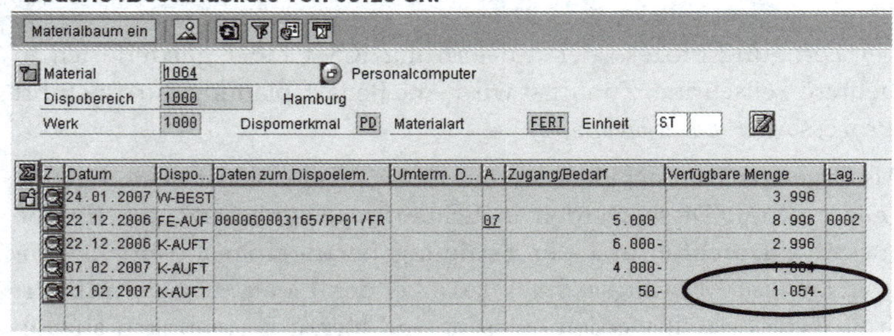

Z..	Datum	Dispo...	Daten zum Dispoelem.	Umterm. D...	A...	Zugang/Bedarf	Verfügbare Menge	Lag...
	24.01.2007	W-BEST					3.996	
	22.12.2006	FE-AUF	000060003165/PP01/FR		07	5.000	8.996	0002
	22.12.2006	K-AUFT				6.000-	2.996	
	07.02.2007	K-AUFT				4.000-	1.004-	
	21.02.2007	K-AUFT				50-	1.054-	

Abb. 5.35: ME04 Bestandsliste ©SAP AG

2. Schritt MRP-Lauf

Der zweite Schritt besteht in der Durchführung des MRP-Laufes. Dieses Programm prüft aktuelle und zukünftige Bedarfe unter Berücksichtigung von Lagerbeständen, vorliegenden Kunden- und Fertigungsaufträgen.

Führen Sie einen Planungslauf für das Fertigprodukt durch. Nach dem Lauf sind je nach Bestandssituation Neuplanungen durchgeführt worden. Es werden ein Planauftrag, ggf. mehrere Bestellanforderungen und ggf. Sekundärbedarfe gemeldet.

Bestellanforderungen sind innerbetriebliche Mitteilungen an den Einkauf, eine Bestellung beim Lieferanten auszulösen.

Bestellanforderung

Sekundärbedarfe entstehen, wenn sich aus der Materialstückliste Materialanforderungen ergeben, die nicht durch Lagerbestände, bereits erfolgte Bestellungen bei Kaufteilen oder Fertigungsaufträge bei Eigenfertigungsteilen abgedeckt sind.

Sekundärbedarf

Menüpfad

Logistik➔Produktion➔Bedarfsplanung ➔Planung

Transaktion

MD02 – Einzelp. mehrstufig

Erfassen Sie im ersten Bild der Bestandsliste folgende Daten:

- Material (lt. Aufgabenstellung),
- Dispobereich = 1000 Hamburg,
- Werk = 1000 Werk Hamburg,
- Bestellanf. Erstellen = 1 Grundsätzlich Banf erstellen.

Bestätigen Sie die Angaben mit *Enter*. Weitere Hinweise bitte ebenfalls mit *Enter* quittieren, bis die Datenbankstatistik in Abb. 5.36 erscheint.

Einzelplanung -mehrstufig-

Statistik	
Materialien geplant	3
Materialien mit neuen Ausnahmen	3
Materialien mit Abbruch-Dispoliste	

Parameter	
Dispositionsbereich	1000
Werk	1000
Verarbeitungsschlüssel	NETCH
Bestellanforderung erstellen	1
Lieferplaneinteilung	3
Dispositionsliste erstellen	1
Planungsmodus	1
Terminierung	1

Datenbankstatistik	
Planaufträge erzeugt	1
Bestellanforderungen erzeugt	2
Sekundärbedarfe erzeugt	3

Abb. 5.36: MD02 MRP-Lauf ©SAP AG

Die Auswertung des hier durchgeführten MRP-Laufes zeigt, dass u. a. ein Planauftrag (Fertigerzeugnis) und zwei Bestellanforderungen (Einsatzmaterialien) erstellt wurden. Die Zählerstände können je nach Bestandslage bei den Einsatzmaterialien variieren.

Im dritten Schritt erfolgt eine erneute Überprüfung der Dispositionssituation, d.h. der verfügbaren Mengen. Starten Sie hierzu wie bereits beschrieben die Transaktion *MD04* und überprüfen, ob die verfügbaren Mengen nun ausreichen.

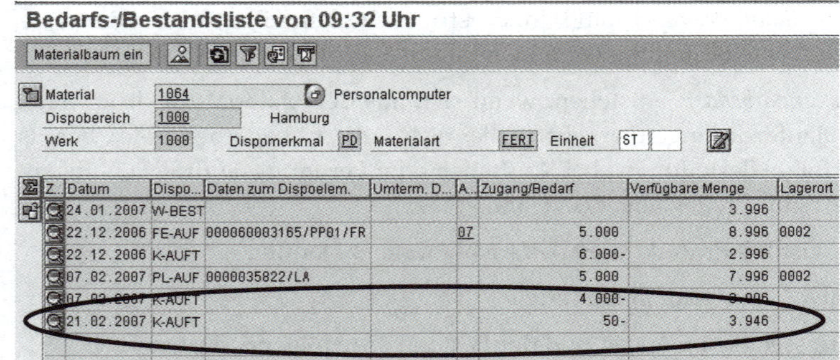

Abb. 5.37: MD04 Bestand nach MRP-Lauf ©SAP AG

Die Liste in Abb. 5.37 zeigt die durch den Planauftrag (hier 5000 Stück) erhöhte verfügbare Menge (hier 3946 Stück). Damit kann der Kundenauftrag in Höhe von 50 Stück leicht erfüllt werden.

5.2.7 Eröffnen Fertigungsauftrag

Übung: Fertigungsauftrag eröffnen

Ein *Fertigungsauftrag* stellt eine detaillierte Arbeitsanweisung an den Fertigungsbereich dar, ein bestimmtes Material zu einem definierten Zeitpunkt herzustellen und es an ein hierfür vorgesehenes Lager (z.B. Fertigwarenlager) abzuliefern. Der Fertigungsauftrag enthält alle hierfür notwendigen Steuerungsinformationen wie z.B. Stückliste und Arbeitsplan. Legen Sie für das Fertigprodukt einen Fertigungsauftrag an. Nutzen Sie hierzu die bereits bekannte Transaktion MD04.

Menüpfad

Logistik➔Materialwirtschaft➔Bestandsführung ➔Umfeld➔Bestand

Transaktion

MD04 – Akt. Bed./Best.Liste

Erfassen Sie im ersten Bild der Bestandsliste folgende Daten:

- Material (lt. Aufgabenstellung),
- Dispobereich = 1000 Hamburg,
- Werk = 1000 Werk Hamburg.

Wählen Sie die Zeile, in der sich der neue Planauftrag befindet, aus. Das Fester *Details zum Dispositionselement* erscheint (vgl. Abb. 5.38).

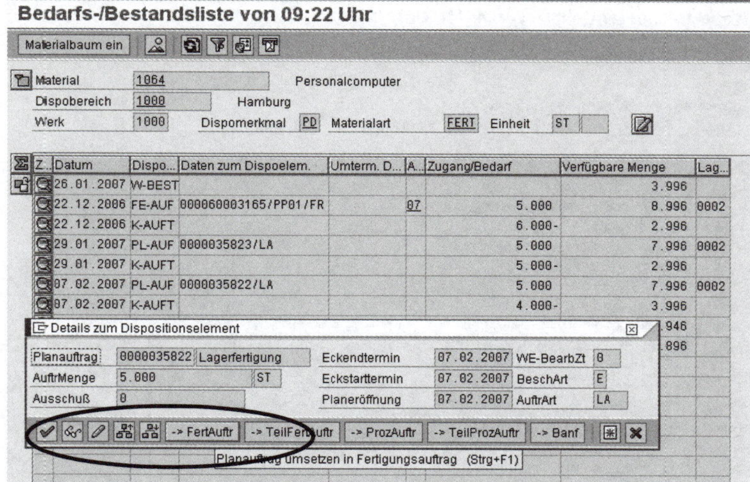

Abb. 5.38: MD04 Planauftrag in Fertigungsauftrag umsetzen © SAP AG

Wählen Sie *Planauftrag umsetzen in Fertigungsauftrag*. Das System legt den Fertigungsauftrag an und verwendet die Daten des Planauftrages.

Hinweis: Falls die Meldung *Kein Arbeitsplan gefunden* erscheint, sollten Sie das Selektionsdatum des Arbeitsplans so ändern, dass der Plan gefunden wird.

Anschließend können Sie die Meldungen überprüfen und Auftrag sichern. Starten Sie nun zur Kontrolle die Transaktion *MD04* erneut. Die aktualisierte Bestandsliste zeigt den angelegten Fertigungsauftrag. Der Planauftrag ist nicht mehr in der Übersicht aufgeführt, da er in den Fertigungsauftrag umgesetzt wurde. Der verfügbare Bestand ist im positiven Bereich.

5.2.8 Bestellung anlegen

Übung: Bestellung anlegen

Erzeugen Sie aus den evtl. vorhandenen Bestellanforderungen für die Komponenten des Fertigungsauftrages Bestellungen beim Lieferanten. Nutzen Sie hierzu wiederum die Transaktion MD04.

Menüpfad

Logistik➔Materialwirtschaft➔Bestandsführung ➔Umfeld➔Bestand

Transaktion

MD04 – Akt. Bed./Best.Liste

Erfassen Sie im ersten Bild der Bestandsliste folgende Daten:

- Material (lt. Aufgabenstellung),
- Dispobereich = 1000 Hamburg,
- Werk = 1000 Werk Hamburg.

Wählen Sie die Zeile aus, in der sich der neue Fertigungsauftrag *(FE-AUF)* befindet. Ein Fester *Details zum Dispositionselement* erscheint (vgl. Abb. 5.39).

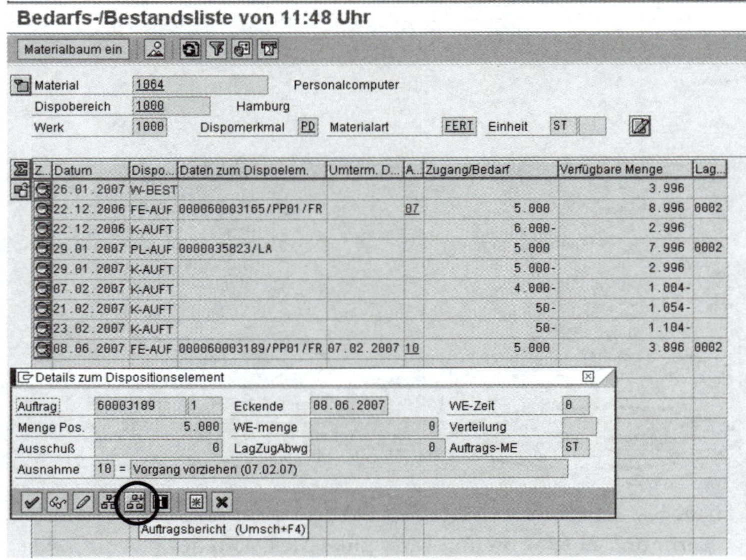

Abb. 5.39: MD04 Auftragsbericht wählen © SAP AG

Wählen Sie *Auftragsbericht* und lassen sich die fehlenden Komponenten anzeigen.

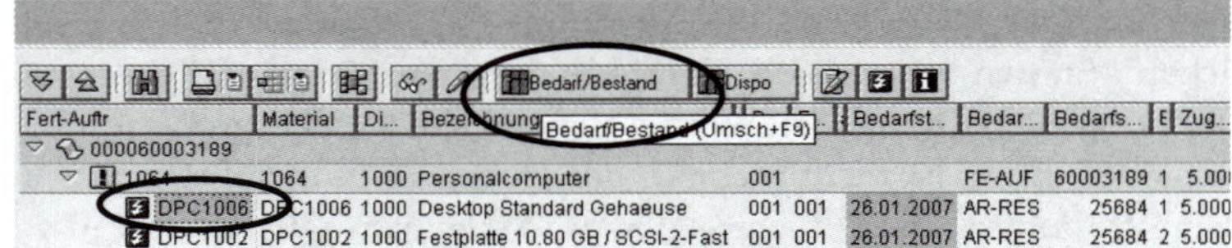

Abb. 5.40: MD04 Auftragsbericht © SAP AG

Im Auftragsbericht (vgl. Abb. 5.40) können Sie eine Komponente markieren und *Bedarf/Bestand* wählen. Sie gelangen in die Bestandsliste der Komponente. Wählen Sie dort das Dispoobjekt *Bestellanforderung (BS-ANF)* und *Details zum Element* (vgl. Abb. 5.41).

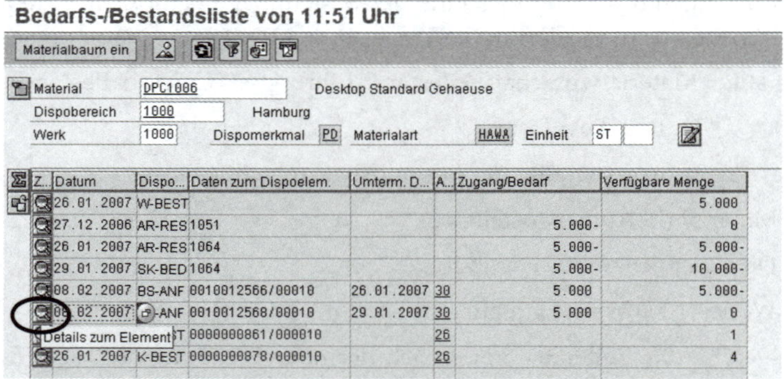

Abb. 5.41: MD04 Dispobild © SAP AG

In dem sich öffnenden Fenster wählen Sie *Bestellung* und erzeugen aus der Bestellanforderung (BANF) eine Bestellung beim Lieferanten.

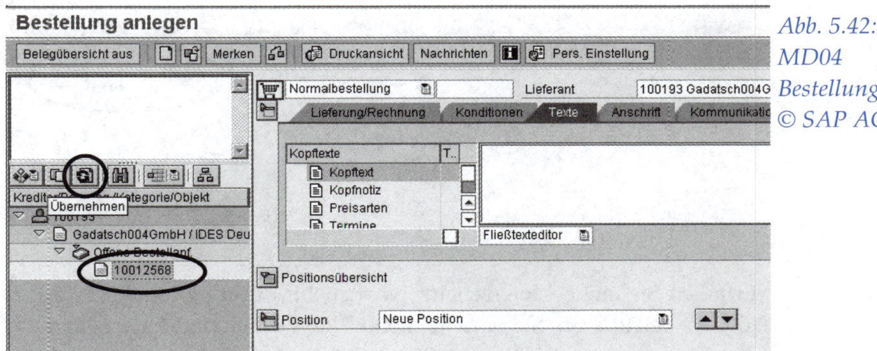

Abb. 5.42: MD04 Bestellung anlegen © SAP AG

Selektieren Sie im Bild Abb. 5.42 die offene Bestellanforderung. Wählen Sie anschließend *Übernehmen.* Alternativ können Sie die Bestellanforderung auch mit der Maus auf den Einkaufswagen ziehen.

Anschließend *sichern* Sie die Bestellung. Hiermit ist die Bestellung angelegt. Den Bestellvorgang müssen Sie ggf. für alle Komponenten wiederholen.

5.2.9 Wareneingang zur Bestellung erfassen

Der *Wareneingang* ist die zentrale Stelle eines Unternehmens, bei der sämtliche Warenlieferungen entgegengenommen, geprüft und erfasst werden. Fehlerhafte Waren können u.U. zurückgewiesen werden. Eine *Wareneingangsmeldung* (Kurz: *WE-Meldung*) ist die Erfassung der erhaltenen Menge in der Materialwirtschaft, d.h. im Materialbestand.

Übung: Wareneingang erfassen

Gehen Sie davon aus, dass der Lieferant noch am gleichen Tag die bestellte Menge in einwandfreier Qualität liefert. Erfassen Sie für jedes Teil, für das Sie eine Bestellung angelegt haben, den Wareneingang in Höhe der bestellten Menge. Nutzen Sie hierzu die Transaktion *MIGO*

Menüpfad

Logistik➔Materialwirtschaft➔Einkauf ➔ Bestellung➔Folgefunktionen

Transaktion

MIGO –Wareneingang

Erfassen Sie im ersten Bild der Maske (vgl. Abb. 5.43) die Bestellnummer. Sollten Sie diese nicht kennen, können Sie die Bestellnummer über die Suchfunktion (hierzu bitte das *Fernglas-Symbol* wählen) unter Angabe Ihrer Lieferantennummer aus den Bestellungen auswählen.

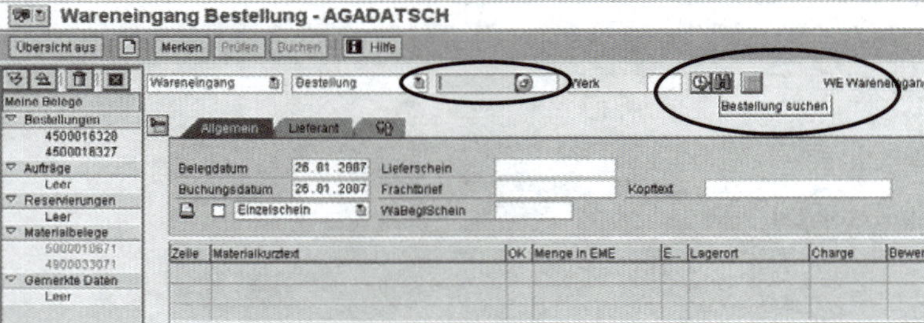

Abb. 5.43: MIGO Bestellungen selektieren © SAP AG

Erfassen Sie einen Lieferschein (Nr. beliebig) und ggf. einen Lagerort (0001). Selektieren Sie anschließend die Bestellungen nacheinander durch einen *Doppelklick* auf die Bestellnummern und markieren Sie die Buchung im oberen Teil der Maske mit einem Häkchen in der Spalte *OK (vgl.* Abb. 5.44 *).* Das System erzeugt nun WE-Meldungen (unterer Bildschirmteil).

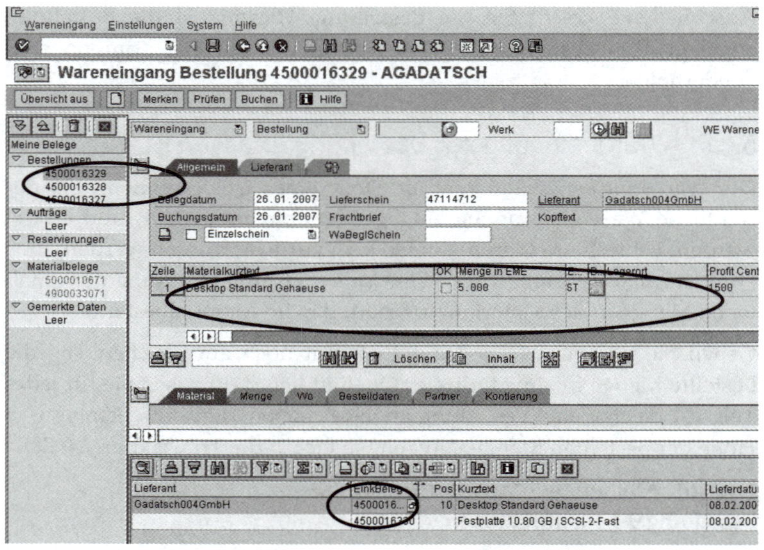

Abb. 5.44: MIGO Wareneingang erfassen © SAP AG

Abschließend können Sie die Wareneingangsmeldung mit dem nebenstehenden Druckknopf sichern.

5.2.10 Warenausgang des Fertigungsauftrages buchen

Die Komponenten für den Fertigungsauftrag werden vom Materiallager entnommen und für den Fertigungsprozess bereitgestellt. Dieser Vorgang soll im System erfasst werden. Verwenden Sie hierzu die Transaktion *MB1A Warenausgang.*

Menüpfad

Logistik➔Materialwirtschaft➔Bestandsführung ➔ Warenbewegung

Transaktion

MB1A –Warenausgang

Wenn das Startbild erscheint, wählen Sie bitte *Zum Auftrag* aus. Tragen Sie im anschließend erscheinenden Fenster die Nummer des Fertigungsauftrages ein. Bestätigen Sie Ihre Angaben mit *Enter (vgl.* Abb. 5.45).

Falls Sie die Auftragnummer nicht kennen, können Sie diese in der Bestandsliste/Dispoliste der Transaktion *MD04* sehen (Dispoelement *FE-AUF*).

Hinweis

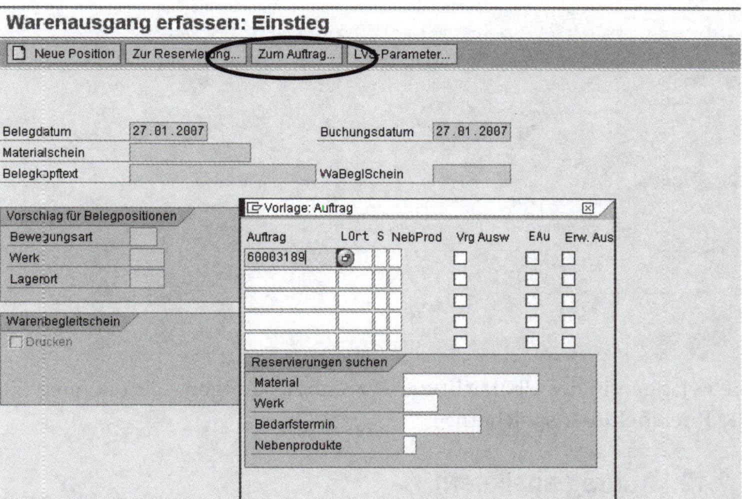

Abb. 5.45: MB1A Warenausgang © SAP AG

Das System schlägt Ihnen nun die korrekten Materialpositionen aus der Stückliste vor. Sofern Sie keine Mengenangaben ändern möchten, können Sie den Vorgang mit *Speichern* abschließen.

5.2.11 Auftrag endrückmelden

Übung: Auftrag endrückmelden

Der Auftrag wurde in der Fertigung vollständig bearbeitet. Sie können den Auftrag nun *endrückmelden*. Damit stehen die Fertigerzeugnisse dem Vertrieb zur Verfügung.

Menüpfad

Logistik➔Produktion➔Fertigungssteuerung➔
Rückmeldung➔Erfassen

Transaktion

CO15 –zum Auftrag

Erfassen Sie im ersten Bild die Auftragsnummer und wählen *Weiter*. Markieren Sie in Abb. 5.46 *Endrückmeldung* und wählen Sie anschließend *Warenbewegungen* aus.

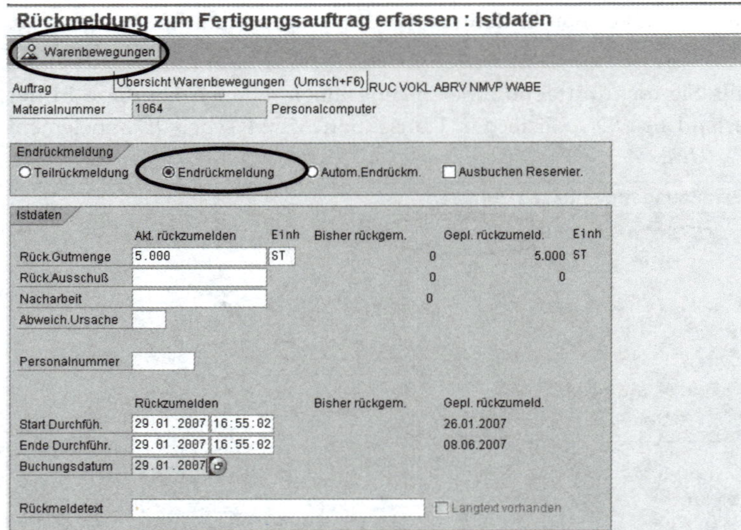

Abb. 5.46: CO15 Endrückmelden © SAP AG

Sie gelangen in die Übersicht der Warenbewegungen. Nun können Sie die Rückmeldung speichern.

5.2.12 Auftrag ausliefern

Nachdem ausreichend Fertigerzeugnisse produziert wurden, kann der Kunde nun mit den Waren beliefert werden. Hierzu muss im System die Auslieferung angestoßen werden.

Übung: Auftrag ausliefern

Liefern Sie den Auftrag komplett zum Tagesdatum aus. Für die Erfassung der Auslieferung sind zwei Einzelschritte erforderlich:

- Lieferung anlegen (Transaktion *VL01N*),
- Transportauftrag anlegen (Transaktion *LT03*).

1. Schritt: Lieferung anlegen.

Menüpfad

Logistik➔Vertrieb➔Versand und Transport ➔Auslieferung ➔Anlegen➔Einzelbeleg

Transaktion

VL01N – mit Bezug auf Kundenauftrag

In der Startmaske erfassen Sie bitte folgende Daten:

- Versandstelle = 1000 Versandstelle Hamburg,
- Selektionsdatum = Wunschliefertermin laut ihrem Kundenauftrag,
- Auftragsnummer = Ihre Auftragsnummer.

Wenn die Auftragsnummer nicht bekannt ist, können Sie diese über den Matchcode suchen. Wählen Sie anschließend *weiter*. In der darauf erscheinenden Maske sind keine weiteren Angaben erforderlich. Sie brauchen nur die Lieferung zu sichern. Notieren Sie sich bitte die Nummer der Lieferung. Sie benötigen diese Angabe für den nächsten Schritt der Aufgabe.

2. Schritt: Transportauftrag anlegen (Transaktion LT03)

Logistik➔Vertrieb➔Versand und Transport ➔Kommissionierung ➔Transportauftrag anlegen

Menüpfad

LT03 – Einzelbeleg

Transaktion

Zunächst erscheint das Bild *Anlegen Transportauftrag zur LF – Einstieg* (vgl. Abb. 5.47).

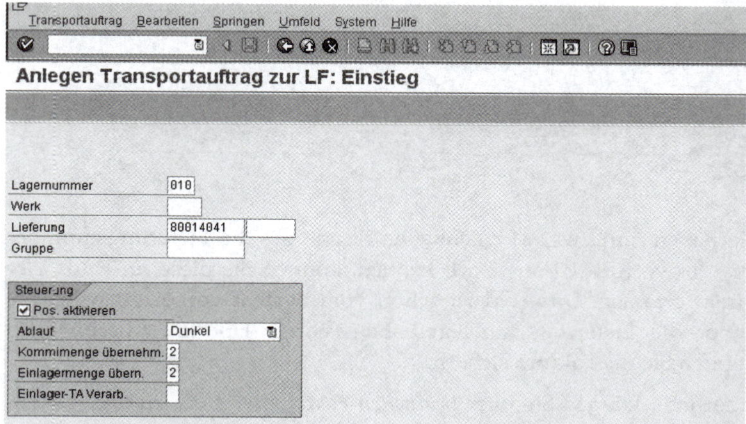

Abb. 5.47: LT03 Anlegen Transportauftrag © SAP AG

Erfassen Sie folgende Daten:

- Lagernummer = 010 (Lean) Hamburg
- Werk = leer lassen,
- Lieferung: Lieferungsnummer lt. Schritt 1
- Ablauf = dunkel,
- Kommimenge übernehmen = 2 (Kommimenge als Liefermenge in Lieferung übernehmen und Warenausgang buchen)
- Einlagermenge übernehmen = 2 (Einlagermenge als Liefermenge übernehmen und Warenausgang buchen)

Wählen Sie dann *weiter*. Notieren Sie sich bitte die Nummer des Transportauftrages, die am unteren Bildschirmrand (Statuszeile) angezeigt wird.

5.2.13 Faktura

Nachdem der Kundenauftrag ausgeliefert worden ist, kann die Rechnung (Faktura) erstellt und an den Kunden versandt werden. Dieser Vorgang wird auch als Fakturierung bezeichnet.

Fakturieren Sie den Auftrag den Sie zuvor ausgeliefert haben, und prüfen Sie anschließend, ob die Rechnung auf dem Kundenkonto (Debitorenkonto) im Rechnungswesen sichtbar ist.

Übung: Auftrag fakturieren

1. Schritt: Faktura anlegen (Transaktion VF01)

Menüpfad Logistik➔Vertrieb➔Fakturierung➔Faktura

Transaktion VF01– Faktura

Zunächst erscheint das Bild *Faktura anlegen* (vgl. Abb. 5.48).

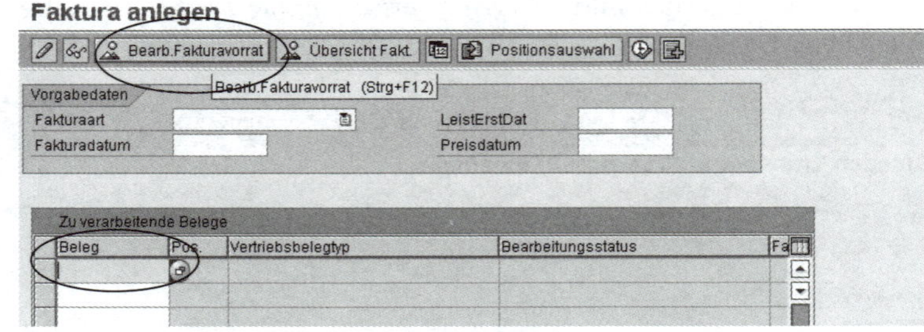

Abb. 5.48: VF01 Faktura Anlegen ©SAP AG

Sie haben nun zwei Möglichkeiten. Wenn Sie die Lieferungsnummer aus der vorigen Übung noch kennen, können Sie diese im Feld *Beleg* direkt erfassen. Das Feld ist schon vom System vorbelegt, wenn Sie zuvor die Lieferung angelegt haben (vorige Übung). Anschließend können Sie die Faktura sichern.

Alternativ können Sie über *Bearbeiten Fakturavorrat* die zu fakturierenden Lieferungen selektieren. Hierzu erfassen Sie Ihre Kundennummer (hier *ag011*) im Feld *Auftraggeber* (vgl. Abb. 5.49).

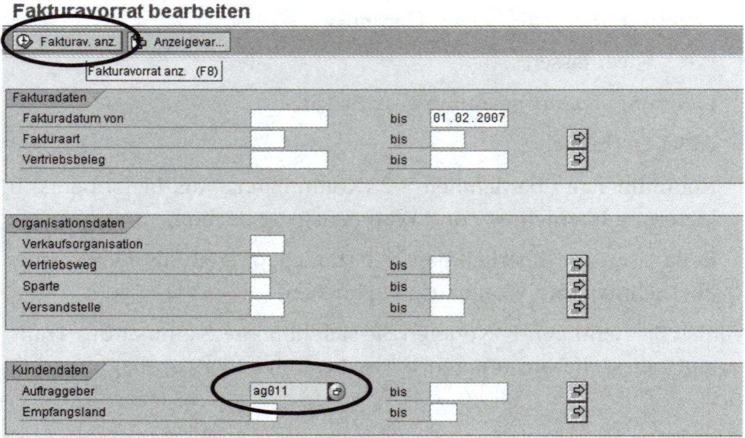

Abb. 5.49: VF01 Faktura Selektieren ©SAP AG

Wählen Sie anschließend *Fakturavorrat anzeigen* und im nächsten Bild *Sichern*. Damit sind die Rechnungen erzeugt und gebucht. Dies können Sie nun im Debitorenkonto überprüfen.

2. Schritt: Debitorenkonto prüfen (Transaktion FBL5N)

Menüpfad Rechnungswesen➔Finanzwesen➔Debitoren➔Konto

Transaktion FBL5N – Posten anzeigen / ändern

Wechseln Sie in das Rechnungswesen und starten die Transaktion *FBL5N*. Im Startbild erfassen Sie die Kundennummer im Feld *Debitorenkonto* und passen ggf. das vom System vorgeschlagene Datum im

Feld *offene Posten zum Stichtag* an. Durch Anwahl von *Ausführen* können Sie das Programm starten. Sie erhalten eine Liste der offenen, noch zu bezahlenden Rechnungen des Debitoren (vgl. Abb. 5.50). Insgesamt sind in diesem Beispiel 64.260 Euro zu bezahlen.

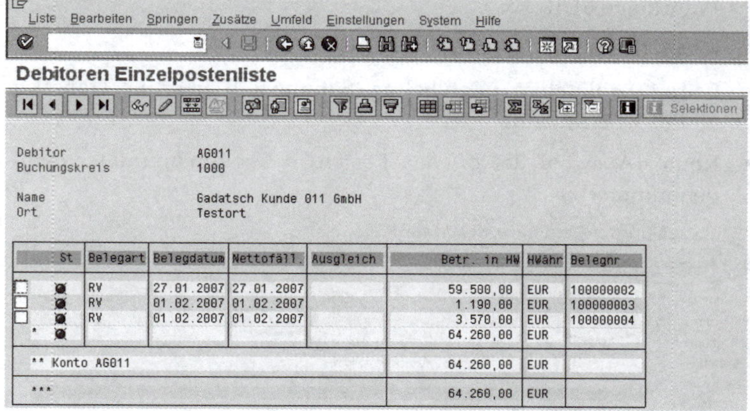

St	Belegart	Belegdatum	Nettofäll.	Ausgleich	Betr. in HW	HWähr	Belegnr
	RV	27.01.2007	27.01.2007		59.500,00	EUR	100000002
	RV	01.02.2007	01.02.2007		1.190,00	EUR	100000003
	RV	01.02.2007	01.02.2007		3.570,00	EUR	100000004
*					64.260,00	EUR	
** Konto AG011					64.260,00	EUR	
***					64.260,00	EUR	

Abb. 5.50: FBL5N Debitorenkonto prüfen ©SAP AG

3. Schritt: Belegfluss prüfen (Transaktion VA03)

Eine Kontrolle des gesamten Belegflusses ist jederzeit über die Transaktion zur Anzeige des Auftrages möglich.

Logistik➔Vertrieb➔Verkauf➔Auftrag

Menüpfad

VA03 –anzeigen

Transaktion

Wählen Sie nach dem Start der Transaktion *und* Eingabe Ihrer Auftragsnummer im Feld Auftrag *weiter*. Nachdem der Stammsatz angezeigt wird, wählen Sie im Menü *Umfeld➔Belegfluss anzeigen* oder direkt über die Funktionstaste *F5*. Sie erhalten eine Belegflussübersicht (vgl. Abb. 5.51)

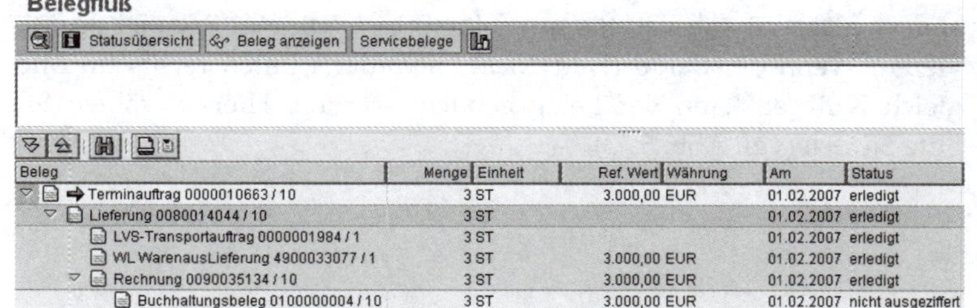

Beleg	Menge	Einheit	Ref. Wert	Währung	Am	Status
➔ Terminauftrag 0000010663 / 10	3	ST	3.000,00	EUR	01.02.2007	erledigt
Lieferung 0080014044 / 10	3	ST			01.02.2007	erledigt
LVS-Transportauftrag 0000001984 / 1	3	ST			01.02.2007	erledigt
WL WarenausLieferung 4900033077 / 1	3	ST	3.000,00	EUR	01.02.2007	erledigt
Rechnung 0090035134 / 10	3	ST	3.000,00	EUR	01.02.2007	erledigt
Buchhaltungsbeleg 0100000004 / 10	3	ST	3.000,00	EUR	01.02.2007	nicht ausgeziffert

Abb. 5.51: VA03 Belegfluss prüfen ©SAP AG

5.2.14 Zahlungseingang buchen

Buchen Sie den Zahlungseingang des Kunden über alle im Debitorenkonto ausgewiesenen offenen Rechnungen. Der Kunde zahlt den vollen Rechnungsbetrag, unabhängig von einer eventuellen Skontoabzugsmöglichkeit. Prüfen Sie anschließend das Debitorenkonto.

Übung: Zahlung erfassen

Rechnungswesen➔Finanzwesen➔Debitoren➔Buchung

Menüpfad

Transaktion

F28 – Zahlungseingang.

Erfassen Sie in Bild von Abb. 5.52 folgende Daten:

- Buchungsdatum = Tagesdatum,
- Währung = EUR,
- Konto (Bankdaten) = 113100 Deutsche Bank,
- Betrag (Bankdaten) = Zahlbetrag (Summe z. B. über die Transaktion *FBL5N* ermitteln),
- Konto (Auswahl der offenen Posten) = Debitorennummer (Kundennummer)

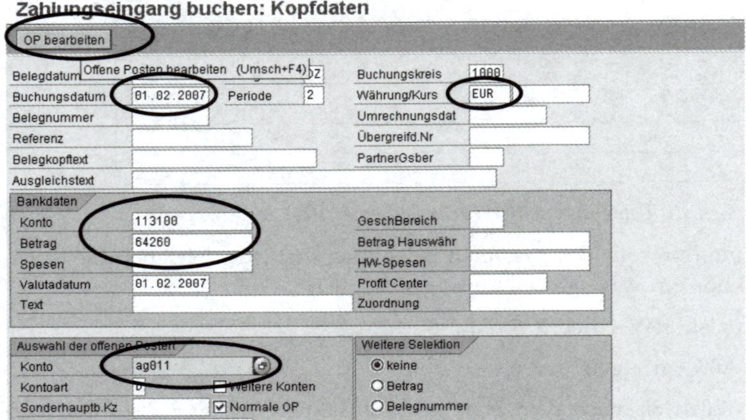

Abb. 5.52: F28 Zahlungseingang selektieren

Wählen Sie anschließend *OP-bearbeiten. Die* gewünschten, d.h. die offenen Rechungen (offene Posten), die ausgeglichen werden sollen, können Sie in Abb. 5.53 z.B. durch einen Doppelklick auf das jeweilige Betragsfeld aktivieren (=blau) bzw. wieder deaktivieren (=schwarz).

Hinweis: Den Abzug von Skonto sollten Sie in diesem Beispiel deaktivieren. Wenn der Saldo (Feld *Nicht zugeordnet*) unten rechts im Bild gleich Null ist, kann der Beleg gebucht werden. Hierzu wählen Sie bitte *Sichern* (vgl. Abb. 5.53)

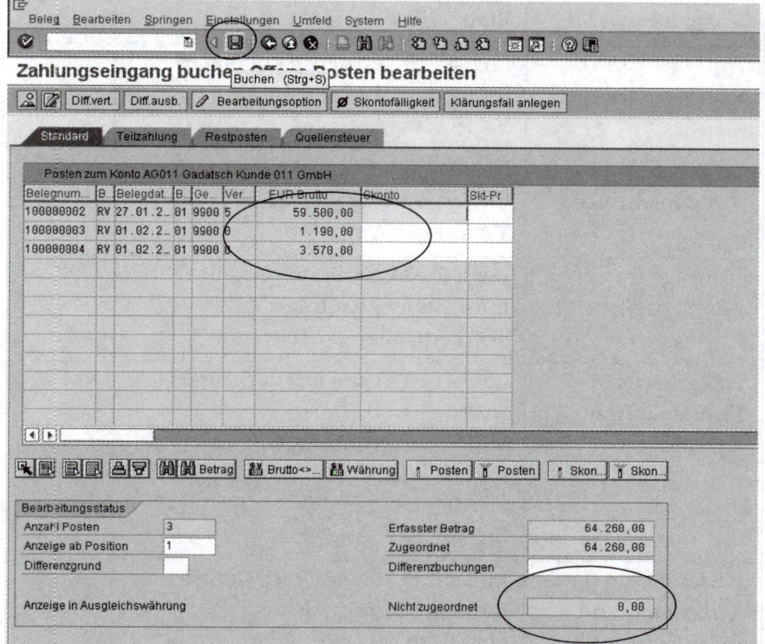

Abb. 5.53: F28 Zahlungseingang buchen © SAP AG

Mit diesem Schritt ist der gesamte Prozess von der Anfrage, über das Angebot, Auftragserfassung, Beschaffung von Fremdteilen und Fertigung bis hin zur Bezahlung der Rechnung durch den Kunden vollständig abgeschlossen.

5.2.15 Reporting und Analyse

Die Übungen enthielten bereits einige Möglichkeiten für das Reporting und die Analyse der Daten. Die bereits behandelten Programme und weitere wichtige Auswertungen, deren Funktionalität sich leicht im „Eigenstudium" erarbeitet lassen, werden zur leichteren Orientierung in der folgenden Tabelle aufgeführt (vgl. Tab. 5.3):

Tab. 5.3: Ausgewählte Programme zum Reporting und Analyse

Aufgabe	Pfad	T-Code
Anfragen zum Kunden anzeigen	Logistik➔Vertrieb➔Verkauf ➔ Infosystem➔Anfragen VA15 Liste Anfragen	VA15
Angebote zum Kunden anzeigen	Logistik➔Vertrieb➔Verkauf ➔ Infosystem➔Angebote VA25 Liste Angebote	VA25
Aufträge im Zeitraum anzeigen	Logistik➔Vertrieb➔Verkauf ➔ Infosystem➔Aufträge SD01 Aufträge im Zeitraum	SD01
Belegfluss zum Kundenauftrag anzeigen	Logistik➔Vertrieb➔Verkauf➔ Auftrag VA03 Auftrag anzeigen und ➔ *Weiter* im Menü: Umfeld➔ Belegfluss anzeigen	VA03
Bestandsliste (Lagerbestand und Reservierungen ermitteln)	Logistik➔Materialwirtschaft➔ Bestandsführung ➔ Umfeld➔Bestand MD04 Akt. Bed./Best.Liste	MD04
Debitoren Einzelposten anzeigen	Rechnungswesen➔Finanzwesen➔ Debitoren➔Konto FBL5N Posten anzeigen / ändern	FBL5N
Kundenstammblatt anzeigen	Logistik➔Vertrieb➔Stammdaten ➔Infosystem➔Geschäftspartner VC/2 Kundenstammblatt	VC/2

5.2.16 Laufende Einstellungen und Tabellenpflege

Für die logistischen Anwendungen ist insbesondere der monatliche Lauf des „Periodenverschiebers“ bzw. „Periodenverschiebung Materialstamm“ von hoher Bedeutung. Die Funktionsweise des Programms wurde bereits zu Beginn dieses Kapitels erläutert. Das Programm muss monatlich, zwischen den Monaten, d.h. vor der ersten Mengenbewegung des Folgemonats durchgeführt werden.

Tab. 5.4: Periodenverschiebung Materialstamm

Aufgabe	Pfad	T-Code
Periodenverschiebung Materialstamm	Logistik ➔Materialwirtschaft➔ Materialstamm➔Sonstige➔ MMPV Periode verschieben	MMPV

6 Consulting als Dienstleistung

Die Fallstudie zur Musterfirma ICS GmbH beinhaltet einen Dienstleistungsprozess, um auch diesen praxisrelevanten Bereich betrachten zu können. In Rahmen dieses Prozesses werden den Kunden der ICS GmbH Beratungsleistungen (IT-Consulting) im Zusammenhang mit dem Handel von Hardware angeboten. Diese Beratungsleistung wird häufig im Rahmen von Projekten durchgeführt. Hier bietet es sich daher an, diese Projekte in SAP im Projektsystem (PS) abzubilden. Wie in den Praxisprojekten soll die Beratungsleistung sowohl nach Aufwand, als auch als Festpreis angeboten und abgerechnet werden.

6.1 Stammdaten und Vorbereitungen

Zur Vorbereitung sind wieder einige Voreinstellungen durchzuführen und Stammdaten anzulegen. Es werden ein Kundenstamm und mehrere Materialstämme für die verschiedenen Formen der Beratungsleistung benötigt.

Kundenstamm

Soweit Sie noch keinen Kundenstamm angelegt haben, sollten Sie dies, wie im Abschnitt 5.1.2 beschrieben, noch nachholen.

Die übrigen vorbereitenden Prozess-Schritte werden in den nachfolgenden Abschnitten im Detail erläutert.

Das Wertschöpfungskettendiagramm der Musterfirma ICS GmbH in Abb. 6.1 zeigt die notwendigen Prozessschritte unter Angabe der SAP-Transaktionscodes, mit der die notwendigen Programme direkt aufgerufen werden können.

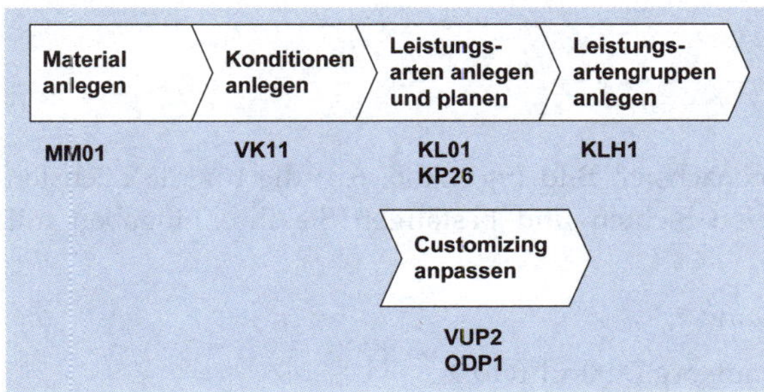

Abb. 6.1: Vorbereitende Prozess-Schritte im Überblick

6.1.1 Material anlegen

Insgesamt müssen vier weitere Materialstämme für unsere Fallstudie angelegt werden. Für die Festpreisfakturierung (Meilensteinfakturierung) benötigen wir einen Materialstamm, der das Dienstleistungsprojekt im Verkaufsbeleg repräsentiert. Für die Aufwandsfakturierung wollen wir zwischen einem Senior- und einem Junior-Berater mit unterschiedlichen Stundenpreisen unterscheiden. Es müssen also zwei weitere Materialstämme für den Senior- und den Junior-Berater angelegt werden. Diese beiden Materialien unterscheiden sich aber nur bezüglich der Texte. Zusätzlich legen wir noch einen Materialstamm für das Material *Consulting* an, das als Platzhalter für das Angebot und den Auftrag dient.

Damit das Dienstleistungsprojekt später im Verkaufsbeleg erscheint, müssen wir also für das Projekt zunächst einen Materialstamm anlegen. Sie haben bereits im Abschnitt 5.1.3 einen Materialstamm angelegt. Für unser Projekt gehen wir ähnlich vor. Wir brauchen allerdings keine Stückliste und keinen Arbeitsplan.

Übung

1. Schritt: Legen Sie zunächst den Materialstamm für das Dienstleistungsprodukt (Projekt) an.

Menüpfad

Logistik➔Materialwirtschaft➔Materialstamm➔Material ➔Anlegen allgemein

Transaktion

MM01 – Sofort

Tragen Sie im ersten Bild (vgl. Abb. 6.2) im Feld Material *Project-01*, für die Branche *Service Provider* und für die Materialart *Dienstleistung* ein. Wählen Sie danach *Sichtenauswahl*.

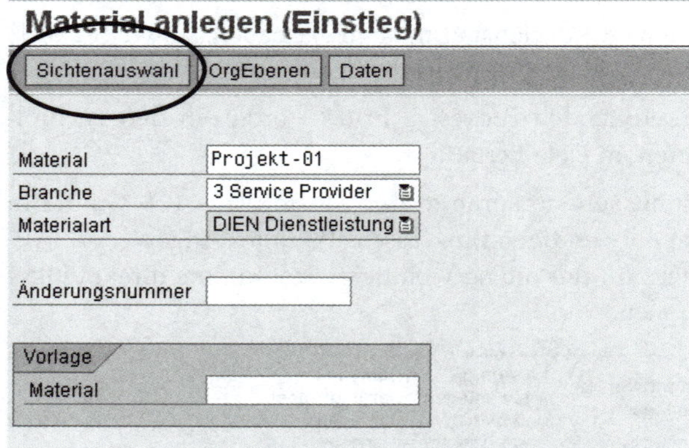

Abb. 6.2: MM01 – Material anlegen (Einstieg)
© SAP AG

Sichten

Selektieren Sie im nächsten Bild (vgl. Abb. 6.3) die für die nächsten Übungen benötigten Sichten und bestätigen Sie ihre Eingaben mit *Enter*:

- Grunddaten 1 und 2,
- Vertrieb: Verkaufsorg.Daten 1 und 2,
- Vertrieb: Allg./Werksdaten,
- Disposition 1 bis 4.

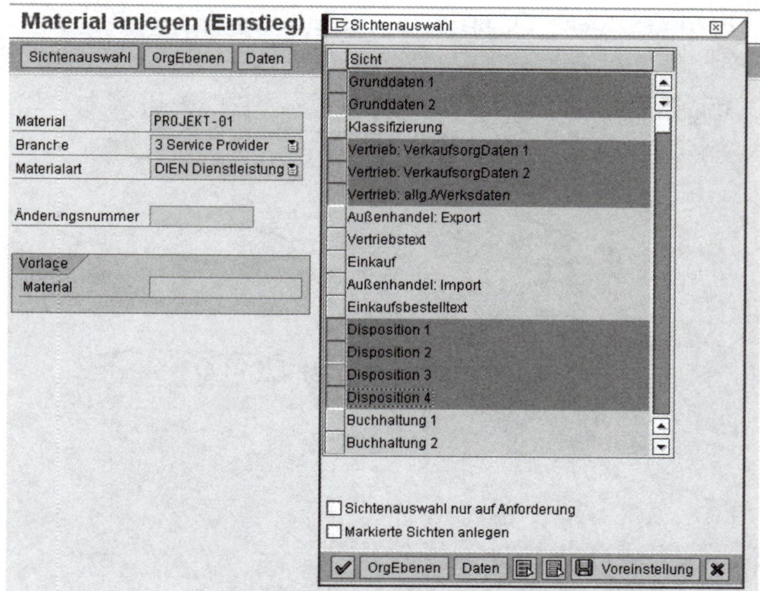

Abb. 6.3: Sichtenauswahl © SAP AG

Organisationsebenen

Daraufhin erscheint das Fenster *Organisationsebenen*. Dort erfassen Sie folgende Werte und bestätigen die Angaben mit *Enter*:

- Werk = 1000 Werk Hamburg,
- Lagerort bleibt leer,
- Verkaufsorganisation = 1000 Deutschl. Frankfurt,
- Vertriebsweg = 10 Endkundenverkauf.

Sie gelangen nun in die von Ihnen gewählten Sichten des Materialstammsatzes. Zunächst erscheint das Bild *Grunddaten 1* (vgl. Abb. 6.4), in dem die wichtigsten Grunddaten eines Materialstammsatzes erfasst werden können. Für die Übungen sollten Sie die folgenden Datenfelder belegen:

- Text = IT-Kunden-Projekt 01,
- Warengruppe = 00701 Beratung
- Basismengeneinheit = ST Stück,
- Sparte = 00 Spartenübergreifend,
- Allgemeine Positionstypengruppe = 0005 Meilenstein Faktura.

Material PROJEKT-01 anlegen (Dienstleistung)
Zusatzdaten
OrgEbenen
Bilddaten prüfen
Grunddaten 1
Grunddaten 2
Klassifizierung
Vertrieb: VerkOrg 1
Material
PROJEKT-01
IT-Kunden-Projekt 01
Allgemeine Daten
Basismengeneinheit
ST
Stück
Warengruppe
00701
Alte Materialnummer
Ext.Warengrp.
Sparte
00
Labor/Büro
KontingentSchema
Produkthierar.
Werksüb. MatStatus
Gültig ab
Gültigkeit bewerten
allg.Postypengr
0005
Meilenstein-Faktur.
Abmessungen/EAN
EAN/UPC-Code
EAN-Typ
Verpackungsmaterialdaten
Materialgruppe PM
Grunddatentexte
Gepflegte Sprachen:
0
Grunddatentext
Sprache:

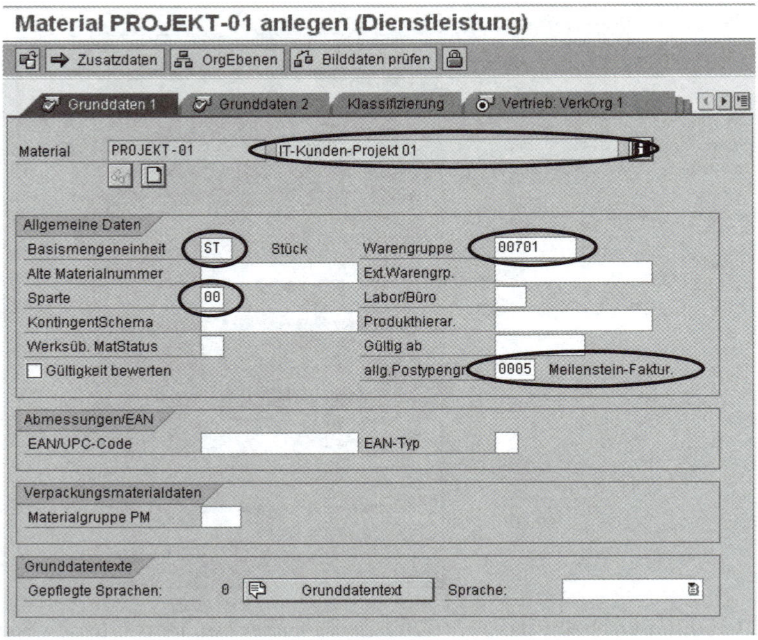

Abb. 6.4: Grunddaten 1 © SAP AG

Bestätigen Sie die erfassten Daten mit *Enter* oder scrollen Sie nach rechts bis zum Registerblatt *Vertrieb/VerkOrg 1* (vgl. Abb. 6.5).

Material PROJEKT-01 anlegen (Dienstleistung)
Zusatzdaten
OrgEbenen
Bilddaten prüfen
Klassifizierung
Vertrieb: VerkOrg 1
Vertrieb: VerkOrg 2
Vertrieb: all...
Material
PROJEKT-01
IT-Kunden-Projekt 01
VerkOrg.
1000
Deutschl. Frankfurt
VertrWeg
10
Endkundenverkauf
Allgemeine Daten
Basismengeneinheit
ST
Stück
Sparte
00
Spartenübe...
Verkaufsmengeneinh.
VME nicht variabel
MengeneinheitenGrp
VTL-überg. Status
Gültig ab
VTL-spez. Status
Gültig ab
Auslieferungswerk
1000
Werk Hamburg
Warengruppe
00701
Beratung
Skontofähig
Konditionen
Steuerdaten
La...
Land
Ste...
Steuertyp
S
Steuerklassifikation
DE
Deutschland
MWST
Ausgangssteuer
1
Volle Steuer
Eintrag
1
von
1
Mengenvereinbarungen
MindAuftrMenge
ST
Min.liefermenge
ST
Liefereinheit
RundProfil

Abb. 6.5: Vertrieb:VerkOrg 1 © SAP AG

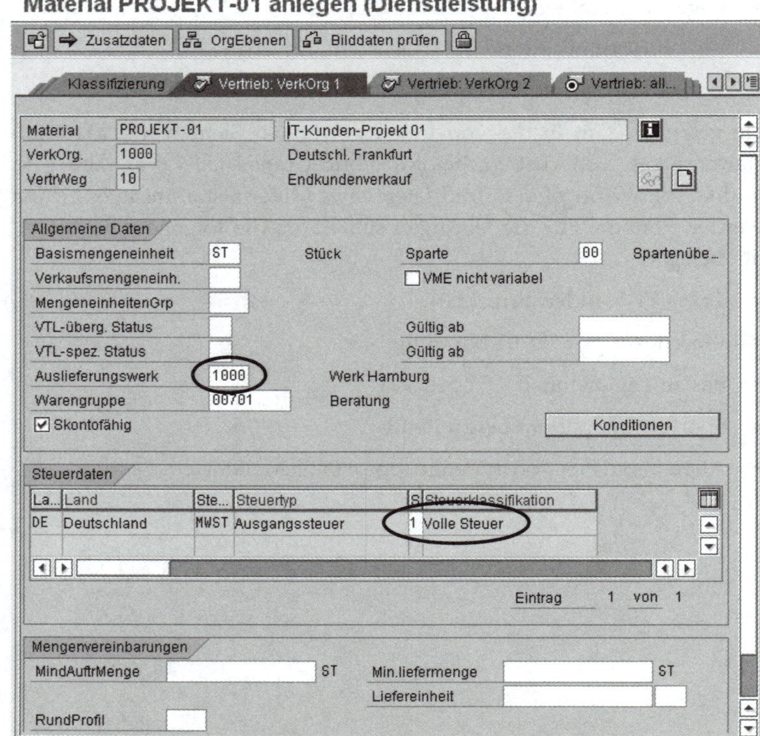

Erfassen Sie im Bild *Vertrieb:VerkOrg 1* folgende Daten:

- Auslieferungswerk = 1000 Werk Hamburg,
- Steuerklassifikation = 1 Volle Steuer.

Bestätigen Sie Ihre Angaben mit *Enter* oder scrollen Sie rechts zum nächsten aktiven Registerblatt (vgl. Abb. 6.6).

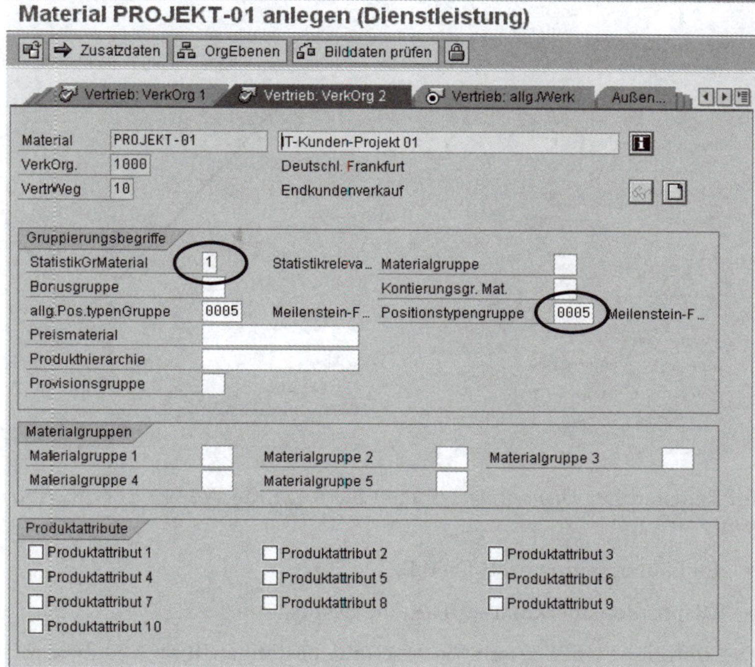

Abb. 6.6: Vertrieb:VerkOrg 2 © SAP AG

Im Registerblatt *Vertrieb:VerkOrg 2* tragen Sie folgende Werte ein:

- Statistikgruppe Material = 1 Statistikrelevant
- Positionstypengruppe = 0005 Meilenstein-Faktura.

Hinweis: Das Feld *allgemeine Positionstypengruppe* ist auf der linken Seite der Erfassungsmaske schon mit dem Wert *0005* belegt. Diesen Wert haben Sie bereits in der Maske *Grunddaten 1* erfasst. Hier muss noch das rechte Feld *Positionstypengruppe* mit dem Wert *0005* für *Meilenstein-Faktura* belegt werden.

Bestätigen Sie Ihre Angaben mit *Enter* oder scrollen Sie rechts zum nächsten aktiven Registerblatt (vgl. Abb. 6.7).

Im Registerblatt *Vertrieb:allg./Werk* tragen Sie folgenden Wert ein:

- Verfügbarkeitsprüfung = KP Keine Prüfung.

Abb. 6.7: Vertrieb:allg./Werk © SAP AG

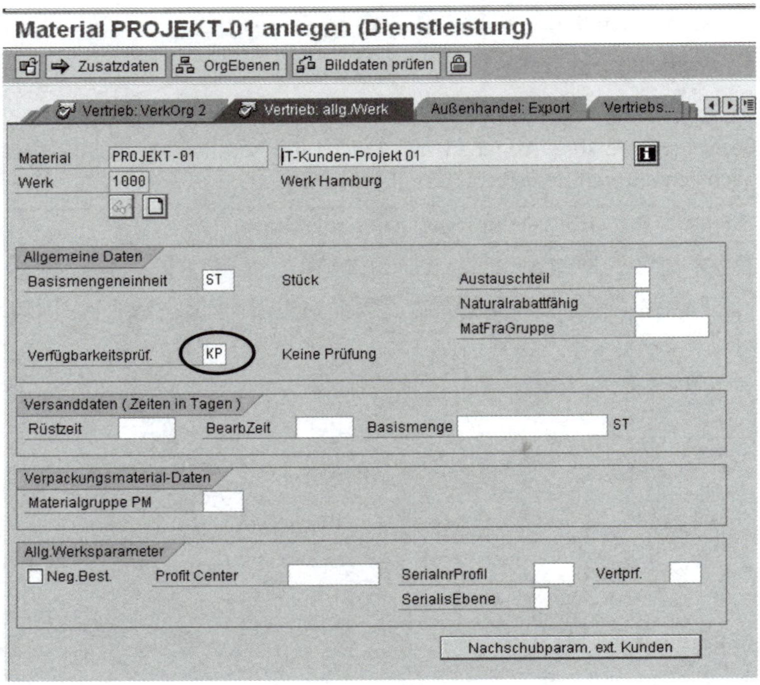

Im Registerblatt *Disposition 1* tragen Sie folgende Werte ein (vgl. Abb. 6.8):

- Einkäufergruppe = 001 Dietl,B.
- Dispositionsmerkmal = ND Keine Disposition.

Die übrigen Felder lassen Sie leer und bestätigen Ihre Angaben mit *Enter*. Anschließend wechseln Sie zur Registerkarte *Disposition* 2.

Abb. 6.8: Disposition 1 © SAP AG

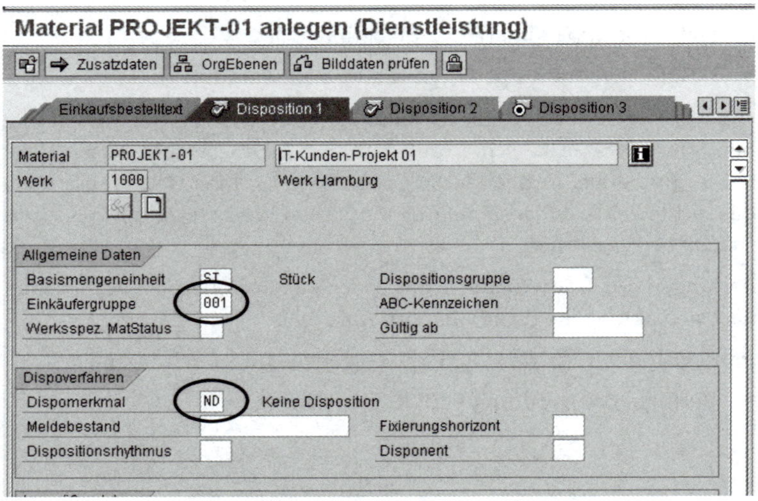

Im Registerblatt *Disposition 2* tragen Sie folgenden Wert ein (vgl.Abb. 6.9):

- Planlieferzeit = 1 Tag.

Die übrigen Felder lassen Sie wieder leer und bestätigen Ihre Angaben mit *Enter*. Anschließend wechseln Sie zur letzten Registerkarte, die wir pflegen wollen, nämlich zur Registerkarte *Disposition 3*.

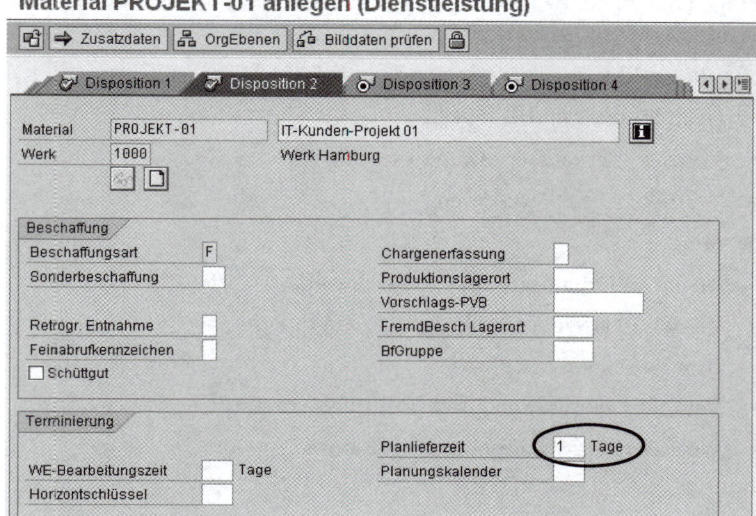

Abb. 6.9: Disposition 2 © SAP AG

In der Registerkarte *Disposition 3* tragen wir nur im Feld *Strategiegruppe* den Wert *21* (Kundeneinzelfertigung/Projektabrechnung) ein (vgl. Abb. 6.10).

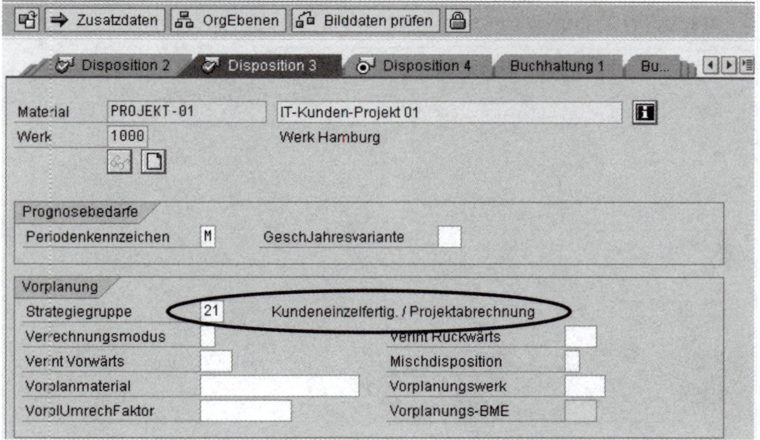

Abb. 6.10: Disposition 3 © SAP AG

Danach können Sie den Stammsatz mit der Tastenkombination *Strg+S* oder durch Betätigen der nebenstehenden Drucktaste sichern.

Übung

2. Schritt: Legen Sie die Materialstämme für den Senior-, den Junior-Berater und Consulting an.

Menüpfad

Logistik➔Materialwirtschaft➔Materialstamm➔Material ➔Anlegen allgemein

Transaktion

MM01 – Sofort

Die weiteren drei Materialstämme legen Sie nach dem gleichen Muster an. Nachfolgend werden daher nur noch die benötigten Daten für die einzelnen Sichten (Registerkarten) genannt.

Tragen Sie im ersten Bild im Feld Branche *Service Provider* und im Feld Materialart *Dienstleistung* ein.

Für alle drei Materialstämme werden die Sichten

- Grunddaten 1 und 2,
- Vertrieb: Verkaufsorg.Daten 1 und 2,
- Vertrieb: Allg./Werksdaten,

benötigt.

Geben Sie als Organisationseinheiten jeweils

- Werk = 1000 Werk Hamburg,
- Lagerort bleibt leer,
- Verkaufsorganisation = 1000 Deutschl. Frankfurt,
- Vertriebsweg = 10 Endkundenverkauf.

an.

Nun folgen die Daten für die einzelnen Materialstämme. Sie können sich die Erfassungsarbeiten erleichtern, wenn Sie nach der Anlage eines Materials dieses als Vorlage für das nächste Material benutzen (vgl. Abb. 6.11). Das Vorlagematerial dient dann als Template für das neue Material. Die Felder werden entsprechend vorbelegt und müssen dann ggf. noch angepasst werden.

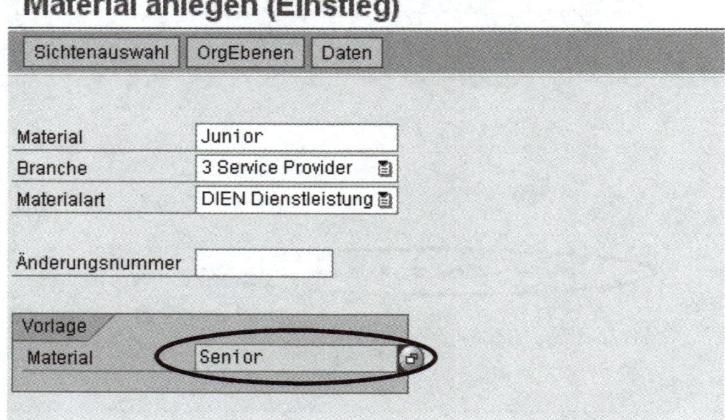

Abb. 6.11: Material anlegen mit Vorlage © SAP AG

Senior-Berater

Senior-Berater:

- Material: Senior
- Grunddaten 1:
  - Materialkurztext = Senior-Berater-Stunden
  - Basismengeneinheit = STD Stunden

  - Warengruppe = 00701 Beratung
  - Sparte: 00
- Vertrieb:VerkOrg 1:
  - Auslieferungswerk = 1000 Werk Hamburg
  - Steuerklassifikation = 1 Volle Steuer
- Vertrieb:VerkOrg 2:
  - Statistikgruppe Material = 1 Statistikrelevant
- Vertrieb: allg./Werk
  - Verfügbarkeitsprüfung = KP Keine Prüfung

Danach können Sie den Stammsatz sichern.

Junior-Berater:

Junior-Berater

- Material: Junior
- Grunddaten 1:
  - Materialkurztext = Junior-Berater-Stunden
  - Basismengeneinheit = STD Stunden
  - Warengruppe = 00701 Beratung
  - Sparte: 00
- Vertrieb:VerkOrg 1:
  - Auslieferungswerk = 1000 Werk Hamburg
  - Steuerklassifikation = 1 Volle Steuer
- Vertrieb:VerkOrg 2:
  - Statistikgruppe Material = 1 Statistikrelevant
- Vertrieb: allg./Werk
  - Verfügbarkeitsprüfung = KP Keine Prüfung

Danach können Sie den Stammsatz sichern.

Consulting:

Consulting

- Material: Consulting
- Grunddaten 1:
  - Materialkurztext = Consulting-Stunden
  - Basismengeneinheit = STD Stunden
  - Warengruppe = 00701 Beratung
  - Sparte: 00
- Vertrieb:VerkOrg 1:
  - Auslieferungswerk = 1000 Werk Hamburg
  - Steuerklassifikation = 1 Volle Steuer
- Vertrieb:VerkOrg 2:

  - Statistikgruppe Material = 1 Statistikrelevant
- Vertrieb: allg./Werk
  - Verfügbarkeitsprüfung = KP Keine Prüfung

Danach können Sie den Stammsatz sichern.

Damit haben Sie die benötigten Materialstammsätze angelegt.

6.1.2 Konditionen anlegen

Sie haben bereits im Abschnitt 5.1.4 Konditionen (oder Preise) zu einem Material angelegt. Wir könnten jetzt den gleichen Weg wählen und für die im vorherigen Abschnitt angelegten Materialien (außer dem Material *Projekt-01*) Konditionen anlegen. Da wir jedoch immer die gleiche Konditionsart *PR00* (diese Konditionsart hatten wir auch im Abschnitt 5.1.4 zugrunde gelegt) benutzen wollen, wenden wir die Transaktionsgruppe *Selektion über Konditionsart* an.

Menüpfad

Logistik➔Vertrieb➔Stammdaten➔Konditionen➔
Selektion über Konditionsart

Transaktion

VK11 – Anlegen

Geben Sie im Feld Konditionsart *PR00* an und bestätigen Sie mit Enter oder betätigen Sie anschließend direkt die Drucktaste *Schlüsselkombination*.

Dort müssen wir zunächst die von uns gewollte Schüsselkombination bestimmen. Da wir die Konditionen direkt zum Material definieren wollen, wählen wir, wie im Abschnitt 5.1.4, *Material mit Freigabestatus* (vgl. Abb. 6.12).

Abb. 6.12: VK11 Konditionssätze anlegen – Einstieg © SAP AG

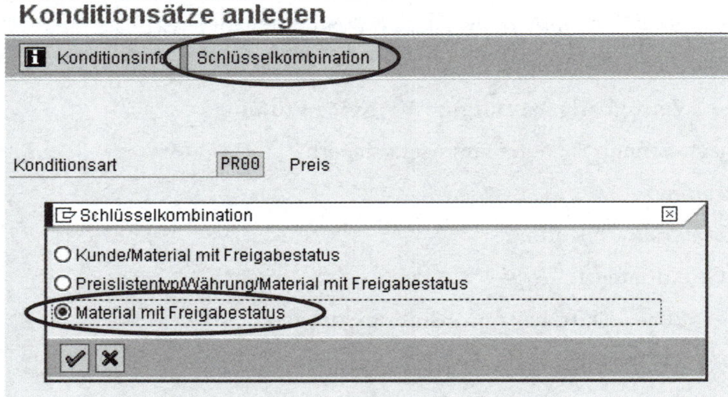

Nach dem Bestätigen der Schlüsselkombination mit *Enter* erhalten wir im nachfolgenden Bild eine Tabelle, in der wir die Konditionen unserer drei Materialien erfassen können.

Erfassen Sie dort folgende Werte:

Tab. 6.1: Konditionen

Material	Betrag	Einh.	pro	ME	Gültig ab
Consulting	200	EUR	1	STD	01.01. d.l.GJ.
Junior	100	EUR	1	STD	01.01. d.l.GJ.
Senior	200	EUR	1	STD	01.01. d.l.GJ.

Die Senior- und Consulting-Stunden werden mit jeweils 200 € in Rechnung gestellt, während der Junior-Berater nur 100 € pro Std kostet. Diese Konditionen müssen jeweils mit einem Gültigkeitszeitraum versehen werden. Hier ist es zweckmäßig, wenn Sie jeweils den 01.01. des laufenden Geschäftsjahres angeben (vgl. Abb. 6.13).

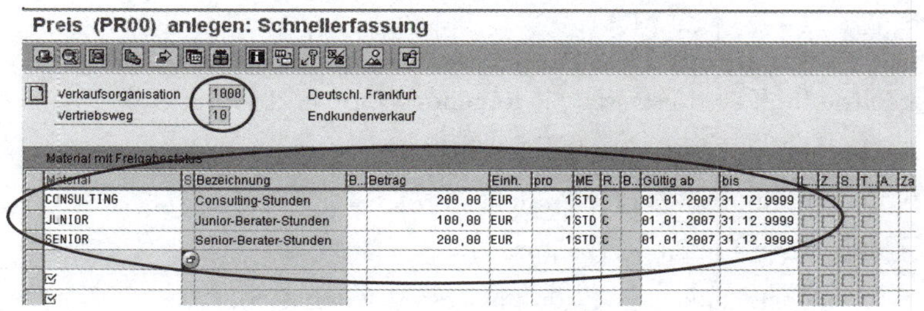

Abb. 6.13: Konditionen anlegen – Schnellerfassung © SAP AG

Anschließend sichern Sie die erfassten Konditionen.

6.1.3 Leistungsarten anlegen und planen

Im Abschnitt 8.3.1 werden Sie noch mit den notwendigen Informationen zur Kostenstellenplanung versorgt. Hier wollen wir insofern vorgreifen, dass wir die Kostenstelle, die zur Organisationseinheit *Consulting* (wie die Organisationseinheit angelegt wird, erfahren Sie im Abschnitt 7.1.1) gehört, bereits mit den geplanten Consultingleistungen beplanen. Voraussetzung ist an dieser Stelle, dass diese Kostenstelle existiert und noch gültig ist, was im IDES-System der Fall sein sollte.

Übung

1. Schritt: Legen Sie Leistungsarten für die Senior- und Junior-Berater-Stunden an.

Menüpfad

Rechnungswesen➔Controlling➔Kostenstellenrechnung ➔Stammdaten➔Leistungsart➔Einzelbearbeitung

Transaktion

KL01 – Anlegen

Zunächst beginnen Sie mit der Leistungsart für die Senior-Berater-Stunden. Nennen Sie die Leistungsart SenCon und wählen Sie als Start des Gültigkeitszeitraums den 01.01. des laufenden Geschäftsjahres (vgl. Abb. 6.14).

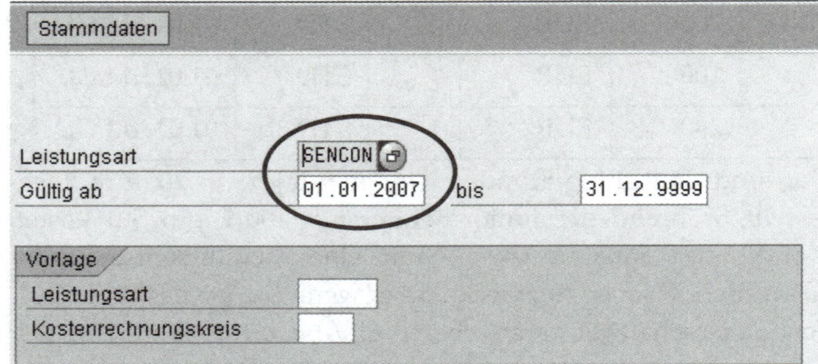

Abb. 6.14: KL01 Leistungsart anlegen – Einstieg © SAP AG

Mit *Enter* oder über die Drucktaste *Stammdaten* gelangen Sie in das nächste Bild. Dort erfassen Sie folgende Werte (vgl. Abb. 6.15):

- Bezeichnung = Senior-Berater-Std
- Beschreibung = Senior-Berater-Stunden
- Leistungseinheit = STD Stunden
- Kostenstellenarten = * (für alle Kostenstellenarten)
- Leistungsartentyp = 1 Manuelle Erfassung, manuelle Verrechnung
- VerrechKostenart (Verrechnungskostenart) = 626200 DILV Senior Berater (DILV steht für Direkte interne Leistungsverrechnung)

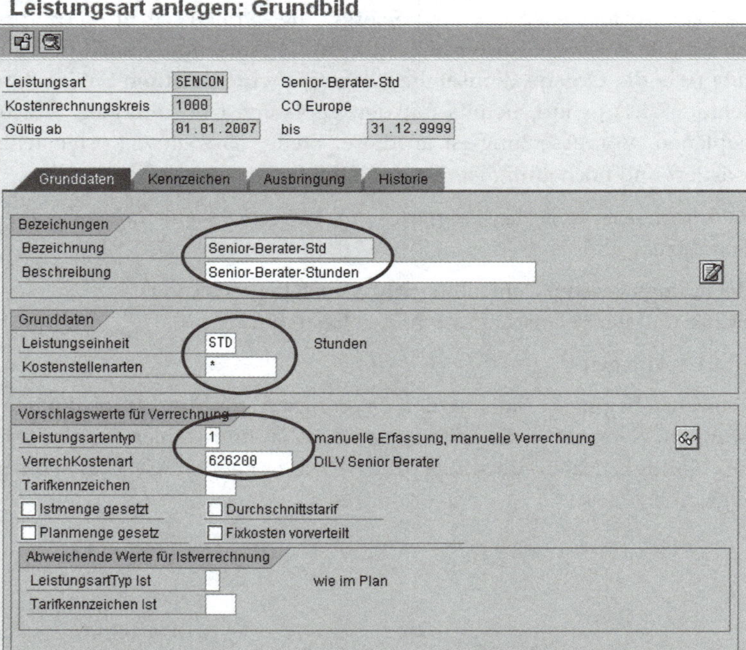

Abb. 6.15: KL01 Leistungsart anlegen – Grundbild © SAP AG

Danach können Sie die Leistungsart mit der Tastenkombination *Strg+S* oder durch Betätigen der nebenstehenden Drucktaste sichern.

Für die Anlage der Leistungsart *Junior-Berater-Stunden* sind die gleichen Schritte zu durchlaufen. Sie können auch die vorher angelegte Leistungsart *SenCon* als Vorlage benutzen.

Erfassen Sie für die Leistungsart *Junior-Berater-Stunden* folgende Werte:

- Bezeichnung = Junior-Berater-Std
- Beschreibung = Junior-Berater-Stunden
- Leistungseinheit = STD Stunden
- Kostenstellenarten = * (für alle Kostenstellenarten)
- Leistungsartentyp = 1 Manuelle Erfassung, manuelle Verrechnung
- VerrechKostenart (Verrechnungskostenart) = 626100 DILV Junior Berater

Wenn Sie die Leistungsart *SenCon* als Vorlage benutzen, dann achten Sie bitte darauf, dass Sie die Felder *Bezeichnung*, *Beschreibung* und *VerrechKostenart* entsprechend der o.g. Angaben anpassen.

Anschließend sichern Sie die neue Leistungsart.

2. Schritt: Planen Sie die Leistungsarten Senior- und Junior-Berater-Stunden auf der Kostenstelle 1000, die zur Organisationseinheit Consulting gehört. *Übung*

Rechnungswesen➔Controlling➔Kostenstellenrechnung ➔Planung➔Leistungserbringung/Tarife *Menüpfad*

KP26 – Ändern *Transaktion*

In der Kostenstellenplanung wird die Leistungsart SenCon mit einem manuellen Tarif (Preis) von 100 € pro Stunde geplant. Es handelt sich dabei um den Tarif, der bei der internen Leistungsverrechnung zugrunde gelegt wird. Bei einem manuell festgesetzten Tarif handelt es sich um einen sogenannten politischen Preis. Die Leistungsart JunCon erhält als Tarif den Wert 50 €.

Bei dem Tarif lässt sich ein fixer und variabler Anteil unterscheiden. Für die Fallstudie gehen wir davon aus, dass ausschließlich der fixe Tarif geplant wird.

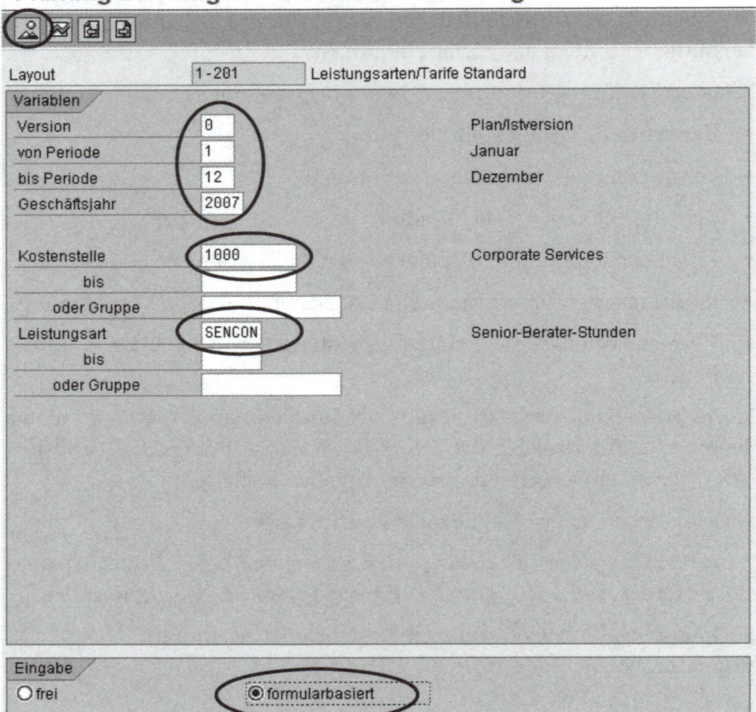

Abb. 6.16: KP26 Leistungsart planen – Einstieg © SAP AG

In der Einstiegsmaske (vgl. Abb. 6.16) sind die Planungsdaten anzugeben. Erfassen Sie dazu folgende Werte:

- Version = 0 Plan/Ist-Version
- von Periode = 1 Januar
- bis Periode = 12 Dezember
- Geschäftsjahr = Laufendes Geschäftsjahr
- Kostenstelle = 1000 Corporate Services
- Leistungsart = SenCon Senior-Berater-Stunden

Wählen Sie im unteren Bereich *formularbasiert* aus und betätigen Sie die nebenstehende Drucktaste *Übersichtsbild.*

Nachfolgend erhalten Sie das nachfolgende Übersichtsbild (vgl. Abb. 6.17). Alle in der Einstiegsmaske erfassten Daten wurden übernommen. In der ersten Zeile der Tabelle wird auch schon die angegebene Leistungsart aufgeführt. Sie müssen nur noch den Tarif fix mit dem Wert *100 €* für den Senior-Berater belegen. Zusätzlich können Sie auch die Planleistungsmenge definieren. In der Abb. 6.17 wurde die Planleistung für die Leistungsart *SenCon* mit dem Wert *10.000 Std.* belegt.

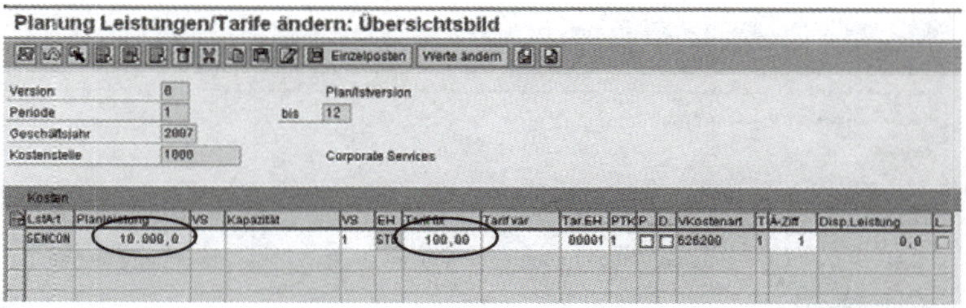

Abb. 6.17: KP26 Leistungsarten planen – Übersicht © SAP AG

Anschließend buchen Sie die Planung für die Kostenstelle 1000 und die Leistungsart SenCon.

Den gleichen Planungsvorgang wiederholen Sie jetzt für die Leistungsart *JunCon* mit einem Tarif fix in Höhe von *50 €*. Auch hier können Sie wieder eine Planleistung von *10.000 Std.* definieren. Diese Planung schließen Sie wieder mit *Buchen* ab.

Zur Kontrolle der durchgeführten Planung können Sie sich den Report Planungsbericht anzeigen lassen.

Menüpfad

Rechnungswesen➔Controlling➔Kostenstellenrechnung ➔Infosystem➔Berichte zur Kostenstellenrechnung ➔Planungsberichte

Transaktion

KSBL – Kostenstellen: Planungsübersicht

Zunächst müssen in der Einstiegsmaske die Kostenstelle und der Berichtszeitraum definiert werden (vgl. Abb. 6.18). Nach dem Betätigen der Drucktaste Ausführen wird der Planungsbericht generiert.

Planungsbericht

Im Planungsbericht werden sämtliche Werte zusammengefasst dargestellt. Der Planungsbericht ist dazu unterhalb des Kopfs in drei Abschnitte aufgeteilt. Der oberste Abschnitt enthält die Planungen zu den Primär- und Sekundärkosten, der mittlere Abschnitt enthält die Planungen zu den Leistungsarten und der unterste Abschnitt enthält die Planung der statistischen Kennzahlen.

Da Sie Leistungsarten geplant haben, ist also der mittlere Abschnitt für Sie relevant. Dort können Sie entnehmen, dass für die Leistungsarten SenCon und JunCon jeweils eine Leistungsmenge von 10.000 Std. geplant wurden (vgl. Abb. 6.19).

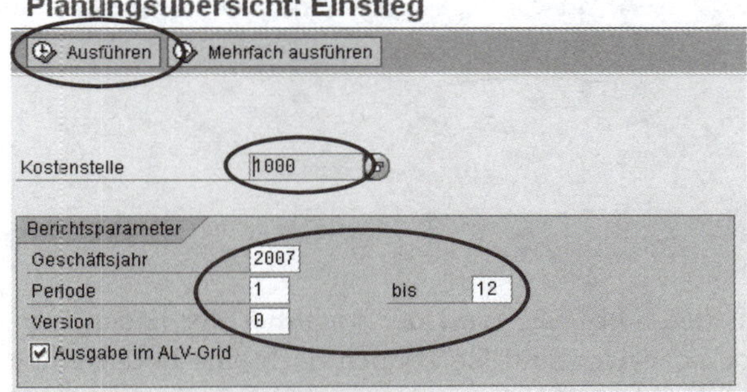

Abb. 6.18: KSBL Planungsbericht – Einstieg © SAP AG

Abb. 6.19: KSBL Planungsbericht © SAP AG

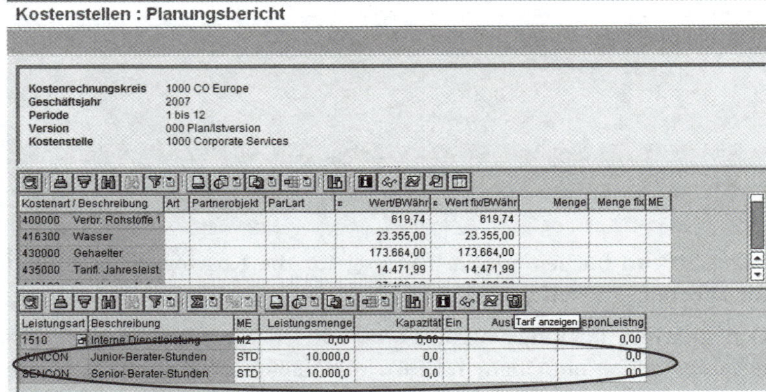

6.1.4 Anlegen von Leistungsartengruppen

Damit die einzelnen Leistungsarten in der aufwandsbezogenen Faktura erscheinen, müssen zu den Leistungsarten Leistungsartengruppen angelegt und die Leistungsarten diesen Gruppen zugeordnet werden.

Übung

1. Schritt: Legen Sie eine Hierarchie von Leistungsartengruppen für die Leistungsarten Senior-Berater, Junior-Berater und Consulting an.

Menüpfad

Rechnungswesen➔Controlling➔Kostenstellenrechnung ➔Stammdaten➔Leistungsartengruppe

Transaktion

KLH1 – Anlegen

Die Hierarchie der Leistungsartengruppen soll als Top-Knoten mit der Leistungsartengruppe *Consulting* beginnen. Auf der Ebene darunter werden zwei Leistungsartengruppen für den Senior- und den Junior-Berater angelegt. Im zweiten Schritt können dann den Leistungsartengruppen die vorher angelegten Leistungsarten zugeordnet werden.

Im Einstiegsbild der Transaktion geben Sie daher als Leistungsartengruppe *Consulting* an. Über die Drucktaste *Hierarchie* (oder *F6*) gelangen Sie dann direkt in die Hierarchie der anzulegenden Leistungsartengruppe (vgl. Abb. 6.20).

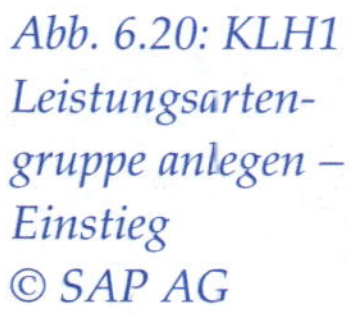

Abb. 6.20: KLH1 Leistungsartengruppe anlegen – Einstieg © SAP AG

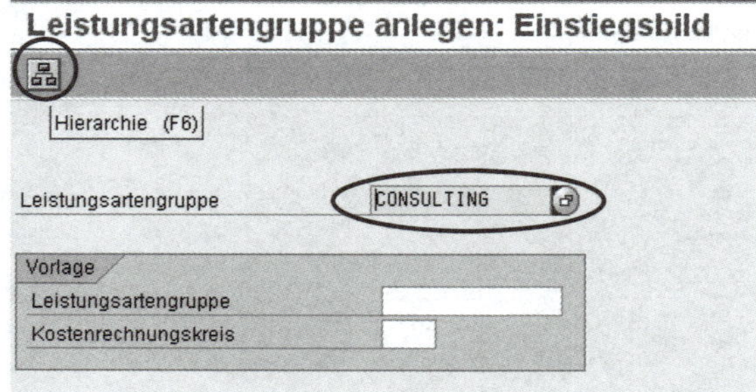

In der nachfolgenden Abb. 6.21 wird der Identifier der neuen Leistungsartengruppe angezeigt, und Sie können noch eine Bezeichnung hinzufügen. In der Abb. 6.21 wurde als Bezeichnung *Consulting* ergänzt. Über die Drucktaste *Ebene darunter* (oder *Strg+F3*) können Sie in

der Struktur direkt eine weitere Leistungsartengruppe als Strukturknoten unterhalb von *CONSULTING* anlegen. Wichtig ist dabei, dass der Cursor vorher in der entsprechenden Zeile positioniert wird.

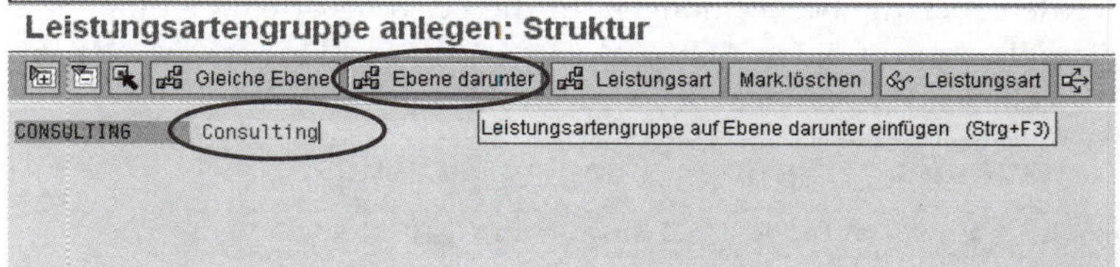

Abb. 6.21: KLH1 Leistungsartengruppe anlegen – Consulting © SAP AG

Auf der Ebene darunter erscheint ein Feld zur Eingabe des Identifiers und ein Feld für die Bezeichnung. Sie geben als Identifier *SENIOR-CON* und als Bezeichnung *Senior-Berater* an (vgl. Abb. 6.22). Den Identifier müssen Sie übrigens nicht in Großbuchstaben schreiben. Solche Identifier werden im SAP-System automatisch in Großbuchstaben konvertiert.

Anschließend betätigen Sie die Drucktaste *Gleiche Ebene* (oder *Umsch+F5*), um die zweite Leistungsgruppenart für den Junior-Berater auf der gleichen Ebene wie der Senior-Berater anzulegen. Wichtig ist wieder, dass sich der Cursor in der Zeile des Senior-Beraters befindet.

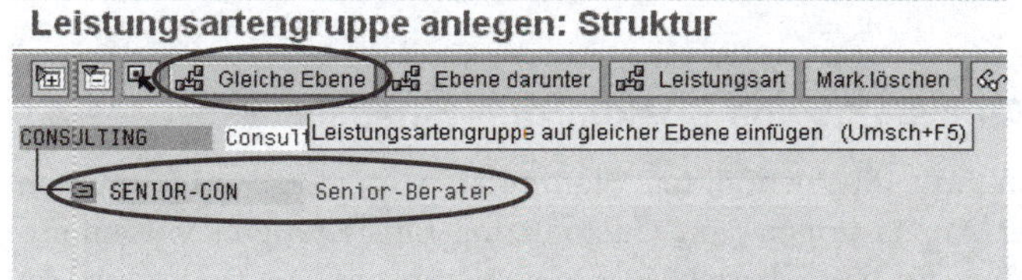

Abb. 6.22: KLH1 Leistungsartengruppe anlegen – Senior-Berater © SAP AG

Sie erhalten auf der gleichen Ebene wie der Senior-Berater wieder ein Feld für den Identifier und ein Feld für die Bezeichnung. Hier geben Sie diesmal als Identifier *JUNIOR-CON* und als Bezeichnung *Junior-Berater* an (vgl. Abb. 6.23).

Übung

2. Schritt: Ordnen Sie den Leistungsartengruppen die vorher angelegten Leistungsarten zu.

In der gleichen Transaktion können Sie auch die Zuordnung der Leistungsarten zu den Leistungsartengruppen vornehmen. Dazu betätigen Sie die Drucktaste *Leistungsart* (oder *Umsch+F4*)(vgl. Abb. 6.23).

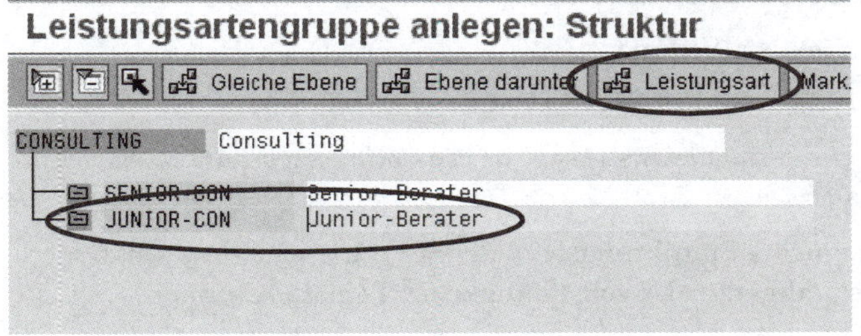

Abb. 6.23: KLH1 Leistungsartengruppe anlegen – Junior-Berater © SAP AG

Sie erhalten zu der Leistungsartengruppe, in der sich der Cursor befunden hat, Eingabefelder für die Erfassung der Leistungsarten. Sie können also auf diesem Weg der Leistungsartengruppe *SENIOR-CON* die Leistungsart *SENCON* für die Senior-Berater-Stunden zuordnen. Verfahren Sie für den Junior-Berater ebenso. Wenn Sie *Enter* betätigen werden auch die Bezeichnungen für die Leistungsarten übernommen. Sie sollten damit die in Abb. 6.24 dargestellte Struktur erhalten haben. Abschließend sichern Sie die angelegte Struktur.

Abb. 6.24: KLH1 Leistungsarten zuordnen © SAP AG

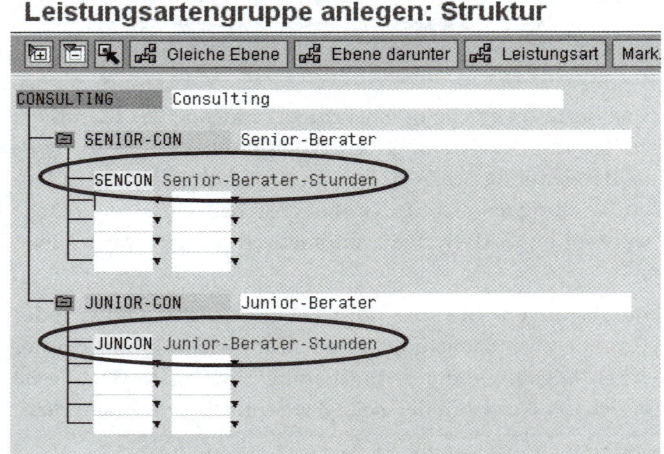

6.1.5 Anpassung von Customizing-Einstellungen

Nach dem nun alle benötigten Stammdaten angelegt sind, müssen noch zwei Anpassungen von Customizing-Einstellungen vorgenommen werden. Es handelt sich zum einem um eine Veränderung am Unvollständigkeitsschema beim Positionstyp TAO (Meilenstein Faktura) und zum anderen um die Erstellung eines eigenen Profils für die aufwandsbezogene Fakturierung.

In den nachfolgenden Übungen ist jeweils der Menüpfad im Implementation Guide (IMG) und der Transaktionscode (TCODE) angegeben. Wenn Sie den TCODE in das Befehlsfeld (oben in der Symbolleisten direkt neben dem Enter-Symbol) eingeben und mit *Enter* bestätigen, dann wird Programm direkt gestartet. Sie können aber auch über folgenden SAP-Menüpfad in das IMG wechseln:

Menüpfad Werkzeuge➔Customizing➔IMG

Transaktion SPRO – Projektbearbeitung

Wählen Sie dann im IMG das SAP-Referenz-IMG aus.

Übung *1. Schritt: Unvollständigkeitsschema für den Positionstyp TAO (Meilenstein-Faktura) entfernen.*

Menüpfad im IMG SAP Customizing Einführungsleitfaden➔Vertrieb➔Grundfunktionen ➔Unvollständigkeit➔Unvollständigkeitsschemata zuordnen

Transaktion VUP2 – Pflegen Positionsunvollst.Schemata

In der Tabelle der Positionstypen entfernen Sie den vorhandenen Eintrag zum Positionstyp TAO (Meilenstein-Faktura), so dass die Zeile wie in der Abb. 6.25 dargestellt aussieht. Anschließend sichern Sie die veränderte Tabelle.

Sicht "Fehlerschemata der Verkaufsbelegpositionstypen" ändern:

Ptyp	Bezeichnung	Schema	Bezeichnung
TAMA	Auslief.auftragspos.	20	Normalposition
TAN	Normalposition	20	Normalposition
TANC	Chargensplitposition		
TANN	Kostenlose Position	24	Kostenlose Position
TANO	CRM Angebot->Normal	20	Normalposition
TAO	Meilenstein-Faktur.		
TAP	Liefergrad TAP	26	Dienstleist.kostenl.
TAPA	ProdSel nur Auftrag	26	Dienstleist.kostenl.
TAPN	Sourcing kostenlos	26	Dienstleist.kostenl.
TAPS	Normalposition (PS)	24	Kostenlose Position
TAQ	Liefergrad TAQ	20	Normalposition
TAS	Streckenposition	28	Wertposition
TASG	Streckengutschrift	28	Wertposition
TATX	Textposition		

Abb. 6.25: VUP2 Unvollständigkeitsschema ändern © SAP AG

Damit die Veränderung wirksam wird, muss beim Sichern der Tabelle auch ein Customizing-Auftrag angegeben werden. Sofern Sie noch keinen eigenen Customizing-Auftrag angelegt haben, lässt sich dies nachholen, indem Sie die Drucktaste *Auftrag anlegen* (oder F8) wählen, auf dem Folgebild eine Kurzbeschreibung des Auftrages eintragen und diesen sichern (vgl. Abb. 6.26).

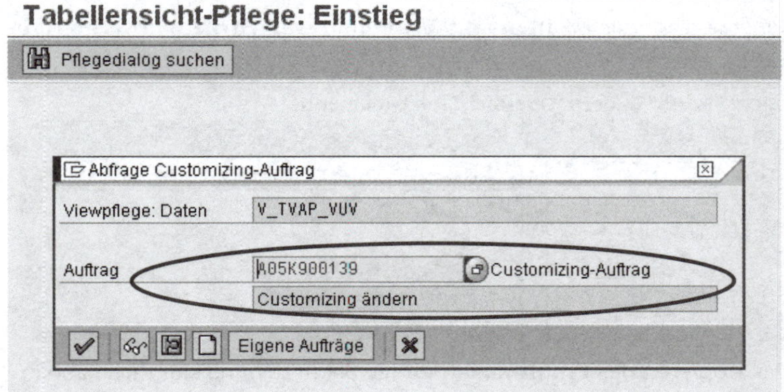

Abb. 6.26: Customizing-Auftrag angeben © SAP AG

Damit ist die erste Anpassung im Customizing vorgenommen.

Übung

2. Schritt: Eigenes Profil für die aufwandsbezogene Faktura anlegen.

Menüpfad im IMG

SAP Customizing Einführungsleitfaden➔Vertrieb➔Verkauf
➔Verkaufsbelege➔Kundenservice
➔Serviceangebot/Aufwandsbezogene Fakturierung
➔Profile für aufwandsbezogene Fakturierung/Angebotserstellung

Transaktion

ODP1 – DPP-Profil

Damit im Vertrieb eine aufwandsbezogene Faktura möglich ist, muss noch ein entsprechendes Profil (ein sogenanntes DPP-Profil – Dynamische-Posten-Prozessor-Profil) angelegt werden. Mit diesem Profil werden die angelegten Leistungsarten im Controlling mit den Vertriebsprodukten (Materialen) im Vertrieb verknüpft. Voraussetzung ist also, dass die entsprechenden Stammdaten (Materialstammsätze und Leistungsarten bzw. Leistungsartengruppen) vorher angelegt wurden.

Zunächst selektieren Sie ein vorhandenes Profil als Vorlage. Dazu markieren Sie zunächst die Zeile mit dem Profil *SP000001* (Text *SP: Faktura*). Anschließend betätigen Sie die Drucktaste *Kopieren als ...* (oder *F6*) (vgl. Abb. 6.27).

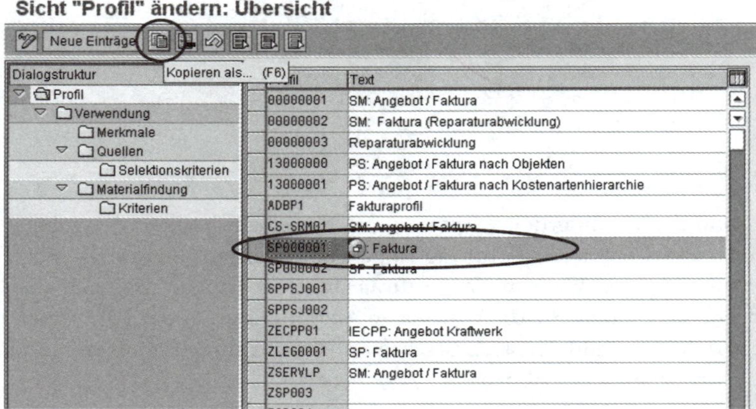

Abb. 6.27: ODP1 Profil anlegen – Vorlage © SAP AG

Benennen Sie das Profil in *ISC001* um und wählen Sie *Enter* (vgl. Abb. 6.28).

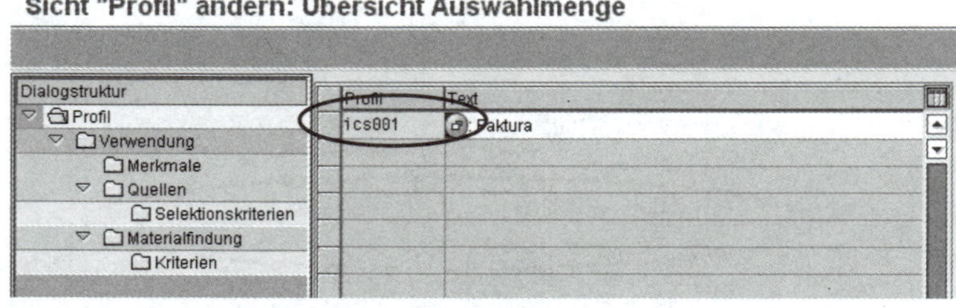

Abb. 6.28: ODP1 Profil anlegen – Umbenennen © SAP AG

Das Kopieren des Profils dauert einige Sekunden, da sämtliche abhängigen Einträge mit kopiert werden. Das SAP-System meldet nach dem erfolgten Kopiervorgang: 46 abhängige Einträge wurden kopiert. Die Meldung bestätigen Sie mit *Enter*.

In der Tabelle der Profile ist jetzt auch das neu angelegte Profil enthalten. Markieren Sie die Zeile mit Ihrem neu angelegten Profil und klicken Sie dann doppelt auf Verwendung (in der linken Dialogstruktur).

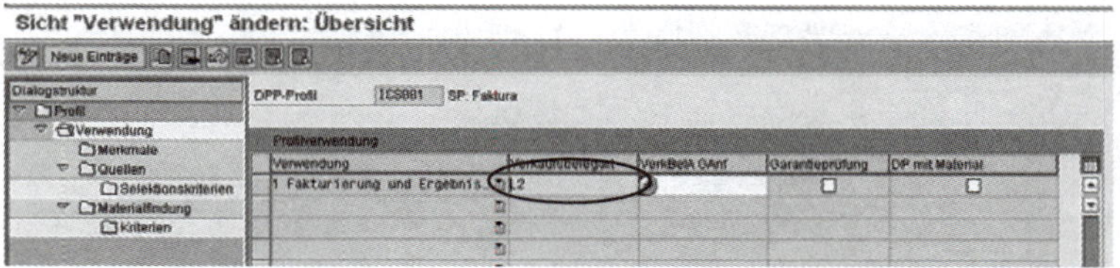

Abb. 6.29: ODP1 Profil ändern – Verwendung © SAP AG

Dort ändern Sie in der ersten Zeile den Wert unter Verkaufsbelegart in *L2* ab (vorher war dort *ZL2* eingetragen). Bestätigen Sie die Änderung mit *Enter* (vgl. Abb. 6.29).

Markieren Sie dann die komplette Zeile *1 Fakturierung und Ergebnisermittlung* und klicken dann doppelt auf *Merkmale* (in der linken Dialogstruktur).

In der Sicht der Merkmale setzen Sie nun das Merkmal *Leistungsart* auf relevant, in dem Sie in der Spalte *Merkmal relevant* ein Häkchen eintragen, d.h. das weiße Kästchen anklicken. Wenn Sie danach *Enter* wählen, werden auch die nachfolgenden Kästchen in dieser Zeile eingabebereit, d.h. die Farbe der Kästchen wechselt von grau auf weiß. Sie können jetzt auch in der zweiten Spalte *Materialfindung* in der Zeile *Leistungsart* ein Häkchen setzen. Zum Abschluss setzen Sie in der Zeile *Mengeneinheit* noch ein Häkchen in der Spalte *Keine Verdichtung* (vgl. Abb. 6.30)

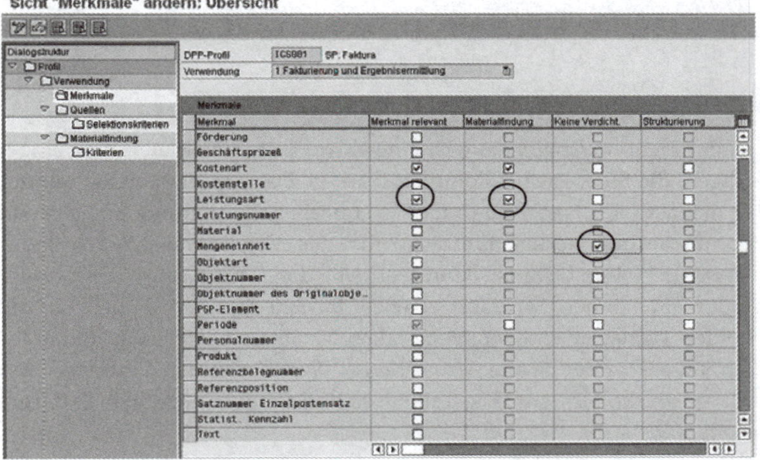

Abb. 6.30: ODP1 Profil ändern – Merkmale © SAP AG

Anschließend klicken Sie doppelt auf *Quellen* (in der linken Dialogstruktur). In der Sicht *Quellen* markieren Sie die Zeile *0001 Istkosten-Einzelposten* und klicken doppelt auf *Selektionskriterien* (in der linken Dialogstruktur) (vgl. Abb. 6.31).

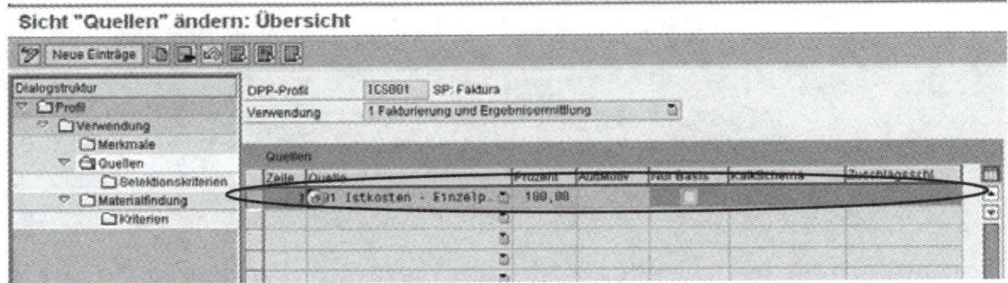

Abb. 6.31: ODP1 Profil ändern – Quellen © SAP AG

In der Sicht *Selektionskriterien* tragen Sie in der Zeile Leistungsart die vorher angelegte Leistungsartengruppe *Consulting* ein und bestätigen den Eintrag mit *Enter* (vgl. Abb. 6.32). Damit ist die Verknüpfung zu den Leistungsarten über die Leistungsartengruppe hergestellt.

Anschließend muss noch die Zuordnung zum Material hergestellt werden. Dazu klicken Sie doppelt auf *Materialfindung* (in der linken Dialogstruktur).

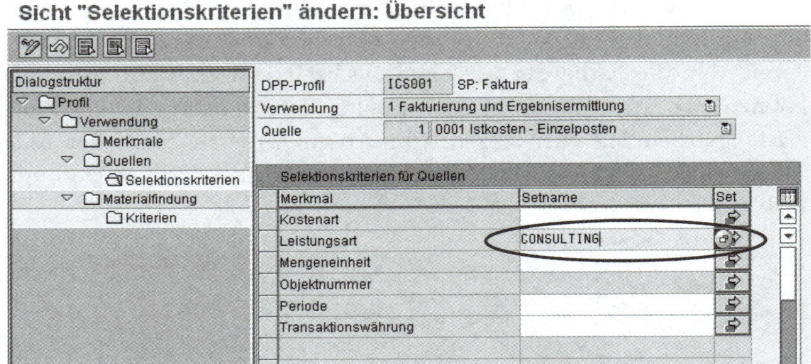

Abb. 6.32: ODP1 Profil ändern – Selektionskriterien © SAP AG

In der Sicht *Materialfindung* ist eine ganze Liste von Materialien eingetragen, die Sie zunächst komplett löschen. Dazu markieren Sie mit der Drucktaste *Alle markieren* (oder *F7*) zunächst alle Einträge und löschen dann die markierten Einträge mit der Drucktaste *Löschen* (oder *Umsch+F2*). Die Liste ist dann leer. Mit der Drucktaste *Neue Einträge* (oder *F5*) können Sie dann eigene Einträge erstellen. Fügen Sie die beiden vorher angelegten Materialien *Senior* und *Junior* ein und wählen jeweils in der Spalte *Menge/Kosten übernehmen* den Eintrag *C Nur Menge übernehmen* aus. Die Tabelle sieht dann wie in Abb. 6.33 dargestellt aus.

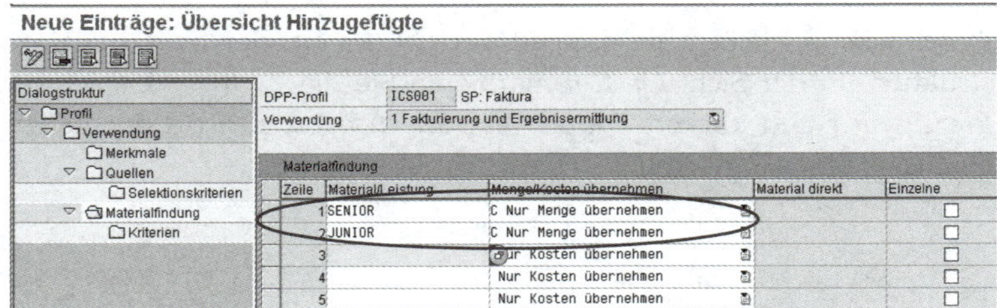

Abb. 6.33: ODP1 Profil ändern – Materialfindung © SAP AG

Zum Abschluss müssen jetzt noch den Materialien die jeweiligen Leistungsartengruppen zugeordnet werden. Dazu markieren Sie zunächst die Zeile mit dem Material *Senior* und klicken dann doppelt auf *Krite-*

rien (in der linken Dialogstruktur). In der Sicht *Kriterien* tragen Sie in der Zeile Leistungsart die Leistungsartengruppe *Senior-Con* ein (vgl. Abb. 6.34).

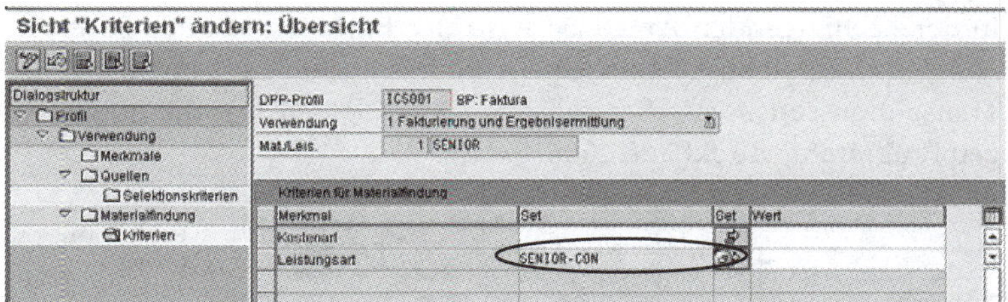

Abb. 6.34: ODP1 Profil ändern – Kriterien 1. Material © SAP AG

Diesen Schritt müssen Sie auch für das Material *Junior* wiederholen (vgl. Abb. 6.35). Dann ist das Profil für die Fallstudie angepasst und kann gesichert werden. Für die Sicherung ist wieder ein Customizing-Auftrag anzugeben.

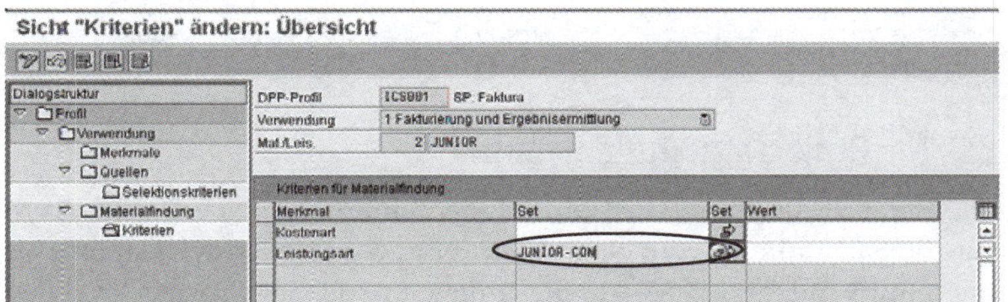

Abb. 6.35: ODP1 Profil ändern – Kriterien 2. Material © SAP AG

6.2 Prozesse (Bewegungsdaten)

6.2.1 Prozessüberblick

Projektmanagement

Zunächst wird in der Fallstudie eine Projektstruktur angelegt. Das Beratungsprojekt hat zwar eine einfache Struktur, soll aber zumindest aus einem Festpreisanteil und aus einem Aufwandsanteil bestehen. Im Festpreisteil werden die Kundenrechnungen bei Erreichen definierter Meilensteine fällig. Im Aufwandsanteil werden die Beratungsstunden gemeldet und je nach Aufwand abgerechnet.

Verkauf

Im Verkauf werden entsprechende Kundenaufträge angelegt und mit den entsprechenden Elementen in der Projektstruktur verbunden. Damit wird zum einem sichergestellt, dass bei der Fertigmeldung der Meilensteine die entsprechenden Kundenrechnungen sofort erstellt werden können. Vorher sind diese Element für die Fakturierung gesperrt. Zum anderen werden für das Projektcontrolling die entsprechenden Erlöse den Projektelementen richtig zugeordnet.

Projektmanagement

Im Projektmanagement können dann die vereinbarten Leistungen erbracht werden. Die Beratungsstunden werden direkt im SAP-System im Rahmen der Zeiterfassung gebucht und für die Fakturierung und das Controlling in die entsprechenden Module weitergereicht. Beim Erreichen der Meilensteine werden diese im Projektmanagement entsprechend mit dem Istdatum für das Projektcontrolling vermerkt.

Verkauf

Der Verkauf kann die erbrachten Leistungen beim Erreichen der Meilensteine oder regelmäßig bei aufwandsbezogenen Anteilen dem Kunden in Rechnung stellen.

In der nachfolgenden Abb. 6.36 wird der Prozess noch einmal im Überblick dargestellt. Die einzelnen Prozessschritte sind mit den SAP-Transaktionscodes versehen worden. Damit lassen sich die notwendigen Programme direkt aufrufen.

Abb. 6.36: Prozessüberblick Consulting als Dienstleistung

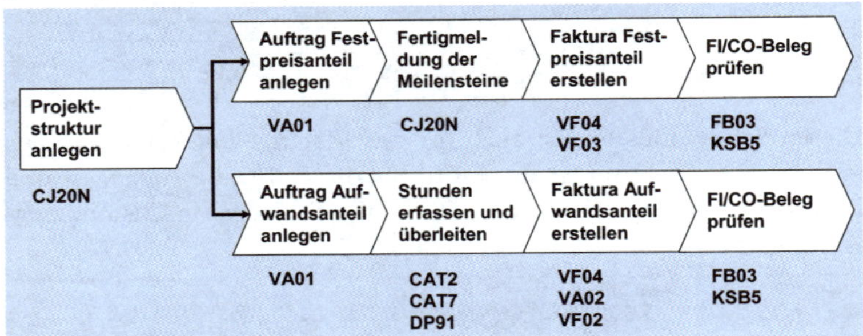

6.2.2 Projektstruktur anlegen

Die Beratungsleistung wird im Rahmen eines Projekts erbracht, dassfür die Fallstudie sowohl einen Festpreisanteil (Meilensteinfaktura) als auch aufwandsbezogene Anteile umfassen soll. Im Prozess ist daher zunächst die Projektstruktur im SAP-System anzulegen.

Projektsystem

Projekte sind besondere Vorhaben, die der Erreichung eines bestimmten Ziels dienen. Zur Zielerreichung sind in der Regel eine Vielzahl von Aktivitäten durchzuführen, die sinnvoll geplant und strukturiert werden. Eine Aufgabe des Projektmanagements ist daher die Projektstrukturplanung und die Überwachung der Aktivitäten in Vorgängen (Arbeitspaketen). Das SAP-Projektsystem bietet dazu viele nützliche Funktionen an.

Abb. 6.37: Projektstruktur

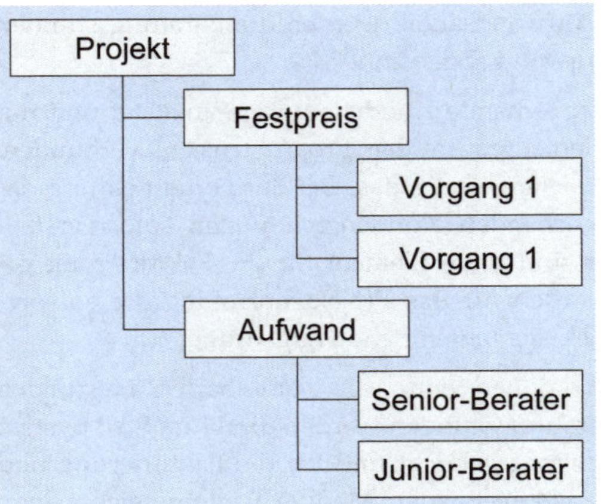

In der Fallstudie wird eine einfache Projektstruktur unterstellt, die im Wesentlichen nur aus zwei Blöcken besteht (vgl. Abb. 6.37). Das Projekt besteht aus einem Festpreisanteil und einen aufwandsbezogenen Anteil. Im Festpreisanteil werden die erbrachten Leistungen zu einem vorher festlegten Preis bei dem Erreichen von Meilensteinen fakturiert. Man spricht daher auch von Meilensteinfaktura. Im aufwandsbezogenen Anteil werden die erbrachten Leistungen (Senior- und Junior-Berater-Stunden) je nach Aufwand fakturiert. Dazu erfassen die Berater ihre Beratungsstunden im SAP-System, und die erfassten Stunden werden im Vertrieb entsprechend in die Faktura übernommen.

Übung

Legen Sie die o.a. Projektstruktur im SAP-System an.

Menüpfad

Rechnungswesen➔Projektsystem➔Projekt

Transaktion

CJ20N – Project Builder

Zunächst werden Sie vom Project Builder freundlich begrüßt: Willkommen im Project Builder! Wenn Sie unten ein Häkchen für *nicht mehr anzeigen* setzen, dann wird die Begrüßung zukünftig unterdrückt. Bestätigen Sie die Begrüßung mit *Enter*. Nach der Begrüßung erhalten Sie ein Dialogfenster mit benutzerspezifischen Einstelllungen zum Project Builder, die Sie mit *Enter* einfach übernehmen.

Anschließend legen Sie mit der Menüfolge Projekt➔Neu➔Projekt ein neues Projekt an (vgl. Abb. 6.38).

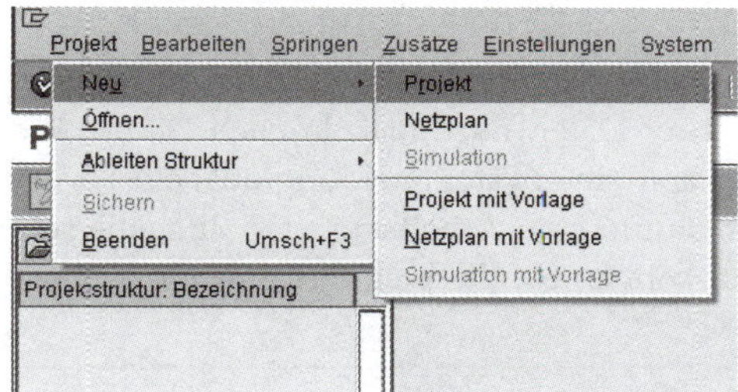

Abb. 6.38: CJ20N Project Builder – Projekt anlegen © SAP AG

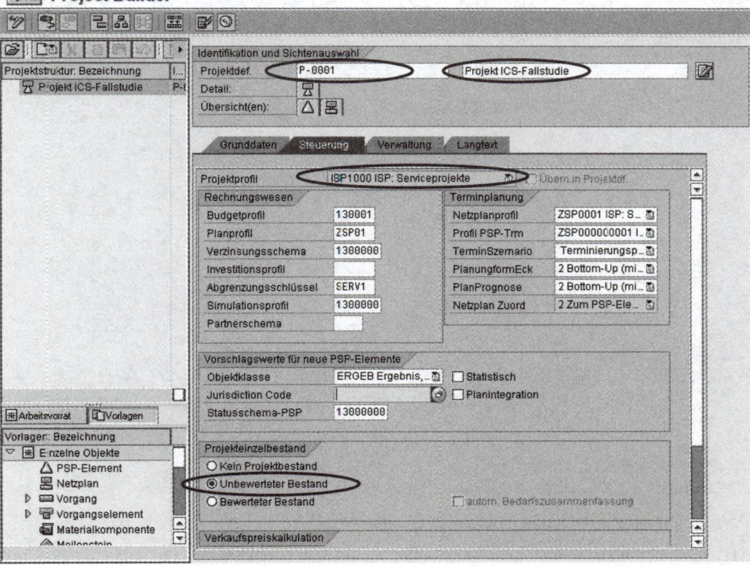

Abb. 6.39: CJ20N Project Builder – Projektdefinition Steuerung © SAP AG

Für die Projektdefinition geben Sie auf der Registerkarte *Steuerung* folgende Werte (vgl. Abb. 6.39) ein:

- Projektdefinition = P-0001
- Projektbezeichnung = Projekt ICS Fallstudie
- Projektprofil = ISP1000 ISP:Serviceprojekte
- Projekteinzelbestand = unbewerteter Bestand

Danach bestätigen Sie die erfassten Werte mit *Enter*. Wechseln Sie anschließend zur Registerkarte Grunddaten und erfassen Sie dort die folgenden Angaben (vgl. Abb. 6.40):

- Kostenrechnungskreis = 1000 CO Europe
- Buchungskreis = 1000 IDES AG
- Geschäftsbereich = 9900 Verwaltung/Sonstige
- Werk = 1000 Werk Hamburg
- Projektwährung = EUR
- Starttermin = erster Tag des laufenden Monats
- Endtermin = letzter Tag des laufenden Monats
- Fabrikkalender = 01 Deutschland Standard
- Zeiteinheit = Tag

Bestätigen Sie die Eingabe Ihrer Daten mit *Enter*. Je nach Datum für den Start- bzw. Endtermin kann eine Systemmeldung ausgelöst werden, die besagt, dass dieses Datum kein Arbeitstag ist. Sollte eine solche Meldung erfolgen, dann können Sie diese einfach mit *Enter* übergehen.

Abb. 6.40: CJ20N Project Builder – Projektdefinition Grunddaten © SAP AG

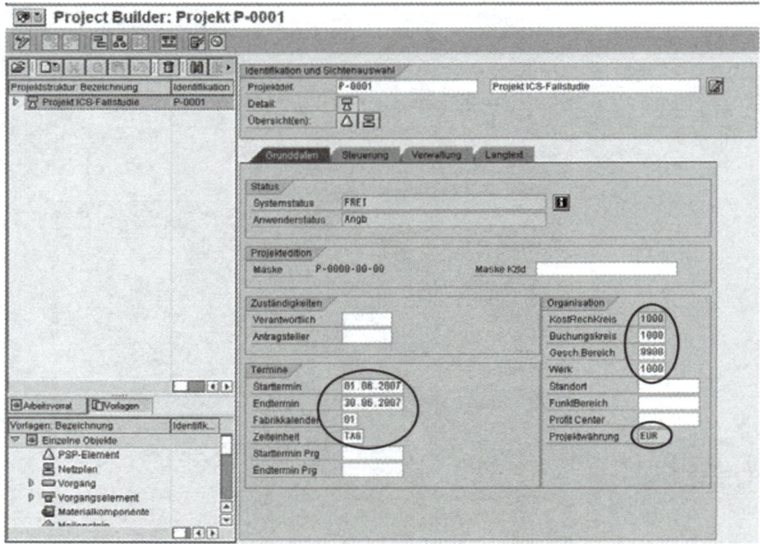

Damit ist die Definition der grundlegenden Projektdaten für die Fallstudie abgeschlossen. Sie können jetzt die Projektstruktur erfassen. Der

Project Builder unterstützt diese Tätigkeit in hervorragender Weise. Auf der linken Seite werden im unteren Teil bereits Vorlagen bereitgehalten, die mit der Maus in die Projektstruktur (oberes linkes Fenster) gezogen werden können.

PSP-Element

Die zu erfassende Projektstruktur soll der Struktur in Abb. 6.37 entsprechen. Dazu klicken Sie die Vorlage *PSP-Element* in dem unteren linken Fenster an und halten die linke Maustaste solange gedrückt, bis Sie das Objekt im oberen linken Fenster über den Projektkopf fallen lassen können. Der Cursor verändert sich über dem Projektkopf in ein Pluszeichen.

In der Projektstruktur wurde ein PSP-Element unterhalb des Projektkopfs ergänzt. PSP steht für Projektstrukturplan. Dieses neue PSP-Element hat vom System sofort einen Identifier erhalten. Die Systematik des Identifiers lässt sich einstellen. In dieser Fallstudie erhält jedes zusätzliche PSP-Element ein -01 zusätzlich zu dem Identifier des direkt übergeordneten Elements. Bei dem 1. PSP-Element, das Sie ergänzt haben, lautet also der Identifier P-0001-01. Ergänzen Sie nun die Bezeichnung des PSP-Elements mit *Festpreis* und setzen Sie das Häkchen bei *Fakturierungselement*. Damit kann das PSP-Element später einer Faktura zugeordnet werden. Das Häkchen bei *Kontierungselement* bleibt weiter gesetzt, weil über dieses PSP-Element später Buchungen erfolgen sollen (vgl. Abb. 6.41).

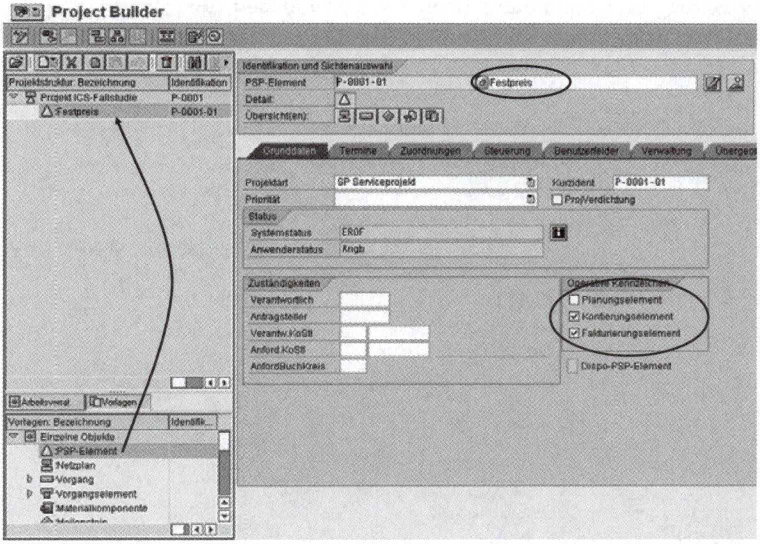

Abb. 6.41: CJ20N Project Builder – 1. PSP-Element einfügen © SAP AG

Die gleiche Vorgehensweise wiederholen Sie für das zweite PSP-Element *Aufwand*. In der Projektstruktur (linkes oberes Fenster) haben Sie jetzt den Projektkopf und zwei untergeordnete PSP-Elemente in der Ansicht. Beachten Sie auch die Nummerierung des zweiten PSP-Elements (vgl. Abb. 6.42).

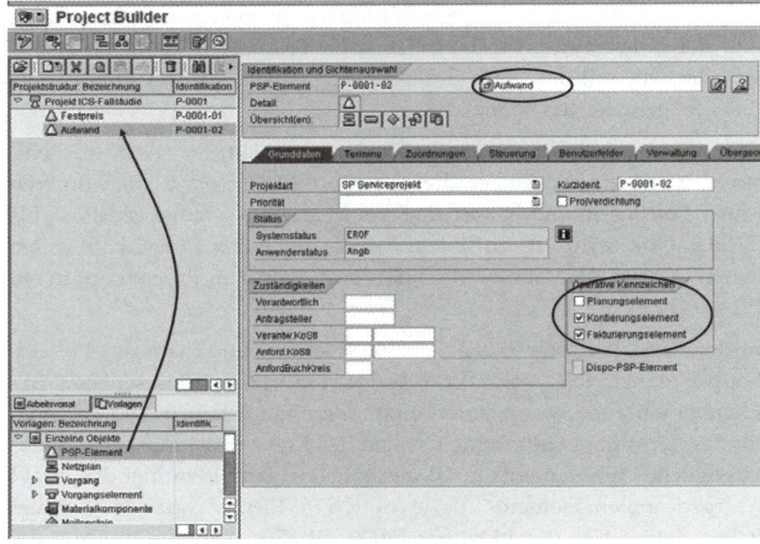

Abb. 6.42: CJ20N Project Builder – 2. PSP-Element einfügen © SAP AG

Entsprechend der Projektstruktur aus Abb. 6.37 müssen noch zwei Vorgänge unter dem PSP-Element Festpreis angelegt werden. Ziehen Sie also wieder das Objekt *PSP-Element* aus den Vorlagen (linkes unteres Fenster) in die Projektstruktur (linkes oberes Fenster) und lassen es über dem PSP-Element *Festpreis* fallen. Die Struktur wird entsprechend erweitert, und das neue PSP-Element erhält den Identifier *P-0001-01-01*, weil es das erste PSP-Element auf der zweiten Ebene ist (vgl. Abb. 6.43).

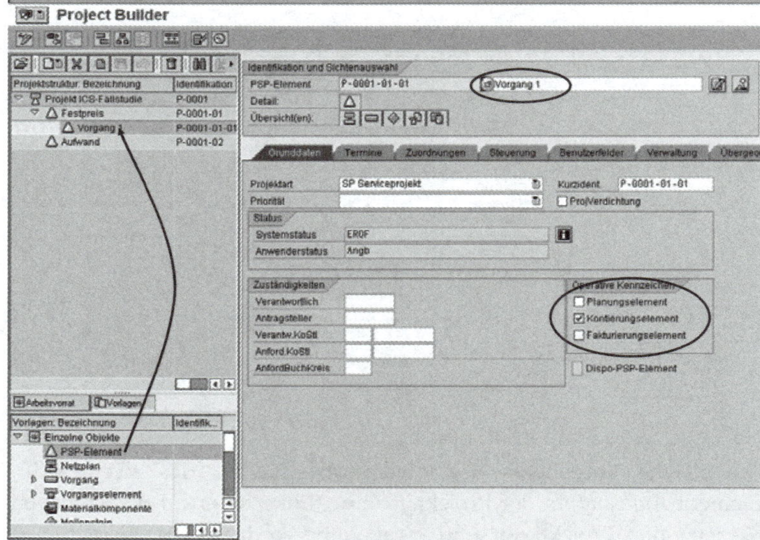

Abb. 6.43: CJ20N Project Builder – 3. PSP-Element einfügen © SAP AG

Erfassen Sie als Bezeichnung für das neue PSP-Element *Vorgang 1*. Dieses PSP-Element wird nicht zur Fakturierung benutzt, sondern nur zur Kontierung. Wiederholen Sie die Vorgehensweise für den *Vorgang*

2 unter dem PSP-Element *Festpreis*. Ihre Projektstruktur sollte jetzt aus 4 PSP-Elementen plus Projektkopf bestehen.

Für die Meilensteinfakturierung müssen Sie noch die PSP-Elemente *Vorgang 1* und *Vorgang 2* mit Meilensteinen ergänzen. Das Objekt *Meilenstein* finden Sie auch in den Vorlagen (linkes unteres Fenster). Dieses Objekt ziehen Sie wieder über das entsprechende PSP-Element, unter dem der Meilenstein angelegt werden soll. In der Abb. 6.44 ist dies für den Meilenstein zum Vorgang 1 dargestellt.

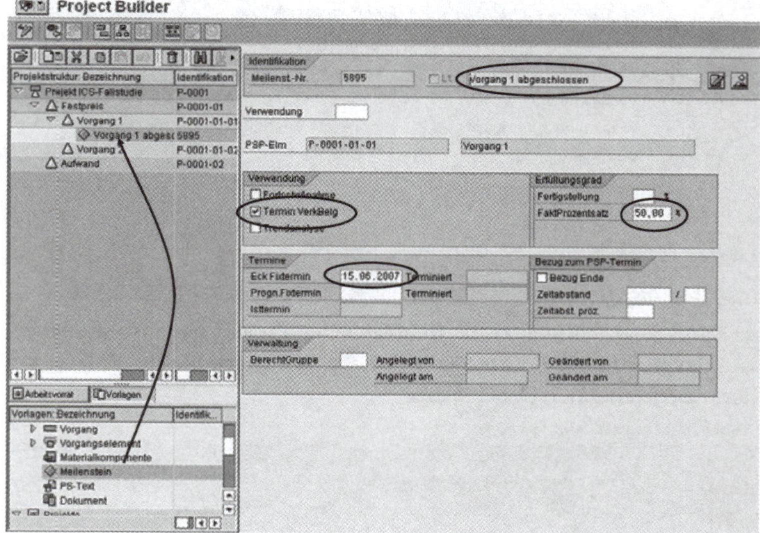

Abb. 6.44: CJ20N Project Builder – Meilenstein einfügen © SAP AG

Der neue Meilenstein erhält vom SAP-System eine eindeutige Nummer. Im neuen Meilenstein ergänzen Sie die folgenden Werte:

- Bezeichnung = Vorgang 1 abgeschlossen
- Termin Verkaufsbeleg setzen
- Fakturaprozentsatz = 50%
- Eck-Fixtermin = 15. des aktuellen Monats

Wiederholen Sie diese Vorgehensweise für den Meilenstein, den Sie unter *Vorgang 2* anlegen. Erfassen Sie zu diesem Meilenstein folgende Werte:

- Bezeichnung = Vorgang 2 abgeschlossen
- Termin Verkaufsbeleg setzen
- Fakturaprozentsatz = 50%
- Eck-Fixtermin = letzter Tag des aktuellen Monats

Bestätigen Sie die Eingabe der Werte mit *Enter*. Wenn Sie eine Systemmeldung zu dem Eck-Fixtermin erhalten, dann übergehen Sie die Meldung mit *Enter*.

Damit sollte jetzt Ihre Projektstruktur der Struktur in der Abb. 6.37 entsprechen. Das angelegte Projekt hat im Projektkopf in der Registerkarte Grunddaten den Systemstatus eröffnet (*EROF*). Damit kann es jedoch nicht in Kundenaufträgen oder zum Buchen von Aufwänden benutzt werden. Damit das Projekt in diesen betriebwirtschaftlichen Vorgängen benutzt werden kann, muss der Status auf Freigegeben (*FREI*) umgesetzt werden. Dies können Sie über die Menüfolge Bearbeiten➔Status➔Freigeben durchführen (vgl. Abb. 6.45).

Abb. 6.45: CJ20N Project Builder – Projekt freigeben © SAP AG

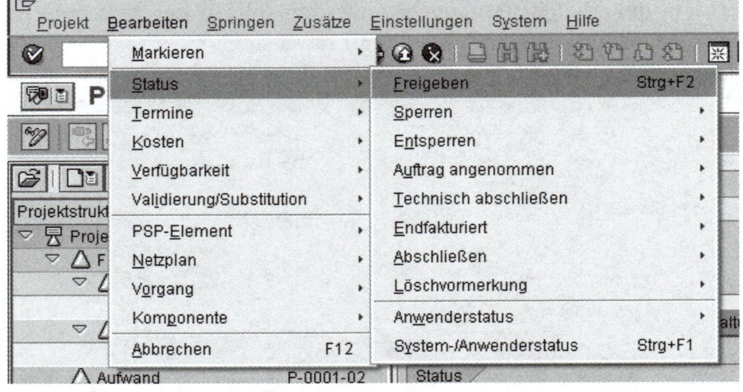

Abschließend sollte also Ihr freigegebenes Projekt genauso aussehen, wie das in Abb. 6.46 dargestellt Projekt. Speichern Sie Ihr Projekt mit der nebenstehenden Drucktaste.

Abb. 6.46: CJ20N Project Builder – fertiges Projekt © SAP AG

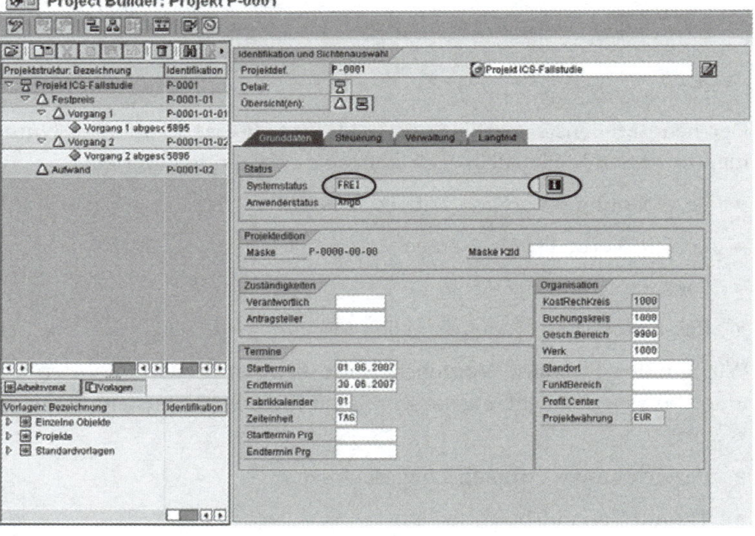

Wenn Sie die nebenstehenden Drucktaste *System-/Anwenderstatus* anklicken, dann erhalten Sie weitere Informationen zum Status. Sie können sich dort über die Langbezeichnung zum System- und Anwenderstatus informieren. Auf der Registerkarte betriebswirtschaftliche Vorgänge können Sie sich über die Vorgänge informieren, die im derzeitigen Status erlaubt bzw. verboten sind (vgl. Abb. 6.47).

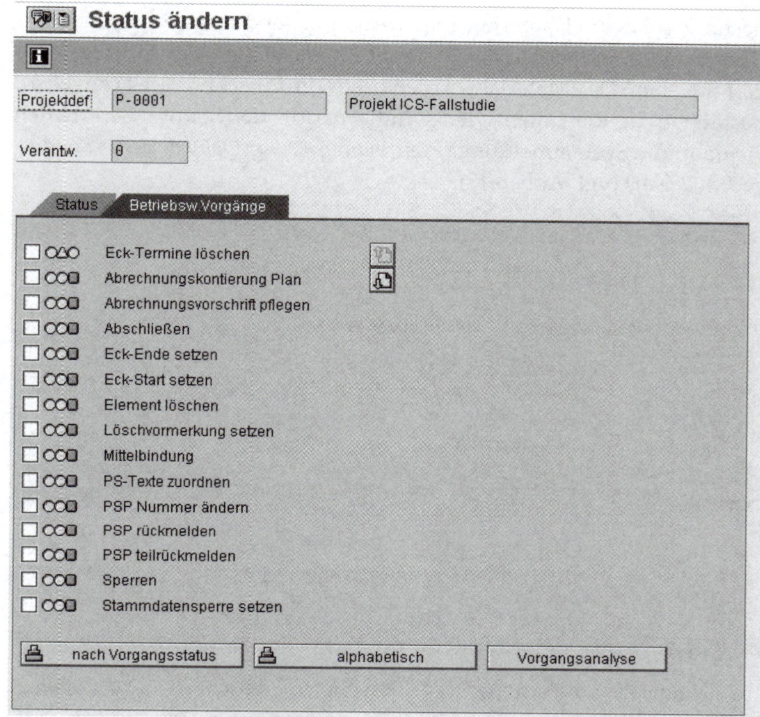

Abb. 6.47: CJ20N Project Builder – Statusinformationen © SAP AG

6.2.3 Auftrag anlegen

Nachdem das Projekt mit seiner Struktur angelegt wurde, kann jetzt der Kundenauftrag angelegt werden. Auftraggeber ist der gleiche Kunde, der bereits im Abschnitt 5.1.2 angelegt wurde.

Übung

1. Schritt: Legen Sie zunächst den Kundenauftrag für die Meilensteinfaktura an.

Menüpfad

Logistik➔Vertrieb➔Verkauf➔Auftrag

Transaktion

VA01 – Anlegen

Im ersten Bild erfassen Sie bitte folgende Daten:

- Auftragsart = TA Terminauftrag,
- Verkaufsorg = 1000 Deutschl. Frankfurt,
- Vertriebsweg = 10 Endkundenverkauf,
- Sparte = 00 Spartenübergreifend,
- Verkaufsbüro = 1000 Büro Frankfurt,
- Verkäufergruppe = 100 Gr. F1 Hr. Anton.

Bestätigen Sie die Daten mit *Enter*. Im nächsten Fenster erfassen Sie zunächst die Werte des Kunden (vgl. Abb. 6.48 – Auftragskopf):

- Auftraggeber = AG010
- Bestellnummer = 4711

Bestätigen Sie die Daten mit *Enter*. Anschließend erfassen Sie die Auftragsposition, indem Sie das Material *Projekt-01* und die Auftragsmenge *1* angeben. Das Material wurde vorher (im Abschnitt 6.1.1) angelegt. Bestätigen Sie die Daten wieder mit *Enter*. In der Statuszeile erhalten Sie dann die Systemmeldung: *Preisfindungsfehler (Obligatorische Kondition PR00 fehlt)* (vgl. Abb. 6.48).

Abb. 6.48: VA01 Auftrag anlegen – Position erfassen © SAP AG

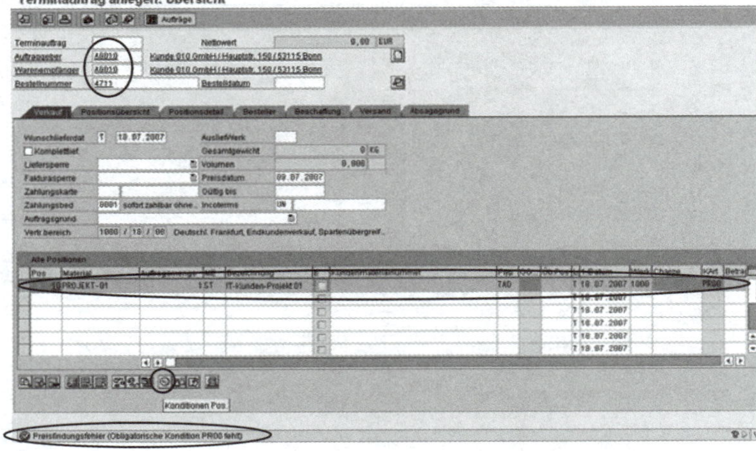

Im Gegensatz zu dem Auftrag, den Sie im Abschnitt 5.2.4 angelegt haben, hat diesmal das Material keinen festgelegten Preis oder Kondition. Der Preis muss noch zum Projekt erfasst werden. Dazu müssen Sie zunächst die Position markieren und die nebenstehende Drucktaste benutzen. Alternativ können Sie auch die Menüfolge Springen➔Position➔Konditionen verwenden. Sie kommen damit in die Detailanzeige zu der markierten Position und dort direkt in die Registerkarte Konditionen.

Abb. 6.49: VA01 Auftrag anlegen – Konditionen ändern © SAP AG

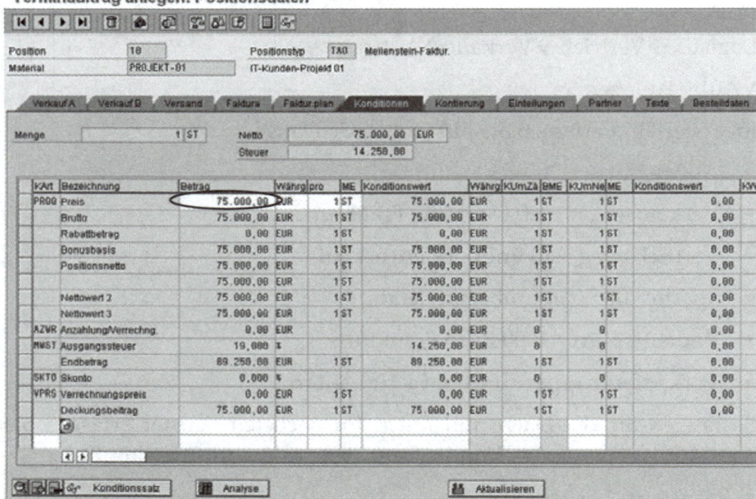

Dort muss die Kondition *PR00* definiert werden. In der ersten freien Zeile (letzte Zeile mit den weißen Feldern) geben Sie dazu in der Spalte *KArt* (Konditionsart – erste Spalte) der Tabelle die Konditionsart *PR00* und in der Spalte Betrag *75.000 €* an. Mit *Enter* werden die Daten bestätigt. Die Eingabezeile wird vom SAP-System in die erste Zeile der Tabelle verschoben und die Kalkulation entsprechend angepasst (vgl. Abb. 6.49). Plus MwSt. hat der Kunde für den Festpreisanteil also 89.250 € zu bezahlen.

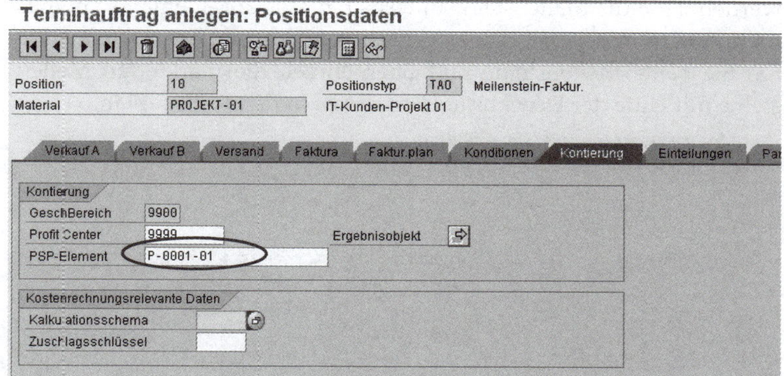

Abb. 6.50: VA01 Auftrag anlegen – Kontierung © SAP AG

Wechseln Sie nun in das Registerblatt *Kontierung*. Hier geben Sie im Feld *PSP-Element* den Identifier des PSP-Elements für den Festpreisteil, also *P-0001-01* (vgl. Abb. 6.46 und Abb. 6.50), an. Damit wird der Bezug der Auftragsposition zum entsprechenden Element in der Projektstruktur hergestellt.

Terminauftrag anlegen: Positionsdaten

Konfig. | Kalkulation

Position 10 | Positionstyp TAO Meilenstein-Faktur.
Material PROJEKT-01 | IT-Kunden-Projekt 01

Verkauf A | Verkauf B | Versand | Faktura | Faktur.plan | Konditionen | Kontierung | Einteilungen

Nettowert 75.000,00 EUR

Fakturierungsplan
FaktPlanart 01 Teilfakturierung
Beginndatum 09.07.2007 Tagesdatum | Vorlage 0000000435

FaktProzentsatz 0,00 | Fakturawert 0,00 EUR

Termine

Fakturadatum	TBez	MlstBez		%	Fakturawert	Währg	Sperre	MeiS	FakR	Status	ZBed

Termine erzeugen | Meilensteine | Meilensteine Generieren

Abb. 6.51: VA01 Auftrag anlegen – Fakturatermine generieren © SAP AG

Wechseln Sie in das Registerblatt *Fakturaplan*. Dort wurden von SAP bereits einige Fakturatermine angelegt, die aber nicht zu unserem Projekt passen. Löschen Sie daher alle vorgeschlagenen Fakturatermine, bis die Liste leer ist. Anschließen betätigen Sie die Drucktaste *Meilensteine Generieren* (unterhalb der leeren Tabelle – vgl. Abb. 6.51). Sie werden vom SAP-System noch einmal nach dem PSP-Element befragt, wobei das PSP-Element *P-0001-01* bereits vorgeschlagen wird. Sie können also den Vorschlag bestätigen. In einem weiteren Dialogfenster werden dann die Meilensteine unterhalb dieses PSP-Elements aufgelistet (in unserem Beispiel also zwei Meilensteine). In dieser Liste markieren Sie beide Meilensteine und übernehmen die markierten Meilensteine mit Hilfe der Drucktaste *Übernehmen* in den Fakturaplan.

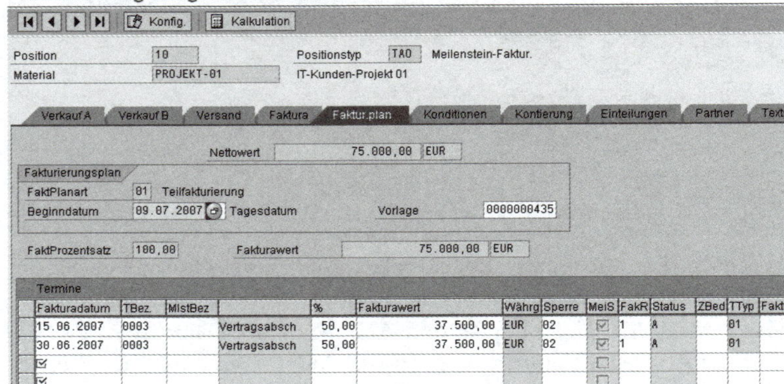

Abb. 6.52: VA01 Auftrag anlegen – Fakturaplan © SAP AG

Ihr Fakturaplan sollte jetzt wie in Abb. 6.52 dargestellt aussehen. Sie können jetzt mit der nebenstehenden Drucktaste *Zurück* die Positionsdetails verlassen und kommen zu dem Auftrag zurück.

Abschließend speichern Sie den Auftrag mit der nebenstehenden Drucktaste und notieren sich die Auftragsnummer.

Übung

2. Schritt: Legen Sie jetzt den Kundenauftrag für die aufwandsbezogene Fakturierung an.

Menüpfad

Logistik➔Vertrieb➔Verkauf➔Auftrag

Transaktion

VA01 – Anlegen

Der Auftrag für die aufwandsbezogene Faktura wird im Wesentlichen mit der gleichen Vorgehensweise angelegt. Wenn Sie unmittelbar vorher den ersten Terminauftrag (1. Schritt der Übung) gesichert haben, dann wird Ihnen bereits eine leere Erfassungsmaske angeboten. Ansonsten starten Sie die Transaktion, wie oben angegeben, und erfassen zunächst folgende Werte:

- Auftragsart = TA Terminauftrag,
- Verkaufsorg = 1000 Deutschl. Frankfurt,
- Vertriebsweg = 10 Endkundenverkauf,
- Sparte = 00 Spartenübergreifend,

- Verkaufsbüro = 1000 Büro Frankfurt,
- Verkäufergruppe = 100 Gr. F1 Hr. Anton.

Im nächsten Fenster erfassen Sie zunächst die Werte des Kunden (vgl. Abb. 6.48 – Auftragskopf):

- Auftraggeber = AG010
- Bestellnummer = 4712

Anschließend geben Sie in der ersten Auftragsposition das Material *Consulting* und die Auftragsmenge *1 Std.* an (vgl. Abb. 6.53).

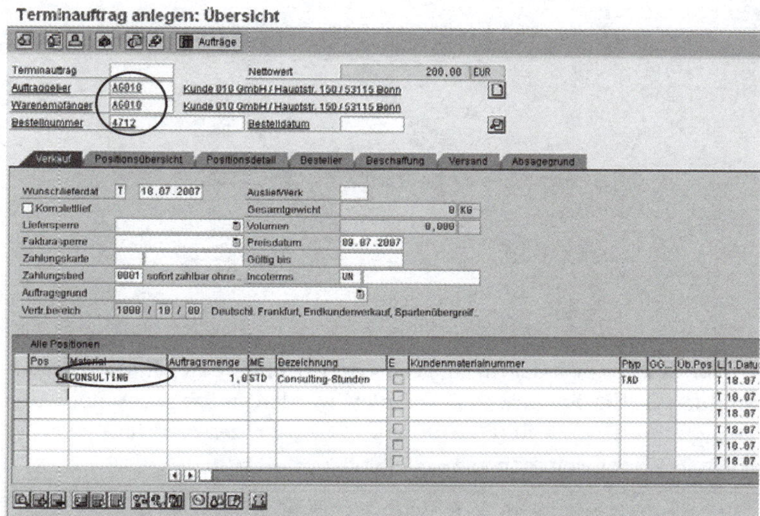
Terminauftrag anlegen: Übersicht

Aufträge

Terminauftrag		Nettowert	200,00 EUR
Auftraggeber	AG010	Kunde 010 GmbH / Hauptstr. 150 / 53115 Bonn	
Warenempfänger	AG010	Kunde 010 GmbH / Hauptstr. 150 / 53115 Bonn	
Bestellnummer	4712	Bestelldatum	

Verkauf | Positionsübersicht | Positionsdetail | Besteller | Beschaffung | Versand | Absagegrund

Wunschlieferdat	T 18.07.2007	Auslief.Werk	
Komplettlief		Gesamtgewicht	0 KG
Liefersperre		Volumen	0,000
Fakturasperre		Preisdatum	09.07.2007
Zahlungskarte		Gültig bis	
Zahlungsbed	0001 sofort zahlbar ohne …	Incoterms	UN
Auftragsgrund			
Vertr.bereich	1000 / 10 / 00 Deutschl. Frankfurt, Endkundenverkauf, Spartenübergreif.		

Alle Positionen

Pos	Material	Auftragsmenge	ME	Bezeichnung	E	Kundenmaterialnummer	PTyp	GG	Üb.Pos	L	1.Datum
	CONSULTING	1,0	STD	Consulting-Stunden			TAD			T	18.07.

Abb. 6.53: VA01 Auftrag anlegen – Position erfassen © SAP AG

Terminauftrag anlegen: Positionsdaten

Position	10	Positionstyp	TAD Dienstleistung
Material	CONSULTING		Consulting-Stunden

Verkauf A | Verkauf B | Versand | Faktura | Konditionen | Kontierung | Einteilungen

Auftragsmenge und Lieferdatum

Auftragsmenge	1,0 STD	1 STD <-> 1 STD
1.Lieferdatum	T 18.07.2007	
Lieferzeit		

Allgemeine Verkaufsdaten

Nettowert	200,00 EUR	Kurs	1,00000
Preisdatum	09.07.2007		
Eingeg. Material	CONSULTING		
EAN/UPC-Code			
Änderungsstand Kunde		Seriennummer	
Verwendung			
Geschäftsart			
Absagegrund		Präferenz	
		Alternativ zu Pos.	

Abb. 6.54: VA01 Auftrag anlegen – Verkauf A © SAP AG

Für das Material *Consulting* haben Sie bereits im Abschnitt 6.1.2 die Kondition festgelegt. Sie können also in den Positionsdetails kontrollieren, ob die richtige Kondition übernommen wurde. Die Angaben zu den Konditionen finden Sie dort in der Registerkarte *Konditionen*, aber auch in der Registerkarte *Verkauf A* (vgl. Abb. 6.54).

Wechseln Sie nun zu der Registerkarte *Kontierung* und geben dort das PSP-Element für den aufwandsbezogenen Teil des Projekts, hier *P-0001-01*, an (vgl. Abb. 6.46 und Abb. 6.55).

Abb. 6.55: VA01 Auftrag anlegen – Kontierung © SAP AG

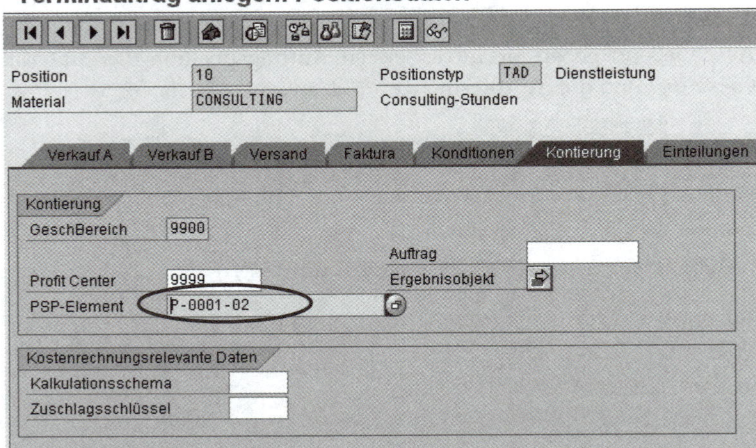
Terminauftrag anlegen: Positionsdaten

Position	10	Positionstyp	TAD	Dienstleistung
Material	CONSULTING	Consulting-Stunden		

Verkauf A | Verkauf B | Versand | Faktura | Konditionen | Kontierung | Einteilungen

Kontierung

GeschBereich	9900		
		Auftrag	
Profit Center	9999	Ergebnisobjekt	
PSP-Element	P-0001-02		

Kostenrechnungsrelevante Daten

Kalkulationsschema	
Zuschlagsschlüssel	

Damit später die tatsächlich geleisteten Senior- bzw. Junior-Berater-Stunden in die Faktura übernommen werden, müssen Sie noch den Bezug zum DPP-Profil (Dynamische-Posten-Prozessor-Profil), welches Sie im 6.1.5 angelegt haben, herstellen.

Abb. 6.56: VA01 Auftrag anlegen – Verkauf B © SAP AG

Terminauftrag anlegen: Positionsdaten

Position	10	Positionstyp	TAD	Dienstleistung
Material	CONSULTING	Consulting-Stunden		

Verkauf A | Verkauf B | Versand | Faktura | Konditionen | Kontierung | Einteilungen

Preisfindung und Statistiken

Preismaterial				
Produkthierar.				
Warengruppe	00701 Beratung			
Warengruppe 1				
Warengruppe 2				
Sparte	00 Spartenübergreifen	Materialgruppe		
Kundengruppe	10 Privatkunde	Preisgruppe	01 Großabnehmer	
Preisliste	01 Großhandel	Kundenbezirk	DE0020	Westdeutschla...

Steuerung aufwandsbezogener Fakturierung und Angebotserstellung

Fakturierform		DPP-Profil	ICS001	SP: Faktura

Dies können Sie in der Registerkarte *Verkauf B* durchführen. Tragen Sie dazu das von Ihnen angelegte Profil *ICS001* in das Feld *DPP-Profil* ein (vgl. Abb. 6.56).

Abschließend speichern Sie den Auftrag mit der nebenstehenden Drucktaste und notieren sich die Auftragsnummer.

6.2.4 Fertigmeldung der Meilensteine

Da die entsprechenden Kundenaufträge jetzt vorliegen, können die Arbeiten in unserem Projekt beginnen. Zunächst wenden wir uns dem Festpreisanteil zu. Wir haben mit dem Kunden vereinbart, dass bei Erreichen eines Meilensteins ein entsprechender Anteil des vereinbarten Festpreises fakturiert werden kann. Wir müssen also aus dem Projekt heraus eine Fertigmeldung zu dem erreichten Meilenstein abgeben.

Übung

Melden Sie den ersten Meilenstein (Vorgang 1 abgeschlossen) als erreicht.

Menüpfad

Rechnungswesen➔Projektsystem➔Projekt

Transaktion

CJ20N – Project Builder

Im Einstiegsbild selektieren Sie das von Ihnen angelegte Projekt durch einen Doppelklick auf den Eintrag im Arbeitsvorrat (im linken unteren Fenster) (vgl. Abb. 6.57).

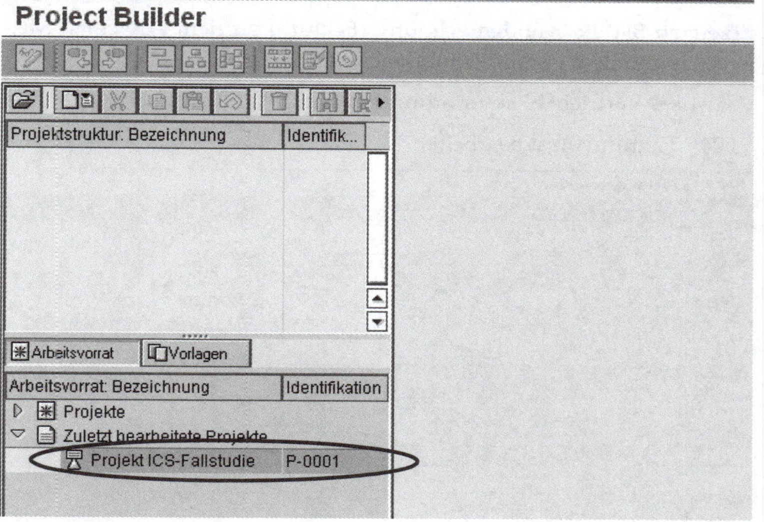

Abb. 6.57: CJ20N Project Builder – Projekt selektieren © SAP AG

Anschließend navigieren Sie in der Projektstruktur (linkes oberes Fenster) bis zu dem Meilenstein *Vorgang 1 abgeschlossen*. Dort tragen Sie in das Feld *Isttermin* das Datum *15. des laufenden Monats* ein (vgl. Abb. 6.58). Dieses Datum entspricht dem Planungstermin (Eckfixtermin) den Sie schon bei der Projektdefinition angegeben haben. Abschließend sichern Sie die Änderung in der Projektdefinition. Damit ist der erste Meilenstein für die Fakturierung freigegeben.

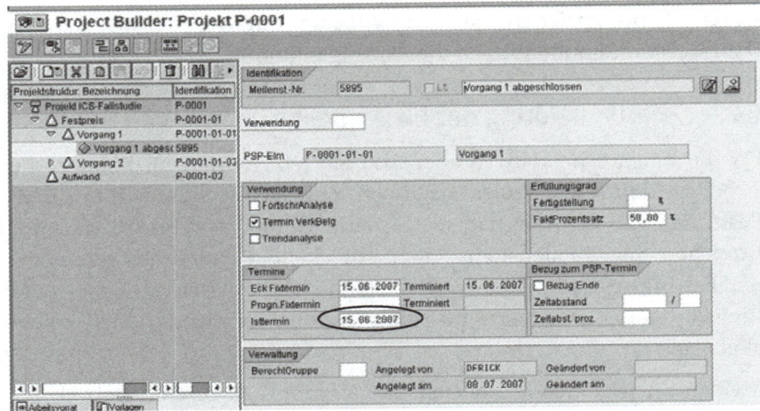

Abb. 6.58: CJ20N Project Builder – Meilenstein fertigmelden © SAP AG

6.2.5 Faktura für den Festpreisanteil erstellen

Nachdem der erste Meilenstein als erreicht gemeldet wurde, kann auch die erste Kundenrechnung (Faktura) erstellt werden. Mit der Rückmeldung zu dem ersten Meilenstein wurde die vorhandene Fakturasperre (02 fehlende Rückmeldung) im Fakturaplan zum Auftrag entfernt.

Übung

Erzeugen Sie die Kundenrechnung (Faktura) zu dem erreichten Meilenstein und dem damit verbundenen Festpreisanteil.

Menüpfad

Logistik➔Vertrieb➔Fakturierung➔Faktura

Transaktion

VF04 – Fakturavorrat bearbeiten

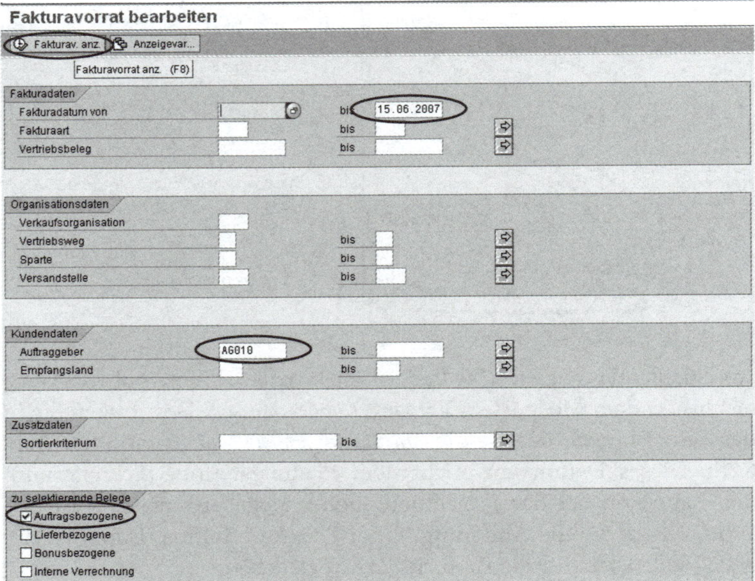

Abb. 6.59: VF04 Fakturavorrat bearbeiten – Selektion © SAP AG

Alle Lieferungen und Leistungen, die grundsätzlich fakturiert werden könnten, sind im SAP-System im Fakturavorrat zusammengefasst worden. In der Regel wird dies also eine längere Liste sein. Deshalb selektieren Sie zunächst die für den Festpreisanteil zutreffenden Fakturen. Dazu geben Sie Auftraggeber *AG010* und das Fakturadatum *15. des laufenden Monats* an. In der Gruppe *zu selektierende Belege* ist das Häkchen bei *Auftragsbezogene* zu setzen, da es sich nicht um eine Lieferung, sondern um Leistungen gehandelt hat. Abschließend klicken Sie auf die Drucktaste *Fakturavorrat anzeigen* (oder *F8*) (vgl. Abb. 6.59).

Sie erhalten anschließend eine Liste, die nur aus einem Eintrag bestehen sollte (vgl. Abb. 6.60). In der Spalte Vertriebsbeleg ist die Auftragsnummer des Auftrags eingetragen, den Sie im 1. Schritt im Abschnitt 6.2.3 angelegt haben (hier 10664).

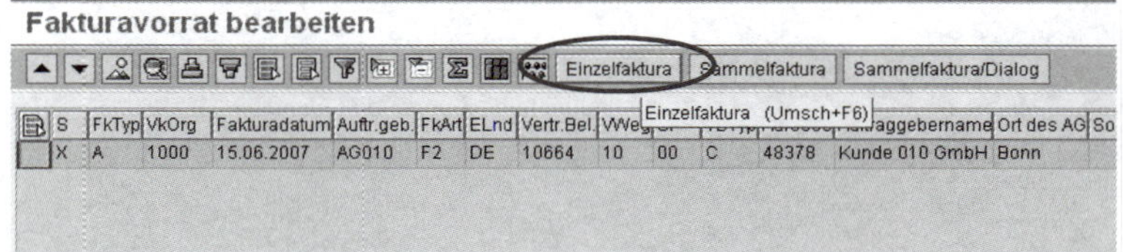

Abb. 6.60: VF04 Fakturavorrat bearbeiten – Liste © SAP AG

Markieren Sie die Zeile und klicken Sie auf die Drucktaste *Einzelfaktura*, um den Fakturabeleg zu generieren. Der generierte Fakturabeleg wird anschließend dargestellt (vgl. Abb. 6.61). Hier besteht noch einmal die Möglichkeit, den Beleg zu bearbeiten. Sie sollten noch einmal die Daten kontrollieren (insbesondere den Nettowert 37.500 €, also 50% vom Gesamtnettowert).

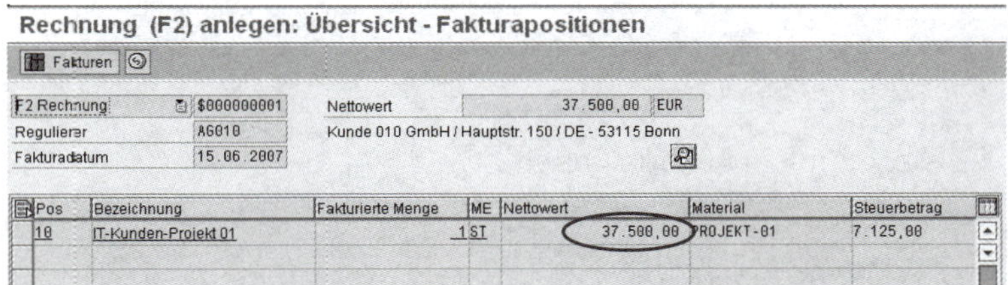

Abb. 6.61: VF04 Fakturavorrat bearbeiten – Faktura anlegen © SAP AG

Wenn die Daten korrekt sind, speichern Sie die Faktura mit der nebenstehenden Drucktaste und notieren sich die Fakturanummer. Erst mit dem Betätigen der Drucktaste wurde die Fakturanummer erzeugt. Vorher wurde vom System eine temporäre interne Nummer benutzt (vgl. Abb. 6.61).

Mit der angelegten Kundenrechnung (Faktura) wurde auch gleichzeitig ein Beleg für die Buchhaltung generiert. Dort sind ja die Umsatzerlöse und das entsprechende Debitoren-(Kunden-)Konto zu buchen, damit auch die Anforderungen der Buchhaltung erfüllt werden.

Übung

Lassen Sie sich die Übersicht der Belege, die im Zusammenhang mit der Kundenrechnung angelegt wurden, anzeigen.

Menüpfad

Logistik➔Vertrieb➔Fakturierung➔Faktura

Transaktion

VF03 – Anzeigen

Tragen Sie die Nummer der zuvor angelegten Faktura (hier 90035135) in das entsprechende Feld ein, wenn es nicht schon automatisch mit der letzten Faktura belegt wurde. Anschließend klicken Sie die Drucktaste *Rechnungswesen* (oder *F6*) an, um die Übersicht der Belege im Rechnungswesen zu erhalten (vgl. Abb. 6.62).

Abb. 6.62: VF04 Faktura anzeigen – Einstieg © SAP AG

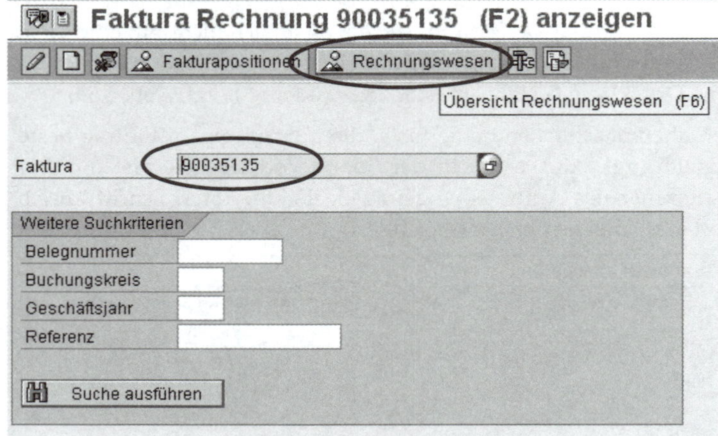

In der nachfolgenden Abb. 6.63 ist die Dialogbox abgebildet, die die Liste der Belege im Rechnungswesen enthält, die zu der Faktura gebucht wurden. Neben der Faktura wurden also noch fünf weitere Belege im Rechnungswesen gebucht.

Abb. 6.63: VF04 Faktura anzeigen – Belegübersicht © SAP AG

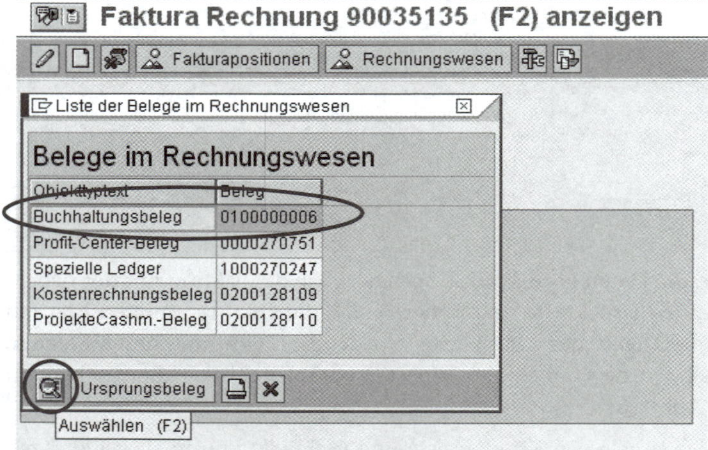

Markieren Sie den Buchhaltungsbeleg und klicken Sie dann auf die Drucktaste *Auswählen* (oder *F2*), dann wird Ihnen die Übersicht des Buchhaltungsbelegs angezeigt. Sie können alternativ auch über einen Doppelklick auf die Zeile des Buchhaltungsbelegs zu diesem Beleg gelangen.

Menüpfad Rechnungswesen➔Finanzwesen➔Debitoren➔Beleg

Transaktion FB03 – Anzeigen

Auf diesem Weg verzweigen Sie direkt in die Transaktion FB03. Dies können Sie bei geeigneter Einstellung aus Ihrer Statuszeile entnehmen. Dort können Sie sich nämlich u.a. die Transaktion anzeigen, die sich gerade in der Ausführung befindet. Die Transaktion FB03 zeigt den entsprechenden Beleg der Debitoren-Buchhaltung an, der zu der Faktura erzeugt wurde (vgl. Abb. 6.64).

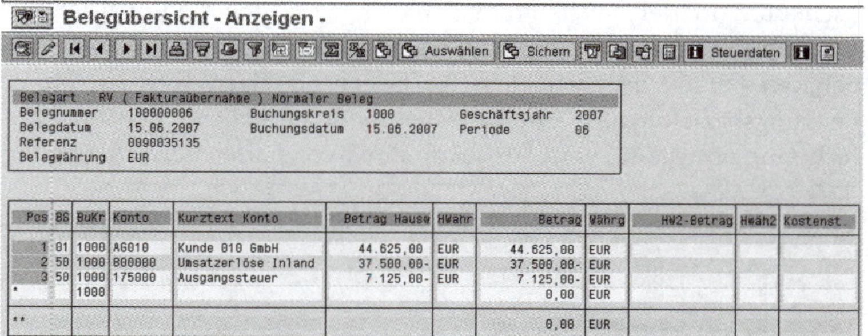

Pos	BS	BuKr	Konto	Kurztext Konto	Betrag Hausw	HWähr	Betrag	Währg	HW2-Betrag	Hwäh2	Kostenst.
1	01	1000	AG010	Kunde 010 GmbH	44.625,00	EUR	44.625,00	EUR			
2	50	1000	800000	Umsatzerlöse Inland	37.500,00-	EUR	37.500,00-	EUR			
3	50	1000	175000	Ausgangssteuer	7.125,00-	EUR	7.125,00-	EUR			
*		1000					0,00	EUR			
**							0,00	EUR			

Abb. 6.64: FB03 Buchhaltungsbeleg – Belegübersicht © SAP AG

Sie können aus dem Beleg entnehmen, dass drei Konten bebucht wurden. Neben dem Konto des *Kunden (Debitors)* wurde das Konto *Umsatzerlöse Inland* und das Konto *Ausgangsteuer* bebucht. Wenn Sie einen Doppelklick auf die zweite Belegposition mit der Erlösbuchung vornehmen, werden vom SAP-System die weiteren Daten zu dieser Position dargestellt (vgl. Abb. 6.65). In der Gruppe Zusatzkontierungen sehen Sie, dass hier eine Kontierung auf das PSP-Element P-0001-01, also dem Festpreisanteil unseres Projekts erfolgt. Damit sind die Erlöse auch in der Projektauswertung direkt sichtbar.

Beleg anzeigen: Position 002

Weitere Daten | Beverage Solution ..

Hauptbuchkonto 800000 Umsatzerlöse Inland Eigenerzeugnisse
Buchungskreis 1000 IDES AG
Belegnr. 100000006

Position 2 / Haben-Buchung / 50
Betrag 37.500,00 EUR
Steuerkennz AN

Zusatzkontierungen
Kostenstelle | Auftrag
PSP-Element P-0001-01 | Ergebnisobjekt
ImmobilienObj
Kundenauftrag 0 0
Special Region | Mehr
Zuordnung 20070615
Text | Langtexte

Abb. 6.65: FB03 Buchhaltungsbeleg – Belegposition © SAP AG

Wenn Sie in der Abb. 6.63 den Kostenrechnungsbeleg auswählen, dann gelangen Sie auch wieder direkt in die Transaktion zur Anzeige des entsprechenden Belegs.

Menüpfad

Logistik➔Projektsystem➔Infosystem➔Controlling➔Beleganzeige

Transaktion

KSB5 – Istkosten-/Erlöse

Primäre Kostenarten

Aus der Abb. 6.66 können Sie erkennen, dass in der Kostenrechnung das Sachkonto 800000 eine primäre Kostenart bezeichnet. Primäre Kostenarten erfordern im SAP-System jeweils ein gleichlautendes Sachkonto in der Buchhaltung. Als Primärkostenarten werden die Kostenarten bezeichnet, die eine Leistungsbeziehung aus dem Unternehmen heraus kennzeichnen. Im Gegensatz dazu werden interne Leistungsbeziehungen, für die eine innerbetriebliche Leistungsverrechnung notwendig wird, als sekundäre Kostenarten bezeichnet.

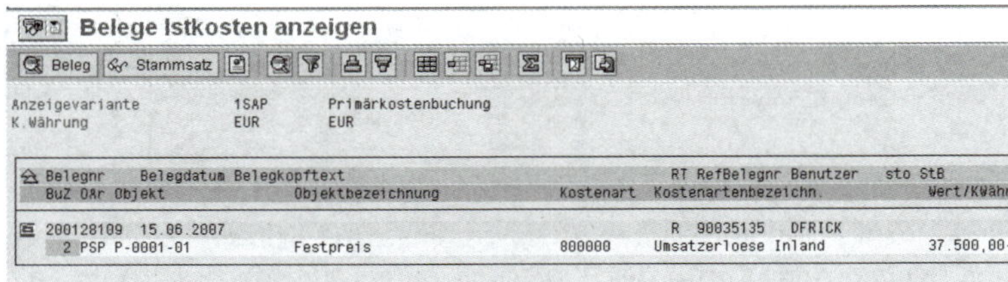

Abb. 6.66: KSB5 Kostenrechnungsbeleg – Anzeigen © SAP AG

6.2.6 Beratungsstunden erfassen und Weiterverarbeitung der Zeitdaten

Für den Dienstleistungsanteil, der nicht als Festpreis, sondern nach Aufwand abgerechnet werden soll, ist die Vorgehensweise etwas komplizierter, da hier zunächst eine Buchung des Aufwands im SAP-Systems erfolgen muss. In bestimmten regelmäßigen Abständen, z.B. monatlich, wird dann der gebuchte Aufwand fakturiert.

Im SAP-System erfolgt die Fakturierung dann in zwei weiteren Schritten. Zunächst wird eine Lastschriftanforderung erstellt, die geprüft und evtl. auch verändert werden kann. Anschließend wird erst aus der Lastschriftanforderung die eigentliche Kundenrechnung (Faktura) generiert.

Übung

1. Schritt: Buchen Sie einige Beratungsstunden, die der Senior-Berater für das Projekt erbracht hat.

Menüpfad

Personal➔Personalzeitwirtschaft➔Arbeitszeitblatt➔CATS classic

Transaktion

CAT2 – Arbeitszeiten erfassen

CATS

Das Arbeitszeitblatt (CATS – Computer Aided Time Sheet) ist ein anwendungsübergreifendes Werkzeug zur Erfassung von Arbeitszeiten und Tätigkeiten[8]. Es dient insbesondere dazu, dass Mitarbeiter selber in der Lage sind, Arbeits- oder auch Abwesenheitszeiten zu erfassen (sog. Employee Self Services). Für unsere Übung reicht es aus, wenn wir davon ausgehen, dass die Berater ihre geleisteten Beratungsstunden jeden Tag mit diesem Werkzeug erfassen. Wir benutzen CATS in der Classic-Oberfläche, weil wir auf weitere Aspekte (wie z.B. Fahrtkosten) aus didaktischen Gründen nicht eingehen wollen.

[8] Im Abschnitt 7.2.4 werden noch vielfältige Aspekte zur Zeitwirtschaft aus HCM-Sicht dargestellt.

Voraussetzung für die Buchung von Arbeitszeiten ist natürlich, dass ein entsprechender Mitarbeiter als Senior-Berater im SAP-System angelegt (d.h. eingestellt) wurde. Wie dies im Einzelnen erfolgt, wird im Abschnitt 7.1.3 beschrieben. Dort wird gezeigt, wie der Mitarbeiter Philipp Schiller im SAP-System zunächst als Junior-Berater angelegt wird und wie die notwendigen Infotypen im Human Capital Management (HCM) mit Daten versorgt werden. Im Abschnitt 7.2 wird Herr Philipp Schiller zum Senior-Berater befördert. Für die Übung gehen wir davon aus, dass diese Beförderung bereits erfolgt ist und Herr Philipp Schiller in unserem Projekt als Senior-Berater tätig ist.

In der Abb. 6.67 ist das Einstiegsbild der Transaktion dargestellt. Tragen Sie dort die folgenden Daten ein:

- Erfassungsprofil = 1303 PS/HR/CO: ILV auf PSP (ohne Prüfung)
- Einstiegsdatum = 01. des laufenden Monats
- Personalnummer = 1113 Phillip Schiller[9]

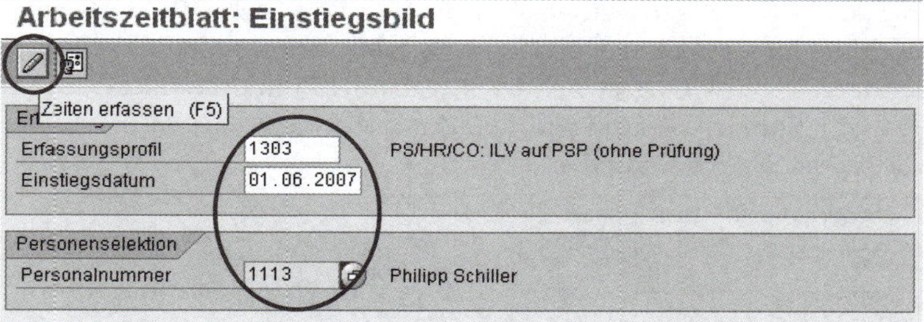

Abb. 6.67: CAT2 Arbeitszeitblatt – Einstieg © SAP AG

Wenn Sie die Drucktaste *Zeiten erfassen* wählen, öffnet das SAP-System das Arbeitsblatt in der Erfassungssicht. Mit dem Einstiegsdatum wird festgelegt, welche Woche für die Erfassung der Arbeitszeiten als erste Woche in der Tabelle angezeigt wird. Sie erfassen folgende Werte (vgl. Abb. 6.68):

- Senderkostenstelle = 1000
- Leistungsart = SenCon
- Empfänger PSP-Element = P-0001-02

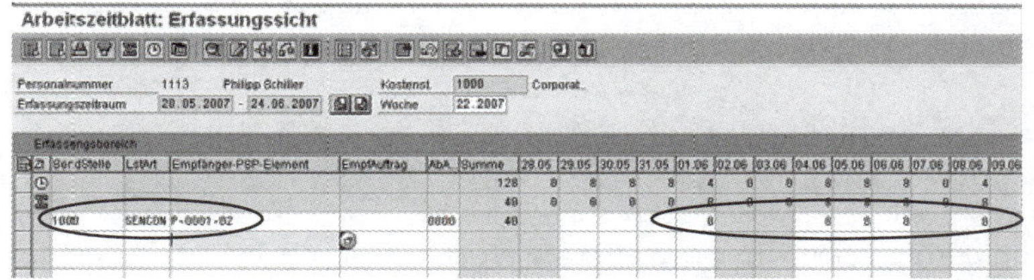

Abb. 6.68: CAT2 Arbeitszeitblatt – Erfassung Senior-Berater-Stunden © SAP AG

Sie können dann anschließend in der gleichen Zeile einige geleistete Beratungsstunden erfassen. Sie sollten nur auf den Projektbeginn (1.

[9] Hinweis: Der Senior-Berater muss vorher angelegt worden sein

Tag des laufenden Monats) und arbeitsfreie Tage (Wochenenden, Feiertage) achten. Sichern Sie die erfassten Beratungsstunden.

Für die Erfassung von Arbeitszeiten in CATS sind im HCM Vorbereitungen zu treffen. Insbesondere muss der Mitarbeiter einem Werk zugeordnet werden, damit der Werkskalender dieses Werkes auch für die Erfassung der Arbeitszeiten zugrunde gelegt werden kann. Der Senior-Berater Herr Philipp Schiller ist im HCM dem Werk 1000 (Hamburg) zugeordnet worden.

Aus der Abb. 6.68 ist zu entnehmen, dass der Mitarbeiter 40 Stunden (5 mal 8 Stunden) an Senior-Berater-Stunden im Projekt geleistet hat. Damit mehr Daten für die Fakturierung vorhanden sind, wollen wir auch noch Junior-Berater-Stunden für unser Projekt erfassen. Im 7. Kapitel wird noch dargestellt, wie eine entsprechende Junior-Beraterin eingestellt wird. Leider steht uns die Junior-Beraterin erst ab dem 01.07. zur Verfügung. Am 30.06. soll das Projekt aber schon abgeschlossen ein. Vor dem 01.07. können für die neue Mitarbeiterin keine Arbeitszeiten erfasst werden. Wir lassen daher Herr Philipp Schiller auch die Junior-Berater-Stunden im Projekt erbringen. In der Abb. 6.69 ist dargestellt, wie zusätzlich noch weitere 40 Junior-Berater-Stunden (5 mal 8 Stunden) erfasst wurden. Zum Abschluss sichern Sie wieder die erfassten Arbeitsstunden.

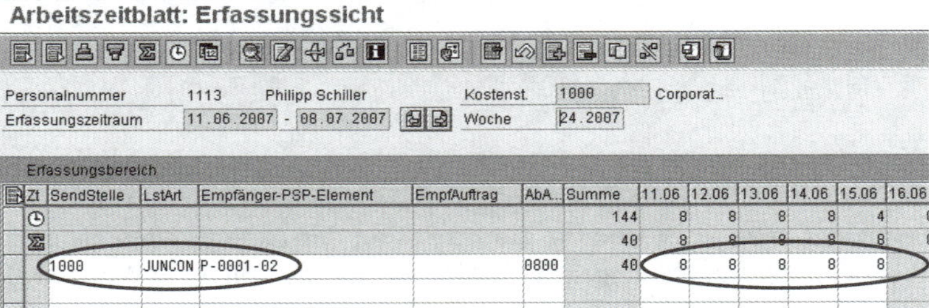

Abb. 6.69: CAT2 Arbeitszeitblatt – Erfassung Junior-Berater-Stunden © SAP AG

Die erfassten Beratungsstunden müssen vom Mitarbeiter freigegeben werden, damit Sie für weitere Arbeiten zur Verfügung stehen. Dazu müssen Sie von der Erfassungssicht in die Freigabesicht wechseln. Im unteren Teil des Fensters sind drei Drucktasten vorhanden, die Sie für den Wechsel der Ansicht nutzen können. Betätigen Sie die Drucktaste *Freigabesicht* (vgl. Abb. 6.70).

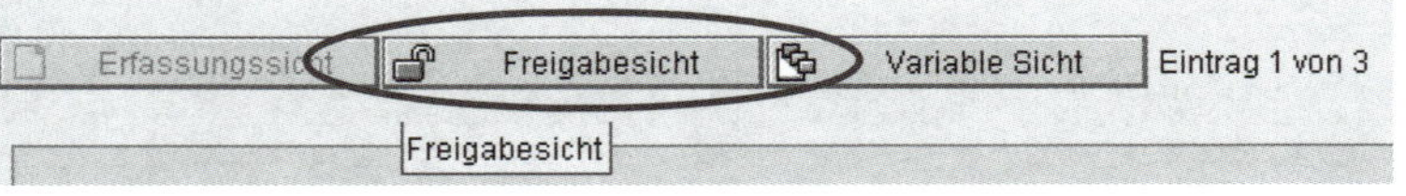

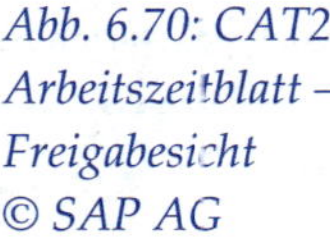

Abb. 6.70: CAT2 Arbeitszeitblatt – Freigabesicht © SAP AG

In der Freigabesicht markieren Sie anschließend die beiden Zeilen der geleisteten Senior- und Junior-Berater-Stunden und betätigen die Drucktaste *Freigeben* (oder *Umsch.+F4*) (vgl. Abb. 6.71). Damit sind die erfassten Arbeitsstunden nicht mehr änderbar und stehen anderen Anwendungen zur Weiterverarbeitung zur Verfügung. Für die Weiterverarbeitung müssen die Stunden allerdings in die entsprechenden

Anwendungen übertragen werden. Diese Überleitung werden wir im nächsten Schritt vornehmen.

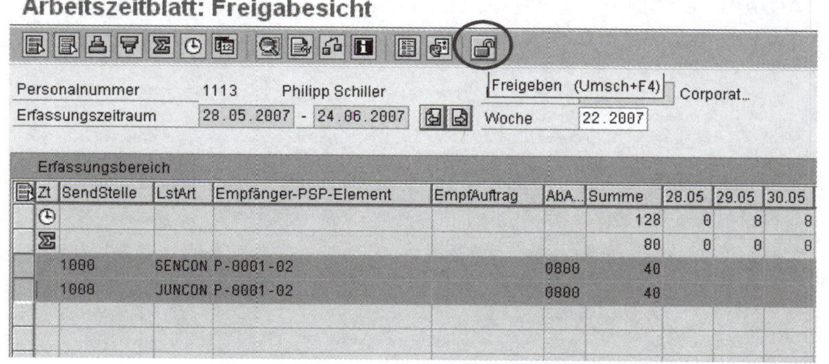

Abb. 6.71: CAT2 Arbeitszeitblatt – Freigeben © SAP AG

Übung

2. Schritt: Übertragen Sie die erfassten Beratungsstunden in das Controlling und damit auch in das Projektsystem.

Menüpfad

Personal➔Personalzeitwirtschaft➔Arbeitszeitblatt➔Überleitung

Transaktion

CAT7 – Rechnungswesen

Im Einstiegsbild sind zunächst einige Selektionskriterien anzugeben, damit nicht alle erfassten Arbeitszeiten aller Mitarbeiter in das Controlling übernommen werden. Geben Sie also die Personalnummer (hier 1113) des Senior-Beraters Philipp Schiller an und lassen die Personalnummer in den CO-Beleg übernehmen (Häkchen unter Parameter), was eine bessere Nachvollziehbarkeit der CO-Belege bewirkt.

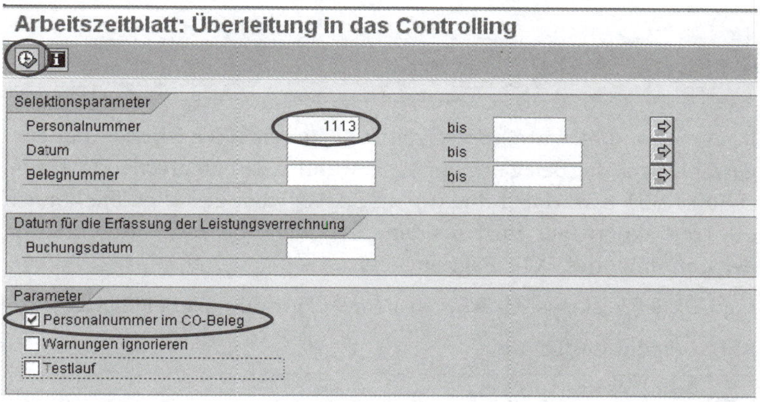

Arbeitszeitblatt: Überleitung in das Controlling

Selektionsparameter
Personalnummer 1113 bis
Datum bis
Belegnummer bis

Datum für die Erfassung der Leistungsverrechnung
Buchungsdatum

Parameter
☑ Personalnummer im CO-Beleg
☐ Warnungen ignorieren
☐ Testlauf

Abb. 6.72: CAT7 Arbeitszeitblatt – Überleitung in das Controlling © SAP AG

Wenn Sie die Selektionskriterien eingetragen haben, sollten Sie ggf. erst einen Testlauf durchführen, um keine unerwünschten CO-Belege zu erzeugen. Dazu betätigen Sie die Drucktaste *Ausführen* (oder *F8*). Anschließend deaktivieren Sie den Testlauf wieder und betätigen erneut die Drucktaste *Ausführen* (vgl. Abb. 6.72).

Sie erhalten vom SAP-System als Bestätigung der erfolgten Überleitung der Daten ein Protokoll, in dem sämtliche erzeugten CO-Belege aufgeführt sind (vgl. Abb. 6.73). In unserem Beispiel sollten es 10 Belege sein, da wir 10 Arbeitszeiten in CATS erfasst haben. Zu jedem einzelnen CO-Beleg können Sie sich aus dem Protokoll die Details anzeigen lassen.

Abb. 6.73: CAT7 Arbeitszeitblatt – Protokoll zur Überleitung © SAP AG

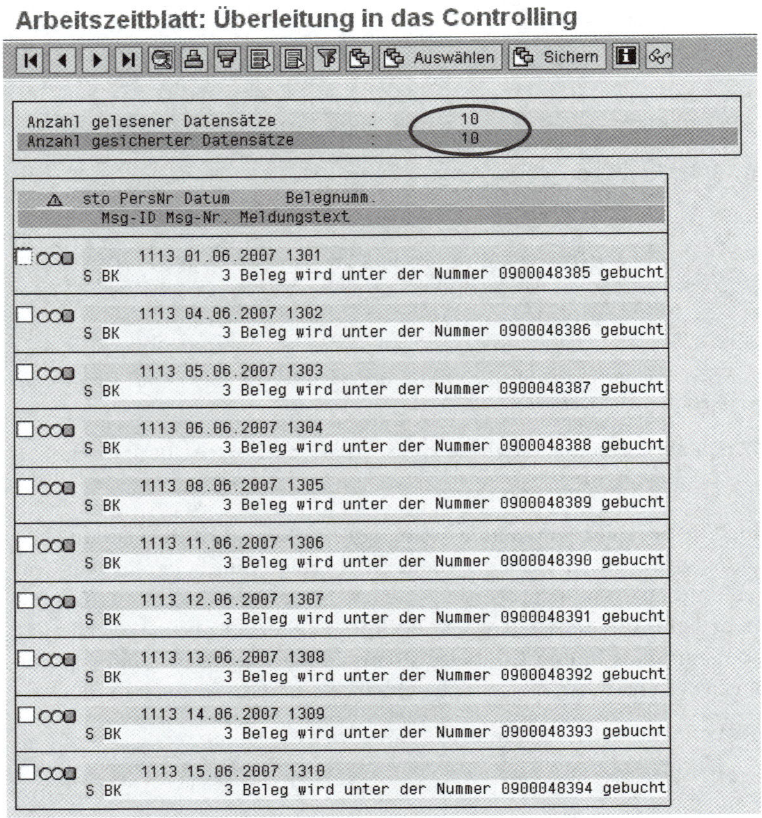

Arbeitszeitblatt: Überleitung in das Controlling
Auswählen
Sichern
Anzahl gelesener Datensätze : 10
Anzahl gesicherter Datensätze : 10
sto PersNr Datum Belegnumm.
Msg-ID Msg-Nr. Meldungstext
1113 01.06.2007 1301
S BK 3 Beleg wird unter der Nummer 0900048385 gebucht
1113 04.06.2007 1302
S BK 3 Beleg wird unter der Nummer 0900048386 gebucht
1113 05.06.2007 1303
S BK 3 Beleg wird unter der Nummer 0900048387 gebucht
1113 06.06.2007 1304
S BK 3 Beleg wird unter der Nummer 0900048388 gebucht
1113 08.06.2007 1305
S BK 3 Beleg wird unter der Nummer 0900048389 gebucht
1113 11.06.2007 1306
S BK 3 Beleg wird unter der Nummer 0900048390 gebucht
1113 12.06.2007 1307
S BK 3 Beleg wird unter der Nummer 0900048391 gebucht
1113 13.06.2007 1308
S BK 3 Beleg wird unter der Nummer 0900048392 gebucht
1113 14.06.2007 1309
S BK 3 Beleg wird unter der Nummer 0900048393 gebucht
1113 15.06.2007 1310
S BK 3 Beleg wird unter der Nummer 0900048394 gebucht

In der Abb. 6.74 wurde der erste CO-Beleg aus der Überleitung ausgewählt und die Beleganzeige ausgewählt. Die entsprechende Transaktion KSB5 wird dabei direkt vom SAP-System gestartet. Sie können die Transaktion aber auch aus dem SAP-Menü heraus starten und die Belegnummer des CO-Belegs angeben.

Menüpfad

Logistik➔Projektsystem➔Infosystem➔Controlling➔Beleganzeige

Transaktion

KSB5 – Istkosten-/Erlöse

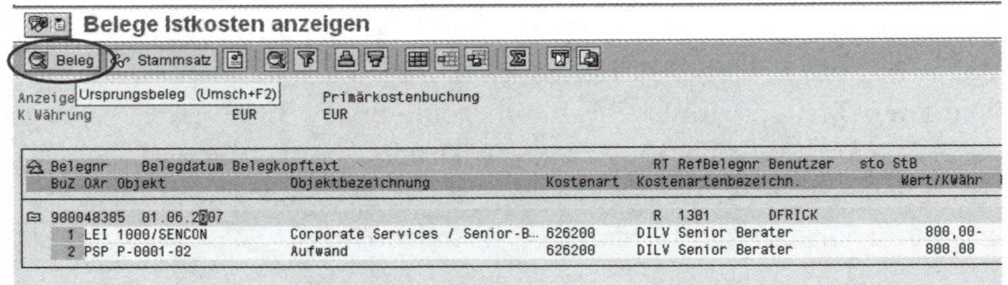

Abb. 6.74: KSB5 Beleganzeige Controlling – Istkosten anzeigen © SAP AG

Belege Istkosten anzeigen
Beleg
Stammsatz
Ursprungsbeleg (Umsch+F2)
Primärkostenbuchung
K.Währung EUR EUR
Belegnr Belegdatum Belegkopftext RT RefBelegnr Benutzer sto StB
BuZ OAr Objekt Objektbezeichnung Kostenart Kostenartenbezeichn. Wert/KWähr
900048385 01.06.2007 R 1301 DFRICK
1 LEI 1000/SENCON Corporate Services / Senior-B.. 626200 DILV Senior Berater 800,00-
2 PSP P-0001-02 Aufwand 626200 DILV Senior Berater 800,00

In der Abb. 6.74 kann man sehr schön erkennen, dass mit dem CO-Beleg die Kostenstelle 1000 um 800 € entlastet und das PSP-Element P-0001-02 um 800 € belastet wurde. Auf der Mengenebene fand eine Leistungserbringung von 8 Stunden auf der Kostenstelle 1000 und ein

Leistungsbezug von 8 Stunden auf dem PSP-Element P-0001-02 statt. Die innerbetriebliche Leistungsverrechung wurde entsprechend dem Geschäftsvorfall also korrekt im Controlling abgebildet.

Aus dem CO-Beleg lässt sich auch direkt der Beleg im HCM anzeigen. Dazu wählen Sie den Beleg, in dem Sie den Cursor in die entsprechende Zeile positionieren und die Drucktaste *Ursprungsbeleg* (oder *Umsch+F2*) betätigen. Die Anzeige des Ursprungsbelegs ist in der Abb. 6.75 dargestellt. Damit ist auch der Bezug zum HCM-Beleg und der Personalnummer möglich.

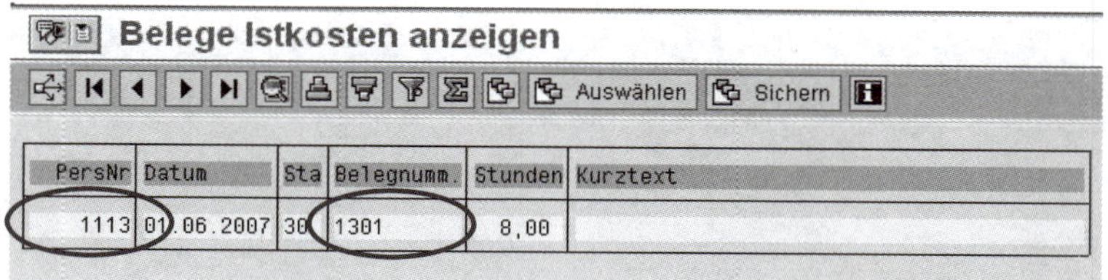

PersNr	Datum	Sta	Belegnumm.	Stunden	Kurztext
1113	01.06.2007	30	1301	8,00	

Abb. 6.75: KSB5 Beleganzeige Controlling – Istkosten Detail anzeigen © SAP AG

Übung

3. *Schritt: Generieren Sie für die erfassten Beratungsstunden die entsprechende Lastschriftanforderung.*

Menüpfad

Logistik➔Vertrieb➔Verkauf➔Auftrag➔Folgefunktionen

Transaktion

DP91 – Aufwandsbezogene Faktura

Im Einstiegsbild geben Sie im Feld Vertriebbeleg die Nummer des Kundenauftrags für den aufwandsbezogenen Projektanteil an, die Sie im Abschnitt 6.2.3 erhalten haben (hier 10665). Außerdem begrenzen Sie das Buchungsdatum bis zum letzten Tag des aktuellen Monats (vgl. Abb. 6.76). Bevor Sie die Lastschriftanforderung (oder Fakturaanforderung) direkt generieren, lassen Sie sich erstmal die Daten anzeigen. Dazu betätigen Sie die Drucktaste *Aufwandsicht* (oder *Umsch+F6*).

Fakturaanforderung für aufwandsbezogene Faktura: Einstieg
Aufwand | Verkaufspreis | Fakturaanforderung
Aufwandsicht (Umsch+F6)
Vertrieb
Verkaufsbeleg 10665
Position bis
Preisfindung
Preisdatum
Quelle
Buchungsdatum bis 30.06.2007
Periode von 2007
Nur offene Posten verarbeiten
Suchkriterien (Vertrieb)
Bestellnummer
Auftraggeber
PSP-Element
Suche ausführen

Abb. 6.76: DP91 Fakturaanforderung – Einstieg © SAP AG

In der Aufwandssicht (vgl. Abb. 6.77) erhalten Sie eine Übersicht der zu dem Auftrag bisher angefallen fakturarelevanten Positionen. Im oberen Teil des Fensters ist der Auftrag (hier 10665) angegeben und der mögliche zu fakturierende Betrag bzw. die mögliche zu fakturierende Menge. Beides ist in der Aufwandssicht dargestellt, d.h. es handelt sich nicht um die Verkaufspreise, sondern eben um den betrieblichen Aufwand. Wenn Sie den Auftrag weiter expandieren, dann erhalten Sie die möglichen Positionen. In unserer Fallstudie haben wir nur eine Position.

Abb. 6.77: DP91 Fakturaanforderung – Aufwandsicht © SAP AG

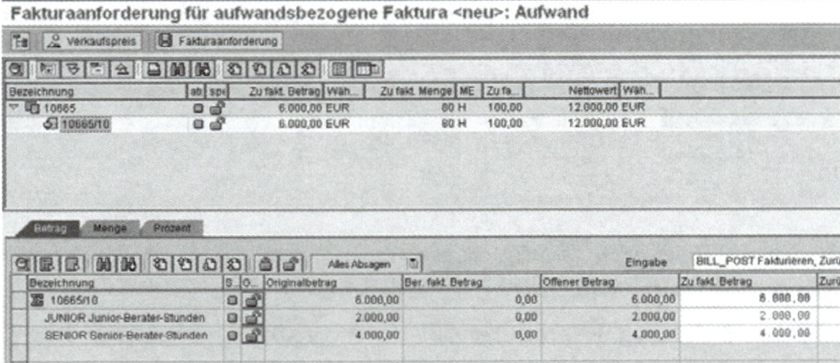

Positionieren Sie den Cursor auf diese Position, und Sie erhalten im unteren Teil des Fensters die Positionsdetails angezeigt. In unserem Fall können sowohl Junior-Berater-Stunden als auch Senior-Berater-Stunden fakturiert werden. Auch hier haben wir die reine Aufwandssicht. Da der Junior-Berater einen internen Preis (Tarif) von 50 € pro Stunde hat, ist also ein Aufwand von 2000 € entstanden. Beim Senior-Berater sind es entsprechend 4000 €.

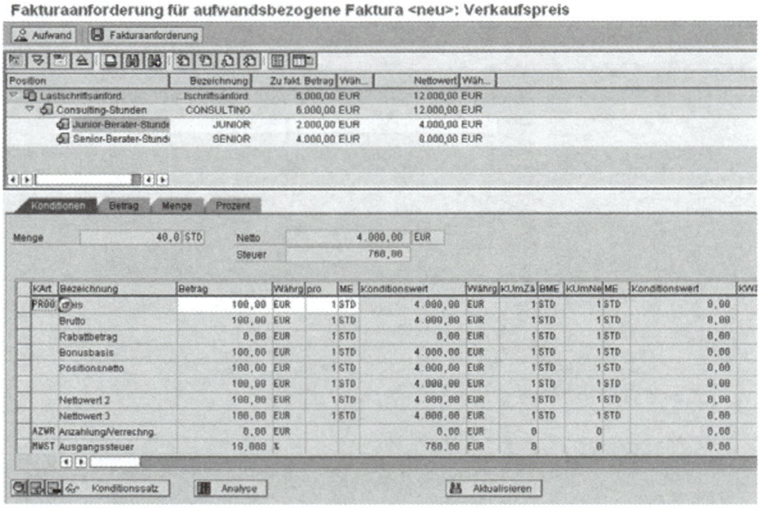

Abb. 6.78: DP91 Fakturaanforderung – Verkaufspreissicht © SAP AG

Durch das Betätigen der Drucktaste *Verkaufspreissicht* (oder *F6*) gelangen Sie in Ansicht der Verkaufspreise. Hier werden jetzt die mit dem Kunden vereinbarten Konditionen dargestellt (vgl. Abb. 6.78). Auch besteht noch einmal die Möglichkeit einzelne Konditionen, Beträge oder Mengen zu bearbeiten. Abschließend speichern Sie die Fakturaanforderung bzw. Lastschriftanforderung, indem Sie die Drucktaste *Fakturaanforderung* anklicken. Notieren Sie sich die Nummer der angelegten Fakturaanforderung. Damit ist diese Leistung in den Fakturavorrat mit aufgenommen worden.

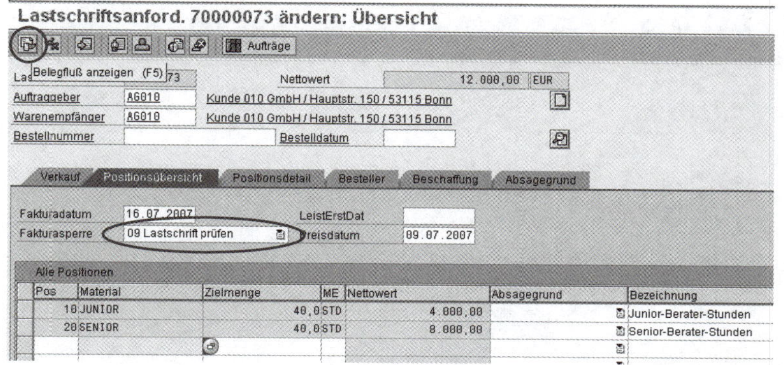

Abb. 6.79: DP91 Fakturaanforderung – Übersicht © SAP AG

Das SAP-System zeigt Ihnen in Abb. 6.79 die angelegte Lastschriftanforderung an. Die Darstellung entspricht im Wesentlichen der Darstellung der Fakturen, stellt aber zunächst nur eine Vorstufe dar. Wichtig ist die Standardbelegung des Felds *Fakturasperre*. Dies Feld wird im Standard mit dem Wert *09 Lastschrift prüfen* gefüllt. Es ist also eine manuelle Prüfung der Lastschriftanforderung notwendig, bevor die Faktura erstellt werden kann.

Über die Drucktaste *Belegfluß anzeigen* (oder *F5*) können Sie sich den bisherigen Belegfluss anzeigen lassen. Dem im Abschnitt 6.2.3 angelegten Terminauftrag ist also jetzt eine Lastschriftanforderung zugeordnet worden (vgl. Abb. 6.80).

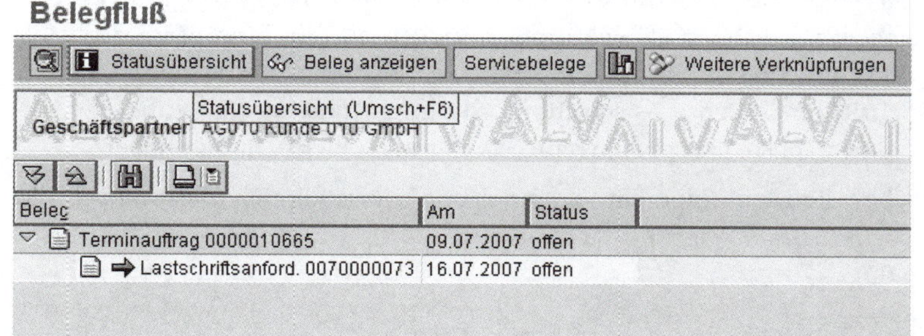

Abb. 6.80: DP91 Fakturaanforderung – Belegfluss © SAP AG

Übung

4. Schritt: Erzeugen Sie die Kundenrechnung (Faktura) zu den geleisteten Berater-Stunden im aufwandsbezogen Anteil des Projekts an.

Menüpfad

Logistik➔Vertrieb➔Fakturierung➔Faktura

Transaktion

VF04 – Fakturavorrat bearbeiten

Zur Selektion der Fakturaanforderung aus dem Fakturavorrat können Sie im Einstiegsbild der Transaktion im Feld *Vertriebsbeleg* die Nummer der angelegten Lastschriftanforderung (hier 70000073) angeben (vgl. Abb. 6.81). Achten Sie darauf, dass das Häkchen bei *Auftragsbezogene* in der Gruppe *zu selektierende Belege* gesetzt ist, da es sich wieder um eine Leistung und keine Lieferung handelt.

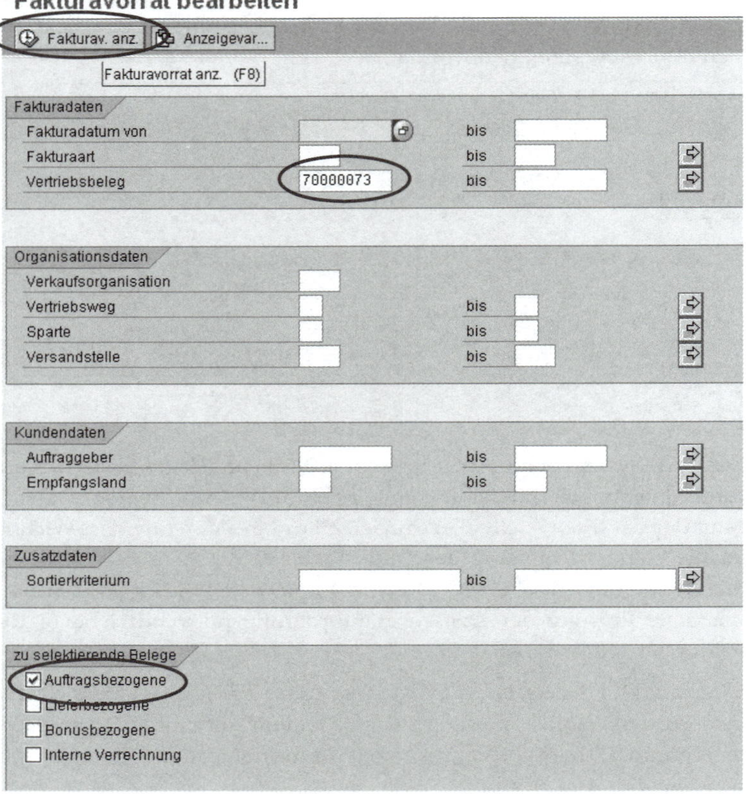

Abb. 6.81: VF04 Fakturavorrat bearbeiten – Selektion © SAP AG

Da Sie bei den Selektionskriterien nur einen Vertriebsbeleg angegeben haben, wird Ihnen als Fakturavorrat auch nur ein Eintrag im nächsten Bild angeboten. Bei diesem Eintrag, also der im vorhergehenden Schritt erstellten Lastschriftanforderung, müssen Sie zunächst die Fakturasperre aufheben, wenn Sie dies noch nicht erledigt haben.

Über die Menüfolge Umfeld→Beleganzeigen können Sie direkt in die Lastschriftanforderung (Transaktion VA02) verzweigen (vgl. Abb. 6.82).

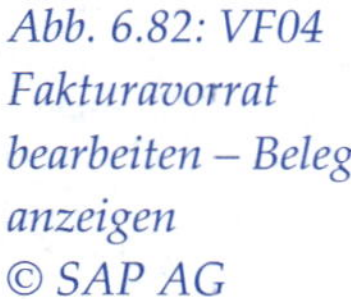

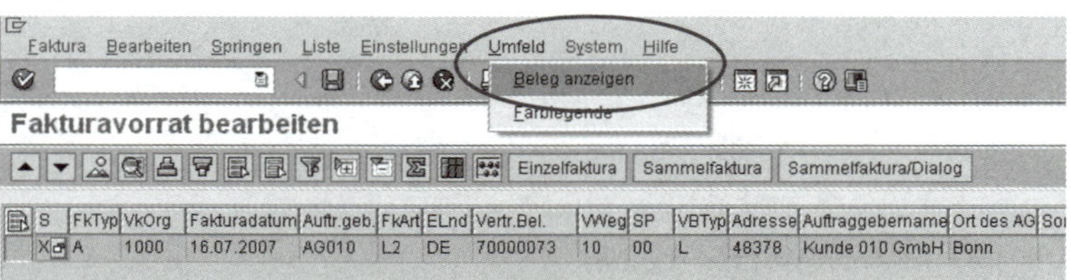

Abb. 6.82: VF04 Fakturavorrat bearbeiten – Beleg anzeigen © SAP AG

Sie können die Lastschriftanforderung aber auch aus dem SAP-Menü über folgenden Menüpfad bearbeiten:

Logistik➔Vertrieb➔Verkauf➔Auftrag

Menüpfad

VA02 – Ändern

Transaktion

Beachten Sie bitte dabei, dass Sie nicht den Auftrag, sondern die mit dem Auftrag verbundene Lastschriftanforderung ändern. Im Feld Fakturasperre selektieren Sie in der Auswahlliste den leeren Eintrag und sichern Sie dann die veränderte Lastschriftanforderung.

Sie erhalten dann vom SAP-System die nachfolgende Meldung (vgl. Abb. 6.83). Im Customizing ist eingestellt, dass ein Auftragsgrund zu erfassen ist. Dies muss also noch nachgeholt werden. Dazu betätigen Sie die Drucktaste *Bearbeiten*.

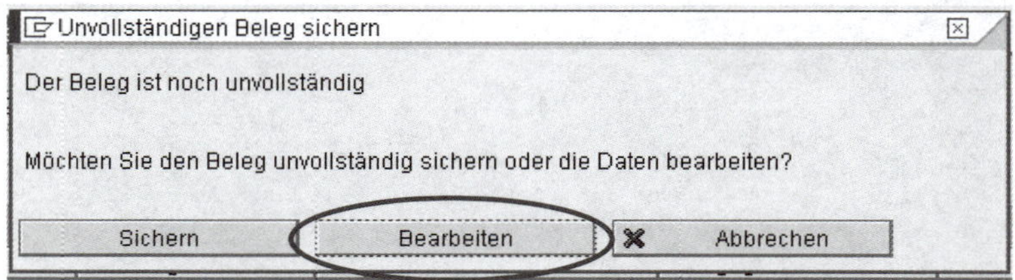

Abb. 6.83: VA02 Lastschriftanforderung ändern – Meldung © SAP AG

Im Unvollständigkeitsprotokoll (vgl. Abb. 6.84) zu dieser Lastschriftanforderung wird Ihnen angezeigt, welche Daten noch zu vervollständigen sind. In unserem Beispiel ist dies nur der fehlende Auftragsgrund. Markieren Sie die Zeile mit dem Auftragsgrund und betätigen Sie die Drucktaste *Daten vervollständigen* (oder *F2*).

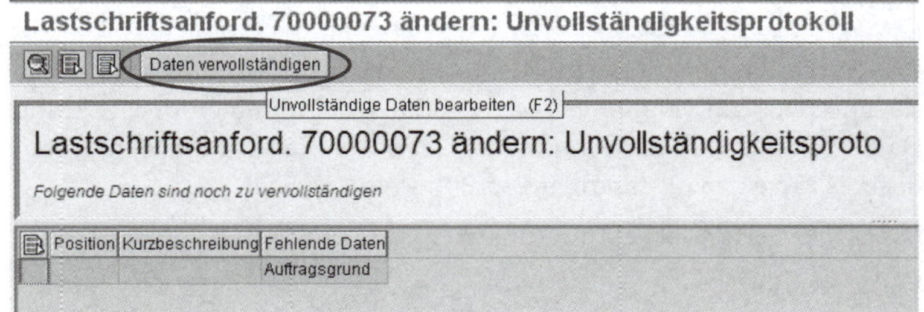

Abb. 6.84: VA02 Lastschriftanforderung ändern – Unvollständigkeitsprotokoll © SAP AG

Das SAP-System verzweigt direkt in die Kopfdaten zu der Lastschriftanforderung. Dort können Sie dann im Feld *Auftragsgrund* einen sinnvollen Wert eintragen. In der Abb. 6.85 wurde als Wert *008 Guter Service* aus der Auswahlliste ausgewählt.

Sie hätten auch direkt bei der Bearbeitung der Lastschriftanforderung in der Registerkarte *Verkauf* den Auftragsgrund setzen können. Diese Schritte zeigen aber sehr schön, dass vor der Erstellung der Faktura vom SAP-System eine Prüfung erfolgt und unvollständige Daten in einem geführten Dialog ergänzt werden können.

Mit der Drucktaste *Weiter* im oberen Bereich des Fensters kommen Sie wieder zurück und können die geänderte Lastschriftanforderung speichern. Anschließend können Sie sich über die Drucktaste *Einzelfaktura* zu dieser Lastschriftanforderung aus dem Fakturavorrat eine Kundenrechnung (Faktura) generieren lassen (vgl. Abb. 6.86).

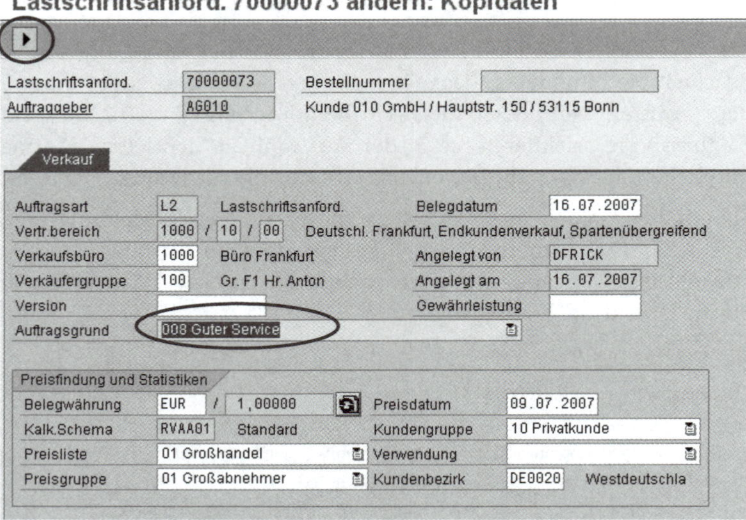

Abb. 6.85: VA02 Lastschrift-anforderung ändern – Auftragsgrund © SAP AG

Lastschrift (L2) anlegen: Übersicht - Fakturapositionen

Fakturen

L2 Lastschrift $000000001 Nettowert 12.000,00 EUR
Regulierer AG010 Kunde 010 GmbH / Hauptstr. 150 / DE - 53115 Bonn
Fakturadatum 16.07.2007

Pos	Bezeichnung	Fakturierte Menge	ME	Nettowert	Material	Steuerbetrag
10	Junior-Berater-Stunden	40,0	STD	4.000,00	JUNIOR	760,00
20	Senior-Berater-Stunden	40,0	STD	8.000,00	SENIOR	1.520,00

Abb. 6.86: VF04 Fakturavorrat bearbeiten – Faktura anlegen © SAP AG

Prüfen Sie die generierte Kundenrechnung (Faktura) und sichern Sie sie anschließend. Notieren Sie sich die Belegnummer der Faktura. Damit ist die Kundenrechnung für den aufwandsbezogenen Anteil unseres Projekts vollständig im SAP-System angelegt.

Menüpfad Logistik➔Vertrieb➔Fakturierung➔Faktura

Transaktion VF02 – Ändern

Selektieren Sie in der Einstiegsmaske zur o.g. Transaktion Ihre gerade angelegte Faktura und lassen Sie sich den Belegfluss anzeigen. Weiter oben hatten wir dies schon einmal für die Fakturaanforderung gemacht (vgl. Abb. 6.80). Nun erhalten wir ein ähnlichen Bild (vgl. Abb. 6.87), in dem allerdings der Belegfluss noch um zwei Belege ergänzt ist. Es handelt sich einmal um die selektierte Faktura (die Zeile mit dem Pfeil) und um den Buchhaltungsbeleg.

Die Faktura ist als Lastschrift bezeichnet, was die logische Folge zur Lastschriftanforderung darstellt. In der Außenwirkung ist kein Unterschied zwischen einer Faktura (Rechnung) und einer Lastschrift vorhanden. Die Lastschrift sieht für den Kunden wie eine Rechnung aus und wird auch in der Buchhaltung in der gleichen Art behandelt.

Aus dem Belegfluss heraus lassen sich die einzelnen Belege im SAP-System aufrufen. Sie können sich z.B. wieder den Buchhaltungsbeleg anzeigen lassen und in den Details sehen, dass wieder der Bezug zum

PSP-Element hergestellt wurde. Hier wollen wir auf die weitere Darstellung verzichten.

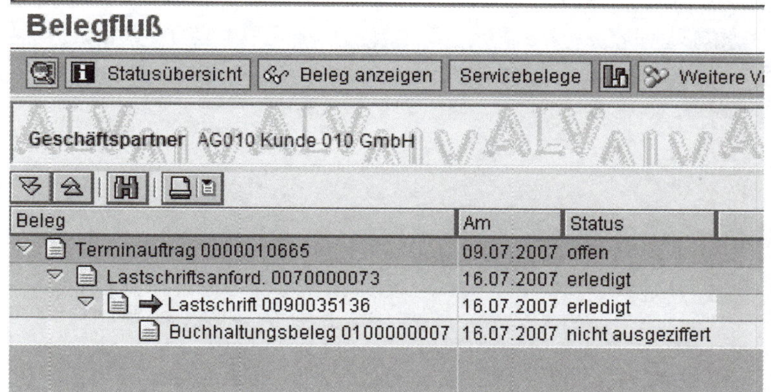

Abb. 6.87: VF02 Faktura ändern – Belegfluss © SAP AG

Verlassen Sie jetzt den Belegfluss und gehen bis zum Einstiegsbild zurück (bitte zwei mal die Drucktaste *Zurück* bestätigen). Über die Menüfolge Faktura➔Ausgeben (vgl. Abb. 6.88) können Sie die Faktura ausgeben lassen.

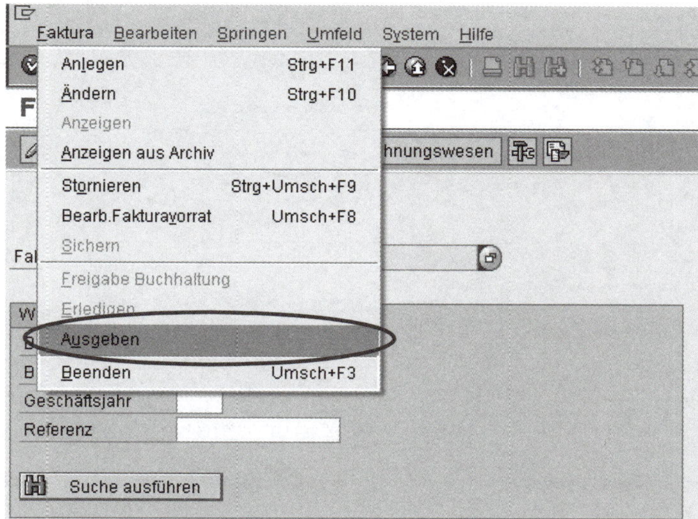

Abb. 6.88: VF02 Faktura ändern – Faktura ausgeben © SAP AG

Wir wollen aber keine Druckausgabe auf einem Drucker, sondern uns die Druckvorschau auf dem Bildschirm anzeigen lassen. Dazu wählen Sie im sich öffnenden Dialogfenster die erste Zeile mit der Rechnung aus und betätigen die Drucktaste *Druckansicht* (oder *Strg+Umsch+ F1*) (vgl. Abb. 6.89).

Anschließend wird Ihnen die Kundenrechnung auf dem Bildschirm angezeigt. Über die Scrollbalken können Sie in der Rechnung navigieren. Die Abb. 6.90 zeigt den unteren Teil der Kundenrechnung.

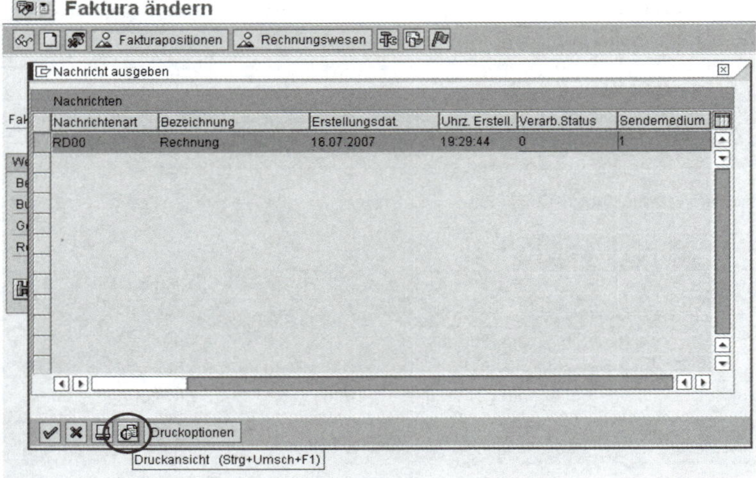

Abb. 6.89: VF02 Faktura ändern – Faktura ausgeben © SAP AG

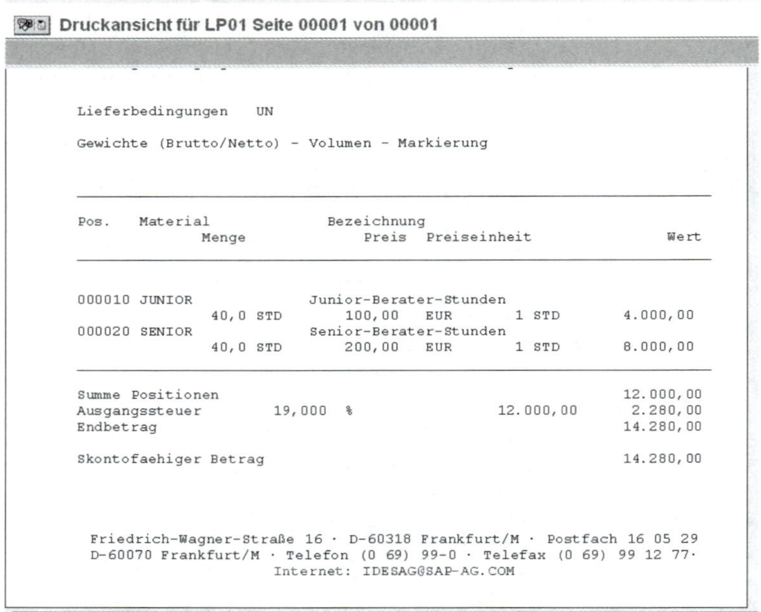

Lieferbedingungen UN

Gewichte (Brutto/Netto) - Volumen - Markierung

Pos.	Material	Menge	Bezeichnung	Preis	Preiseinheit	Wert
000010	JUNIOR	40,0 STD	Junior-Berater-Stunden	100,00 EUR	1 STD	4.000,00
000020	SENIOR	40,0 STD	Senior-Berater-Stunden	200,00 EUR	1 STD	8.000,00

Summe Positionen			12.000,00
Ausgangssteuer	19,000 %	12.000,00	2.280,00
Endbetrag			14.280,00
Skontofaehiger Betrag			14.280,00

Friedrich-Wagner-Straße 16 · D-60318 Frankfurt/M · Postfach 16 05 29
D-60070 Frankfurt/M · Telefon (0 69) 99-0 · Telefax (0 69) 99 12 77·
Internet: IDESAG@SAP-AG.COM

Abb. 6.90: VF02 Faktura ändern – Druckbild © SAP AG

6.3 Reporting und Analyse

Zu diesem Kapitel ließen sich vielfältige Berichte und Analysen aus unterschiedlichen Sichtweisen darstellen. Dies würde aber den Umfang des Buches sprengen. Berichte und Analysen zu Dienstleistungsprojekten könnten aus Sicht des Projektmanagements, der Buchhaltung und des Controlling erfolgen. Im jeweiligen Infosystem können Sie sich über die angebotenen Berichte und Analysen informieren. Wir wollen uns nachfolgend auf einzelne Berichte aus der Sicht des Projektmanagements konzentrieren.

Übung

Lassen Sie sich eine Übersicht über die Kosten und Erlöse zu Ihrem Projekt anzeigen.

Menüpfad

Logistik➔Projektsystem➔Infosystem➔Controlling

Transaktion

S_ALR_87013531 – Kosten/Erlöse/Ausgaben/Einnahmen

Rufen Sie aus dem SAP-Menü die o.g. Transaktion auf. Sie werden zunächst nach einem DB-Profil befragt. Geben Sie dazu folgenden Wert an:

- DB-Profil = 000000000001 Standardselektion (Struktur)

Im sich anschließend öffnenden Selektionsfenster geben Sie Ihr Projekt an (hier *P-0001*) an. In der Gruppe *Berichtsselektion* geben Sie im Feld *Planversion* den Wert *0* an und wählen in der Gruppe *Ausgabeart* den *klassischen Recherchebericht* (Häkchen setzen) aus (vgl. Abb. 6.91). Abschließend betätigen Sie die Drucktaste *Ausführen* (oder *F8*) und der gewählte Bericht wird generiert.

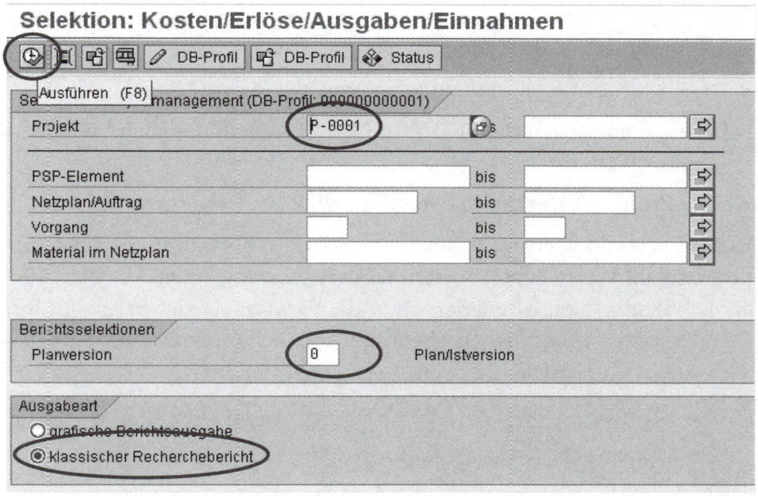

Abb. 6.91: Projektbericht Kosten/Erlöse – Selektion © SAP AG

Istkosten

Der nachfolgende Bericht fasst den aktuellen Projektstand nach Plankosten, Istkosten, Planerlöse und Isterlöse zusammen. Die Istkosten entsprechen den Kosten für die Berater-Stunden, also 6000 € (40 Stunden mal 50 € (Junior-Berater) plus 40 Stunden mal 100 € (Senior-Berater)) (vgl. Abb. 6.92).

Planerlöse

Die Planerlöse setzen sich aus dem Festpreisanteil (75.000 €) plus dem aufwandsbezogenen Anteil (200 €) zusammen. Beim aufwandsbezogenen Anteil wurde im Kundenauftrag als Platzhalter das Material Consulting mit der Menge 1 Std. benutzt. Die Kondition für das Material Consulting hatten wir im Vorfeld auf 200 € festgesetzt.

Isterlöse

Die Isterlöse setzen sich aus der Faktura für den Festpreisanteil in Höhe von 37.500 € (Meilenstein 1 mit 50% des gesamten Festpreises) und der Faktura für den aufwandsbezogenen Anteil in Höhe von 12.000 € (40 Stunden mal 100 € (Junior-Berater) plus 40 Stunden mal 200 € (Senior-Berater)) zusammen.

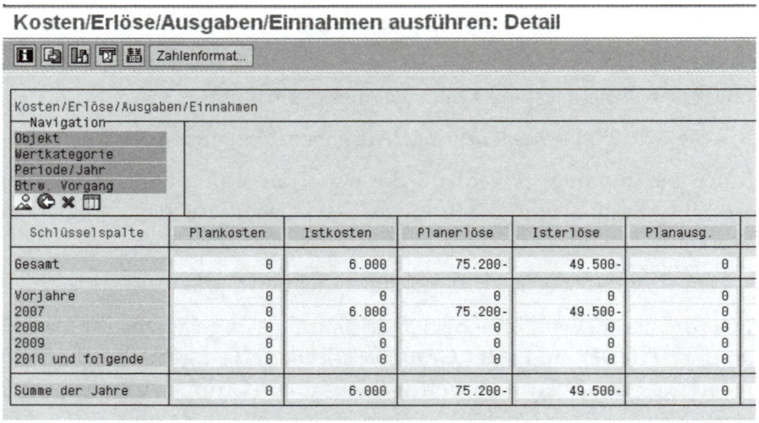

Abb. 6.92: Projektbericht Kosten/Erlöse – Bericht © SAP AG

Kosten/Erlöse/Ausgaben/Einnahmen ausführen: Detail

Zahlenformat...

Kosten/Erlöse/Ausgaben/Einnahmen
Navigation
Objekt
Wertkategorie
Periode/Jahr
Btrw. Vorgang

Schlüsselspalte	Plankosten	Istkosten	Planerlöse	Isterlöse	Planausg.
Gesamt	0	6.000	75.200-	49.500-	0
Vorjahre	0	0	0	0	0
2007	0	6.000	75.200-	49.500-	0
2008	0	0	0	0	0
2009	0	0	0	0	0
2010 und folgende	0	0	0	0	0
Summe der Jahre	0	6.000	75.200-	49.500-	0

Übung

Lassen Sie sich eine Übersicht über die Ist- und Planwerte mit den Abweichungen zu Ihrem Projekt anzeigen.

Menüpfad

Logistik➔Projektsystem➔Infosystem➔Controlling➔Erlöse und Ergebnis➔Nach Kostenarten

Transaktion

S_ALR_87013570 -- Ist/Plan/Abweichung abs./Abw. %

Falls Sie wieder nach dem DB-Profil gefragt werden, geben Sie wieder folgenden Wert an:

- DB-Profil = 000000000001 Standardselektion (Struktur)

In dem Selektionsfenster geben Sie das Projekt P-0001 an. In der Gruppe Auswahl Werte geben Sie den Kostenrechnungskreis den Wert 1000 an. Die Planversion ist wieder 0 und die Perioden beziehen Sie auf Ihre Projektlaufzeit. Abschließend betätigen Sie die Drucktaste *Ausführen*.

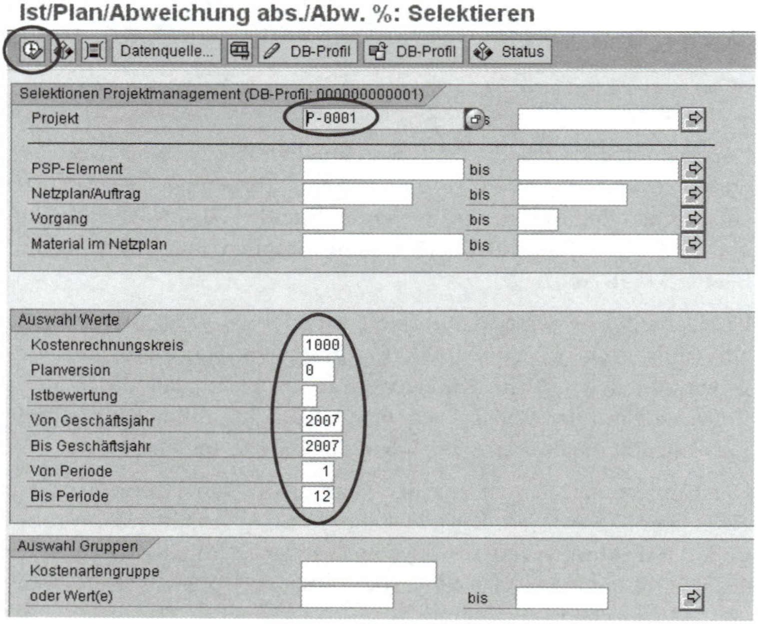

Abb. 6.93: Projektbericht Ist/Plan – Selektion © SAP AG

Ist/Plan/Abweichung abs./Abw. %: Selektieren

Datenquelle... DB-Profil DB-Profil Status

Selektionen Projektmanagement (DB-Profil: 000000000001)

Projekt	P-0001	bis	
PSP-Element		bis	
Netzplan/Auftrag		bis	
Vorgang		bis	
Material im Netzplan		bis	

Auswahl Werte

Kostenrechnungskreis	1000
Planversion	0
Istbewertung	
Von Geschäftsjahr	2007
Bis Geschäftsjahr	2007
Von Periode	1
Bis Periode	12

Auswahl Gruppen

Kostenartengruppe			
oder Wert(e)		bis	

Der Bericht, der dann generiert wird enthält die Ist- und Planwerte nach Kosten- bzw. Erlösarten aufgeteilt und auf die PSP-Elemente aggregiert, die im linken Fenster angegeben sind. Auf das Top-Element bezogen erhalten Sie das in Abb. 6.94 dargestellt Bild.

Istwerte

Sie können also sehr schön sehen, welche Istwerte bisher für das Projekt P-0001 angefallen sind. Die Werte sind nach Kosten- bzw. Erlösarten aufgeteilt. In der Summe hat unser Projekt bisher einen Überschuss in Höhe von 43.500 € erzielt. Es sind allerdings auch keine Kosten für den Festpreisanteil gebucht worden. In der Realität würde sich hier natürlich ein anderes Ergebnis ergeben.

Planwerten

Die Istwerte werden mit den Planwerten (aus den Kundenaufträgen) verglichen, und die Abweichungen werden in absoluter und relativer Höhe ermittelt.

Projektcontrolling

Damit bietet dieser Bericht gerade für den Projektmanager eine gute Übersicht zum aktuellen Stand seines Projekts. Voraussetzung ist natürlich, dass die Planwerte erfasst wurden. Unter den Projektberichten finden sich auch vorbereitete Berichte, die weitere, für die restlichen Projektperioden geschätzten Werte nach Kostenarten enthalten. Diese Erwartungswerte müssen dann allerdings regelmäßig den Projekterfordernissen angepasst werden. Das SAP-Projektsystem liefert also die Basis für ein umfangreiches Projektcontrolling.

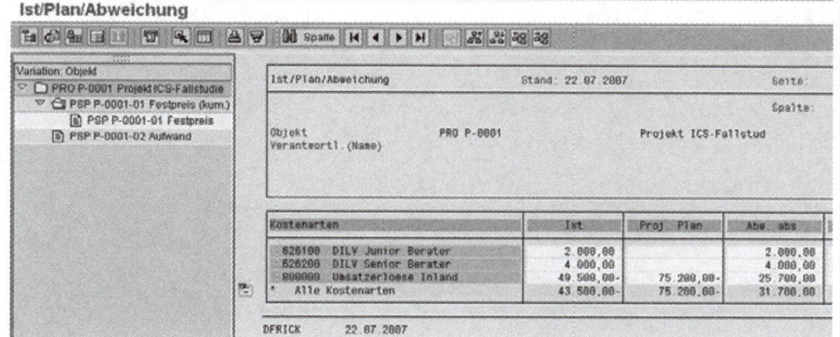

Kostenarten	Ist	Proj. Plan	Abw. abs
626100 DILV Junior Berater	2.000,00		2.000,00
626200 DILV Senior Berater	4.000,00		4.000,00
800000 Umsatzerloese Inland	49.500,00-	75.200,00-	25.700,00
* Alle Kostenarten	43.500,00-	75.200,00-	31.700,00

Abb. 6.94: Projektbericht Ist/Plan – Bericht © SAP AG

7 Human Capital Management (HCM)

7.1 Stammdaten und Vorbereitungen

Zunächst müssen für die Durchführung der Sekundärprozesse im Human Capital Management einige Grundlagen geschaffen werden.

Aufbauorganisation

Da unsere Musterfirma ICS GmbH seit neuestem auch Dienstleistungen im Beratungsumfeld anbietet, werden Sie die Aufbauorganisation des Unternehmens erweitern, indem Sie eine neue Beratungsabteilung anlegen. Innerhalb dieser Abteilung müssen dann entsprechende Positionen (Planstellen) geschaffen werden. Außerdem wird der Abteilung eine Kostenstelle aus dem Rechnungswesen zugeordnet. Diese Voraussetzungen werden in der Komponente *Organisationsmanagement* geschaffen.

Mitarbeitereinstellung

Die Planstellen der Aufbauorganisation müssen mit Mitarbeitern besetzt werden. Dafür werden Sie zunächst in der Komponente *Personaladministration* zwei neue Mitarbeiter einstellen. Im Rahmen der Komponente *Personalbeschaffung* (vgl. Kapitel 7.2.2) werden Sie noch einen dritten Mitarbeiter einstellen, der sich auf die Ausschreibung einer vakanten Planstelle hin bewirbt.

Unternehmens- und Personalstruktur

Um zu verstehen, wie die Mitarbeiter in die Unternehmens- und Personalstruktur unserer Musterfirma eingebunden sind, werden wir im Rahmen der Vorbereitungen auch die einzelnen Elemente dieser Strukturen erläutern.

7.1.1 Aufbauorganisation

Als Grundlage für viele Prozesse im Personalmanagement, sowie für weitere betriebswirtschaftliche Prozesse (z.B. Workflow-Management, Berechtigungskonzept) benötigen Sie eine Abbildung der Aufbauorganisation, d.h. der aufgabenbezogenen, funktionalen Organisationsstruktur Ihres Unternehmens. Diese Organisationsstruktur wird in der Komponente *Organisationsmanagement* angelegt und gepflegt. Das Organisationsmanagement basiert auf dem Konzept des Objektorientierten Designs, d.h. dass jedes Element in einer Organisation individuell angelegt und gepflegt wird. Die einzelnen Objekte werden über verschiedene Verknüpfungen miteinander verbunden. Zur Erstellung einer Aufbauorganisation werden unterschiedliche Objekttypen verwendet, die im Folgenden beschrieben werden.

Organisationseinheit

Das erste Objekt, das angelegt werden muss, ist eine Organisationseinheit. Organisationseinheiten sind funktionale Einheiten des Unternehmens, z.B. Abteilungen, Gruppen oder Projektteams. Indem Sie verschiedene Organisationseinheiten einander zuordnen, erstellen Sie eine Organisationsstruktur, d.h. die Hierarchie, in der die verschiedenen organisatorischen Einheiten angeordnet sind. Die einzelnen Organisationseinheiten sowie deren Verknüpfungen untereinander bilden somit die Organisationsstruktur eines Unternehmens ab. Die Verknüpfungen können dabei hierarchisch oder matrixförmig sein, d.h. es können hierarchische oder matrixförmige Organisationsstrukturen entstehen. Eine Organisationseinheit kann beliebig viele untergeordnete Organisationseinheiten haben, und Sie können die Organisationseinheiten in beliebiger Tiefe schachteln. Die oberste Organisationseinheit einer Organisationsstruktur wird Wurzelorganisationseinheit genannt.

Planstelle und Stelle

Organisationseinheiten enthalten Planstellen. Planstellen sind konkrete, von einem Mitarbeiter besetzte oder zu besetzende Positionen. (*Hinweis*: Der Begriffe Planstelle bedeutet nicht, dass die Position zunächst nur im Status geplant existiert und danach genehmigt werden muss.) Zur Reduzierung des Pflegeaufwandes erfolgt die Neuanlage einer Planstelle über die Kopie einer passenden Stelle. Stellen sind allgemeine Klassifikationen von Tätigkeiten. Eine Stelle existiert folglich nicht als konkrete Position im Unternehmen, sondern beschreibt eine Reihe von gleichartigen Planstellen. Durch die Verknüpfung einer Planstelle mit einer Stelle werden alle existierenden Aufgaben und Anforderungen sowie weitere Eigenschaften der beschreibenden Stelle auf die entsprechende Planstelle vererbt. Der Planstelle können danach zusätzliche spezifische Aufgaben und Eigenschaften direkt zugeordnet werden, die nicht mit der Stelle verknüpft sind.

Kostenstelle

Um im Rahmen des Personalmanagementprozesses die Personalabrechnungsergebnisse ins Rechnungswesen überleiten zu können, müssen den Organisationseinheiten Kostenstellen zugeordnet werden. Bei den Kostenstellen handelt es sich um einen Objekttyp, der nicht im Personalmanagement, sondern in der Kostenrechnung gepflegt wird. Das bedeutet, dass im Rahmen der Aufbauorganisation den Organisationseinheiten Kostenstellen zugeordnet werden, die in der Komponente *Kostenrechnung* angelegt werden.

Personen

Die Planstellen werden mit Personen, d.h. Mitarbeitern des Unternehmens besetzt. Personen sind Objekte, die in der Komponente *Personaladministration* angelegt (d.h. eingestellt werden) und deren Eigenschaften in der Personaladministration gepflegt werden. Bei der Erstellung der Aufbauorganisation werden die Planstellen also mit Personen verknüpft.

Vorgehen beim Anlegen einer Aufbauorganisation

Im Folgenden wird die Vorgehensweise beim Anlegen und Pflegen einer Aufbauorganisation beschrieben. Um eine Organisationsstruktur anzulegen, muss zunächst die *Wurzelorganisationseinheit*, d.h. eine Organisationseinheit auf allerhöchster Hierarchieebene angelegt werden. Danach werden weitere Organisationseinheiten (in beliebig tiefer Schachtelung) erstellt, und miteinander verknüpft. Im zweiten Schritt werden Stellen angelegt. Dadurch schafft man Klassifikationen von Aufgabenbereichen, die man beim Anlegen von konkreten Planstellen als Kopiervorlage nutzen kann. Planstellen (nicht Stellen) sind konkrete Positionen in der Aufbauorganisation und werden mit Mitarbeitern besetzt. Eine Planstelle in jeder Organisationseinheit sollte als Leiterplanstelle gekennzeichnet sein. Den Organisationseinheiten werden außerdem Kostenstellen zugeordnet (im Ausnahmefall auch den Planstellen), die auf die jeweils darunter liegenden Organisationseinheiten, Planstellen und Mitarbeiter weitervererbt werden. Zusätzlich können den einzelnen Objekten weitere Eigenschaften zuordnet werden, wie z.B. Aufgaben, Arbeitszeiten, Sollbezahlungen etc. Abb. 7.1 zeigt die wichtigsten Objekttypen und deren Verknüpfungen untereinander und damit das grundlegende Konzept der Aufbauorganisation.

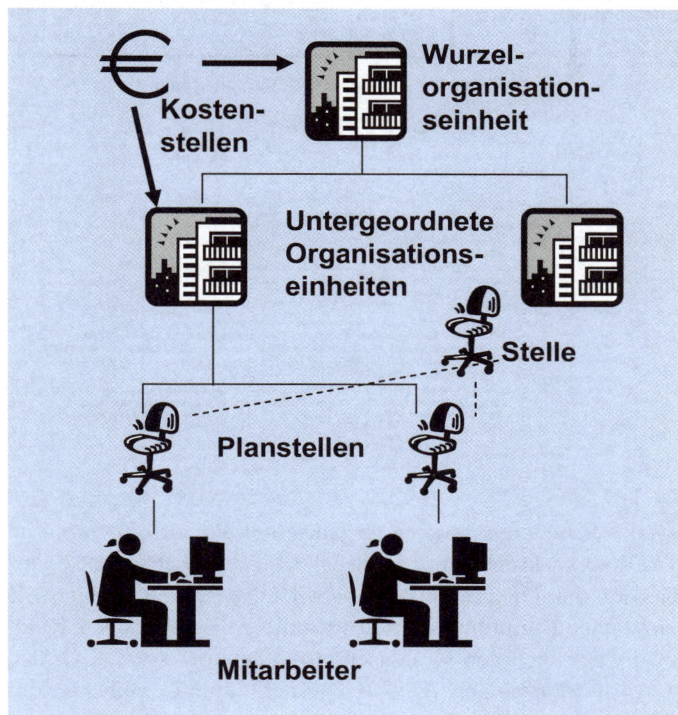

Abb. 7.1: Objekttypen und Verknüpfungen der Aufbauorganisation

Übung: Erweitern der Aufbauorganisation

Erweitern Sie die Aufbauorganisation Ihres Unternehmens, indem Sie eine neue Beratungsabteilung *Consulting (D)* anlegen. Innerhalb dieser Abteilung schaffen Sie danach die drei folgenden Positionen (Planstellen): *Beratungsleiter, Seniorberater, Juniorberater*. Außerdem ordnen Sie der neuen Abteilung die Kostenstelle *1000* zu. Für das Anlegen und die tägliche Pflege Ihrer Aufbauorganisation steht Ihnen die Transaktion *Organisation und Besetzung (PPOME)* zur Verfügung. Wählen Sie folgenden Menüpfad bzw. direkt den entsprechenden Transaktionscode:

Menüpfad

Personal➔Organisationsmanagement➔Aufbauorganisation➔ Organisation und Besetzung➔Ändern

Transaktion

PPOME – Organisation und Besetzung

(*Hinweis*: Existiert noch keine Wurzelorganisationseinheit, müssen Sie zunächst den Modus *Anlegen* wählen, um eine ganz neue Aufbauorganisation zu erstellen.)

Die Transaktion ist in zwei Hauptbereiche untergliedert: Links finden Sie den so genannten Objektmanager, mit Hilfe dessen Sie das Objekt auswählen, das Sie bearbeiten möchten, während sich der eigentliche Arbeitsbereich im rechten Teil der Transaktion befindet (vgl. Abb. 7.2).

Abb. 7.2: Einstieg in die Transaktion Organisation und Besetzung (PPOME) © SAP AG

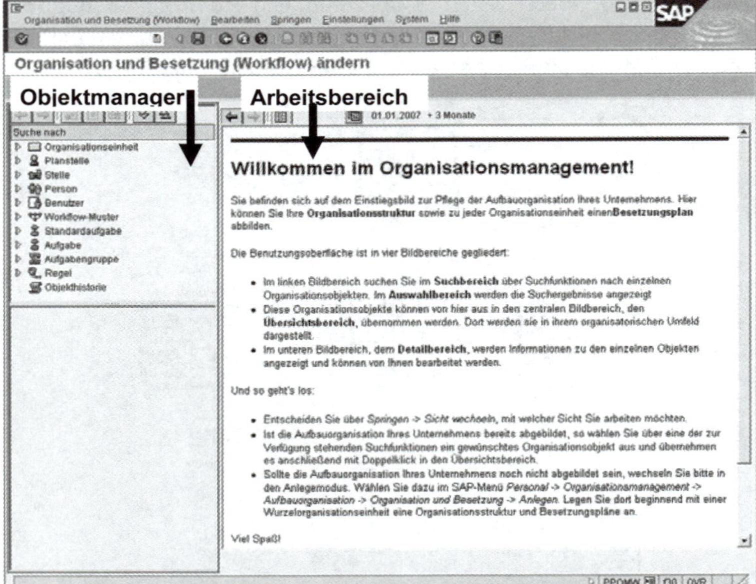

Zur Auswahl der übergeordneten Organisationseinheit öffnen Sie im oberen Teil des Objektmanagers zunächst das Feld *Organisationseinheit* indem Sie auf das Dreieck links daneben klicken, und wählen die *Struktursuche* aus. Daraufhin werden im unteren Bereich des Objektmanagers die existierenden Organisationseinheiten angezeigt. Öffnen Sie die Organisationseinheit *IDES AG* (erneut durch Anklicken des entsprechenden Dreiecks), danach die Organisationseinheit *Vorstand Deutschland* und wählen Sie per Doppelklick die Organisationseinheit *Produktion und Vertrieb* aus.

Im Arbeitsbereich auf der rechten Seite sehen Sie nun im oberen Teil (dem Übersichtsbereich) das ausgewählte Objekt in seiner organisatorischen Umgebung. Im unteren Teil des Arbeitsbereiches (dem Detailbereich) bearbeiten Sie detaillierte Objekteigenschaften über verschiedene Registerkarten (vgl. Abb. 7.3). *Hinweis*: Mittels der verschiedenen Registerkarten werden so genannte Infotypen angezeigt. Die neuen Objekte, sowie sämtliche Eigenschaften der verschiedenen Objekte werden im Hintergrund automatisch in Form von Infotypen abgespeichert.

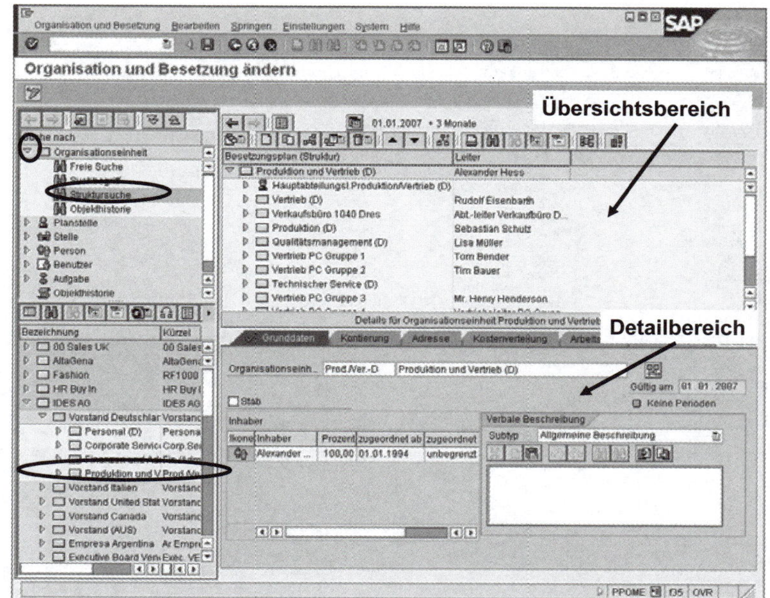

Abb. 7.3: Einstieg in die Transaktion Organisation und Besetzung (PPOME) © SAP AG

Zur exakten Abbildung der Aufbauorganisation verfügen alle Objekte sowie die Verknüpfungen zwischen den Objekten immer über einen genauen Gültigkeitszeitraum, d.h. über ein Beginn- und ein Endedatum. Alle neuen Objekte, die Sie im Folgenden anlegen, sollen ab dem 01.01 des laufenden Jahres gültig sein. Um dies abzubilden, wählen Sie in der ersten Zeile des Übersichtsbereiches zunächst die Drucktaste *Datum und Vorschauzeitraum* und geben das entsprechende Datum an (vgl. Abb. 7.4). *Hinweis*: Das SAP-System setzt den so genannten Vorschauzeitraum standardmäßig auf 3 Monate, d.h. alle Änderungen der Aufbauorganisation, die in diesem Zeitraum stattgefunden haben, werden angezeigt. Sie können den Vorschauzeitraum allerdings auch beliebig erweitern oder verkürzen.

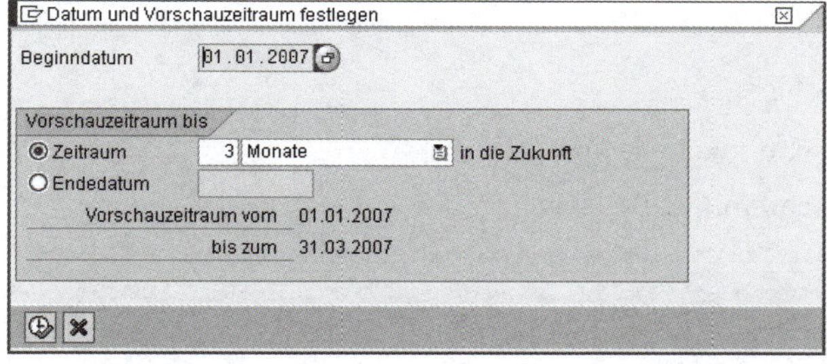

Abb. 7.4: Datum und Vorschauzeitraum festlegen © SAP AG

Um Ihre neue Beratungsabteilung unterhalb der gewählten Organisationseinheit anzulegen, positionieren Sie den Cursor auf der übergeordneten Abteilung *Produktion und Vertrieb* und wählen die Drucktaste *Anlegen* (vgl. Abb. 7.5).

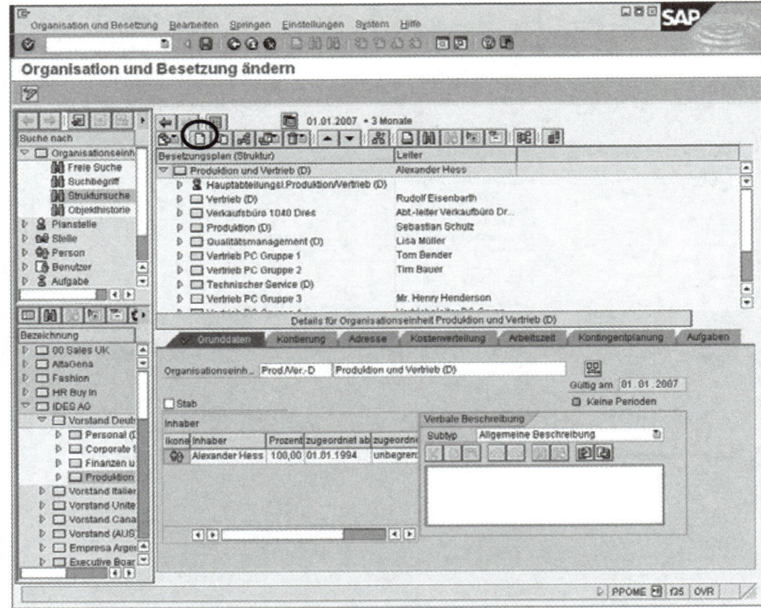

Abb. 7.5: Anlegen Organisationseinheit © SAP AG

In dem erscheinenden Dialogfenster wählen Sie die Verknüpfung *ist Linien-Vorgesetzter von* aus (vgl. Abb. 7.6).

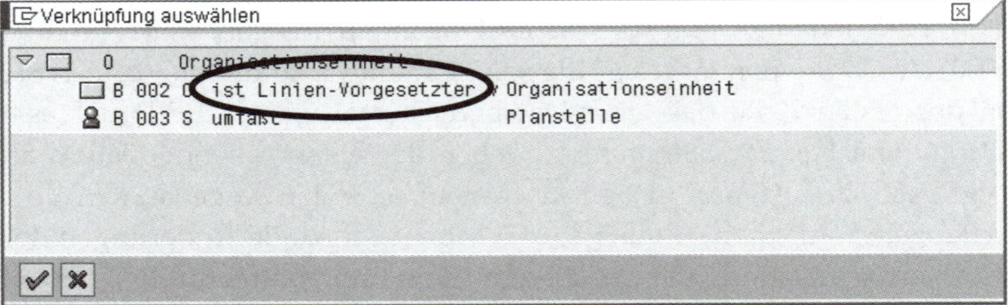

Abb. 7.6: Verknüpfung auswählen © SAP AG

Nun können Sie im Detailbereich die Eigenschaften Ihrer neuen Organisationseinheit bearbeiten (vgl. Abb. 7.7). Wählen Sie die folgenden Eingaben:

- Objektkürzel: *Consulting*
- Objektbezeichnung: *Consulting (D)*
- Verbale Beschreibung: Beliebig

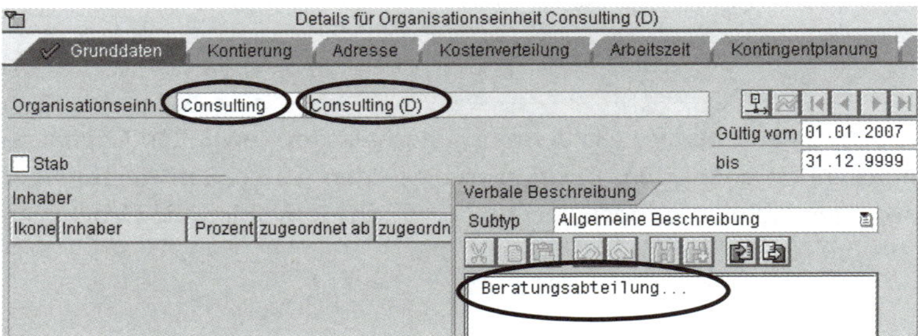

Abb. 7.7: Detailsicht Organisationseinheit © SAP AG

Kostenstelle zuordnen

Um Ihrer neuen Organisationseinheit eine Kostenstelle zuzuordnen wählen Sie den Karteikartenreiter *Kontierung* (vgl. Abb. 7.8). Ihre neue Organisationseinheit hat zunächst noch eine Stammkostenstelle, die ihr von einer übergeordneten Organisationseinheit vererbt wurde. Wählen Sie die Drucktaste *Stammkostenstelle ersetzen*, damit das Feld *Kostenstelle* eingabebereit ist, und tragen Sie die Kostenstelle *1000 Corporate Services* in das Feld ein. (Diese Kostenstelle ist im IDES-Standardsystem in der Kostenrechnung bereits vorhanden.) Sichern Sie Ihre Eingaben.

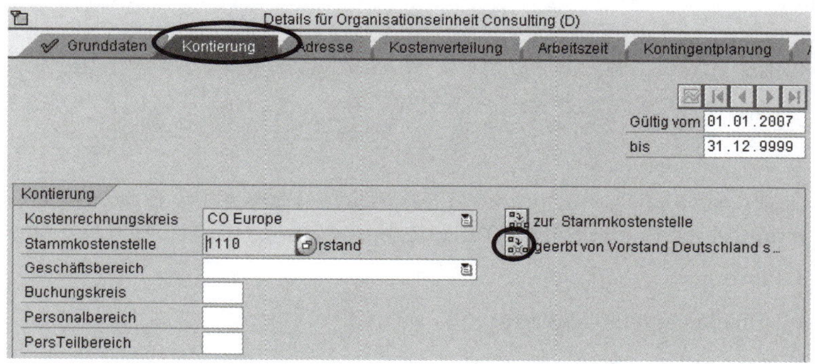

Abb. 7.8: Zuordnung Kostenstelle © SAP AG

Planstelle anlegen

Um nun eine neue Planstelle anzulegen, positionieren Sie den Cursor im Übersichtsbereich der Transaktion auf Ihrer neuen Organisationseinheit *Consulting (D)* und wählen Sie erneut die Drucktaste *Anlegen* (vgl. Abb. 7.9)

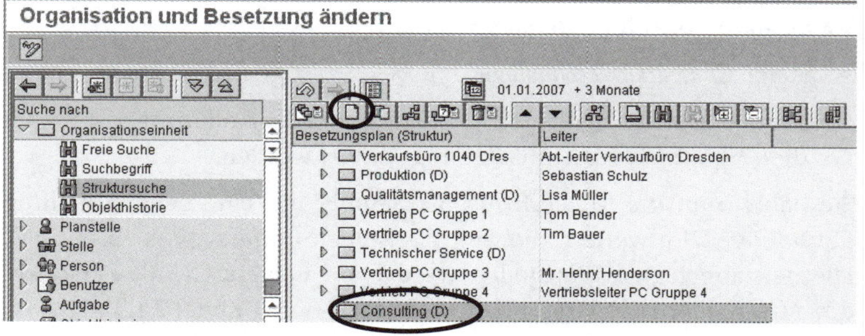

Abb. 7.9: Anlegen Planstelle © SAP AG

In dem erscheinenden Dialogfenster wählen Sie diesmal die Verknüpfung *umfasst Planstelle* aus. Nun können Sie im Detailbereich die Eigenschaften Ihrer neuen Planstelle bearbeiten (vgl. Abb. 7.10). Wählen Sie die folgenden Eingaben:

- Objektkürzel: *AL Beratung*
- Objektbezeichnung: *Beratungsleiter*
- Stelle: Wählen Sie die Stelle *Abteilungsleiter* aus. (*Hinweis*: Sie kopieren Ihre neue Planstelle *Beratungsleiter* von der im IDES-System bereits existierenden Stelle *Abteilungsleiter*. Zur Auswahl dieser Stelle tragen Sie den Text *Abteilungsleiter* in das Feld *Stelle* ein und wählen *Enter*; es erscheint eine Liste mit passenden Stellen, aus der Sie die Stelle *50000017* auswählen).

- Verbale Beschreibung: Beliebig

Außerdem markieren Sie das Feld *Leiter der eigenen Organisationseinheit*, um zu kennzeichnen, dass der Inhaber dieser Planstelle eine Leitungsfunktion innehat. Sichern Sie Ihre Eingaben.

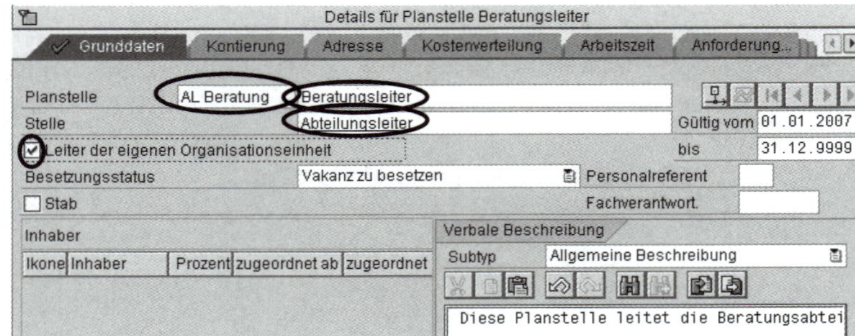

Abb. 7.10: Detailsicht Planstelle © SAP AG

Gehen Sie analog vor, um zwei zusätzliche Planstellen in der Organisationseinheit *Consulting (D)* anzulegen.

2. Planstelle:

- Objektkürzel: *Seniorberat.*
- Objektbezeichnung: *Seniorberater*
- Stelle: *Consultant Technologie*

Planstelle 3:

- Objektkürzel: *Juniorberat.*
- Objektbezeichnung: *Juniorberater*
- Stelle: *Consultant Technologie*

Hinweis: Alle neu angelegten Objekte und alle Änderungen müssen vor dem Verlassen der Transaktion gesichert werden.

Sie haben nun die Musterfirma ICS GmbH um eine neue Abteilung *Consulting (D)* erweitert, die drei Planstellen umfasst (vgl. Abb. 7.11). Die neu angelegten Planstellen werden im Folgenden mit Personen, d.h. Mitarbeitern des Unternehmens besetzt (vgl. Kapitel 7.1.3).

Abb. 7.11: Organisationseinheit Consulting (D) © SAP AG

Besetzungsplan (Struktur)	Leiter
Vertrieb PC Gruppe 3	Mr. Henry Henderson
Vertrieb PC Gruppe 4	Vertriebsleiter PC G...
Consulting (D)	Beratungsleiter
Beratungsleiter	
Seniorberater	
Juniorberater	
Instandhaltung (D)	Helmut Weitz
Call Center	Czarny Marek

Abb. 7.12 zeigt als schematische Darstellung einen Ausschnitt aus der Aufbauorganisation Musterfirma ICS GmbH. Diesen Teil der Aufbauorganisation nutzen wir im Folgenden zur Durchführung der Prozesse im Personalmanagement.

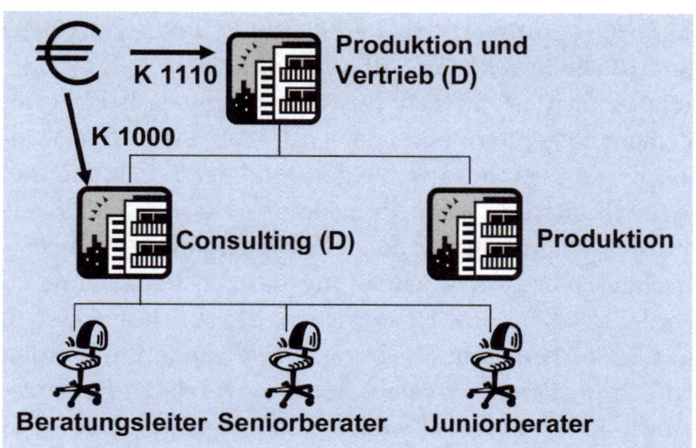

Abb. 7.12: Schematische Darstellung der Organisationseinheit Consulting (D)

Zusammenfassung

Als Wiederholung und Zusammenfassung zeigt Tab. 7.1 eine Übersicht der wichtigsten Objekttypen, die zur Erstellung einer Aufbauorganisation benötigt werden, gemeinsam mit den Verknüpfungen, die typischerweise zwischen den verschiedenen Objekttypen angelegt werden, der Beschreibung des jeweiligen Objekttyps und der Komponente, in der die Objekte gepflegt werden.

Tab. 7.1: Übersicht Objekttypen

Objekttyp	Beschreibung	Objektpflege in Komponente	Typischerweise Verknüpfung mit Objekttyp
Organisationseinheit	Funktionale Einheit im Unternehmen, z.B. Abteilung	Organisationsmanagement	Organisationseinheit, Planstelle, Kostenstelle
Kostenstelle	Bezugsgröße für die Kostenrechnung	Kostenrechnung	Organisationseinheit, Planstelle
Stelle	Allgemeine Klassifikation von Funktionen	Organisationsmanagement	Planstelle
Planstelle	Konkrete Position im Unternehmen (Kopie einer Stelle)	Organisationsmanagement	Organisationseinheit, Stelle, Person
Person	Inhaber einer Planstelle	Personaladministration	Planstelle

7.1.2 Unternehmens- und Personalstruktur

Bevor wir Mitarbeiter einstellen, die die neu geschaffenen Planstellen besetzen, bietet es sich an, zunächst die Strukturierung des Personalbestandes unter verschiedenen Blickwinkeln zu erläutern. Zum einen werden die Mitarbeiter in die eben beschriebene Aufbauorganisation eingebunden. Darüber hinaus werden die Mitarbeiter aber auch anhand ihres Standortes gruppiert, da damit häufig unterschiedliche gesetzliche und tarifliche Regelungen verbunden sind.

Unternehmensstruktur

Aus administrativer Sicht stellt sich die Unternehmensstruktur im Personalmanagement folgendermaßen dar (vgl. Abb. 7.13): Der Mandant – als juristisch und organisatorisch eigenständiger Teilnehmer am System – wird weiter unterteilt in Buchungskreise. Der Buchungskreis wird im Rechnungswesen definiert und stellt eine rechtlich eigenständige Firma mit abgeschlossener Buchhaltung dar. Im Personalmanagement werden lediglich einige Kennzeichen des Buchungskreises verwendet, wie z.B. die Währung. Buchungskreise wiederum werden in die ausschließlich im Personalmanagement verwendeten Personalbereiche unterteilt. Jeder Personalbereich muss genau einem Buchungskreis zugeordnet werden. Das letzte Element in der Unternehmensstruktur bildet der ebenfalls ausschließlich vom Personalmanagement genutzte Personalteilbereich. Dies ist die wichtigste Ebene der Unternehmensstruktur, da die Eigenschaften der Personalteilbereiche Auswirkungen auf sämtliche Prozesse im Personalmanagement haben. So wird z.B. über den Personalteilbereich festgelegt, welche Daten verwendet werden dürfen, um Mitarbeiter näher zu beschreiben. Dazu gehört beispielsweise die Zuordnung zur Tarif- und Lohnartenstruktur, zu Arbeitszeitregelungen und ähnlichem.

Abb. 7.13: Unternehmensstruktur aus Personalmanagementsicht

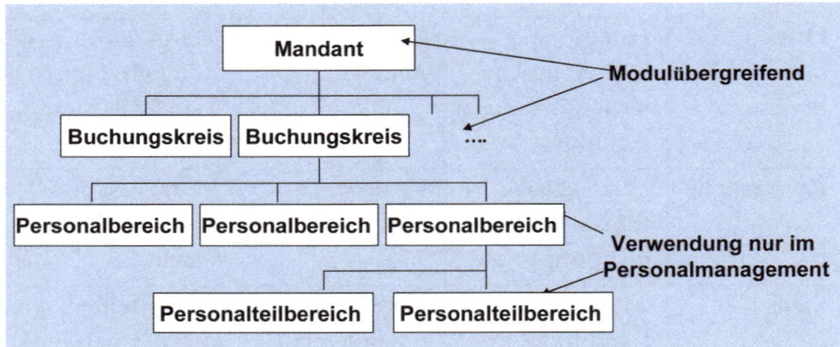

Im Rahmen unserer Fallstudie werden wir die in Abb. 7.14 dargestellten und im IDES-Standardsystem bereits vorhandenen Elemente aus der Unternehmensstruktur verwenden.

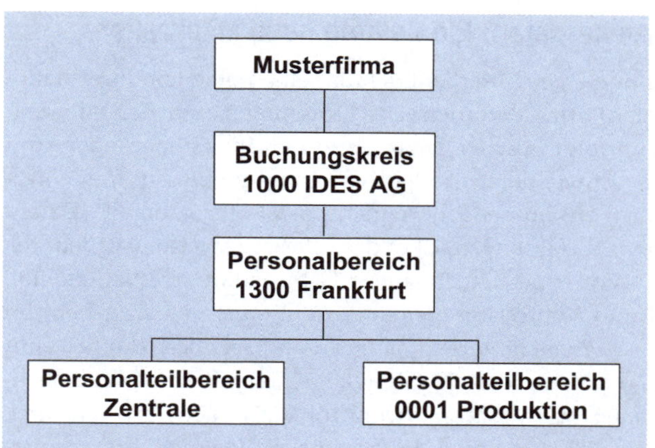

Abb. 7.14: Unternehmensstruktur der Musterfirma

Personalstruktur

Schließlich werden die Mitarbeiter auch bezüglich ihres Status im Unternehmen strukturiert. Im Rahmen dieser Personalstruktur werden die Mitarbeiter zunächst in so genannte Mitarbeitergruppen unterteilt. Beispielsweise lassen sich über diese erste Grobeinteilung die Mitarbeiter in Aktive, Rentner und Vorruheständler untergliedern. Über die Zuordnung der Mitarbeiter zu einer Mitarbeitergruppe lassen sich z.B. Vorschlagswerte bei der Stammdatenpflege generieren oder Berechtigungsprüfungen definieren. Mitarbeitergruppen werden auf der zweiten Ebene in Mitarbeiterkreise unterteilt. Über die Feineinteilung der Mitarbeitergruppe *Aktive* lassen sich z.B. gewerbliche Mitarbeiter, Auszubildende, Tarifangestellte und außertariflich Angestellte unterscheiden (vgl. Abb. 7.15). Analog zu der Ebene der Personalteilbereiche steuern die Eigenschaften der Mitarbeiterkreise die Dateneingabemöglichkeiten bei den jeweiligen Mitarbeitern. So sind z.B. für außertariflich Angestellte andere Lohnarten vorgesehen, als für Angestellte oder Auszubildende. Gleichzeitig gelten andere Tarifgruppen, Arbeitszeitpläne, Beurteilungsmuster usw.

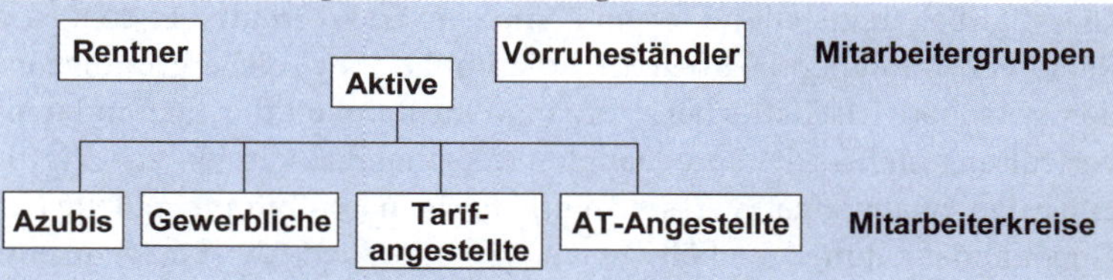

Abb. 7.15: Personalstruktur

Im Rahmen unserer Fallstudie werden wir die in Abb. 7.16 dargestellten und im IDES-Standardsystem bereits vorhandene Elemente aus der Personalstruktur verwenden.

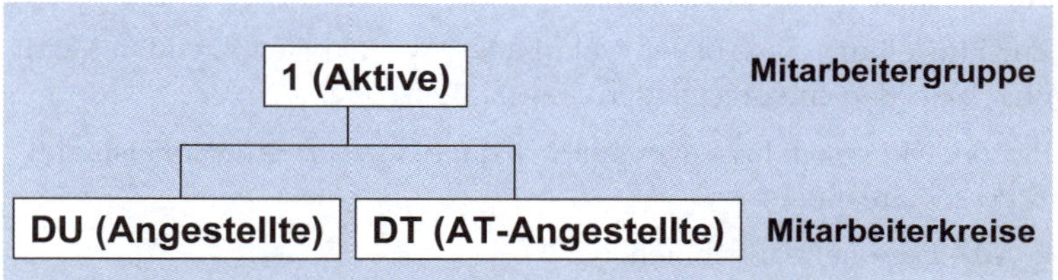

Abb. 7.16: Personalstruktur der Musterfirma

7.1.3 Mitarbeiterdaten: Einstellung neue Mitarbeiter

Infotypen

Bei der Einstellung eines Mitarbeiters muss eine Reihe von Informationen (Stammdaten) erfasst werden. Die Erfassung sämtlicher Mitarbeiterstammdaten erfolgt über so genannte Informationstypen oder kurz Infotypen. Aus Anwendersicht stellt ein Infotyp die Zusammenfassung von fachlich zusammengehörenden Einzelinformationen (Datenfeldern) in einer Erfassungsmaske dar. Beispielsweise werden die Informationen Vorname, Nachname, Geburtsdatum, Nationalität, Familienstand und Konfession (gemeinsam mit anderen Angaben) im Infotyp *Daten zur Person* hinterlegt. Jeder Infotypsatz besitzt eine zeitliche Gültigkeit, d.h. entweder ein Gültigkeitsintervall oder einen Stichtag. Daher können Infotypsätze sowohl für die Gegenwart, wie auch für die Vergangenheit und auch bereits für die Zukunft erfasst werden.

Jeder Infotyp weist eine bestimmte Regel (die so genannte „Zeitbindung“) auf, die angibt, ob der Infotyp zu jedem Zeitpunkt der Zugehörigkeit des Mitarbeiters zum Unternehmen vorhanden sein muss oder ob er optional ist. Zum zweiten regelt die Zeitbindung, ob die Daten eindeutig sein müssen, d.h. ob zu einem Infotyp zum gleichen Zeitpunkt nur eine Information (ein Infotypsatz) vorhanden sein darf, oder ob parallel mehrere Sätze erfasst werden dürfen. So können z.B. nicht parallel zwei Infotypsätze zu den *Basisbezügen*, zu den *Anschriften*, oder zur *Arbeitszeit* existieren, während durchaus mehrere Sätze zu dem Infotyp *Ergänzende Zahlungen* oder *Zweitwohnsitz* vorhanden sein dürfen.

Bei vielen Infotypen sind systemseitig für einige Datenfelder bereits Vorschlagswerte definiert. Außerdem führt das System beim Sichern der Eingaben Plausibilitätskontrollen durch, d.h. es prüft, ob die Daten korrekt eingegeben wurden und zusammen passen.

Personalmaßnahmen

Die Mitarbeitereinstellung ist ein komplexer Sachverhalt, bei dem eine Reihe von Infotypen bearbeitet werden muss. Für solche grundlegenden personalwirtschaftlichen Vorgänge im Rahmen der Stammdatenverwaltung stehen die so genannten Personalmaßnahmen zur Verfügung. Personalmaßnahmen sind Verkettungen von Infotypen. Jede der Personalmaßnahmen enthält genau die Infotypen, die bei dem entsprechenden Anlass erfasst oder bearbeitet werden müssen, und bietet diese Infotypen in der korrekten Reihenfolge zur Bearbeitung an. So wird sichergestellt, dass alle für diesen Vorgang relevanten Informationen vollständig erfasst werden.

Übung: Mitarbeitereinstellung

Zur Einstellung eines neuen Mitarbeiters wählen Sie folgenden Menüpfad bzw. den entsprechenden Transaktionscode:

Menüpfad

Personal ➔ Personalmanagement ➔ Administration ➔ Personalstamm ➔ Personalmaßnahmen

Transaktion

PA40 – Personalmaßnahmen

Im Einstiegsbild geben Sie das Eintrittsdatum (*01.01.*des aktuellen Jahres) an, tragen die Personalnummer *1112* des neuen Mitarbeiters ein, markieren die Maßnahmenart *Einstellung* und wählen die Drucktaste *Ausführen* (vgl. Abb. 7.17).

Hinweis Personalnummer

Hinweis: Sollte die Personalnummer *1112* in Ihrem SAP-System schon belegt sein, weil ein anderer Benutzer die Einstellungsübung bereits durchgespielt hat, wählen Sie eine andere (maximal 8-stellige) Personalnummer aus. Sollte die neu gewählte Personalnummer ebenfalls belegt sein, oder nicht in den hinterlegten Personalnummernkreis passen, erhalten Sie eine entsprechende Fehlermeldung. Ändern Sie daraufhin die Personalnummer so lange, bis Sie eine Nummer eingegeben haben, die vom System akzeptiert wird.

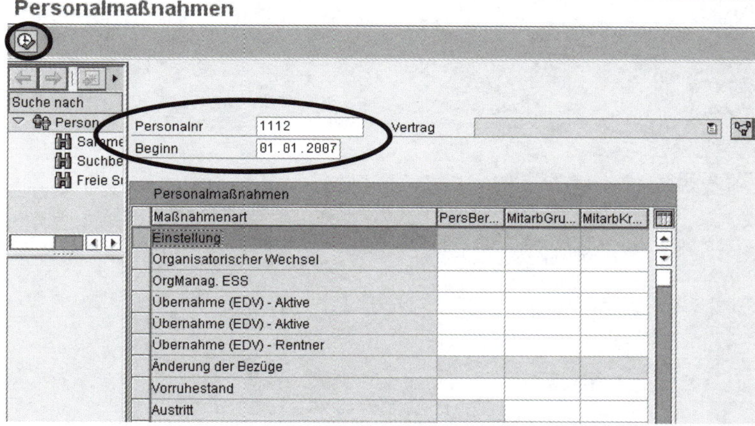

Abb. 7.17: Einstiegsbild Personalmaßnahmen PA40 © SAP AG

Grunddaten

In der nächsten Maske geben Sie wesentliche Grunddaten des einzustellenden Mitarbeiters bzw. der Mitarbeiterin an (vgl. Abb. 7.18):

- Anrede: *Frau*
- Nachname: *Fischer*
- Vorname: *Elke*
- Geburtsdatum: *28.05.1966*
- Planstelle: *Beratungsleiter*

Hinweis: Wählen Sie im Feld *Planstelle* mit Hilfe der Struktursuche Ihre neu angelegte Planstelle *Beratungsleiter* aus. Wählen Sie dafür zunächst die Eingabemöglichkeiten des Feldes *Planstelle* aus (z.B. mit der *F4-Taste*), und öffnen Sie in dem erscheinenden Dialogfenster die folgenden Organisationseinheiten: *IDES AG→ Vorstand Deutschland→ Produktion und Vertrieb (D)→ Consulting (D)*. (vgl. Abb. 7.19). In der Abteilung *Consulting (D)* erscheinen nun Ihre neu angelegten Planstellen, und Sie können die Planstelle *Beratungsleiter* per Doppelklick auswählen.

- Personalbereich: *1300 Frankfurt*
- Personalteilbereich: Feld bleibt leer *(Zentrale)*

- Mitarbeitergruppe: *1 Aktive*
- Mitarbeiterkreis: *DT AT-Angestellte*

Hinweis: Die Felder *Personalnummer, Gültigkeitsbeginn* (entspricht dem Einstellungsdatum) und *Maßnahmenart* werden automatisch übernommen. Optional können Sie noch einen beliebigen Maßnahmengrund aus der entsprechenden Liste auswählen.

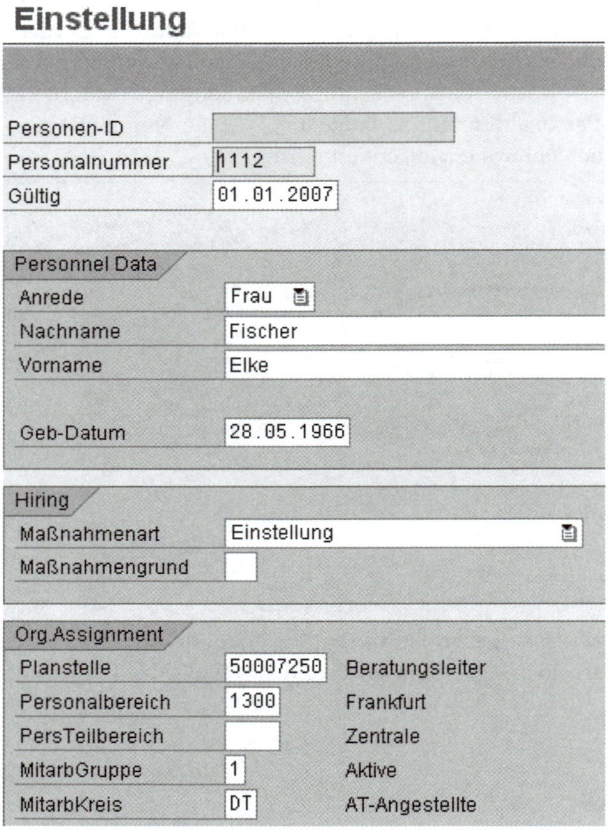

Abb. 7.18 Einstiegsbild Einstellung © SAP AG

Einstellung

Personen-ID		
Personalnummer	1112	
Gültig	01.01.2007	
Personnel Data		
Anrede	Frau	
Nachname	Fischer	
Vorname	Elke	
Geb-Datum	28.05.1966	
Hiring		
Maßnahmenart	Einstellung	
Maßnahmengrund		
Org.Assignment		
Planstelle	50007250	Beratungsleiter
Personalbereich	1300	Frankfurt
PersTeilbereich		Zentrale
MitarbGruppe	1	Aktive
MitarbKreis	DT	AT-Angestellte

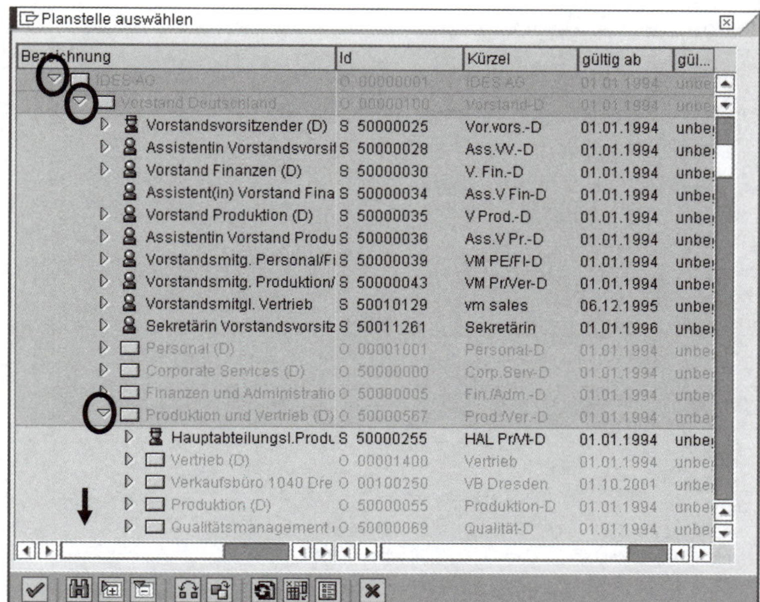

Abb. 7.19: Auswahl Planstelle
© SAP AG

Daten zur Person

Wenn Sie alle erforderlichen Daten innerhalb der Erfassungsmaske eingegeben haben, wählen Sie *Sichern,* um Ihre Daten zu speichern. Daraufhin schlägt das System den nächsten in der Personalmaßnahme vorgesehenen Infotyp *Daten zur Person* zur Bearbeitung vor (vgl. Abb. 7.20). Einige Datenfelder wurden bereits durch Ihre Eingaben in der vorigen Erfassungsmaske gefüllt, so dass Sie nur noch die folgenden Angaben ergänzen müssen:

- Nationalität: *deutsch*
- Familienstand: *ledig*
- Konfession: *evangelisch*

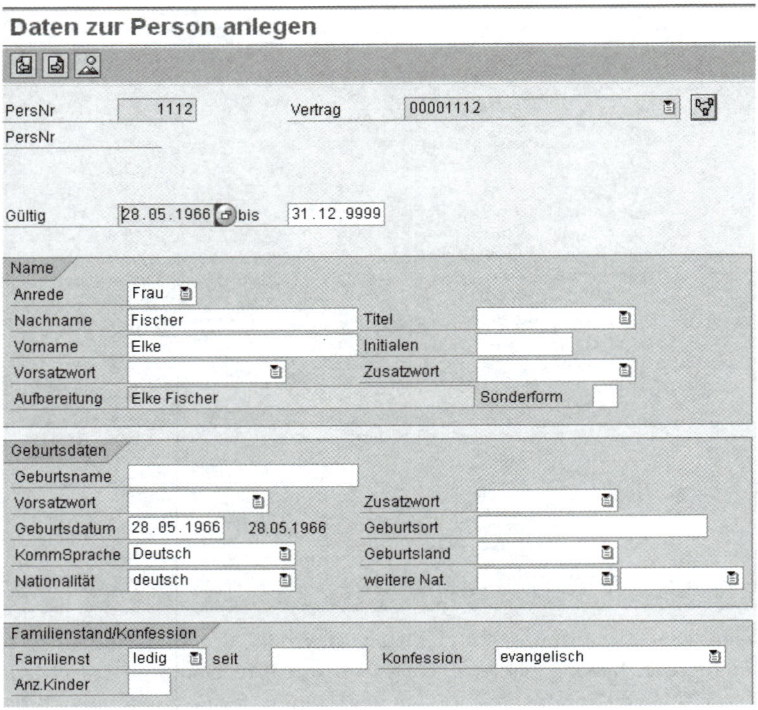

Abb. 7.20: Infotyp Daten zur Person © SAP AG

Daten zur Person anlegen

PersNr 1112 Vertrag 00001112
PersNr

Gültig 28.05.1966 bis 31.12.9999

Name
Anrede Frau
Nachname Fischer Titel
Vorname Elke Initialen
Vorsatzwort Zusatzwort
Aufbereitung Elke Fischer Sonderform

Geburtsdaten
Geburtsname
Vorsatzwort Zusatzwort
Geburtsdatum 28.05.1966 28.05.1966 Geburtsort
KommSprache Deutsch Geburtsland
Nationalität deutsch weitere Nat.

Familienstand/Konfession
Familienst ledig seit Konfession evangelisch
Anz.Kinder

Gültigkeitsbeginn Daten zur Person

Hinweis: Bei dem Infotyp *Daten zur Person* ersetzt das SAP-System das Gültigkeitsdatum automatisch durch das Geburtsdatum des Mitarbeiters, da fast alle Datenfelder bereits seit Geburt der Person unverändert gültig sind. Bei allen anderen Infotypen wird der Gültigkeitsbeginn automatisch mit dem im Einstiegsbild gewählten Eintrittsdatum gefüllt.

Organisatorische Zuordnung

Sichern Sie nun den Infotyp Daten zur Person, woraufhin Sie automatisch in den Infotyp *Organisatorische Zuordnung* gelangen (vgl. Abb. 7.21). Erneut werden die vorher angegebenen Werte bezüglich der Zuordnung des Mitarbeiters in den aktuellen Infotyp übernommen, und sind dort – bis auf das Feld Planstelle – nicht mehr eingabebereit. Über die vorher gewählte Planstelle werden anhand der Aufbauorganisation automatisch die bestehenden Verknüpfungen zu einer Stelle, Organisationseinheit und Kostenstelle eingelesen. Sie können jetzt noch die zuständigen Sachbearbeiter eingeben:

- Sachbearbeiter Personal: *010 Hilde Person*
- Sachbearbeiter Zeiterfassung: *011 Thomas Zeit*
- Sachbearbeiter Abrechnung: *012 Gerhard Abrechnung*

Hinweis: Der Infotyp *Organisatorische Zuordnung* ist der wichtigste Infotyp eines Mitarbeiters und Voraussetzung für die meisten anderen Daten. Wenn Sie vergessen, diesen Infotyp zu sichern, können Sie die Einstellungsmaßnahme nicht fertig stellen, da dann wesentliche Informationen fehlen.

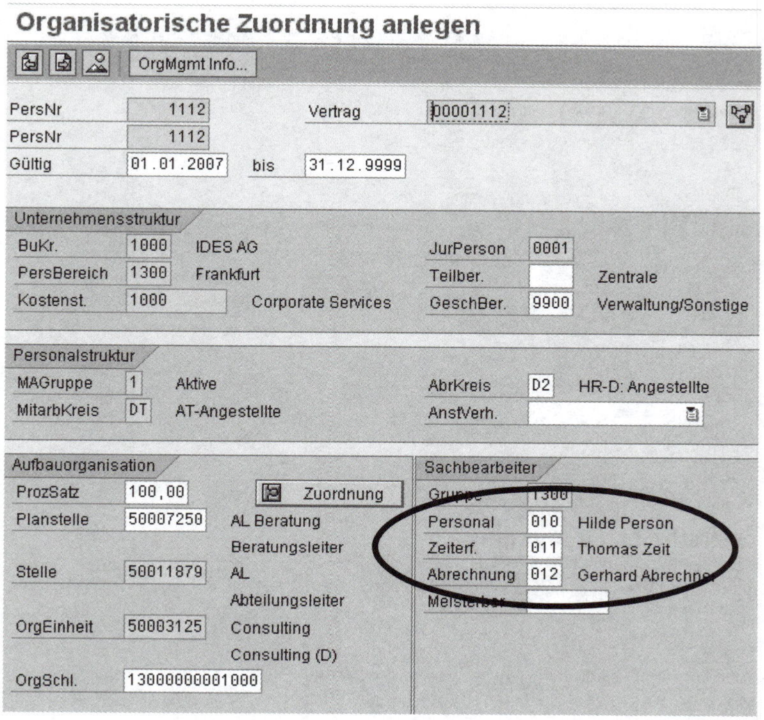

Abb. 7.21: Infotyp Organisatorische Zuordnung © SAP AG

Anschriften

Nach dem Sichern des Infotyps *Organisatorische Zuordnung* gelangen Sie automatisch in den Infotyp *Anschriften*. Geben Sie eine beliebige Adresse ein, und sichern Sie den Infotypsatz (vgl. Abb. 7.22).

Sollarbeitszeit

Im nächsten Infotyp *Sollarbeitszeit* (vgl. Abb. 7.23) ordnen Sie Ihrer neuen Mitarbeiterin eine so genannte Arbeitszeitplanregel zu. Wählen Sie die Arbeitszeitplanregel *FLEX* aus. Dadurch gelten für die Mitarbeiterin automatisch bestimmte Vorgaben, z.B. die durchschnittliche tägliche, wöchentliche, monatliche und jährliche Arbeitszeit, sowie die genauen täglichen Arbeitszeiten, inklusive Beginn- und Ende-Uhrzeiten, Kernzeiten und Pausen. (*Hinweis*: Wenn Sie vor dem Sichern die Drucktaste *Arbeitszeitplan* wählen, wird Ihnen der aktuelle Monatsarbeitsplan inklusive Feiertagskennzeichen angezeigt.) Im Feld *Status Zeitwirtschaft* behalten Sie ebenfalls den Vorschlag *keine Zeitauswertung* bei. Dies bedeutet, dass die Mitarbeiterin ihre Arbeitszeiten nicht an elektronischen Zeiterfassungsgeräten buchen muss.

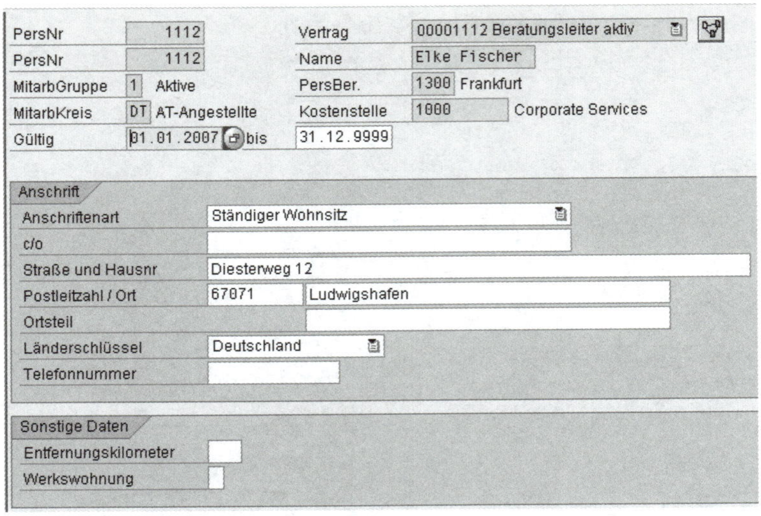

Abb. 7.22: Infotyp Anschriften © SAP AG

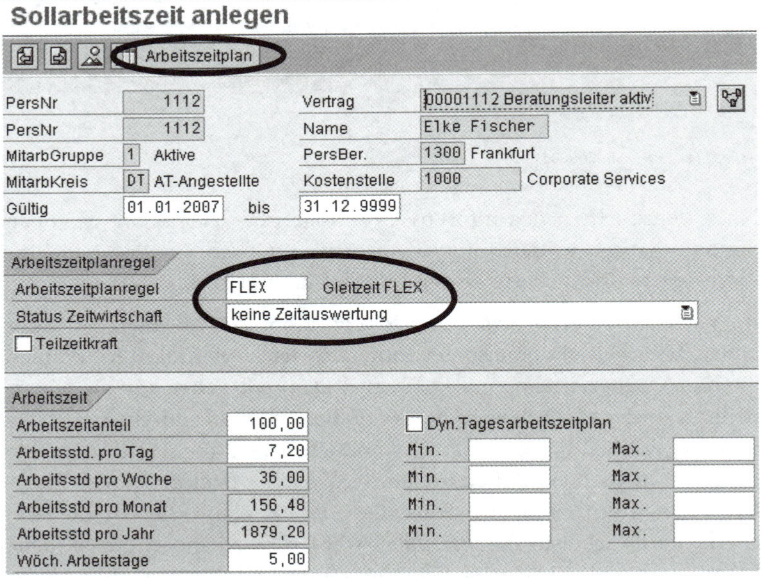

PersNr 1112 | Vertrag 00001112 Beratungsleiter aktiv
PersNr 1112 | Name Elke Fischer
MitarbGruppe 1 Aktive | PersBer. 1300 Frankfurt
MitarbKreis DT AT-Angestellte | Kostenstelle 1000 Corporate Services
Gültig 01.01.2007 bis 31.12.9999

Anschrift
Anschriftenart: Ständiger Wohnsitz
c/o
Straße und Hausnr: Diesterweg 12
Postleitzahl / Ort: 67071 Ludwigshafen
Ortsteil
Länderschlüssel: Deutschland
Telefonnummer

Sonstige Daten
Entfernungskilometer
Werkswohnung

Abb. 7.23: Infotyp Sollarbeitszeit © SAP AG

Sollarbeitszeit anlegen

Arbeitszeitplan

PersNr 1112 | Vertrag 00001112 Beratungsleiter aktiv
PersNr 1112 | Name Elke Fischer
MitarbGruppe 1 Aktive | PersBer. 1300 Frankfurt
MitarbKreis DT AT-Angestellte | Kostenstelle 1000 Corporate Services
Gültig 01.01.2007 bis 31.12.9999

Arbeitszeitplanregel
Arbeitszeitplanregel: FLEX Gleitzeit FLEX
Status Zeitwirtschaft: keine Zeitauswertung
☐ Teilzeitkraft

Arbeitszeit

Arbeitszeitanteil	100,00	☐ Dyn.Tagesarbeitszeitplan			
Arbeitsstd. pro Tag	7,20	Min.		Max.	
Arbeitsstd pro Woche	36,00	Min.		Max.	
Arbeitsstd pro Monat	156,48	Min.		Max.	
Arbeitsstd pro Jahr	1879,20	Min.		Max.	
Wöch. Arbeitstage	5,00				

Basisbezüge

Nach dem Sichern des Infotyps *Sollarbeitszeit* gelangen Sie automatisch in den Infotyp *Basisbezüge* (vgl. Abb. 7.24), in der die Mitarbeiterin in eine Gehaltsstruktur eingebunden wird. Wählen Sie im Feld (Gehalts)-*Art* den Wert *01 Chemie/Papier/Keramik* und das Gebiet *02 Hessen,* und suchen Sie sich im Feld (Gehalts)-*Gruppe* eine beliebige Gruppe aus der Wertetabelle aus. Da die Mitarbeiterin außertariflich angestellt ist, enthalten die Gehaltsgruppen (anders als Tarifgruppen) keine konkreten Monatsverdienste, sondern lediglich einen Verdienstbereich für ein Jahresgehalt. Daher müssen Sie bei der Lohnart *MA90 AT-Gehalt* manuell ein beliebig hohes Monatsgehalt angeben. Evtl. erscheint bei der Eingabe des Monatsgehaltes eine Warnmeldung, weil der von Ihnen gewählte Betrag außerhalb des Vorschlagsbereiches liegt. Dieser Verdienstbereich ist als zusätzliche Eigenschaft bei der Stelle *Abteilungsleiter* abgespeichert, von der Sie die Planstelle *Seniorberater* kopiert haben. Von der Stelle wurde diese Information auf die Planstelle weitervererbt. Sie können entweder die Meldung mit *Enter* übergehen, oder den Betrag ändern so dass er in den Verdienstbereich passt.

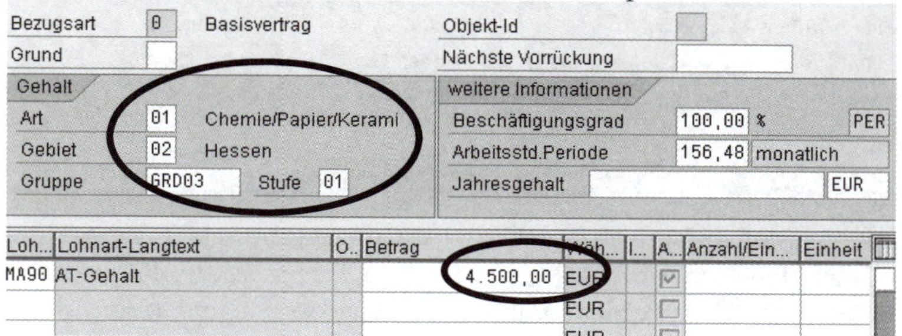

Abb. 7.24: Infotyp Basisbezüge © SAP AG

Bankverbindung

Im nächsten Infotyp *Bankverbindung* wählen Sie im Feld *Bankschlüssel* eine beliebige Bankleitzahl aus und geben im Feld *Bankkonto* eine beliebige Kontonummer ein (vgl. Abb. 7.25). Die anderen Felder (z.B. *Bankverbindungsart, Empfänger, Adresse, Zahlweg* etc.) sind bereits automatisch gefüllt. Sollte der Empfänger nicht mit dem entsprechenden Mitarbeiter identisch sein, können Sie das Feld überschreiben.

Bankverbindung		
Bankverbindungsart	Hauptbankverbindung	
Empfänger	Elke Fischer	
Postleitzahl / Ort	67071	Ludwigshafen
Bankland	Deutschland	
Bankschlüssel	10020030	Deutsche Bank
Bankkonto	123456	
Zahlweg	U	Überweisung
Verwendungszweck		
Zahlungswährung	EUR	

Abb. 7.25: Infotyp Bankverbindung © SAP AG

Vermögensbildung

Im Infotyp Vermögensbildung, der als nächstes erscheint, können Sie die vermögenswirksamen Leistungen der Mitarbeiterin erfassen. Die Mitarbeiterin hat sich allerdings dafür entschieden, keinen Sparvertrag abzuschließen, so dass diese Information nicht benötigt wird. Sollte ein Infotyp – wie in diesem Falle – irrelevant sein, können Sie ihn überspringen, ohne Daten zu erfassen, auch wenn dieser Infotyp im Rahmen der Personalmaßnahme vorgeschlagen wird. Wählen Sie zum Überspringen die Drucktaste *Nächster Satz* (vgl. Abb. 7.26). Es erscheint ein Dialogfenster mit dem Hinweis „Daten werden verloren gehen. Möchten Sie das aktuelle Bild trotzdem verlassen?“ Da es sich hierbei lediglich um die Vorschlagswerte des Infotyps *Vermögensbildung* handelt, bestätigen Sie die Warnmeldung, indem Sie die Drucktaste *Ja* wählen.

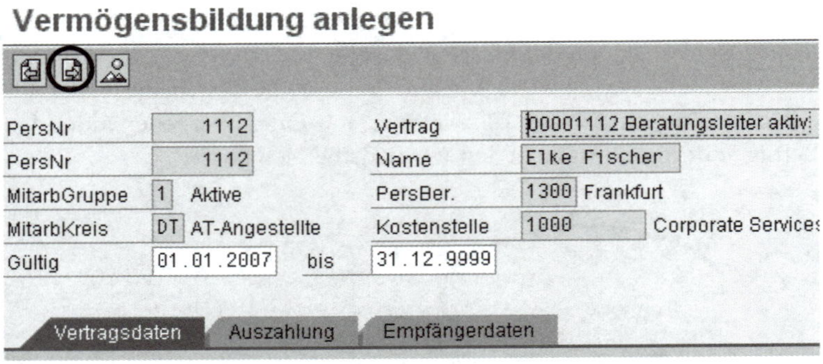

Abb. 7.26: Infotyp Vermögensbildung © SAP AG

Vermögensbildung anlegen

PersNr	1112	Vertrag	00001112 Beratungsleiter aktiv
PersNr	1112	Name	Elke Fischer
MitarbGruppe	1 Aktive	PersBer.	1300 Frankfurt
MitarbKreis	DT AT-Angestellte	Kostenstelle	1000 Corporate Services
Gültig	01.01.2007 bis	31.12.9999	

Vertragsdaten | Auszahlung | Empfängerdaten

Steuerdaten D

Im nächsten Infotyp *Steuerdaten D* tragen Sie im Feld *Gemeinde* die Gemeindenummer *07314000* ein, im Feld *Finanzamt* die Finanzamtsnummer *2727*. Außerdem wählen Sie *Steuerklasse 1* und *Kirchensteuer ev.* Die restlichen Felder bleiben entweder leer oder behalten die Vorschlagswerte (vgl. Abb. 7.27).

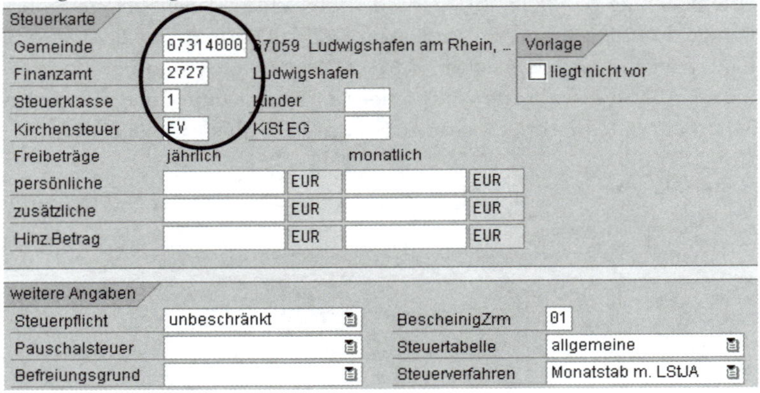

Abb. 7.27: Infotyp Steuerdaten D © SAP AG

Steuerkarte

Gemeinde	07314000	67059 Ludwigshafen am Rhein, ...	
Finanzamt	2727	Ludwigshafen	
Steuerklasse	1	Kinder	
Kirchensteuer	EV	KiSt EG	
Freibeträge	jährlich	monatlich	
persönliche	EUR	EUR	
zusätzliche	EUR	EUR	
Hinz.Betrag	EUR	EUR	

Vorlage: liegt nicht vor

weitere Angaben

Steuerpflicht	unbeschränkt	BescheinigZrm	01
Pauschalsteuer		Steuertabelle	allgemeine
Befreiungsgrund		Steuerverfahren	Monatstab m. LStJA

Sozialversicherung D

Nach dem Sichern erscheint der Infotyp *Sozialversicherung D* (vgl. Abb. 7.28). Tragen Sie im Feld *Rentenversicherungs-Nr.* die 12-stellige Versicherungsnummer *52280566F524* ein. (*Hinweis*: Sollten Sie im Infotyp *Daten zur Person* einen anderen Nachnamen oder ein anderes Geburtsdatum als in der Übung vorgeschlagen gewählt haben, erhalten Sie bei der oben angegebenen Versicherungsnummer eine Fehlermeldung, da sich die Nummer u.a. aus dem Geburtsdatum und dem Anfangsbuchstaben des Geburtsnamens des Versicherten zusammensetzt. Schauen Sie sich in diesem Fall die Dokumentation des Feldes *Rentenversicherungs-Nr.* an, damit Sie eine passende Nummer erstellen können.) Als Krankenkasse wählen Sie *AOK Bruchsal* aus, und im Feld *Vorlage* (des SV-Ausweises) wählen Sie *Keine Vorlagepflicht*. Die restlichen Felder bleiben entweder leer oder behalten die vom System vorgeschlagenen Werte.

SV-Schlüssel/RV-Nummer		Zuordnung Kranken-/Pflege-Kasse		
KV-Kennzeichen	1 allgem. Beitrag	Krankenkasse	AOK/BR	AOK Bruchs...
RV-Kennzeichen	1 voller Beitrag	Geschäftsstelle		Bruchsal
AV-Kennzeichen	1 voller Beitrag	BeitrKl./Betr. KV		
PV-Kennzeichen	1 allgem. Beitrag	BeitrKl./Betr. PV		
☑ PV-Beitragszuschlag		Zusätzliche Kasse		
Amtl. Schlüssel	1 1 1 1			
Rentenvers.-Nr.	52280566F524	max.Brutto Rente		

SV-Attribute	
01	Aktiver

SV-Ausweis		
Vorlage	Keine Vorlagepflicht	☐ Mitführungspflicht

Abb. 7.28: Infotyp Sozialversicherung D © SAP AG

DEÜV

Nach dem Sichern erscheint der Infotyp *DEÜV* (vgl. Abb. 7.29), in dem DEÜV-relevante Daten (Datenerfassungs- und Übertragungsverordnung), d.h. der versicherungsrechtliche Status der Mitarbeiterin erfasst werden. Tragen Sie im Feld *Tätigkeit* die Nummer *752 Unternehmensberater* ein, bei *Stellung im Beruf* wählen Sie *4 Angestellter*, und bei *Ausbildung* wählen Sie *6 Hochschul/Universitätsabschluss*. Die restlichen Felder bleiben entweder leer oder behalten die vom System vorgeschlagenen Werte.

DEÜV		
Tätigkeit	752	Unternehmensber.
Stellung im Beruf	4	Angestellter
Ausbildung	6	Hochsch./Univ.absch.
Personengruppe	101	SV-Pflichtige

Abb. 7.29: Infotyp DEÜV © SAP AG

Vertragsbestandteile

Nach dem Sichern erscheint der Infotyp *Vertragsbestandteile* (vgl. Abb. 7.30), in dem verschiedene vertragliche Regelungen, wie z.B. die Vertragsart, die Probezeit und die Kündigungsfristen erfasst werden. Sie können erkennen, dass die meisten Felder bereits Vorschlagswerte enthalten, die über die Systemkonfiguration eingestellt wurden. Übernehmen Sie alle vorgeschlagenen Werte und sichern Sie den Infotypsatz.

Vertragliche Regelungen	
Vertragsart	unbefristet
☐ Nebentätigkeit	
☐ Wettbewerbsklausel	

Zahlungsdauer ab Krankheitsbeginn		
Entgeltfortzahlung	90	Tage
Krankengeldzuschuß	6	Monate

Fristen		Eintritt	
Probezeit	3 Monate	Ersteintrittsdatum	
Kündigungsfrist AG	3 Monate/ Monatsende	Eintritt Konzern	
Kündigungsfrist AN	3 Monate/ Monatsende	Konzern	
Arbeitserlaubnis			

Abb. 7.30: Infotyp Vertragsbestandteile © SAP AG

Terminverfolgung

Nach dem Sichern erscheint der Infotyp *Terminverfolgung* (vgl. Abb. 7.31), mit Hilfe dessen der zuständige Sachbearbeiter sich rechtzeitig an den Ablauf der Probezeit erinnern lassen kann, um entsprechende Maßnahmen frühzeitig einzuplanen. Da Sie im vorhergehenden Infotyp *Vertragsbestandteile* eine 3-monatige Probezeit erfasst haben, schlägt das System als Termin für den Ablauf der Probezeit den 01.04. des laufenden Jahres vor (falls Sie den 01.01. des laufenden Jahres als Eintrittsdatum gewählt hatten), und den 01.03 des laufenden Jahres als Erinnerungsdatum (das Erinnerungsdatum erscheint erst beim Wählen von *Enter*). Sichern Sie die vorgeschlagenen Werte.

Hinweis: Die Erinnerung des Sachbearbeiters erfolgt mittels des Reports *Terminübersicht*, der den Infotyp *Terminverfolgung* auswertet.

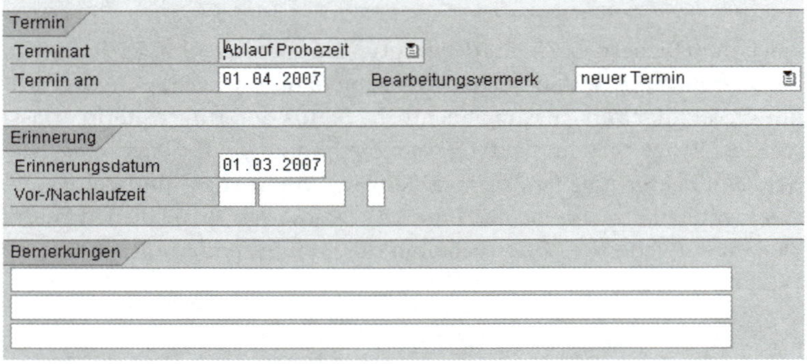

Abb. 7.31: Infotyp Terminverfolgung © SAP AG

Termin

Terminart	Ablauf Probezeit		
Termin am	01.04.2007	Bearbeitungsvermerk	neuer Termin

Erinnerung

Erinnerungsdatum	01.03.2007
Vor-/Nachlaufzeit	

Bemerkungen

Abwesenheitskontingent

Im nächsten Infotyp *Abwesenheitskontingente* wird der Urlaubsanspruch der Mitarbeiterin festgelegt (vgl. Abb. 7.32). Das System schlägt aufgrund interner Unternehmensrichtlinien 30 Urlaubstage und ein passendes Zeitintervall für die Abtragung vor. Übernehmen Sie die vorgeschlagenen Werte.

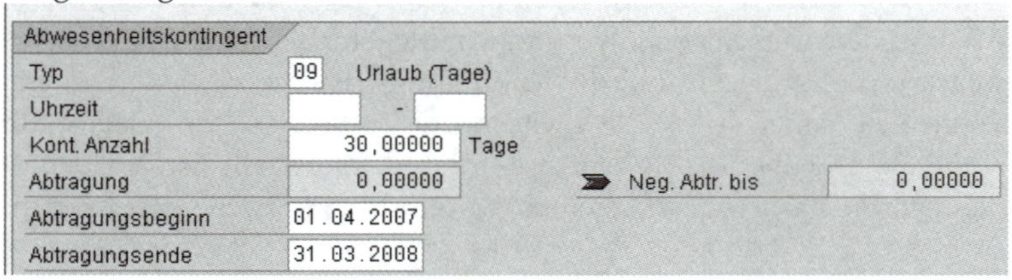

Abb. 7.32: Infotyp Abwesenheitskontingent © SAP AG

Abwesenheitskontingent

Typ	09	Urlaub (Tage)	
Uhrzeit	-		
Kont. Anzahl	30,00000	Tage	
Abtragung	0,00000	Neg. Abtr. bis	0,00000
Abtragungsbeginn	01.04.2007		
Abtragungsende	31.03.2008		

Reiseprivilegien

Daraufhin erscheint der letzte Infotyp der Personalmaßnahme *Einstellung*, nämlich die *Reiseprivilegien*. Diese werden benötigt, um Informationen über die Erstattung von Reisespesen zu erfassen, falls die Mitarbeiterin Dienstreisen unternehmen muss. Sichern Sie die vorgeschlagenen Werte (vgl. Abb. 7.33).

Nach dem Sichern des letzten Infotyps einer Personalmaßnahme springt das System nun in das Ausgangsbild der Transaktion *Personalmaßnahmen* zurück. Ihre neue Mitarbeiterin ist nun eingestellt, und zwar mit allen Daten, die für die in den folgenden Kapiteln durchzuführenden Personalprozesse notwendig sind.

Hinweis: Personalmaßnahmen sind nicht fest programmiert, sondern von dem Unternehmen über die Systemkonfiguration (das so genannte

Customizing) anpassbar. Daher ist es möglich, dass in einem anderen SAP-System als dem IDES-System im Rahmen der Einstellungsmaßnahme andere Infotypen erscheinen bzw. eine andere Reihenfolge der Infotypen festgelegt wurde.

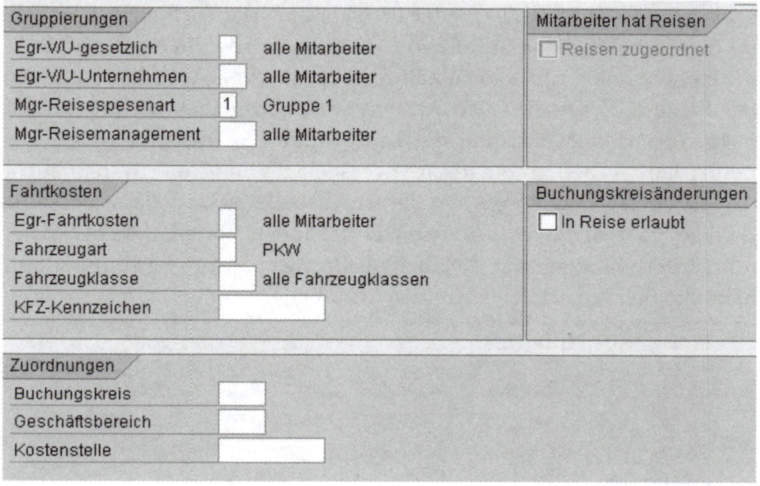

Gruppierungen

Egr-V/U-gesetzlich alle Mitarbeiter
Egr-V/U-Unternehmen alle Mitarbeiter
Mgr-Reisespesenart 1 Gruppe 1
Mgr-Reisemanagement alle Mitarbeiter

Mitarbeiter hat Reisen

Reisen zugeordnet

Fahrtkosten

Egr-Fahrtkosten alle Mitarbeiter
Fahrzeugart PKW
Fahrzeugklasse alle Fahrzeugklassen
KFZ-Kennzeichen

Buchungskreisänderungen

In Reise erlaubt

Zuordnungen

Buchungskreis
Geschäftsbereich
Kostenstelle

Abb. 7.33: Infotyp Reiseprivilegien © SAP AG

Übung: Mitarbeitereinstellung

Analog zu der eben durchgeführten Einstellung stellen Sie nun noch einen weiteren Mitarbeiter ein. Wählen Sie erneut folgenden Menüpfad bzw. den entsprechenden Transaktionscode:

Menüpfad

Personal➔Personalmanagement➔ Administration ➔Personalstamm ➔Personalmaßnahmen

Transaktion

PA40 – Personalmaßnahmen

Im Einstiegsbild der Transaktion *Personalmaßnahmen* geben Sie wieder das Eintrittsdatum (01.01 des aktuellen Jahres), sowie die Personalnummer *1113* des neuen Mitarbeiters an, markieren die Maßnahmenart *Einstellung* und wählen die Drucktaste *Ausführen.* In der nächsten Maske geben Sie folgende Grunddaten des Mitarbeiters an:

- Anrede: *Herr*
- Nachname: *Schiller*
- Vorname: *Philipp*
- Geburtsdatum: *14.05.1970*
- Planstelle: *Juniorberater*

Hinweis: Wählen Sie die Planstelle aus Ihrer neu angelegten Abteilung Consulting (D) mit Hilfe der Struktursuche aus.

- Personalbereich: 1300 *Frankfurt*
- Personalteilbereich: Feld bleibt leer *(Zentrale)*
- Mitarbeitergruppe: *1 Aktive*
- Mitarbeiterkreis: *DU Angestellte*

Im nächsten Infotyp *Daten zur Person* wählen Sie im Feld *Familienstand* den Wert *ledig* und im Feld *Konfession* den Wert *evangelisch* aus. Im Infotyp *Anschriften* geben Sie eine beliebige Adresse ein, und im Infotyp *Sollarbeitszeit* sichern Sie einfach die bereits eingestellten Vorschlagswerte. Dieser Mitarbeiter ist nicht außertariflich angestellt, d.h. im nun zu bearbeitenden Infotyp *Basisbezüge* wird er in eine Tarifstruktur eingebunden, um sein Gehalt festzulegen (vgl. Abb. 7.34). Wählen Sie Tarifart *01 Chemie/Papier/Keramik* und Tarifgebiet *02 Hessen*, und ordnen Sie dem Mitarbeiter die Tarifgruppe *K6*, Tarifstufe *01* zu. Die Lohnarten werden automatisch vorgeschlagen, und das System sucht die dazugehörigen Werte aus der Tariftabelle aus, so dass Sie keine Beträge manuell eingeben müssen. Dies hat den Vorteil, dass bei späteren Tariferhöhungen nur die Tariftabelle angepasst werden muss, und nicht die Beträge bei den einzelnen Mitarbeitern.

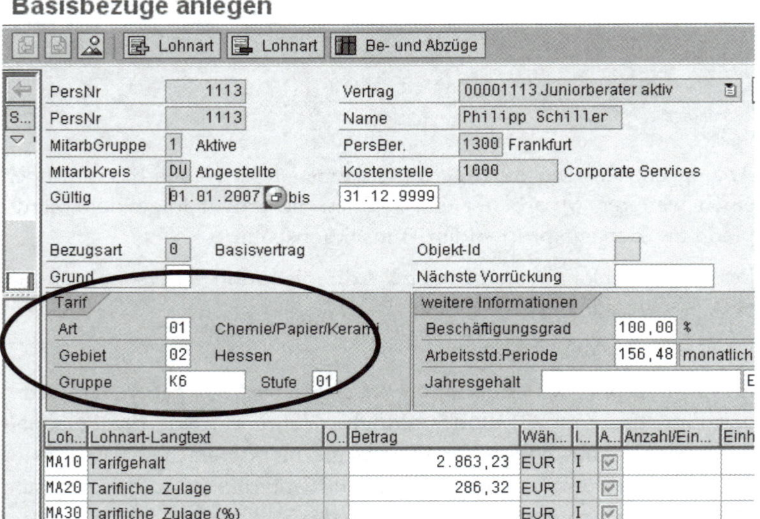

Abb. 7.34: Infotyp Basisbezüge © SAP AG

Im Infotyp Bankverbindung wählen Sie eine beliebige Bankleitzahl aus und geben eine beliebige Kontonummer ein. Den Infotyp Vermögensbildung überspringen Sie wieder, indem Sie die Drucktaste *Nächster Satz* wählen und das erscheinende Dialogfenster mit *Ja* bestätigen. Im Infotyp *Steuerdaten D* wählen Sie die Gemeindenummer *08221000*, das Finanzamt *2832*, Steuerklasse *1* und Kirchensteuer *ev*. Im Infotyp *Sozialversicherung D* geben Sie im Feld *Rentenversicherungs-Nr.* die Versicherungsnummer *10140570S109* ein. Als Krankenkasse wählen Sie *AOK Bruchsal* aus, und im Feld *Vorlage (des SV-Ausweises)* wählen Sie *Keine Vorlagepflicht*. Im Infotyp *DEÜV* tragen Sie im Feld *Tätigkeit* die Nummer *752 Unternehmensberater* ein, bei *Stellung im Beruf* wählen Sie *4 Angestellter*, und bei *Ausbildung* wählen Sie *6 Hochschul / Universitätsabschluss*. Bei den restlichen Infotypen (*Vertragsbestandteile, Terminverfolgung, Abwesenheitskontingente* und *Reiseprivilegien*) müssen Sie keine eigenen Eingaben machen, sondern nur die systemseitig vorgeschlagenen Werte sichern. Nach dem Sichern des letzten Infotypsatzes springt das System in das Ausgangsbild der Personalmaßnahmen zurück. Ihr neuer Mitarbeiter ist nun mit allen erforderlichen Daten eingestellt.

7.2 Prozesse

In Rahmen der folgenden Kapitel werden die wesentlichen Prozesse des Personalmanagements durchlaufen. Der Prozessüberblick fasst zunächst die einzelnen Prozesse kurz zusammen, die Sie mit den nun eingestellten Mitarbeitern in der Musterfirma ICS GmbH durchführen werden.

Prozessüberblick

Personal-administration

Die erfassten Daten der eingestellten Mitarbeiter ändern sich natürlich im Laufe ihres Arbeitslebens. Im Rahmen der Personalstammdatenpflege (Personaladministration) werden über verschiedene Bearbeitungsmöglichkeiten einige Änderungen vorgenommen. So erhält die Beratungsleiterin *Elke Fischer* Handlungsvollmacht für ihre Abteilung, während der Juniorberater *Philipp Schiller* zunächst eine Gehaltserhöhung bekommt, und später zum Seniorberater befördert wird, d.h. eine neue Planstelle erhält.

Personalbeschaffung

Die Musterfirma ICS GmbH möchte weiter wachsen. Dafür werden ständig neue Mitarbeiter gesucht. Im Rahmen der Personalbeschaffung wird eine Ausschreibung für eine vakante Planstelle angelegt, auf die eine Reihe von Bewerbungen eingehen, die im SAP-System erfasst werden müssen. Nach der Durchführung verschiedener Folgeaktivitäten (z.B. Einladung zum Vorstellungsgespräch, Korrespondenz) wird einer der Bewerber ausgesucht und als neuer Mitarbeiter eingestellt.

Personalentwicklung

Aufgrund der häufigen Änderungen im heutigen Geschäftsleben, der schnellen Veralterung des Wissens und der wachsenden Anforderungen an die Mitarbeiter im Unternehmen, müssen sich die Mitarbeiter ständig weiterentwickeln. Auf der Basis der Anforderungen der Musterfirma ICS GmbH und der Qualifikationsprofile bzw. Interessen, Wünsche und Potentiale der Mitarbeiter werden Maßnahmen geplant und durchgeführt, die der individuellen beruflichen Entwicklung der Mitarbeiter dienen.

Personal-zeitwirtschaft

Die geleisteten Arbeitszeiten der Mitarbeiter müssen erfasst und bewertet werden, damit sie in weiteren Komponenten (z.B. der Personalabrechnung) verwendet werden können. Außerdem müssen Abweichungen von der geplanten Arbeitszeit (wie z.B. Urlaub, Krankheit oder Mehrarbeit) erfasst werden.

Personalabrechnung

Schließlich wird das Entgelt für die geleistete Arbeit pro Mitarbeiter berechnet. Außerdem müssen im Rahmen der Personalabrechnung weitere Arbeitsabläufe durchgeführt werden, wie die Erstellung von

Entgeltnachweisen oder die Überleitung der Abrechnungsergebnisse an das Rechnungswesen.

7.2.1 Personaladministration

Grundlagen

Die Qualität aller Personalprozesse ist abhängig von der Qualität der Personalstammdaten. Die Informationen, die über die Mitarbeiter im SAP-System gespeichert sind, müssen immer auf dem aktuellsten Stand und korrekt sein. Änderungen, die sich bezüglich der Daten der Mitarbeiter im Laufe ihres Arbeitslebens ergeben, sollen daher zeitnah und fehlerfrei im System erfasst werden. Solche Änderungen können zum einen privater Natur sein (z.B. Änderung der Anschrift, der Bankverbindung, des Familienstandes und ähnliches), zum anderen aber auch betriebsbedingt (z.B. Änderung der Arbeitszeit, der Planstelle, des Gehaltes und ähnliches).

Möglichkeiten der Stammdatenpflege

Zur Erfassung von Änderungen bei den Stammdaten stehen Ihnen hauptsächlich die folgenden Möglichkeiten zur Verfügung:

- Einzelbildpflege (Einzel-Infotyp-Pflege)
  Für die Pflege einzelner Sachverhalte wird jeweils ein Infotyp für einen einzelnen Mitarbeiter (eine Personalnummer) ausgewählt und bearbeitet.
- Personalmaßnahme
  Bei komplexeren Sachverhalten, die die Pflege mehrerer Infotypen erfordern, erfolgt die Bearbeitung über eine vorab definierte Reihenfolge von Infotypen.
- Schnellerfassung
  Im Rahmen der Schnellerfassung wird ein spezieller Infotyp gleichzeitig für mehrere Mitarbeiter gepflegt.

Einzelbildpflege / -anzeige

Bei der Einzelbildpflege wird jeweils ein Infotyp für einen Mitarbeiter ausgewählt und bearbeitet bzw. angezeigt. Die am häufigsten verwendeten Infotypen sind nach inhaltlichen Gesichtspunkten in verschiedene Infotypmenüs strukturiert und können über Registerkarten angezeigt und ausgewählt werden.

Übung: Einzelbildpflege

Zur Pflege eines einzelnen Infotyps wählen Sie folgenden Menüpfad bzw. den entsprechenden Transaktionscode:

Menüpfad

Personal➔Personalmanagement➔ Administration ➔Personalstamm ➔ Pflegen

Transaktion

PA30 – Personalstamm Pflegen

Tragen Sie die Personalnummer *1112* Ihrer neuen Mitarbeiterin *Elke Fischer* in das Feld *Personalnummer* ein, und wählen Sie *Enter*. Daraufhin werden die wichtigsten Daten der gewählten Mitarbeiterin (Name, Mitarbeitergruppe, -kreis, Personalbereich etc.) im Kopf der Transaktion angezeigt.

Hinweis: Sollten Sie eine andere Personalnummer verwendet haben (z.B. weil die Personalnummer *1112* in Ihrem System bereits vergeben war), können Sie die Personalnummer auch anhand des Mitarbeiternamens über die Suchhilfe des Feldes *Personalnummer* ermitteln. Positionieren Sie dafür den Cursor auf das Eingabefeld *Personalnummer* und wählen Sie die Suchhilfe (oder die Drucktaste *F4*). Im Selektionsbereich (Registerkarte *Nachname-Vorname*) geben Sie den Namen des gesuchten Mitarbeiters ein und wählen *Enter*. Das System zeigt eine Trefferliste aller Personalnummern an, die den Selektionskriterien entsprechen, die Sie im Selektionsbereich eingegeben haben. Wählen Sie aus der Trefferliste den gewünschten Datensatz per Doppelklick aus (vgl. Abb. 7.35). Außerdem können Sie auch den Objektmanager im linken Bereich der Transaktion nutzen, um Mitarbeiter, deren Daten Sie anzeigen oder bearbeiten möchten, zu suchen und auszuwählen (vgl. Abb. 7.36).

Hinweis Personalnummernsuche

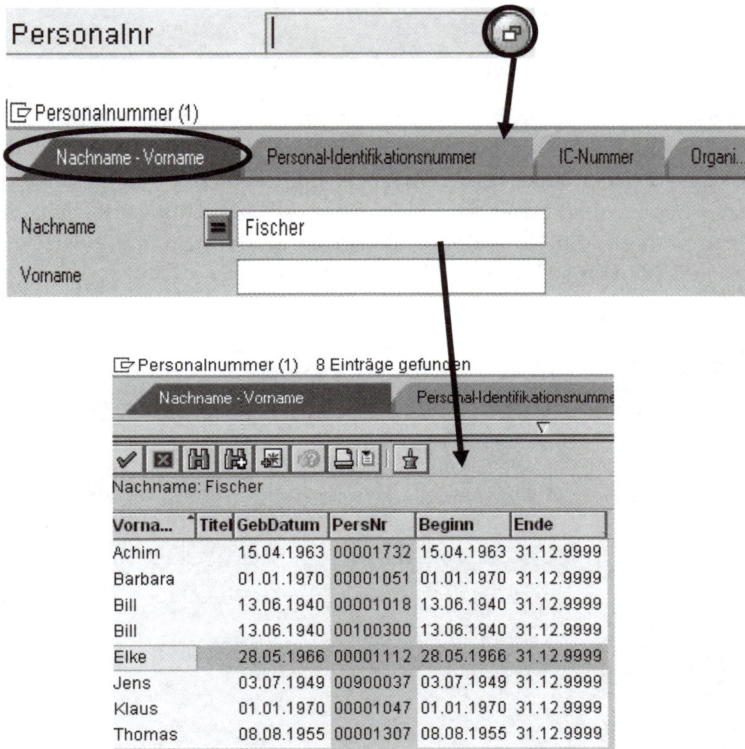

Abb. 7.35: Personalnummernsuche (PA30) © SAP AG

Nach der Eingabe bzw. der Auswahl der Personalnummer werden im oberen Bereich der Transaktion *Personalstamm Pflegen (PA30)* die Grund- bzw. Kopfdaten der Mitarbeiterin angezeigt (vgl. Abb. 7.37). Wie bereits angesprochen sind die wichtigsten Infotypen thematisch in verschiedene Infotypmenüs strukturiert. Diese Infotypmenüs werden im Hauptbereich der Transaktion über verschiedene Registerkarten angezeigt. Das grüne Häkchen rechts neben den Infotypen deutet an,

Infotypmenü

dass für die ausgewählte Mitarbeiterin bereits Sätze zu diesen Infotypen hinterlegt sind.

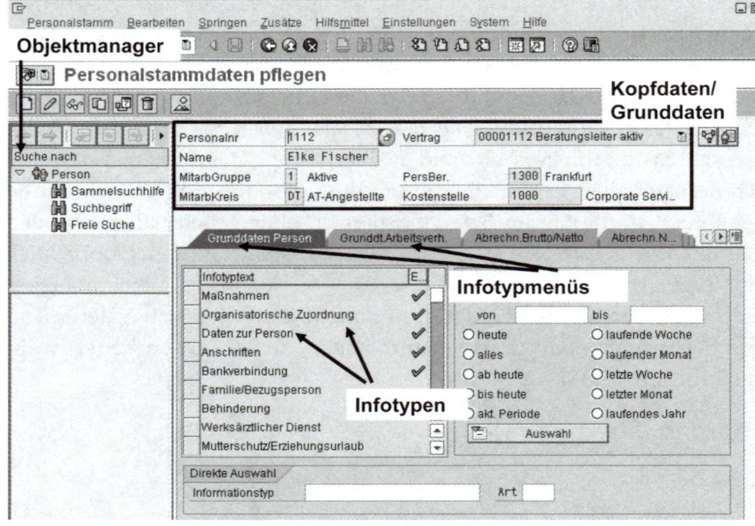

Abb. 7.36: Transaktion Personalstammdaten pflegen (PA30) © SAP AG

Infotypanzeige

Zur Anzeige einzelner Infotypen markieren Sie einen Infotyp, indem Sie das Kästchen links vom Infotyptext anklicken (z.B. Infotyp *Organisatorische Zuordnung*) . Danach wählen Sie die Bearbeitungsmöglichkeit *Anzeigen* (vgl. Abb. 7.37). Daraufhin springt das System in die Anzeige des gewählten Infotyps (vgl. Abb. 7.38).

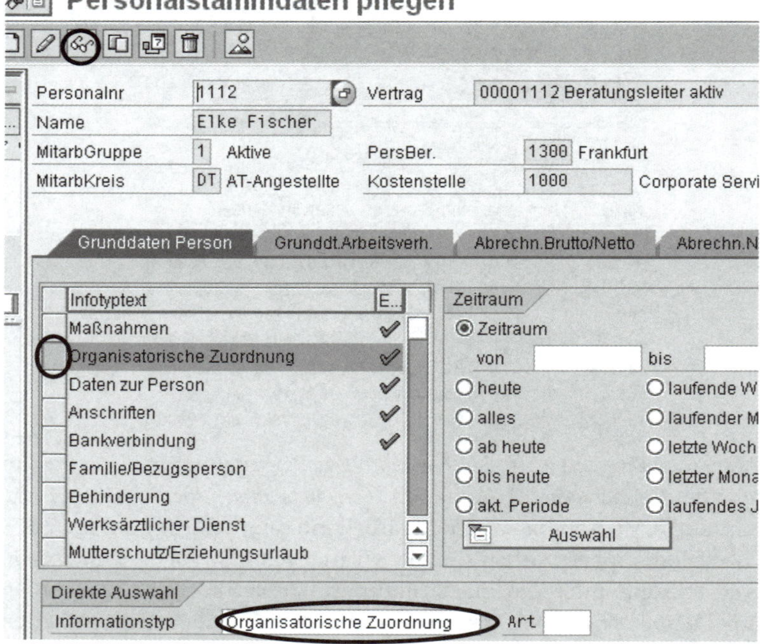

Abb. 7.37: Infotypauswahl (PA30) © SAP AG

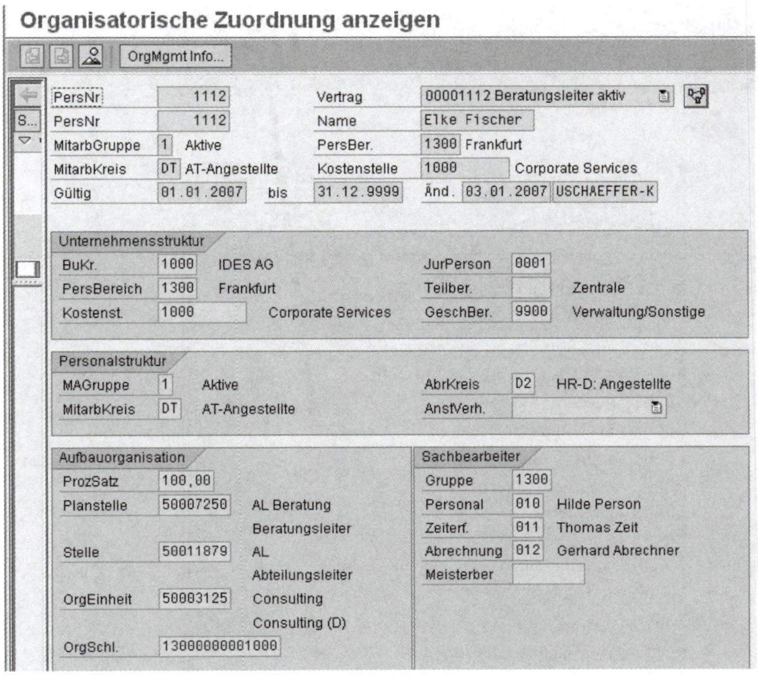

Organisatorische Zuordnung anzeigen
OrgMgmt Info...
PersNr 1112
Vertrag 00001112 Beratungsleiter aktiv
PersNr 1112
Name Elke Fischer
MitarbGruppe 1 Aktive
PersBer. 1300 Frankfurt
MitarbKreis DT AT-Angestellte
Kostenstelle 1000 Corporate Services
Gültig 01.01.2007 bis 31.12.9999
Änd. 03.01.2007 USCHAEFFER-K
Unternehmensstruktur
BuKr. 1000 IDES AG
JurPerson 0001
PersBereich 1300 Frankfurt
Teilber. Zentrale
Kostenst. 1000 Corporate Services
GeschBer. 9900 Verwaltung/Sonstige
Personalstruktur
MAGruppe 1 Aktive
AbrKreis D2 HR-D: Angestellte
MitarbKreis DT AT-Angestellte
AnstVerh.
Aufbauorganisation
ProzSatz 100,00
Planstelle 50007250 AL Beratung
Beratungsleiter
Stelle 50011879 AL
Abteilungsleiter
OrgEinheit 50003125 Consulting
Consulting (D)
OrgSchl. 13000000001000
Sachbearbeiter
Gruppe 1300
Personal 010 Hilde Person
Zeiterf. 011 Thomas Zeit
Abrechnung 012 Gerhard Abrechner
Meisterber

Abb. 7.38: Anzeige Infotyp Organisatorische Zuordnung © SAP AG

Lassen Sie sich als nächstes den Infotyp *Vertragsbestandteile* anzeigen. Dafür wählen Sie zunächst die Registerkarte *Grunddaten Arbeitsverhältnis*, markieren dann den entsprechenden Infotyp und wählen *Anzeigen* (vgl. Abb. 7.39).

Personalnr 1112
Vertrag 00001112 Beratungsleiter aktiv
Name Elke Fischer
MitarbGruppe 1 Aktive
PersBer. 1300 Frankfurt
MitarbKreis DT AT-Angestellte
Kostenstelle 1000 Corporate Servi...
Grunddaten Person
Grunddt.Arbeitsverh.
Abrechn.Brutto/Netto
Abrechn.N...
Infotyptext
Organisatorische Zuordnung
Daten zur Person
Vertragsbestandteile
Betriebsinterne Daten
Urlaubsanspruch
Sollarbeitszeit
Zeiterfassungsinformation
Reiseprivilegien
Zeitraum
Zeitraum
von
bis
heute
laufende Woche
alles
laufender Monat
ab heute
letzte Woche
bis heute
letzter Monat
akt. Periode
laufendes Jahr
Auswahl

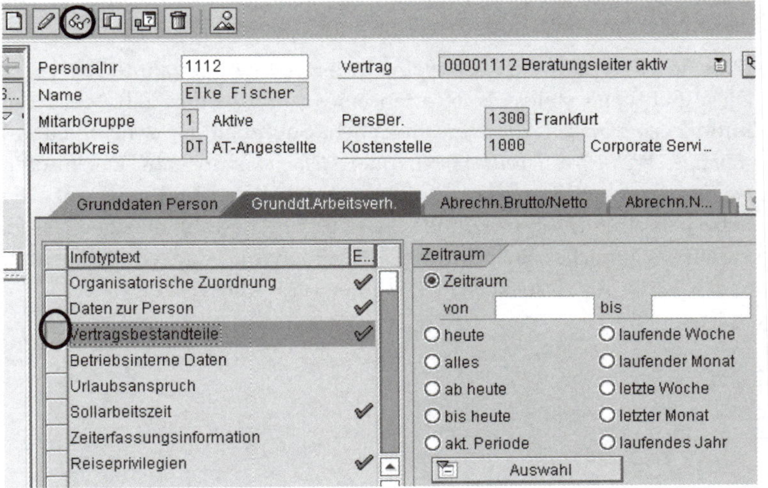

Abb. 7.39: Auswahl Infotyp Vertragsbestandteile © SAP AG

Zur Auswahl weiterer Infotypen können Sie auch die Wertehilfe (bzw. die Drucktaste *F4*) des Feldes *Informationstyp* (im unteren Bereich der Transaktion) nutzen, und einen Infotyp aus der Liste aller Infotypen auswählen (vgl. Abb. 7.40).

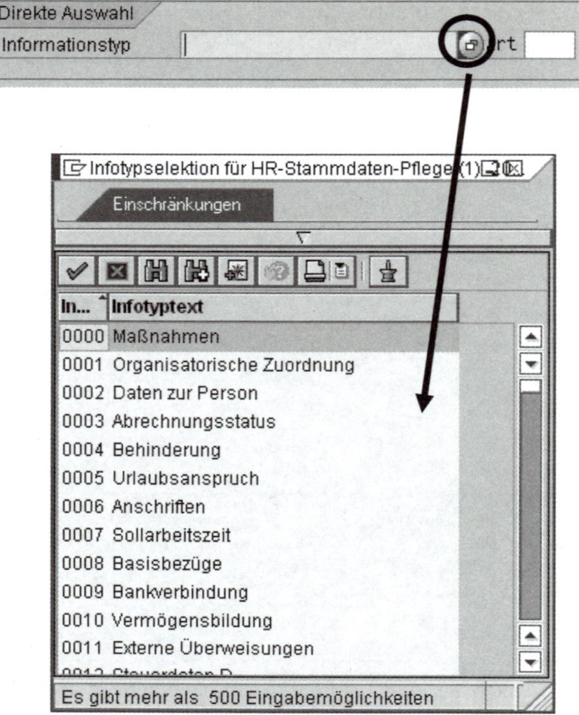

Abb. 7.40: Infotypauswahl anhand der Infotypgesamtliste (PA30) *© SAP AG*

Außerdem können Sie in dem Feld *Informationstyp* den Namen (oder Namensbestandteil) eines Infotyps eingeben, worauf das System Ihnen eine Liste aller Infotypen anzeigt (dynamisches Infotypmenü), die diesen Namen(sbestandteil) im Text aufweisen (vgl. Abb. 7.41).

Subtypen

Manche Infotypen sind noch weiter unterteilt in so genannte Subtypen. Diese Subtypen stellen Unterarten eines Infotyps dar. Z.B. weist der Infotyp *Anschriften* die verschiedenen Subtypen (Anschriftenarten) *ständiger Wohnsitz, Zweitwohnsitz* oder *Heimatanschrift* auf. Der Infotyp *Familie/Bezugsperson* weist die Subtypen *Ehegatte, Kind* usw. auf. Die Subtypen eines Infotyps können Sie sich zur Auswahl anzeigen lassen, indem Sie zunächst einen Infotyp auswählen, und danach die Suchhilfe des Feldes *Art* (Drucktaste *F4*) wählen (vgl. Abb. 7.42).

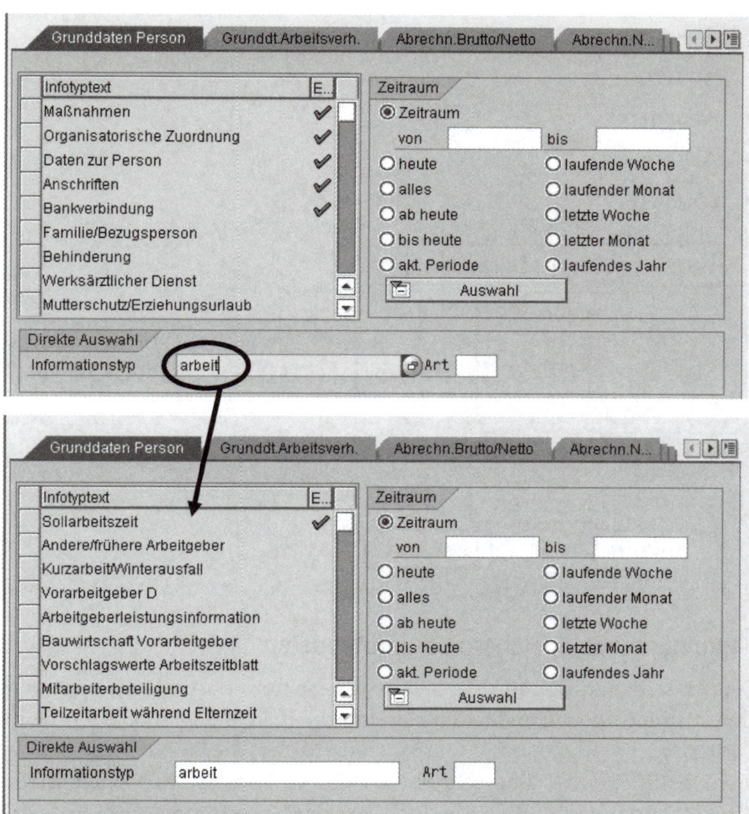

Abb. 7.41: Infotypauswahl mit Hilfe eines dynamischen Infotypmenüs (PA30) © SAP AG

Abb. 7.42: Auswahl von Subtypen eines Infotyps (PA30) © SAP AG

Zur Pflege der einzelnen Infotypen (Stammdatenpflege) gehört sowohl das Bearbeiten von bereits im System erfassten Daten wie auch das Anlegen neuer Daten (Infotypsätze). Dafür stehen Ihnen im Wesentlichen folgende Bearbeitungsmöglichkeiten zur Verfügung (vgl. Abb. 7.43):

- Anlegen
- Ändern
- Kopieren
- Abgrenzen
- Löschen

Abb. 7.43: Bearbeitungsmöglichkeiten der Infotyppflege © SAP AG

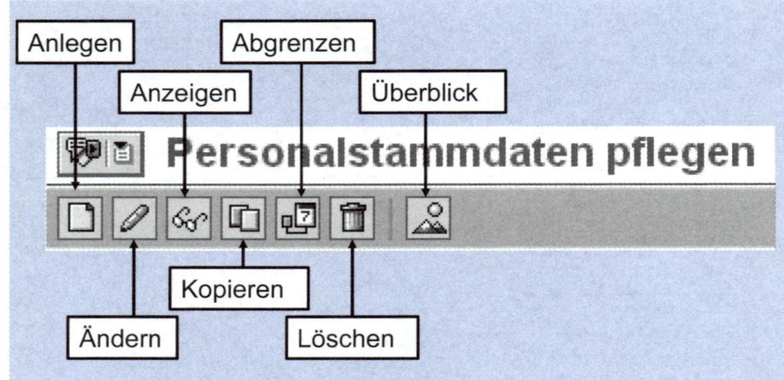

Zeitabhängiges Speichern der Infotypdaten

Beim Bearbeiten der Infotypen ist zu beachten, dass die Historie der Daten unter allen Umständen erhalten bleiben muss, d.h. auch beim Hinterlegen von neuen Infotypsätzen dürfen die alten Infotypsätze nicht gelöscht oder überschrieben werden. Dies ist u.a. wichtig für Rückrechnungen im Rahmen der Personalabrechnung und für vergangenheitsbezogene Auswertungen. Da – wie im Rahmen der Einstellungsmaßnahme bereits angesprochen – zu jedem Infotypsatz ein Gültigkeitszeitraum oder ein Gültigkeitsstichtag erfasst wird, können für einen Mitarbeiter zu einem Infotyp mehrere Datensätze existieren, die sich durch ihren jeweiligen Gültigkeitszeitraum unterscheiden. Eine solche Historie erhalten Sie, wenn Sie bei der Infotyppflege die Bearbeitungsmöglichkeiten *Anlegen* oder *Kopieren* verwenden.

Anlegen

Beim *Anlegen* eines neuen Infotypsatzes erhalten Sie eine weitestgehend leere Infotypmaske (evtl. sind jedoch bereits Vorschlagswerte enthalten, die über verschiedene Systemeinstellungen gesteuert werden). Sie müssen alle relevanten Datenfelder ausfüllen (auf jeden Fall alle „Muss"-Felder) und den neuen Infotypsatz sichern. Sollte bereits ein „alter" Infotypsatz bestanden haben, so reagiert das System (je nach Zeitbindung des Infotyps) mit der zeitlichen Begrenzung (Abgrenzen) des Vorgängersatzes. Legen Sie z.B. ab dem 01.04. des aktuellen Jahres einen neuen Infotypsatz *Basisbezüge* an, so wird das alte Gehalt automatisch zum 31.03. des aktuellen Jahres begrenzt.

Übung: Infotypsatz anlegen

Ihre neue Mitarbeiterin *1112 Elke Fischer* erhält nach Beendigung ihrer Probezeit Handlungsvollmacht für ihre Abteilung. Um dies im SAP-System abzubilden, erfassen Sie für die Mitarbeiterin den Infotyp

Vollmachen. Dafür wählen Sie folgenden Menüpfad bzw. den entsprechenden Transaktionscode:

Menüpfad

Personal➔Personalmanagement➔ Administration ➔Personalstamm ➔ Pflegen

Transaktion

PA30 – Personalstamm Pflegen

Geben Sie die Personalnummer *1112* Ihrer Mitarbeiterin *Elke Fischer* an und wählen die Registerkarte *Planungsdaten.* Markieren Sie den Infotyp *Vollmachten* und wählen Sie die Bearbeitungsmöglichkeit *Anlegen* (vgl. Abb. 7.44).

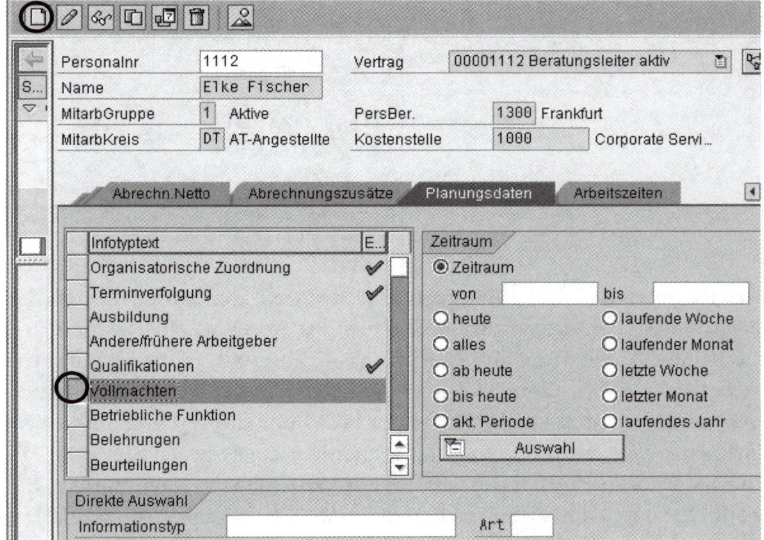

Abb. 7.44: Infotyp Vollmachten anlegen © SAP AG

In dem nun angezeigten Infotyp (vgl. Abb. 7.45) geben Sie im Feld *Gültig* den *01.04.* des laufenden Jahres ein (bzw. den Termin des Ablaufes der Probezeit, falls Sie einen anderen Einstellungstermin gewählt hatten). Tragen Sie im Feld *Art der Vollmacht* den Wert *01 Handlungsvollmacht* ein, und suchen Sie im Feld *Organisationseinheit* über die Suchhilfe Ihre neu angelegte Abteilung *Consulting (D)* aus. (*Hinweis*: Die Suchhilfe zeigt im Standard nur 500 Einträge an. Damit Ihre Abteilung erscheint, müssen Sie zunächst diese Standardeinstellung löschen, indem Sie in der Ergebnisliste auf den Pfeil unterhalb der Registerkarte *Einschränkungen* klicken, und dann die maximale Trefferzahl 500 löschen.) Sichern Sie Ihre Eingaben. Nach dem Sichern gelangen Sie automatisch wieder in das Ausgangsbild der Transaktion *Personalstamm Pflegen (PA30)*, wo Sie den nächsten Infotyp bzw. die nächste Personalnummer zur Datenpflege auswählen können.

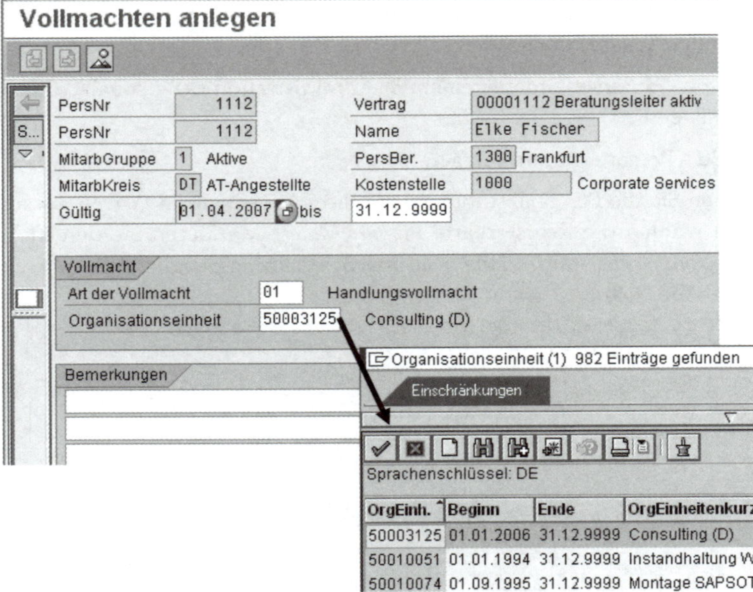

Abb. 7.45: Anlegen Infotypsatz Vollmachten © SAP AG

Übung: Infotypsatz anlegen

Im Rahmen der Consultingprozesse werden die Arbeitszeiten der Mitarbeiter (Beratungsstunden) mittels des Arbeitszeitblattes (CATS – Computer Aided Time Sheet) erfasst (vgl. Abschnitt 6.2.6). Damit diese Arbeitszeiten in weitere SAP-Komponenten übergeleitet und dort auch verwendet werden können, wird im HCM der Infotyp *Vorschlagswerte Arbeitszeitblatt* benötigt, der im folgenden angelegt werden soll. In diesem Infotyp werden pro Mitarbeiter Vorschlagswerte hinterlegt, die beim Erfassen der Arbeitszeiten automatisch in das Arbeitszeitblatt übertragen werden.

Um den Infotypsatz für Ihren Mitarbeiter *Philipp Schiller* zu erfassen, wählen Sie erneut folgenden Menüpfad bzw. den entsprechenden Transaktionscode:

Menüpfad

Personal➔Personalmanagement➔ Administration ➔Personalstamm ➔ Pflegen

Transaktion

PA30 – Personalstamm Pflegen

Da der gewünschte Infotyp nicht in dem Standard-Infotypmenü des SAP-Systems enthalten ist, tragen Sie im unteren Bereich der Transaktion in das Feld *Informationstyp* den Suchtext *Arbeitszeitblatt* ein. Danach geben Sie die Personalnummer *1113* Ihres Mitarbeiters *Philipp Schiller* an und wählen die Drucktaste *Anlegen (vgl.* Abb. 7.46*).*

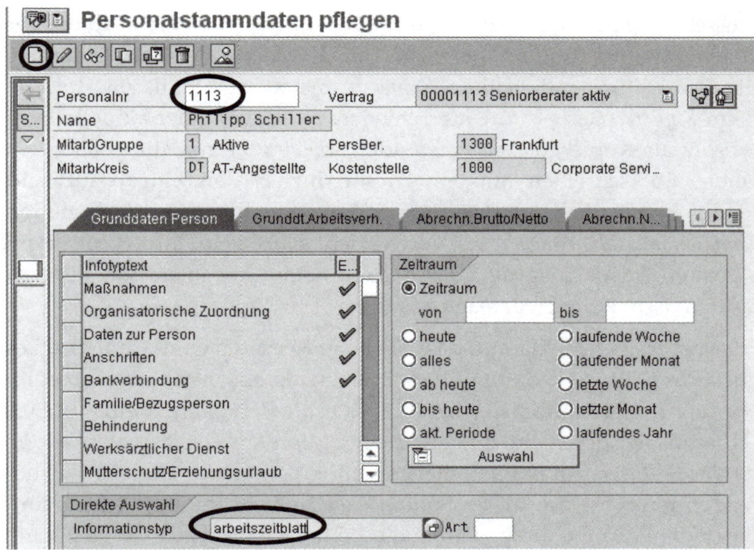

Abb. 7.46: Infotypauswahl © SAP AG

Das SAP-System sucht den Infotyp *Vorschlagswerte Arbeitszeitblatt* aus der Infotypliste aus, und zeigt ihn im Folgebild an (vgl. Abb. 7.47). Tragen Sie nun die folgenden Werte ein:

- Senderkostenstelle: *1000 Corporate Services*
- Leistungsart: *Sencon Senior-Berater- Stunden*
- Werk: *1300 Frankfurt*

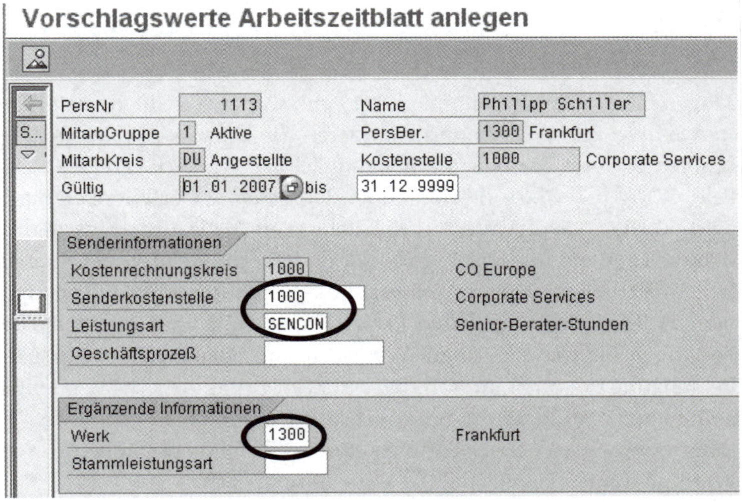

Vorschlagswerte Arbeitszeitblatt anlegen

PersNr 1113 Name Philipp Schiller
MitarbGruppe 1 Aktive PersBer. 1300 Frankfurt
MitarbKreis DU Angestellte Kostenstelle 1000 Corporate Services
Gültig 01.01.2007 bis 31.12.9999

Senderinformationen
Kostenrechnungskreis 1000 CO Europe
Senderkostenstelle 1000 Corporate Services
Leistungsart SENCON Senior-Berater-Stunden
Geschäftsprozeß

Ergänzende Informationen
Werk 1300 Frankfurt
Stammleistungsart

Abb. 7.47: Infotyp Vorschlagswerte Arbeitszeitblatt © SAP AG

Die restlichen Felder können Sie leer lassen. Nach dem Sichern des Infotyps springt das System automatisch wieder in den Ausgangsbildschirm zurück.

Kopieren

Bei Änderungen von bestimmten Sachverhalten, die im SAP-System eingegeben werden, müssen häufig nur wenige Datenfelder verändert werden, während die meisten der im aktuell gültigen Infotypsatz bereits erfassten Daten auch weiterhin gelten. Um in diesem Fall bei der Datenerfassung Zeit zu sparen und Fehler zu vermeiden, wählen Sie die Bearbeitungsmöglichkeit *Kopieren* anstatt der Funktion *Anlegen*. Beim *Kopieren* wird – im Unterschied zum *Anlegen* – der aktuelle Infotypsatz als Kopiervorlage verwendet, so dass Sie nur die geänderten Felder überschreiben müssen. Dies reduziert den Eingabeaufwand häufig beträchtlich, so dass immer zu empfehlen ist, die Funktion *Kopieren* anstatt *Anlegen* zu verwenden. Falls kein Infotypsatz zum Kopieren existiert, springt das System beim Anwählen von *Kopieren* automatisch in die Neuanlage des Satzes.

Hinweis: Achten Sie darauf, dass Sie beim Kopieren eines Infotypsatzes auch das Gültigkeitsdatum überschreiben, da ansonsten – bei entsprechender Zeitbindung – der neue Infotypsatz den alten komplett überschreibt! Dies geschieht, obwohl die Funktion *Kopieren* gewählt wurde, da das SAP-System bei den meisten Infotypen keine zeitgleich existierenden Infotypsätze zulässt. Sollten Sie also bei der Pflege der Stammdaten die Warnmeldung „Durch diese Eingabe wird ein Satz gelöscht" erhalten, müssen Sie vor dem Sichern noch mal genau prüfen, ob der eingegebene Gültigkeitszeitraum korrekt ist.

Übung: Infotypsatz kopieren

Ihr neu eingestellter Mitarbeiter *1113 Philipp Schiller* erhält nach Beendigung seiner Probezeit eine Gehaltserhöhung. Um diese Gehaltserhöhung im System zu erfassen, wählen Sie erneut folgenden Menüpfad bzw. den entsprechenden Transaktionscode:

Menüpfad

Personal➔Personalmanagement➔ Administration ➔Personalstamm ➔ Pflegen

Transaktion

PA30 – Personalstamm Pflegen

Tragen Sie die Personalnummer *1113* ein, wählen Sie die Registerkarte *Abrechnung Brutto/Netto* und markieren Sie den Infotyp *Basisbezüge*. Wählen Sie nun die Bearbeitungsmöglichkeit *Kopieren*. Tragen Sie im Feld *Gültig* den *01.04.* des laufenden Jahres ein. Überschreiben Sie im Feld (Tarif)-*Stufe* den Wert *01* mit dem Wert *02*. Dadurch werden die Beträge bei den Lohnarten *Tarifgehalt* und *Tarifliche Zulage* automatisch laut Tariftabelle angepasst. (*Hinweis*: die Erhöhung sehen Sie erst nach dem Wählen der Drucktaste *Enter*). Sichern Sie Ihre Eingaben und bestätigen Sie die angezeigte Warnmeldung bezüglich der zeitlichen Begrenzung des alten Infotypsatzes mit *Enter* (vgl. Abb. 7.48). (*Hinweis*: Sollte eine Warnmeldung bezüglich des Vorschlages einer neuen Tarifart bzw. eines neuen Tarifgebietes erscheinen, bestätigen Sie die Warnmeldung ebenfalls mit der Drucktaste *Enter*.)

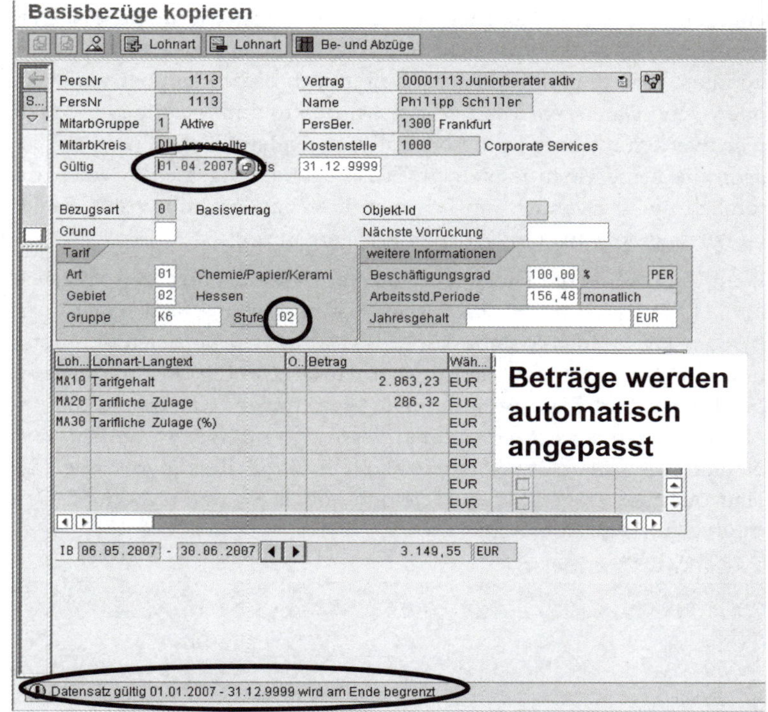

Abb. 7.48: Gehaltserhöhung © SAP AG

Überblick Historie

Sie haben nun einen neuen Infotypsatz hinzugefügt und damit gleichzeitig den alten Infotypsatz zeitlich begrenzt, und zwar zum Vortag des neuen Satzes. Dies können Sie sich im Rahmen der Infotyphistorie anzeigen lassen. Markieren Sie dafür den Infotyp *Basisbezüge,* und wählen Sie in der Anwendungsfunktionsleiste *Überblick.* Sie erhalten eine Übersicht über die beiden existierenden Infotypsätze und können erkennen, dass der alte (unten stehende) Infotypsatz nur noch bis zum *31.03.* des aktuellen Jahres gilt (vgl. Abb. 7.49).

Basisbezüge Liste

Be- und Abzüge

PersNr	1113	Vertrag	00001113 Juniorberater aktiv
PersNr	1113	Name	Philipp Schiller
MitarbGruppe	1 Aktive	PersBer.	1300 Frankfurt
MitarbKreis	DU Angestellte	Kostenstelle	1000 Corporate Servic
Auswahl	01.01.1800 bis 31.12.9999	Art	

Art	Gr	Beginn	Ende	TA	TG	Tarifgrup...	St	1.Betrag	1.Wä.
0		01.04.2007	31.12.9999	01	02	K6	02	2.914,36	EUR
0		01.01.2007	31.03.2007	01	02	K6	01	2.863,23	EUR

Abb. 7.49: Überblick Basisbezüge © SAP AG

Ändern

Die beiden Bearbeitungsmöglichkeiten *Anlegen* und *Kopieren* erzeugen also eine Historie der Daten, d.h. die alten Infotypsätze bleiben im System erhalten, und werden lediglich zeitlich begrenzt. Manchmal sind jedoch auch Datenänderungen nötig, die nicht in der Historie angezeigt werden sollen. Dies ist z.B. dann der Fall, wenn bei der Ersterfassung eines Infotyps nicht alle relevanten Felder gefüllt werden konnten, weil die erforderlichen Daten noch nicht komplett vorlagen, oder wenn Daten fehlerhaft erfasst wurden und im nach hinein korrigiert werden müssen. In diesem Fall verwenden Sie die Funktion *Ändern,* die keine Historie erzeugt. Diese Bearbeitungsmöglichkeit wird folglich nur verwendet, um in einem bestehenden Infotypsatz Fehler zu korrigieren, bzw. um Datenfelder zu ergänzen.

Übung: Infotyp ändern

Beim Überprüfen der Daten fällt Ihnen auf, dass Sie für Ihren Mitarbeiter *1113 Philipp Schiller* eine falsche Hausnummer erfasst haben. Außerdem lag bei der Ersterfassung der Adresse seine Telefonnummer noch nicht vor, die nun nachgereicht wurde. Um die Hausnummer zu korrigieren und die Telefonnummer einzutragen, wählen Sie die Registerkarte *Grunddaten Person,* markieren den Infotyp *Anschriften,* und wählen die Bearbeitungsmöglichkeit *Ändern.* Korrigieren Sie die Hausnummer, tragen Sie die Telefonnummer ein und sichern Sie den Infotypsatz (vgl. Abb. 7.50).

Abb. 7.50: Anschrift ändern © SAP AG

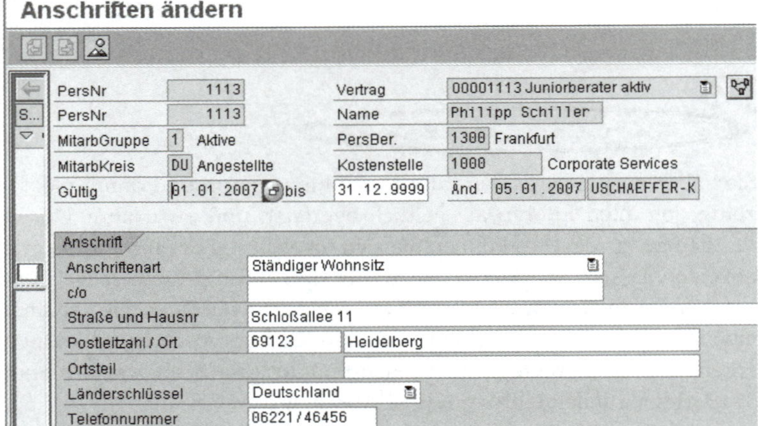

Löschen

Sie können einen bereits gespeicherten Infotypsatz wieder komplett löschen, z.B. wenn der Infotypsatz versehentlich für eine falsche Personalnummer erfasst wurde. Markieren Sie zum Löschen den entsprechenden Infotyp und wählen Sie die Bearbeitungsmöglichkeit *Löschen.* Das System zeigt Ihnen den aktuellsten Infotyp zunächst im Detailbild an, d.h. löscht den Infotypsatz nicht direkt. Im Detailbild wählen Sie erneut die Drucktaste *Löschen.* In der Regel wird (je nach Zeitbindung) beim Löschen eines Infotypsatzes der Vorgängersatz verlängert, damit keine Informationslücke entsteht.

Hinweis: Wenn Sie nicht den aktuellsten, sondern einen älteren Infotypsatz löschen wollen, lassen Sie sich zunächst einen Überblick aller Sätze dieses Infotyps anzeigen, und wählen Sie aus der Liste den zu löschenden Datensatz aus.

Personalmaßnahmen

Grundlegende personalwirtschaftliche Vorgänge werden in der Personaladministration mittels so genannter Personalmaßnahmen durchgeführt. Wie bei der Mitarbeitereinstellung bereits erläutert, bieten Personalmaßnahmen die Möglichkeit der Infotyppflege über vorab definierte Folgen von Infotypen. Das hat zum einen den Vorteil der Zeitersparnis, da nicht jeder Infotyp einzeln ausgewählt werden muss, und zum anderen trägt es zur Datenqualität bei, da sichergestellt ist, dass alle relevanten Infotypen zur Bearbeitung vorgeschlagen werden. Die Durchführung der längsten und wichtigsten Personalmaßnahme, nämlich die Einstellung eines neuen Mitarbeiters wurde bereits beschrieben (vgl. Kapitel 7.1.3). Weitere Beispiele für Personalmaßnahmen sind die Versetzung (Organisatorischer Wechsel), der Eintritt in den Ruhestand oder die Kündigung (Austritt) eines Mitarbeiters.

Hinweis: Eine Reihe von wichtigen Datenfeldern (z.B. Personalbereich, Mitarbeitergruppe und –kreis) lässt sich nur über die Durchführung einer Personalmaßnahme ändern. Die Änderung dieser Datenfelder hat Einfluss auf Felder in anderen Infotypen. Daher muss sichergestellt werden, dass bei einer Änderung dieser Daten alle abhängigen Infotypen durchlaufen, und bei Bedarf angepasst werden können. Dies kann nur über die Durchführung einer Personalmaßnahme sichergestellt werden.

Übung: Organisatorischer Wechsel

Ihr neu eingestellter Mitarbeiter *1113 Philipp Schiller* wird nach einiger Zeit zum Seniorberater befördert und dadurch außertariflich bezahlt, d.h. er wird *AT-Mitarbeiter*. Diese Änderung müssen Sie über die Personalmaßnahme *Organisatorischer Wechsel* durchführen. Zur Durchführung der entsprechenden Personalmaßnahme wählen Sie folgenden Menüpfad bzw. den entsprechenden Transaktionscode:

Menüpfad

Personal➔Personalmanagement➔ Administration ➔Personalstamm ➔Personalmaßnahmen

Transaktion

PA40 – Personalmaßnahmen

Im Einstiegsbild der Transaktion tragen Sie Ihre Personalnummer *1113* ein und geben Sie im Feld *Beginn* das Datum *01.07.* des laufenden Jahres ein. Dieses Datum wird im Folgenden auf alle Infotypsätze als neues Beginndatum übertragen. Wählen Sie die Maßnahme *Organisatorischer Wechsel* aus, und wählen Sie die Drucktaste *Ausführen* (vgl. Abb. 7.51).

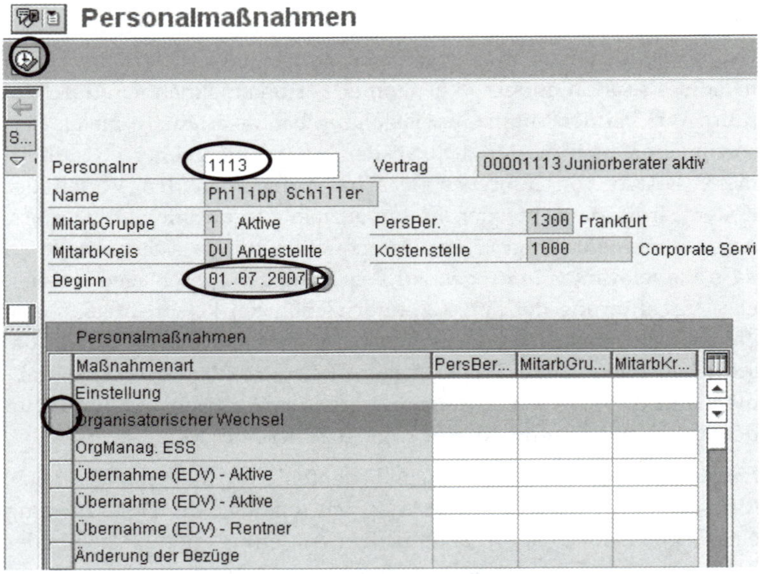

Abb. 7.51: Maßnahme Organisatorischer Wechsel (PA40) © SAP AG

Personalmaßnahmen

Personalnr	1113	Vertrag	00001113 Juniorberater aktiv
Name	Philipp Schiller		
MitarbGruppe	1 Aktive	PersBer.	1300 Frankfurt
MitarbKreis	DU Angestellte	Kostenstelle	1000 Corporate Servi
Beginn	01.07.2007		

Personalmaßnahmen

Maßnahmenart	PersBer...	MitarbGru...	MitarbKr...
Einstellung			
Organisatorischer Wechsel			
OrgManag. ESS			
Übernahme (EDV) - Aktive			
Übernahme (EDV) - Aktive			
Übernahme (EDV) - Rentner			
Änderung der Bezüge			

Sie gelangen nun in den ersten Infotyp der Personalmaßnahme, den Infotyp *Maßnahmen*. In diesem Infotyp wird zum einen die durchgeführte Personalmaßnahme dokumentiert, und zum anderen werden hier Daten zur organisatorischen Zuordnung des Mitarbeiters eingegeben, die später automatisch in den Infotyp *Organisatorische Zuordnung* übernommen werden. Da der Mitarbeiter befördert wird, erhält er eine neue Planstelle (vgl. Abb. 7.52). Wählen Sie im Feld *Planstelle* mit Hilfe der Struktursuche die Planstelle *Seniorberater* aus, die Sie im Rahmen des Organisationsmanagements angelegt haben. Wählen Sie dafür zunächst die Eingabemöglichkeiten des Feldes *Planstelle* aus (bzw. *F4*), und öffnen Sie in dem erscheinenden Dialogfenster die folgenden Organisationseinheiten: *IDES AG* → *Vorstand Deutschland* → *Produktion und Vertrieb (D)* → *Consulting (D)*. In der Abteilung *Consulting (D)* erscheinen nun Ihre neu angelegten Planstellen, und Sie können die Planstelle *Seniorberater* per Doppelklick auswählen.

Da Ihr Mitarbeiter in Zukunft außertariflich angestellt ist, wählen Sie im Feld *Mitarbeiterkreis* den Wert *DT AT-Angestellte* aus. Die Felder Personalbereich und Mitarbeitergruppe bleiben unverändert. Sichern Sie den Infotypsatz und bestätigen Sie die Warnung, dass der alte Infotypsatz zeitlich begrenzt wird mit *Enter*.

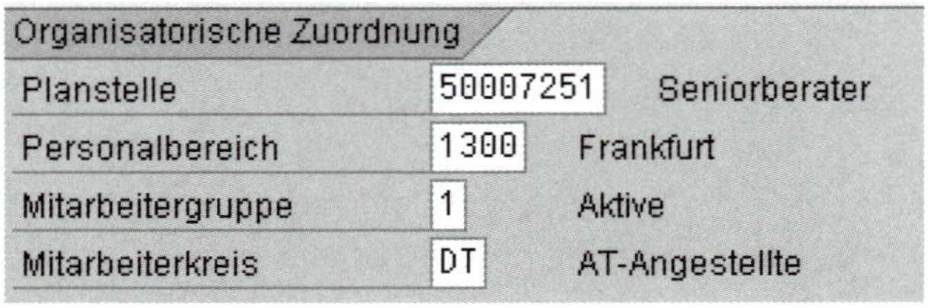

Abb. 7.52: Infotyp Maßnahmen © SAP AG

Organisatorische Zuordnung

Planstelle	50007251	Seniorberater
Personalbereich	1300	Frankfurt
Mitarbeitergruppe	1	Aktive
Mitarbeiterkreis	DT	AT-Angestellte

Sie gelangen nun in den Infotyp *Organisatorische Zuordnung*. Ihre vorher eingetragenen Werte, nämlich die neue Planstelle und der neue

Mitarbeiterkreis, werden in diesen Infotypsatz übernommen (vgl. Abb. 7.53). Auch wenn Sie keine weiteren Änderungen in diesem Infotypsatz machen möchten, müssen Sie diesen Infotypsatz sichern, da die im Infotyp *Maßnahmen* geänderten Werte dort nur eingegeben, im Infotyp *Organisatorische Zuordnung* allerdings gespeichert werden. Wählen Sie daher die Drucktaste *Sichern* und bestätigen Sie die Warnmeldung mit *Enter*.

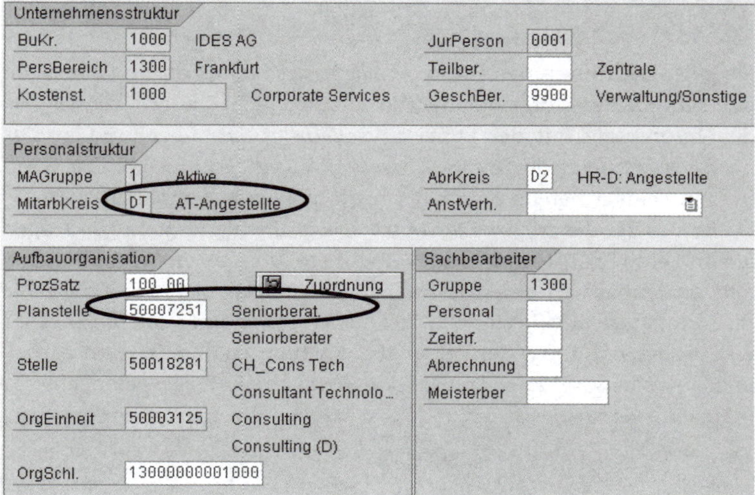

Abb. 7.53: Infotyp Organisatorische Zuordnung © SAP AG

Durch die Versetzung des Mitarbeiters auf eine neue Planstelle wird dessen alte Planstelle frei und muss neu besetzt werden. Daher erscheint im Folgenden ein Dialogfenster zum Anlegen der Vakanz der freiwerdenden Planstelle (vg. Abb. 7.54). Wählen Sie *Ja*, und geben Sie in der nächsten Maske im Feld *Personalreferent* den Wert *AMU* (*Anja Müller)* an. Einen Fachverantwortlichen für die Vakanz müssen Sie nicht eintragen, da das SAP-System in diesem Fall automatisch den jeweiligen Abteilungsleiter der vakanten Planstelle als Fachverantwortlichen für die Besetzung der Vakanz aussucht (vgl. Abb. 7.55).

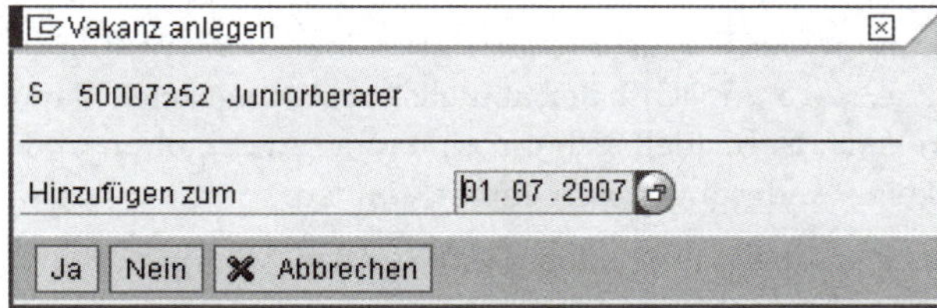

Abb. 7.54: Vakanz anlegen © SAP AG

Sichern Sie auch diesen Infotypsatz. Dadurch wurde die nun frei werdende alte Planstelle Ihres Mitarbeiters *Philipp Schiller* als vakant, d.h. als zu besetzen gekennzeichnet, so dass im Rahmen der Personalbeschaffung eine Ausschreibung angelegt werden kann (vgl. Kapitel 7.2.2).

Abb. 7.55: Details zur Vakanz © SAP AG

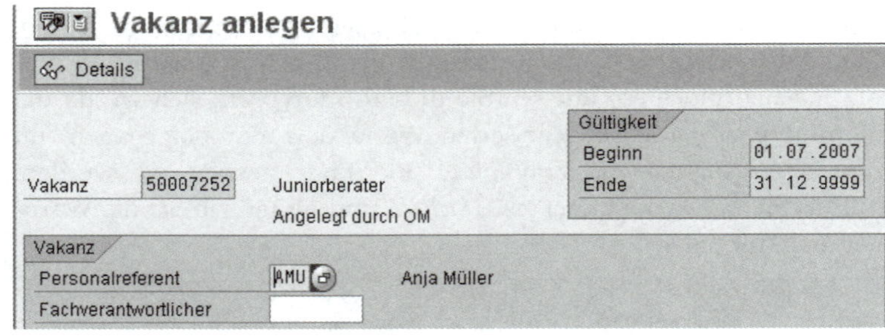

Sie gelangen nun in den Infotyp *Sollarbeitszeit*. Da sich die Arbeitszeit des Mitarbeiters aufgrund der Versetzung nicht ändert, können Sie den Infotypsatz mit der Drucktaste *Nächster Satz* überspringen. Als nächstes erscheint der Infotyp *Basisbezüge* (vgl. Abb. 7.56). Das SAP-System schlägt bereits automatisch die passende Lohnart *MA90 AT-Gehalt* vor, da der Mitarbeiter nun außertariflich angestellt ist. Tragen Sie im Feld (Tarif)-*Gruppe* den Wert *AT* ein, und geben Sie im Betragsfeld der Lohnart *AT-Gehalt* ein beliebiges Monatsgehalt ein. Sichern Sie Ihre Eingaben und bestätigen Sie die Warnmeldung mit *Enter*. Dies war der letzte Infotyp der Personalmaßnahme, so dass Sie nun zurück in das Ausgangsbild der Transaktion *Personalmaßnahmen* gelangen.

Abb. 7.56: Basisbezüge © SAP AG

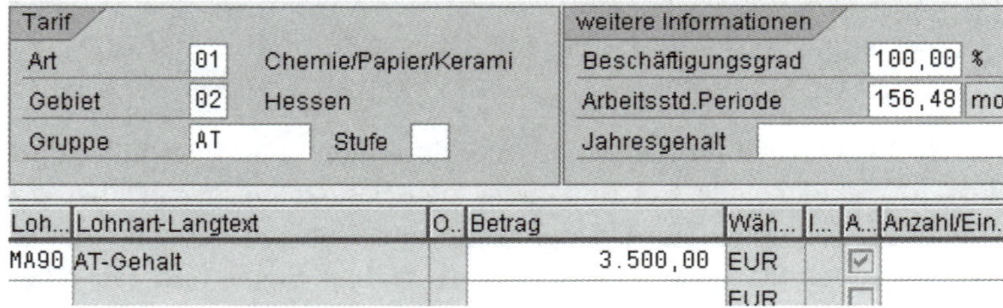

Personalakte

Einen Überblick über alle zu einem Mitarbeiter erfassten Daten (Infotypen) erhalten Sie über die Transaktion *Personalakte*. Mittels dieser Transaktion können Sie sich alle existierenden Infotypsätze zu einer Personalnummer anzeigen lassen, so als würden Sie in einer Personalakte blättern. Die Infotypen sind sortiert anhand ihrer Infotypnummer (die Infotypnummern werden nicht angezeigt). Gibt es zu einem Infotyp mehrere Sätze, wird zunächst der aktuellste Satz angezeigt, dann der nächst ältere usw. Es handelt sich um eine reine Anzeigetransaktion, mit der Sie keine Änderungen vornehmen können.

Übung: Personalakte

Zur Anzeige der Personalakte wählen Sie folgenden Menüpfad bzw. den entsprechenden Transaktionscode:

Menüpfad

Personal→Personalmanagement→ Administration →Personalstamm →Personalakte

Transaktion

PA10 – Personalakte

Geben Sie die Personalnummer *1113 Philipp Schiller* ein und wählen Sie *Anzeigen*. Sie können nun mit Hilfe der Funktion *Nächster Satz* alle Infotypen durchblättern.

Schnellerfassung

Mit Hilfe der Schnellerfassung kann ein Infotyp für mehrere Mitarbeiter gleichzeitig gepflegt werden. Dies kann den Eingabeaufwand erheblich reduzieren. Zur Auswahl derjenigen Personalnummern, die Sie mittels Schnellerfassung bearbeiten wollen, stehen folgende Möglichkeiten zur Verfügung:

- Personalnummern direkt auf dem Schnellerfassungsbild eingeben,
- Personalnummern vor der Datenerfassung auf dem Schnellerfassungsbild manuell eingeben,
- Personalnummern vom System anhand bestimmter Suchkriterien auflisten lassen.

Übung: Schnellerfassung Sonderzahlung

Da die neue Abteilung *Consulting (D)* der Musterfirma ICS GmbH gute Ergebnisse vorweisen kann, sollen alle Mitarbeiter dieser Abteilung eine einmalige Sonderzahlung erhalten. Um dies als Schnellerfassung durchzuführen, wählen Sie folgenden Menüpfad bzw. den entsprechenden Transaktionscode:

Menüpfad

Personal➔Personalmanagement➔ Administration ➔Personalstamm ➔Schnellerfassung

Transaktion

PA70 – Schnellerfassung

Im Einstiegsbild der Transaktion markieren Sie zunächst den Infotyp *Ergänzende Zahlung.* Zur Auswahl der Personalnummern wählen Sie im Bereich *Eingabe Personalnummern* den Auswahlknopf *Vorselektion mit Report.* Mit der Drucktaste *Anlegen mit Vorschlag* gelangen Sie automatisch in das Selektionsbild für die Personalnummernselektion. Damit das System alle Mitarbeiter der Abteilung *Consulting (D)* auflistet, wählen Sie den Druckknopf *Org. Struktu*r und suchen im erscheinenden Dialogfenster die Abteilung *Consulting (D)* per Struktursuche aus (Pfad *IDES AG→ Vorstand Deutschland→ Produktion und Vertrieb (D) → Consulting (D)*). Dann wählen Sie *Ausführen.* Sie erhalten eine Liste mit den beiden Mitarbeitern, die in der Beratungsabteilung arbeiten. Wählen Sie erneut *Anlegen mit Vorschlag,* um Vorschlagswerte in dem Infotyp *Ergänzende Zahlung* eintragen zu können. Geben Sie in dem folgenden Erfassungsbild das Entstehungsdatum *01.07.* des laufenden Jahres ein, sowie die Ländergruppierung *01 (Deutschland)* und die Lohnart *M140 freiwillige Sonderzahlung.* Wählen Sie einen beliebigen Betrag und die Währung *Euro,* danach wählen Sie die Drucktaste *Nächstes Bild.* Nun werden alle vorher selektierten Personalnummern mit den gewählten Lohnarten, Beträgen, Währungen und Entstehungsdaten angezeigt. Beim Sichern wird der Infotyp für alle auf dem Schnellerfassungsbild aufgelisteten Mitarbeiter gespeichert (vgl. Abb. 7.57).

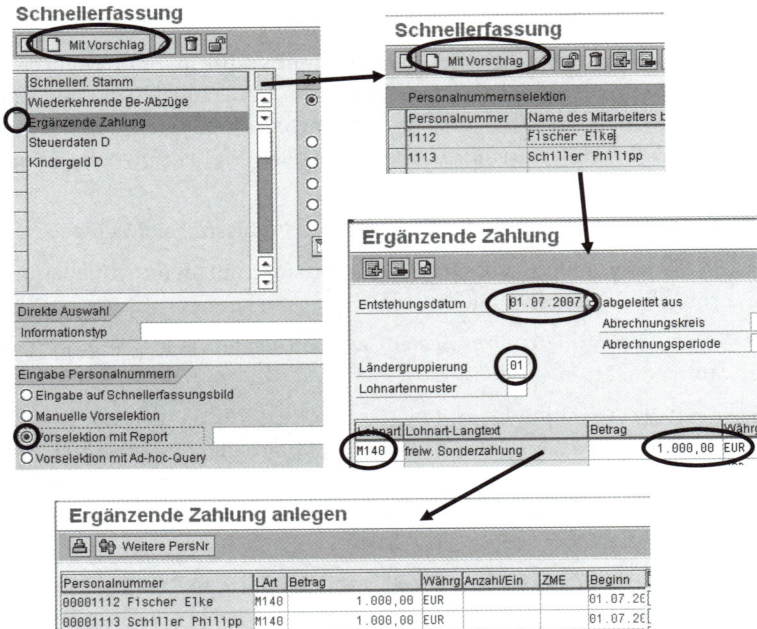

Abb. 7.57: Schnellerfassung Stammdaten (PA70) © SAP AG

Um zu prüfen, ob der Infotyp angelegt wurde, wählen Sie die Transaktion *Personalstammdaten pflegen (PA30)* und tragen Sie einen Ihrer beiden Mitarbeiter in das Feld *Personalnummer* ein. Wählen Sie die Karteikarte *Abrechnung Brutto/Netto*, markieren sie den Infotyp *Ergänzende Zahlung* und wählen Sie die Funktion *Anzeigen* (vgl. Abb. 7.58). Daraufhin sollte das Detailbild des Infotyps angezeigt werden.

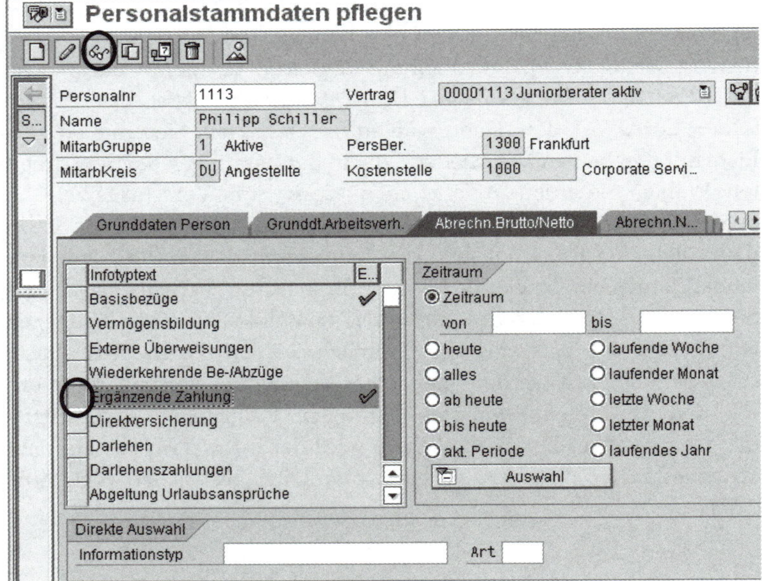

Abb. 7.58: Anzeige Infotyp Ergänzende Zahlung (PA30) © SAP AG

7.2.2 Personalbeschaffung

Im Rahmen der Komponente *Organisationsmanagement* haben Sie drei neue Planstellen angelegt, wovon allerdings erst zwei mit Mitarbeitern besetzt wurden. Über die Personalbeschaffung soll nun auch für die dritte Planstelle ein Inhaber gefunden werden. Ziel der Komponente *Personalbeschaffung* ist die Unterstützung der Personalreferenten bei der Suche, Auswahl und der Einstellung von geeigneten Kandidaten. Zunächst muss eine vakante, d.h. eine zu besetzende Planstelle existieren, die dann ausgeschrieben werden kann. Angelegt werden Vakanzen entweder über das Organisationsmanagement oder direkt in der Personalbeschaffung. Die Ausschreibung einer Vakanz erfolgt über die Veröffentlichung mittels eines internen oder externen Beschaffungsinstrumentes.

Übung: Ausschreibung Vakanz

Im Rahmen der Versetzung Ihres Mitarbeiters *1113 Philipp Schiller* auf die Planstelle *Seniorberater* wurde dessen alte Planstelle *Juniorberater* frei und soll nun wieder besetzt werden (vgl. Kapitel 7.2.1). Da Sie im Rahmen der Durchführung des organisatorischen Wechsels die alte Planstelle bereits als vakant gekennzeichnet haben, müssen Sie keine Vakanz mehr anlegen, sondern können diese Vakanz direkt ausschreiben.

Um eine (oder mehrere) vakante Planstellen auszuschreiben, wählen Sie folgenden Menüpfad bzw. den entsprechenden Transaktionscode:

Menüpfad

Personal➔Personalmanagement➔ Personalbeschaffung ➔ Personalwerbung ➔ Ausschreibung ➔Pflegen

Transaktion

PBAW – Ausschreibungen pflegen

In dem erscheinenden Selektionsbild wählen Sie – ohne weitere Angaben zu machen – die Drucktaste *Ausführen*, so dass Sie eine Übersicht über alle bereits existierenden Ausschreibungen erhalten. Um eine neue Ausschreibung anzulegen, wählen sie die Drucktaste *Ausschreibung anlegen* (vgl. Abb. 7.59).

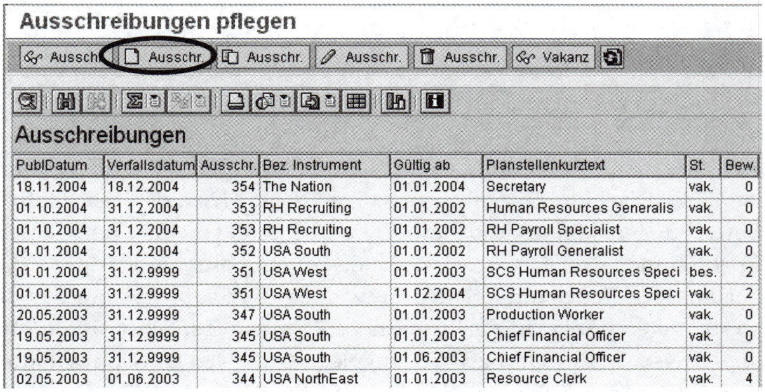

Ausschreibungen pflegen

Ausschr. | Ausschr. | Ausschr. | Ausschr. | Ausschr. | Vakanz

Ausschreibungen

PublDatum	Verfallsdatum	Ausschr.	Bez. Instrument	Gültig ab	Planstellenkurztext	St.	Bew.
18.11.2004	18.12.2004	354	The Nation	01.01.2004	Secretary	vak.	0
01.10.2004	31.12.2004	353	RH Recruiting	01.01.2002	Human Resources Generalis	vak.	0
01.10.2004	31.12.2004	353	RH Recruiting	01.01.2002	RH Payroll Specialist	vak.	0
01.01.2004	31.12.2004	352	USA South	01.01.2002	RH Payroll Generalist	vak.	0
01.01.2004	31.12.9999	351	USA West	01.01.2003	SCS Human Resources Speci	bes.	2
01.01.2004	31.12.9999	351	USA West	11.02.2004	SCS Human Resources Speci	vak.	2
20.05.2003	31.12.9999	347	USA South	01.01.2003	Production Worker	vak.	0
19.05.2003	31.12.9999	345	USA South	01.01.2003	Chief Financial Officer	vak.	0
19.05.2003	31.12.9999	345	USA South	01.06.2003	Chief Financial Officer	vak.	0
02.05.2003	01.06.2003	344	USA NorthEast	01.01.2003	Resource Clerk	vak.	4

Abb. 7.59: Liste der Ausschreibungen (PBAW) © SAP AG

In der nächsten Maske (vgl. Abb. 7.60) wählen Sie *Nächste freie Ausschreibungsnummer* und machen in den weiteren Feldern folgende Eingaben:

- Instrument *00000001 FAZ*
- Publikationsdatum: aktuelles Datum
- Ausschreibungsende: Ende des Jahres
- Publikationskosten: beliebig

Im Bereich *Publizierte Vakanzen* im unteren Teil der Transaktion müssen Sie angeben, welche Vakanz in dieser Ausschreibung publiziert werden soll. Wählen Sie dafür die Drucktaste *Hinzufügen*, so dass Sie eine Liste aller Vakanzen erhalten, aus der Sie per Suchhilfe die Vakanz *Juniorberater* auswählen können. Darüber hinaus können Sie den Namen eines Ausschreibungstextes eingeben und über die Drucktaste *Text pflegen* einen Freitext hinterlegen. Sichern Sie Ihre Ausschreibung.

Abb. 7.60: Ausschreibung anlegen © SAP AG

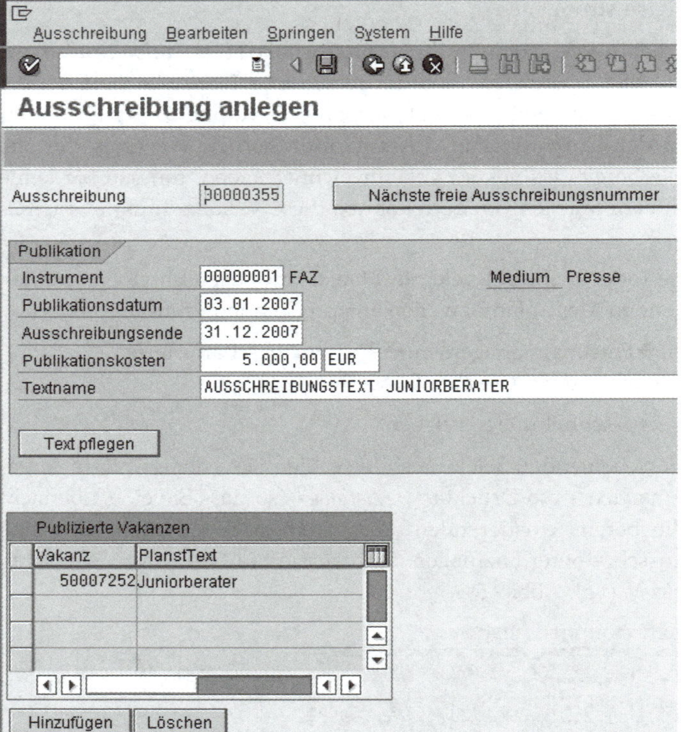

Auf diese Ausschreibung hin erhalten Sie eine Reihe von Bewerbungen, die Sie im System erfassen müssen. *Hinweis*: Bei Online-Bewerbungen können die Bewerberdaten direkt in das SAP-System übernommen werden, so dass keine erneute Erfassung durch den zuständigen Personalreferenten notwendig ist. Die Erfassung der Bewerberdaten erfolgt in der Regel über 2 Stufen: Zunächst werden für alle Bewerber die Grunddaten angelegt (z.B. Name, Geburtsdatum, Anschrift, Ausschreibung etc.), anschließend werden für diejenigen Bewerber, die in die engere Auswahl kommen, noch Zusatzdaten erfasst (z.B. Qualifikationen, Ausbildungen, frühere Arbeitgeber etc.). Die zweistufige Erfassung der Bewerberdaten (vgl. Abb. 7.61) hat insbesondere den Vorteil, dass der Aufwand zur Erfassung von Daten derjenigen Bewerber, die für das Unternehmen nicht in Frage kommen, minimal ist.

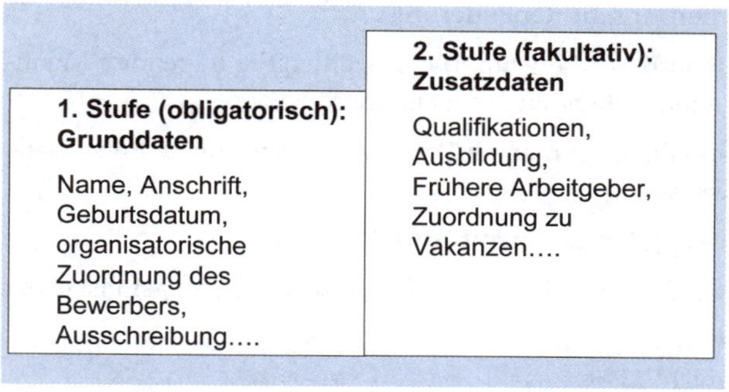

1. Stufe (obligatorisch): Grunddaten	**2. Stufe (fakultativ): Zusatzdaten**
Name, Anschrift, Geburtsdatum, organisatorische Zuordnung des Bewerbers, Ausschreibung....	Qualifikationen, Ausbildung, Frühere Arbeitgeber, Zuordnung zu Vakanzen....

Abb. 7.61: Zweistufiges Konzept der Bewerberdatenerfassung

Erfassung Bewerbergrunddaten

Bei der ersten Stufe der Bewerberdatenerfassung handelt es sich um eine Art Schnellerfassung, da alle Bewerbergrunddaten innerhalb einer Maske eingegeben werden. Bei dieser Ersterfassung werden die Bewerber – ähnlich wie die Mitarbeiter im Rahmen der Unternehmens- und Personalstruktur – in verschiedene Gruppen strukturiert, um die weitere Bearbeitung, insbesondere bei großen Bewerbermengen, zu erleichtern. So wird z.B. zwischen internen und externen Bewerbern unterschieden, sowie zwischen Spontanbewerbern (Initiativbewerbern) und Bewerbern, die sich auf eine Ausschreibung beziehen. Außerdem erfolgt eine Zuordnung zu einem Personalbereich und -teilbereich, zu einer Bewerbergruppe und einem Bewerberkreis. Die Bewerbergruppe strukturiert die Bewerber nach der Art des angestrebten Beschäftigungsverhältnisses im Unternehmen, z.B. befristete oder unbefristete Verträge, freie Mitarbeiter etc. Mit Hilfe des Bewerberkreises können Bewerber nach verschiedenen Kriterien klassifiziert werden, z.B. leitende Angestellte, Aushilfen, Fachkräfte etc. Außerdem erhält jeder Bewerber einen so genannten Gesamtstatus, z.B. *in Bearbeitung, zurückgestellt oder abgelehnt*. Schließlich erfolgt im Rahmen der Ersterfassung auch eine Zuordnung zu dem zuständigen Personalreferenten, der die Bewerbung weiter bearbeitet.

Bei der Ersterfassung der Bewerberdaten prüft das System anhand des Namens und des Geburtsdatums des Bewerbers, ob es sich um einen „Mehrfachbewerber“ bzw. um einen früheren Mitarbeiter handelt. Werden auf der Mitarbeiterdatenbank oder auf der Bewerberdatenbank frühere Mitarbeiter oder Bewerber gefunden, die mit dem vorliegenden Bewerber identisch sein könnten, so werden diese in einer Liste am Bildschirm ausgegeben. Sie müssen die vom System selektierten Mitarbeiter oder Bewerber dann dahingehend überprüfen, ob es sich um den vorliegenden Bewerber handelt. Ist dies der Fall, wählen Sie die Person aus, und das System verzweigt automatisch in die Bewerbermaßnahme *Erneute Bewerbung*. Gleichzeitig werden die im System gespeicherten Daten des Bewerbers eingespielt, so dass die Daten nicht erneut eingegeben werden müssen. Die eingespielten Daten können bei Bedarf aber auch überschrieben werden (z.B. bei einer zwischenzeitlichen Anschriftenänderung).

Übung: Erfassung Bewerbergrunddaten

Zur Erfassung von Bewerbergrunddaten wählen Sie folgenden Menüpfad bzw. den entsprechenden Transaktionscode:

Menüpfad

Personal➔Personalmanagement➔ Personalbeschaffung ➔ Bewerberstamm ➔ Ersterfassung

Transaktion

PB10 – Ersterfassung Grunddaten(PB10)

Geben Sie folgende Bewerberdaten in die Ersterfassungsmaske ein (vgl. Abb. 7.62):

- Personalbereich: *1300*
- Bewerbergruppe: *1*
- Bewerberkreis: *Angestellte*
- Personalreferent: *AMU Anja Müller*
- Name: *Sophie Dengler*
- Anschrift: beliebig
- Ausschreibung: Wählen Sie die Ausschreibung aus, die Sie in der vorherigen Übung angelegt haben.

Sichern Sie Ihre eingegebenen Grunddaten. Die einzelnen Informationen werden nun im Hintergrund in Bewerberinfotypen abgespeichert.

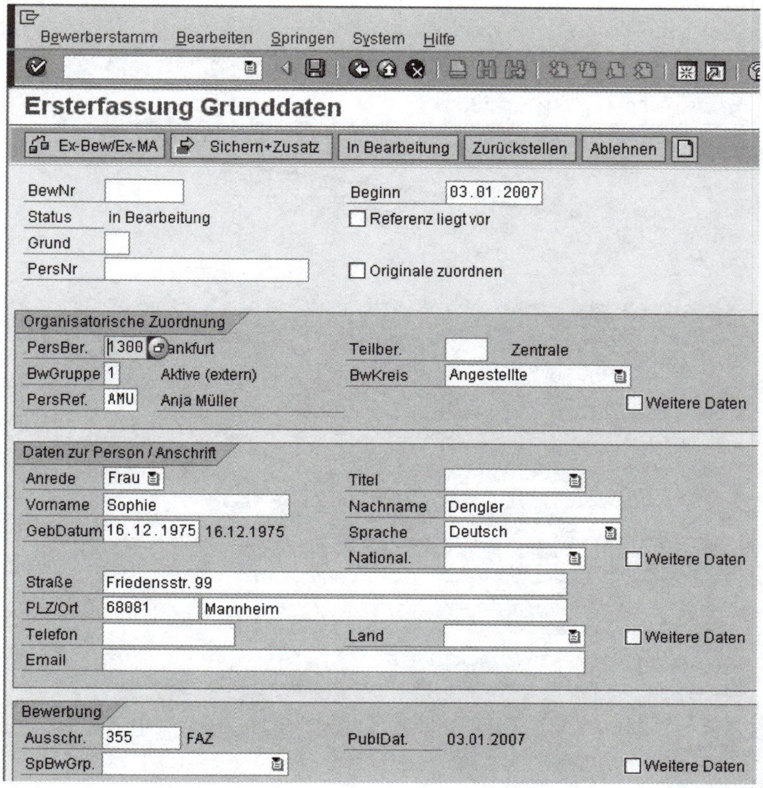

Abb. 7.62: Ersterfassung Grunddaten (PB10) © SAP AG

Übung: Ersterfassung mit sofortiger Ablehnung

Erfassen Sie als nächstes Daten für einen zweiten Bewerber, von dem Sie bereits wissen, dass er nicht in die engere Auswahl kommt. Ordnen Sie auch diesen Bewerber Ihrer Vakanz zu, und wählen Sie die restlichen Daten beliebig aus. Wählen Sie die Drucktaste *Ablehnen* und sichern Sie die Bewerberdaten anschließend (vgl. Abb. 7.63). Dies bewirkt, dass der Bewerber den Status *abgelehnt* erhält und nicht weiter am Personalauswahlprozess teilnimmt.

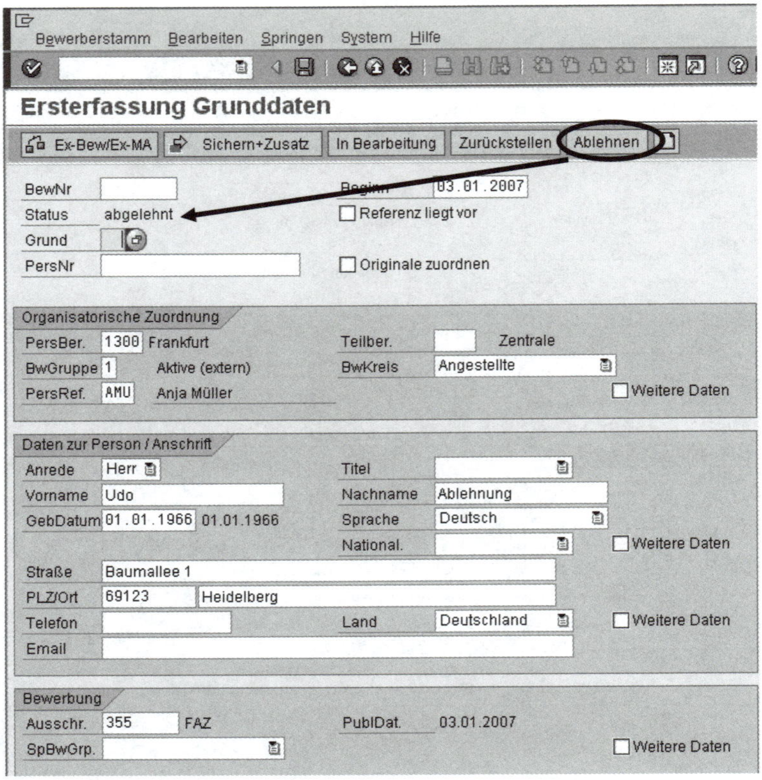

Abb. 7.63: Bewerbererst-erfassung mit sofortiger Ablehnung (PB10)
© SAP AG

Bewerberstamm Bearbeiten Springen System Hilfe

Ersterfassung Grunddaten

Ex-Bew/Ex-MA | Sichern+Zusatz | In Bearbeitung | Zurückstellen | Ablehnen

BewNr | Beginn 03.01.2007
Status abgelehnt | Referenz liegt vor
Grund
PersNr | Originale zuordnen

Organisatorische Zuordnung
PersBer. 1300 Frankfurt | Teilber. Zentrale
BwGruppe 1 Aktive (extern) | BwKreis Angestellte
PersRef. AMU Anja Müller | Weitere Daten

Daten zur Person / Anschrift
Anrede Herr | Titel
Vorname Udo | Nachname Ablehnung
GebDatum 01.01.1966 01.01.1966 | Sprache Deutsch
National. | Weitere Daten
Straße Baumallee 1
PLZ/Ort 69123 Heidelberg
Telefon | Land Deutschland | Weitere Daten
Email

Bewerbung
Ausschr. 355 FAZ | PublDat. 03.01.2007
SpBwGrp. | Weitere Daten

Bewerbermaßnahmen

Um den Personalauswahlprozess weiter zu führen, stehen im SAP-System verschiedene Möglichkeiten zur Verfügung. So können Sie Bewerbermaßnahmen durchführen, d.h. Arbeitsabläufe wie z.B. die Erfassung von Zusatzdaten, die Einladung eines Bewerbers zum Interview, die Zurückstellung eines Bewerbers und ähnliches. Die zuletzt durchgeführte Bewerbermaßnahme bestimmt automatisch den Gesamtstatus des Bewerbers. Wird für einen Bewerber beispielsweise die Bewerbermaßnahmenart *Bewerber zurückstellen* durchgeführt, erhält der Bewerber den Gesamtstatus *zurückgestellt*. *Hinweis*: Hat sich ein Bewerber auf verschiedene Ausschreibungen hin beworben, so erhält er für jede ihm zugeordnete Vakanz einen eigenen Status. Dies bedeutet, dass er für eine bestimmte Vakanz den Status *abgelehnt* haben, während er für eine weitere Vakanz durchaus noch in Bearbeitung sein kann.

Bewerbervorgang

Alle im Rahmen eines Auswahlprozesses für einen Bewerber geplanten und erledigten Aktivitäten müssen systemseitig protokolliert werden. Diese Protokollierung erfolgt über so genannte Bewerbervorgänge. Bei den Bewerbervorgängen handelt es sich um administrative Schritte, die ein Bewerber im Rahmen des Auswahlprozesses durchläuft. Bewerbervorgänge müssen nicht unbedingt manuell angelegt werden, sondern können automatisch von verschiedenen Bewerbermaßnahmen ausgelöst werden. So legt das System z.B. automatisch den Bewerbervorgang *Eingangsbestätigung* an, wenn die Bewerbermaßnahme *Ersterfassung Grunddaten* durchgeführt wurde, bzw. den Vorgang *Ablehnungsschreiben*, wenn der Bewerber den Status *abgelehnt* erhält. Da mit vielen Bewerbervorgängen ein Standardschreiben verknüpft ist, steuern die Bewerbervorgänge auch den Schriftverkehr zwischen dem Unternehmen und den Bewerbern. Die Erstellung der Bewerberkorrespondenz kann sowohl über SAPscript oder Microsoft Word erfolgen.

Übung: Anzeige Bewerbervorgang

Aufgrund der Ersterfassung der beiden Bewerbungen wurden vom System automatisch Bewerbervorgänge mit der entsprechenden Korrespondenz angelegt. Um sich diese Bewerbervorgänge anzeigen zu lassen, wählen Sie folgenden Menüpfad bzw. den entsprechenden Transaktionscode:

Menüpfad

Personal➔Personalmanagement➔ Personalbeschaffung ➔ Bewerbervorgang ➔ Pflegen

Transaktion

PB60 – Bewerbervorgänge pflegen

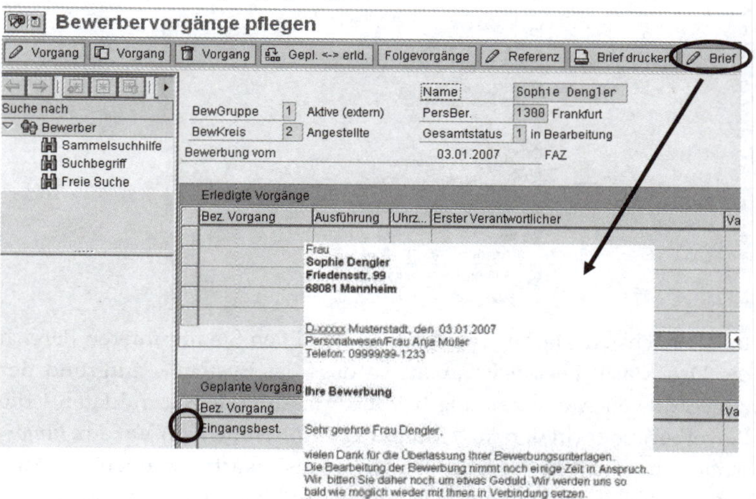

Abb. 7.64: Anzeige Bewerbervorgang und Brief (PB60) © SAP AG

Übung: Erfassung Bewerberzusatzdaten

Im Feld *Bewerbernummer* tragen Sie die Nummer Ihrer Bewerberin ein, bzw. wählen die Nummer per Suchhilfe (anhand des Namens) aus. Wählen Sie die Drucktaste *Ausführen*. In der folgenden Maske wird der automatisch generierte Vorgang *Eingangsbestätigung* im unteren Bereich der Transaktion (Geplante Vorgänge) angezeigt. Der Vorgang ist mit einem Standardtext verknüpft, den Sie sich anzeigen lassen können. Markieren Sie dafür den Vorgang und wählen Sie die Drucktaste *Brief ändern* (vgl. Abb. 7.64). *Hinweis*: Falls Sie der Bewerberin nicht den Standardbrief, sondern einen individuelle Brief zukommen lassen möchten, können Sie an dem Standardbrief Änderungen vornehmen und diese Änderungen sichern.

Da Ihre Bewerberin *Sophie Dengler* in die engere Auswahl für die ausgeschriebene Planstelle kommt, erfassen Sie als nächstes ihre Zusatzdaten. Wählen Sie dafür folgenden Menüpfad bzw. den entsprechenden Transaktionscode:

Menüpfad

Personal➔Personalmanagement➔ Personalbeschaffung ➔ Bewerberstamm ➔ Bewerbermaßnahmen

Transaktion

PB40 – Bewerbermaßnahmen

Tragen Sie in das Feld *Bewerbernummer* erneut die Nummer Ihrer Bewerberin ein, und wählen Sie als Beginndatum einen Tag nach der Ersterfassung der Bewerberin. Markieren Sie die Maßnahme *Zusatzdaten erfassen* und wählen Sie die Drucktaste *Ausführen* (vgl. Abb. 7.65).

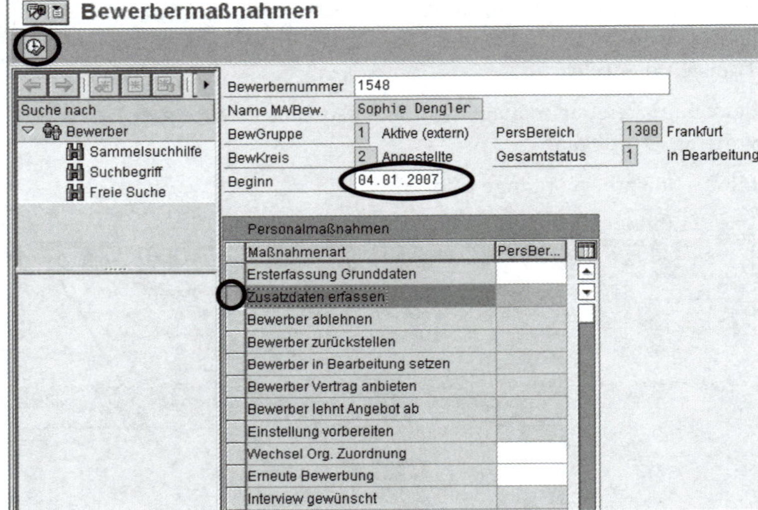

Abb. 7.65: Einstieg Bewerbermaßnahmen (PB40) © SAP AG

In der nächsten Maske (vgl. Abb. 7.66) wählen Sie im unteren Bereich die Drucktaste *Vorschlag Vakanz*, so dass das System – aufgrund der zugeordneten Ausschreibung bei der Erfassung der Grunddaten – die Bewerberin der (in der Ausschreibung veröffentlichten) Vakanz *Juniorberater* zuordnen kann. Über weitere Registerkarten können Sie Ausbildungsdaten und frühere Arbeitgeber der Bewerberin eintragen.

Pflegen von Qualifikationen

Über die Drucktaste *Qualifikationsprofil pflegen* gelangen Sie in das Bild *Bewerber: Profil ändern* um Fähigkeiten und Kenntnisse der Bewerberin eingeben (vgl. Abb. 7.67). Wählen Sie im unteren Bereich der Transaktion die Drucktaste Anlegen, so dass Sie auf das Dialogfenster Qualifikation auswählen gelangen. Geben Sie hier als Suchbegriff z.B. die Qualifikation *englisch* ein, so dass das System in dem vorhandenen Qualifikationskatalog nach entsprechenden Qualifikationen suchen

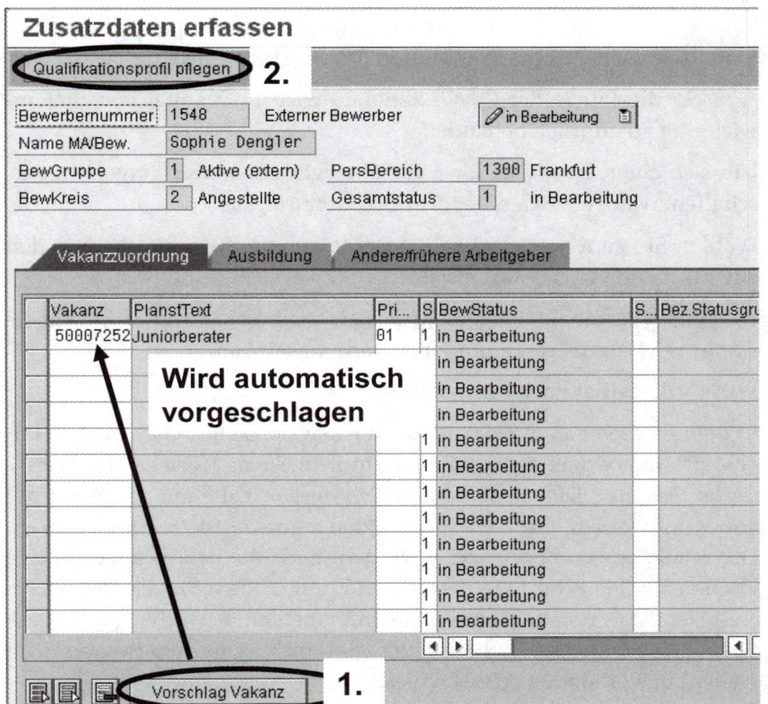

Abb. 7.66: Erfassung Zusatzdaten © SAP AG

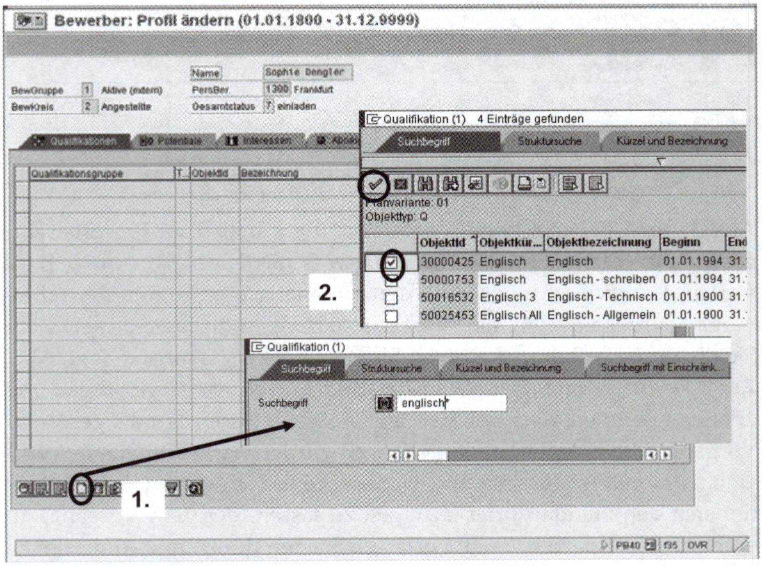

Abb. 7.67: Erfassung Qualifikationen © SAP AG

kann. Wählen Sie die entsprechende Qualifikation aus. Wiederholen Sie die Eingabe der Qualifikation mit dem Beispiel *BWL*. Anschließend können sie den ausgewählten Qualifikationen noch beliebige Ausprägungen (d.h. den jeweiligen Kenntnisstand der Bewerberin) zuordnen. Sichern Sie die erfassten Qualifikationen, kehren Sie mit der Drucktaste *Zurück* wieder in das Ausgangsbild der Maske *Zusatzdaten erfassen* zurück und sichern Sie auch diese Daten. Daraufhin gelangen Sie automatisch wieder in die Transaktion *Bewerbermaßnahmen.*

Hinweis: die Pflege der Qualifikationen wird im Kapitel Personalentwicklung ausführlich behandelt.

Übersicht Bewerbungsseingang

Um sich einen Überblick über alle eingegangen Bewerbungen zu verschaffen, wählen Sie den Report *Bewerbungseingang.*

Wählen Sie zum Starten des Reports folgenden Menüpfad, bzw. den entsprechenden Transaktionscode:

Menüpfad

Personal➔Personalmanagement➔ Personalbeschaffung ➔Bewerberstamm➔Massenverarbeitung➔Bewerbungseingang

Transaktion

PBA4 – Bewerber nach Maßnahmen

In dem erscheinenden Selektionsbild ist systemseitig schon ein Selektionskriterium eingetragen, nämlich im Feld *Status (Gesamt)* der Wert *1 (in Bearbeitung).* Dies bedeutet, dass in diesem Falle nur die Bewerber angezeigt werden, die zum Stichtag den Status *in Bearbeitung* besitzen. Damit alle Bewerber angezeigt werden (auch die bereits abgelehnten) löschen Sie den Eintrag in diesem Feld und wählen Sie die Drucktaste *Ausführen.* Sie erhalten eine Liste Ihrer beiden Bewerber (bzw. eine Liste mit weiteren Bewerbern, falls zum Stichtag in dem System noch weitere Bewerbungen erfasst wurden).

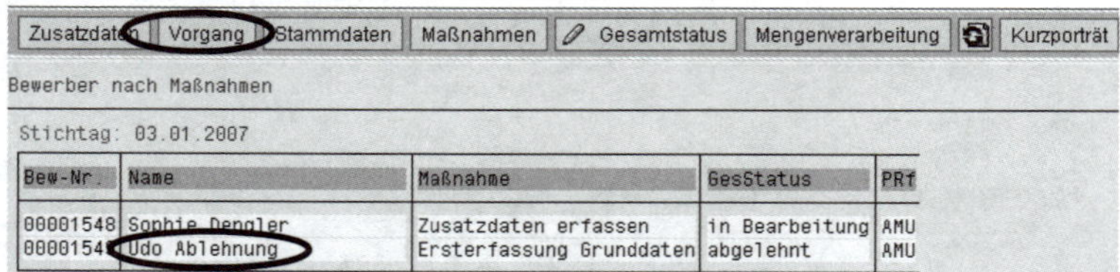

Bewerber nach Maßnahmen

Zusatzdaten | Vorgang | Stammdaten | Maßnahmen | Gesamtstatus | Mengenverarbeitung | Kurzporträt

Bewerber nach Maßnahmen

Stichtag: 03.01.2007

Bew-Nr.	Name	Maßnahme	GesStatus	PRf
00001548	Sophie Dengler	Zusatzdaten erfassen	in Bearbeitung	AMU
0000154[illegible]	Udo Ablehnung	Ersterfassung Grunddaten	abgelehnt	AMU

Abb. 7.68: Bewerbungseingang © SAP AG

Aus dieser Übersicht heraus haben Sie die Möglichkeit Bewerbervorgänge und -maßnahmen sowie auch verschiedene Auswertungen zu starten. Um sich beispielsweise den automatisch erzeugten Bewerbervorgang Ihres abgelehnten Bewerbers anzeigen zu lassen, markieren Sie diesen Bewerber und wählen Sie die Drucktaste *Vorgang* (vgl. Abb. 7.68). Dadurch gelangen Sie in das Bild *Bewerbervorgänge pflegen* und können erkennen, dass der Vorgang *Ablehnungsschreiben* als geplanter Vorgang bereits automatisch generiert wurde. Markieren Sie den Vorgangs *Ablehnungsschreiben* und wählen Sie die Drucktaste *Brief ändern,* um sich den Standardbrief anzeigen zu lassen, der dem Vorgang zugeordnet ist (vgl. Abb. 7.69). Verlassen Sie den Brief, ohne Änderungen vorzunehmen.

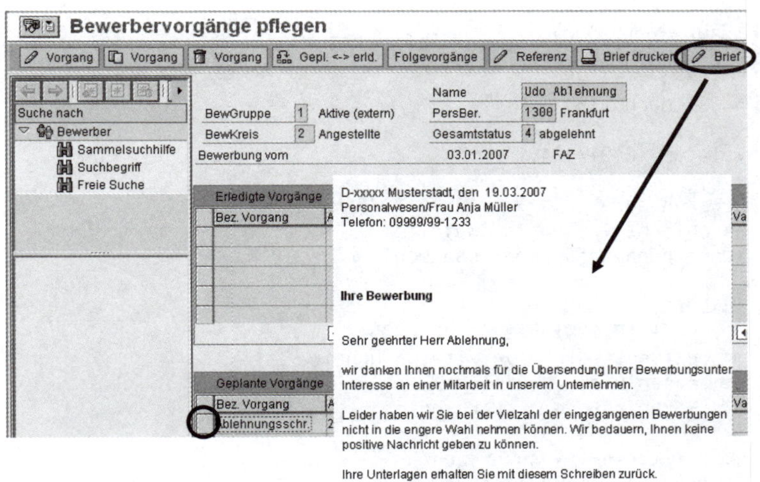

Abb. 7.69: Anzeige Bewerbervorgänge © SAP AG

Gehen Sie nun zurück in die Bewerberübersicht. Hier können Sie sich auch das Kurzporträt eines Bewerbers, d.h. einen Überblick über alle bereits erfassten Daten anzeigen lassen (vg. Abb. 7.70). Markieren Sie dafür die Bewerberin *Sophie Dengler* und wählen Sie *Kurzporträt. Hinweis*: Je nachdem, welche Zusatzdaten Sie erfasst haben (Ausbildungen, Frühere Arbeitgeber, Qualifikationen), zeigt das System unterschiedliche Informationen an.

Übung: Einladung Interview

Sie entscheiden sich nun dafür, Ihre Bewerberin zum Vorstellungsgespräch einzuladen. Die Einladung zu einem Interview wird im SAP-System ebenfalls über eine Bewerbermaßnahme abgebildet. Wählen Sie dafür folgenden Menüpfad bzw. den entsprechenden Transaktionscode:

Menüpfad

Personal➔Personalmanagement➔ Personalbeschaffung ➔ Bewerberstamm ➔ Bewerbermaßnahmen

Transaktion

PB40 – Bewerbermaßnahmen

Im Feld *Bewerbernummer* wählen Sie Ihre Bewerberin aus und markieren die Maßnahme *Interview gewünscht*. Geben Sie als Gültigkeitsbeginn den Tag nach der Erfassung der Zusatzdaten an, damit der neue Infotyp (mit dem neuen Status der Bewerberin) nicht die bereits zeitgleich existierenden Infotypen überschreibt, und wählen Sie *Ausführen* (vgl. Abb. 7.71).

Abb. 7.70:
Bewerberkurzporträt
© SAP AG

```
Frau
Sophie Dengler
Friedensstr. 99
68081 Mannheim

Telefon: 0621/46456

Geboren am:             16.12.1975
Geschlecht:             weiblich
Korrespondenzsprache: Deutsch

Ausbildung:
  von 01.10.1991 bis 31.03.1995:
    Universität Universität Mannheim
    Abschluß:     Diplom
    Fachrichtung: Psychologie

Qualifikation -> Ausprägung
  Kenntnisse in Betriebswirtschaft -> hoch
          gültig von 16.12.1975 bis 31.12.9999

  Englisch -> Fliessend
          gültig von 01.01.1994 bis 31.12.9999

Bewerbermaßnahme:
  Maßnahme: Zusatzdaten erfassen,
            gültig seit 04.01.2007
  Status:   in Bearbeitung

Vakanzzuordnungen:
  Vakanz: Juniorberater, letzte Statusänderung am 03.01.2007
  Status: in Bearbeitung

Bewerbungen(Vorgänge):
  am 03.01.2007 , Ausschreibung 00000355 vom 03.01.2007
                in FAZ
     - Eingangsbest. geplant zum 04.01.2007 , um 00.00 Uhr.
```

Die erscheinende Maske (vgl. Abb. 7.72) ist bereits komplett mit Vorschlagswerten gefüllt, so dass Sie die Daten nur noch sichern müssen. Sie können erkennen, dass der alte Status *in Bearbeitung* nun nicht mehr gilt und die Bewerberin den Status *einladen* erhält. Beim Sichern der Daten erscheint zunächst die Warnmeldung bezüglich der zeitlichen Begrenzung des alten Satzes, die Sie mit *Enter* bestätigen. In dem erscheinenden Dialogfenster wählen Sie ein beliebiges Datum und eine Uhrzeit, an dem das Interview stattfinden soll, und geben Raum- und Gebäudenummer an. Bestätigen Sie Ihre eingegebenen Daten mit *Enter*. Die Bewerberin hat nun nicht mehr den Gesamtstatus *in Bearbeitung* sondern den Status *einladen*.

Hinweis: Sie brauchen in dem Dialogfenster keine Textvorlage auszuwählen, weil automatisch bereits ein Standardtext hinterlegt ist; weiterhin brauchen Sie keinen Verantwortlichen einzugeben, da dann automatisch der Leiter der Abteilung, in der sich die Vakanz befindet, als Verantwortlicher gewählt wird.

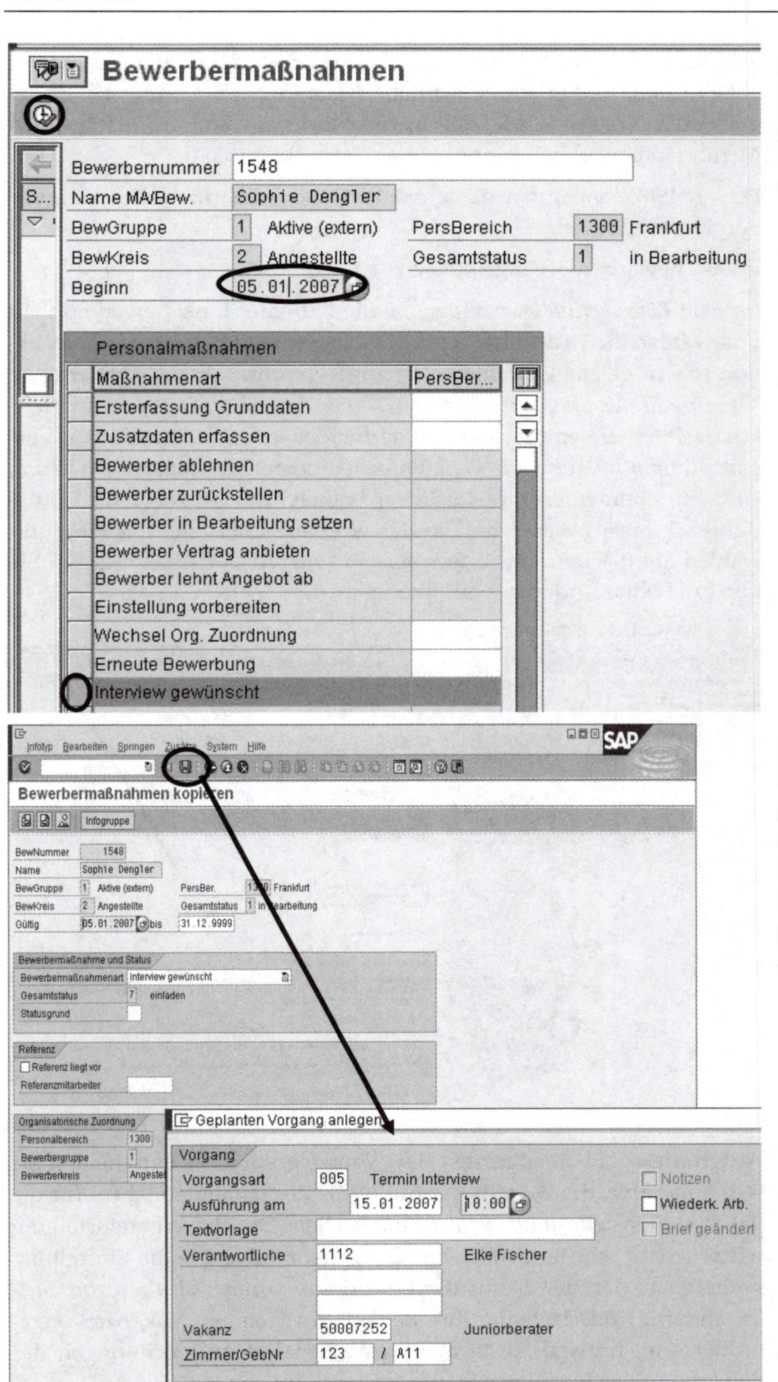

Abb. 7.71: Maßnahme: Interview gewünscht (PB40) © SAP AG

Abb. 7.72: Bewerbermaßnahme generiert automatisch einen Bewerbungsvorgang Termin Interview © SAP AG

Mit der Einladung zum Interview hat das System im Hintergrund ein entsprechendes Einladungsschreiben generiert. Zur Anzeige dieses geplanten Vorgangs mit der Korrespondenz wählen Sie folgenden Menüpfad bzw. den entsprechenden Transaktionscode:

Menüpfad

Personal➔Personalmanagement➔ Personalbeschaffung ➔ Bewerbervorgang ➔ Pflegen

Transaktion

PB60 – Bewerbervorgänge pflegen

Im Feld *Bewerbernummer* tragen Sie die Nummer Ihrer Bewerberin ein und wählen die Drucktaste *Ausführen*. Im unteren Bereich der Transaktion sehen Sie alle geplanten Vorgänge, darunter die neu generierten Vorgänge *Einladung Interview* und *Termin Interview*. Der Vorgang *Einladung Interview* enthält das Einladungsschreiben, während der Vorgang *Termin Interview* die Detailinformationen zum Interview (Datum, Uhrzeit, Zimmer, Verantwortliche) enthält. Zur Anzeige des Einladungsschreibens markieren Sie den Vorgang *Einladung Interview* und wählen Sie die Drucktaste *Brief ändern* (vgl. Abb. 7.73). Verlassen Sie den Brief ohne Änderungen vorzunehmen.

Abb. 7.73: Anzeige Einladungsschreiben © SAP AG

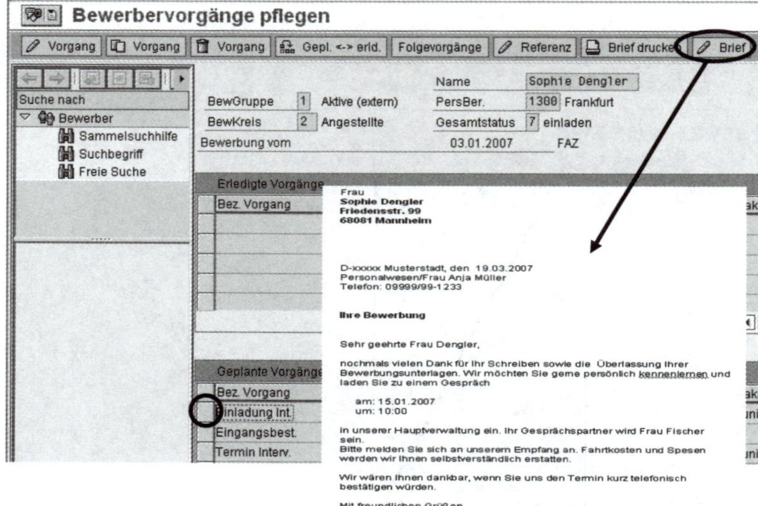

Übung: Einstellung Bewerber

Aufgrund des überzeugenden Bewerbungsgespräches entscheiden Sie sich nun dafür, die Bewerberin zum 01.07 des laufenden Jahres für die vakante Planstelle *Juniorberater* einzustellen. Die Bewerbereinstellung wird in zwei Schritten vollzogen. Zunächst müssen Sie die Einstellung vorbereiten, d.h. den Status der Bewerberin von *einladen* auf *einzustellen* ändern. *Hinweis*: Sollte Ihre Bewerberin weiteren Vakanzen zugeordnet sein, müssen Sie in allen restlichen Vakanzzuordnungen der Bewerberin den jeweiligen Status auf *abgelehnt* ändern.

Die Vorbereitung der Einstellung wird ebenfalls über eine Bewerbermaßnahme durchgeführt, so dass Sie erneut folgenden Menüpfad bzw. den entsprechenden Transaktionscode wählen können:

Personal➔Personalmanagement➔ Personalbeschaffung ➔ Bewerberstamm ➔ Bewerbermaßnahmen

Menüpfad

PB40 – Bewerbermaßnahmen

Transaktion

Im Feld *Bewerbernummer* tragen Sie wieder die Nummer Ihrer Bewerberin ein und markieren die Maßnahme *Einstellung vorbereiten*. Tragen Sie als Beginndatum den 01.07. des laufenden Jahres ein und wählen Sie die Drucktaste *Ausführen*. Die nächste Maske ist bereits komplett mit Vorschlagswerten belegt (insbesondere steht der Status auf *einzustellen*), so dass Sie die Daten nur sichern müssen (vgl. Abb. 7.74). Ihre Bewerberin hat nun den Status *einzustellen*, ist allerdings noch nicht eingestellt. Gleichzeitig hat das System automatisch einen Bewerbervorgang *Übernahme Bewerberdaten* und einen Bewerbervorgang *Einstellungstermin* für die einzustellende Bewerberin angelegt.

Hinweis: Sollten weitere Personen derselben Vakanz zugeordnet sein, bietet Ihnen das System während der Maßnahme *Einstellung vorbereiten* an, den Status der Vakanzzuordnung aller anderen Personen auf *abgelehnt* zu ändern.

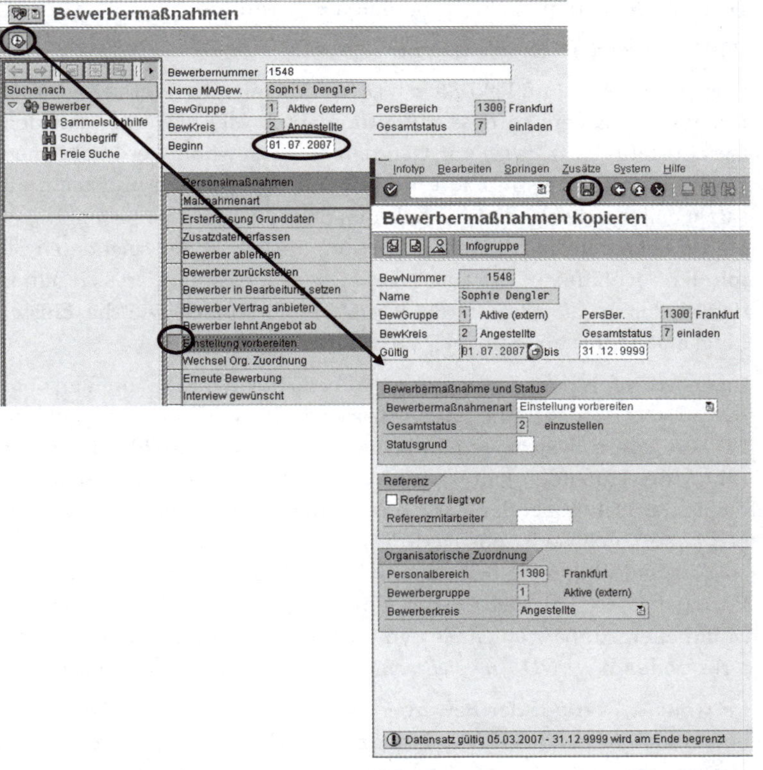

Abb. 7.74: Einstellung vorbereiten (PB40) © SAP AG

Die Einstellung eines Bewerbers bedeutet, dass mittels einer Datenübernahme alle Daten, die im Rahmen der Komponente *Personalbeschaffung* für den Bewerber bereits erfasst wurden, in die Komponente *Personaladministration* übernommen werden. Dadurch wird der Pflegeaufwand erheblich reduziert. Zusätzliche Daten wie zum Beispiel

Vertrags-, Gehalts-, oder Arbeitszeitdaten können Sie später in der Personaladministration ergänzen. Voraussetzung für die Übernahme der Daten eines Bewerbers in die Personaladministration ist, dass der betreffende Bewerber den Gesamtstatus *einzustellen* besitzt. Außerdem müssen die beiden Bewerbervorgänge *Einstellungstermin* und *Übernahme Bewerberdaten* existieren. Diese Voraussetzungen sind erfüllt durch die Durchführung des ersten Schrittes, nämlich der Bewerbermaßnahme *Einstellung vorbereiten*.

Hinweis: Sollten Sie die Bewerbermaßnahme *Einstellung vorbereiten* mehrfach durchgeführt haben, klappt die Übernahme der Daten nicht, da das System dann mehrere Vorgänge des Typs *Übernahme Bewerberdaten* angelegt hat, und nicht klar ist, welche davon ausgeführt werden soll. In diesem Fall müssen Sie in der Transaktion *Bewerbervorgänge pflegen* (*PB60*) die entsprechenden Bewerbervorgänge wieder löschen.

Übung: Datenübernahme

Zur Datenübernahme wählen Sie folgenden Menüpfad, bzw. die entsprechende Transaktion:

Menüpfad

Personal➔Personalmanagement➔ Personalbeschaffung ➔Bewerbervorgang ➔Übernahme Bewerberdaten ➔Ausführen

Transaktion

PBA7 – Direkte Datenübernahme

Systemseitig wird im Feld *Status (Gesamt)* bereits der Wert 2 *(einzustellen)* vorgeschlagen, so dass nun automatisch alle Bewerber mit dem Gesamtstatus *einzustellen* zur Übernahme ausgewählt werden können. Damit Sie allerdings nur Ihre Bewerberin übernehmen und nicht zusätzlich alle anderen, die ebenfalls den Status *einzustellen* haben, tragen Sie im Selektionsbild Ihre Bewerbernummer ein (oder selektieren Sie mit der Suchhilfe), und wählen Sie *Ausführen*. Sie befinden sich nun in der Maßnahme *Einstellung Bewerber*, die Sie ähnlich wie die Einstellungsmaßnahme aus Kapitel 7.1.3 durchführen können.

Im ersten Infotyp *Maßnahmen* (vgl. Abb. 7.75) wählen Sie die Personalnummer *1114* (oder eine andere passende Personalnummer, falls die *1114* in Ihrem System bereits belegt sein sollte). Das Eintrittsdatum (*01.07.* des laufenden Jahres) wird vom System bereits vorgeschlagen, da Sie das Datum bei der Vorbereitung der Einstellung bereits angegeben hatten. Ebenso ist das Feld *Planstelle* bereits mit der Position *Juniorberater* gefüllt, da die Bewerberin dieser Vakanz zugeordnet war. Als Personalbereich behalten Sie den Vorschlag *1300 Frankfurt* bei. Im Feld Mitarbeitergruppe wählen Sie den Wert *1 Aktive* und im Feld Mitarbeiterkreis den Wert *DU Angestellte*. Sichern Sie den Infotyp *Maßnahmen*.

Im weiteren Verlauf der Bewerberübernahme muss die in der Bewerbermaßnahme vorgesehene Infotypkette abgearbeitet werden. Das System zeigt die Infotypen nacheinander zur Bearbeitung an. Die einzelnen Infotypen (z.B. *Daten zur Person, Organisatorische Zuordnung, Anschrift*) sind mit den bereits eingegebenen Bewerberdaten gefüllt, so dass Sie diese Daten – ohne erneute Eingabe – direkt in die Personaladministration übernehmen können. Fehlende Werte ergänzen Sie

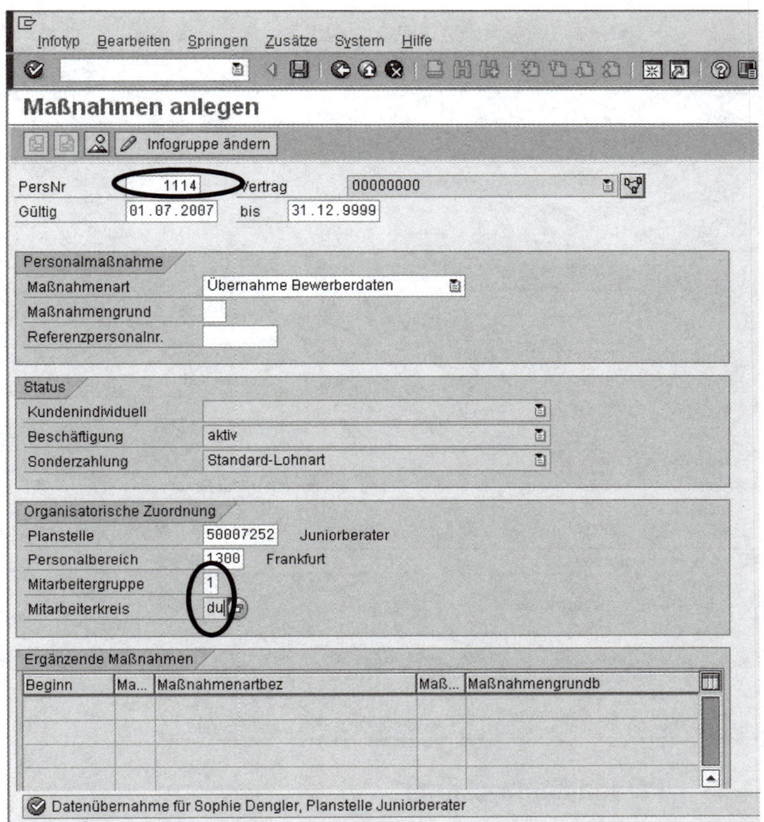

Abb. 7.75: Übernahme Bewerberdaten © SAP AG

beliebig (vgl. z.B. Abb. 7.76). Sichern Sie jeden Infotyp. Beim Sichern des Infotyps *Organisatorische Zuordnung* erscheint ein Dialogfenster, indem Sie die Vakanz zum Vortag der Einstellung (30.06 des laufenden Jahres) abgrenzen können, da sie nun nicht mehr benötigt wird (vgl. Abb. 7.77).

Nach dem Sichern des letzten Infotyps gelangen Sie auf das Übersichtsbild *Direkte Übernahme der Bewerberdaten*, und Sie erhalten die Meldung, dass der Status der Übernahme Ihrer Bewerberin *o.k.* ist. Ihre Bewerberin ist nun Mitarbeiterin der Musterfirma *ICS GmbH* und Inhaberin der Planstelle *Juniorberater* in der Abteilung *Consulting (D)*. Die noch fehlenden Infotypen (*Sollarbeitszeit, Basisbezüge, Steuerdaten, Sozialversicherung* etc.) können Sie über die Personaladministration (Transaktion *PA30 Personalstamm pflegen)* ergänzen.

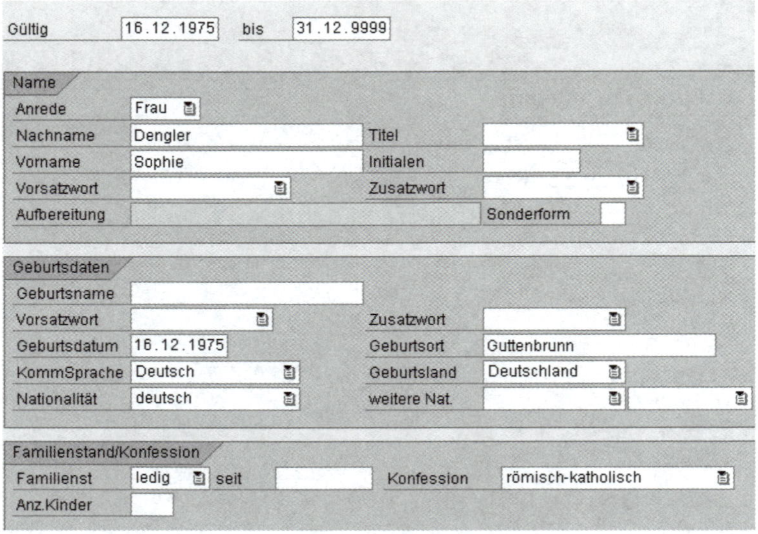

Abb. 7.76: Übernahme Infotyp Daten zur Person © SAP AG

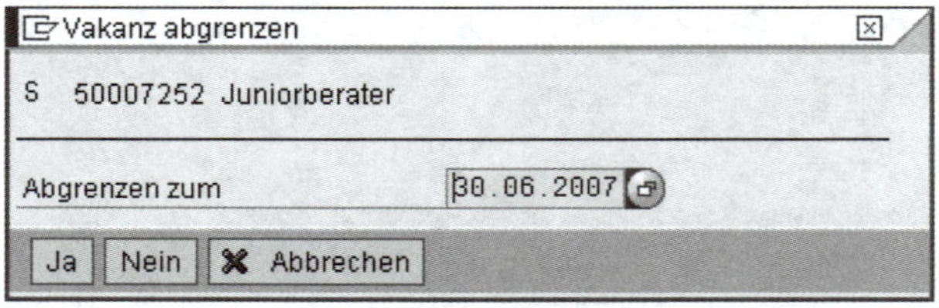

Gültig 16.12.1975 bis 31.12.9999

Name
Anrede Frau
Nachname Dengler | Titel
Vorname Sophie | Initialen
Vorsatzwort | Zusatzwort
Aufbereitung | Sonderform

Geburtsdaten
Geburtsname
Vorsatzwort | Zusatzwort
Geburtsdatum 16.12.1975 | Geburtsort Guttenbrunn
KommSprache Deutsch | Geburtsland Deutschland
Nationalität deutsch | weitere Nat.

Familienstand/Konfession
Familienst ledig seit | Konfession römisch-katholisch
Anz.Kinder

Abb. 7.77: Abgrenzen Vakanz während Datenübernahme © SAP AG

Vakanz abgrenzen
S 50007252 Juniorberater
Abgrenzen zum 30.06.2007
Ja | Nein | Abbrechen

7.2.3 Personalentwicklung

Grundlagen

Mit der Komponente *Personalentwicklung* können Sie dafür sorgen, dass der qualitative Personalbedarf Ihres Unternehmens gedeckt wird. Auf der Basis der Anforderungen des jeweiligen Unternehmens und der Qualifikationsprofile bzw. Interessen, Wünsche und Potentiale der Mitarbeiter können Maßnahmen der Personalentwicklung (z.B. Weiterbildungen) geplant und durchgeführt werden, die der individuellen beruflichen Entwicklung der Mitarbeiter dienen. Eine methodische Personalentwicklung beugt Qualifikationsdefiziten im Unternehmen vor, stellt sicher, dass der Fach- und Führungskräftenachwuchs im Unternehmen gefördert wird und steigert die Motivation und die Leistung der Mitarbeiter.

Qualifikationskatalog

Grundlage für die Nutzung der Komponente *Personalentwicklung* ist die zentrale Verwaltung der Qualifikationen in einem Qualifikationskatalog. Bei den Qualifikationen handelt es sich um Fähigkeiten, Kenntnisse und Kompetenzen, die für das Unternehmen wichtig sind. Diese Qualifikationen werden Mitarbeitern und Bewerbern zugeordnet, um deren Qualifikationsprofile abzubilden. Gleichzeitig werden die Qualifikationen u.a. den Stellen und Planstellen zugeordnet, um abzubilden, welche Anforderungen an die Inhaber der jeweiligen Planstellen gestellt werden. Dies ist die Voraussetzung dafür, dass sich im Rahmen der Personalentwicklung die Qualifikationsprofile der

Mitarbeiter und die Anforderungsprofile der Planstellen gegenüberstellen und vergleichen lassen.

Die Qualifikationen werden im Qualifikationskatalog mit Hilfe von Qualifikationsgruppen strukturiert. Sowohl Qualifikationen wie auch Qualifikationsgruppen können beliebig tief geschachtelt werden (vgl. Abb. 7.78).

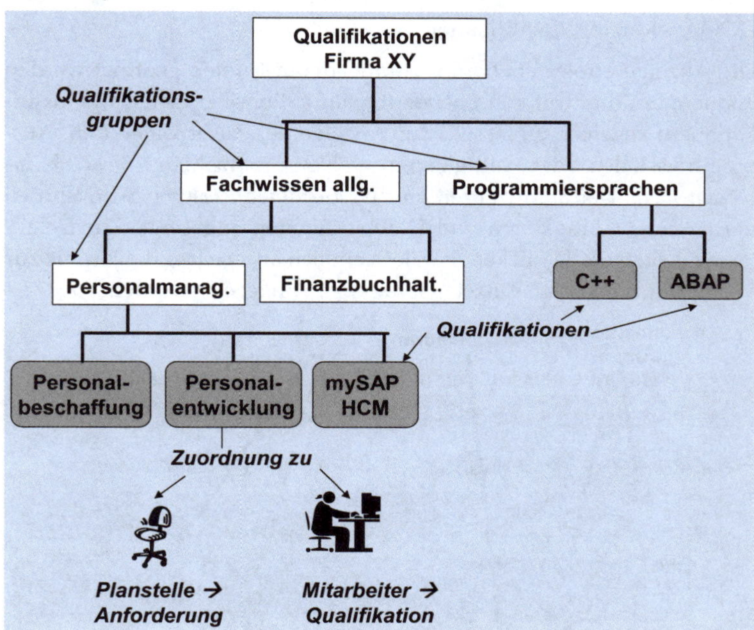

Abb. 7.78: Schematischer Aufbau Qualifikationskatalog

Qualifikationsgruppen besitzen als zusätzliches Kennzeichen eine Bewertungsskala (Ausprägungsskala), mit Hilfe derer bei der Zuordnung einer Qualifikation zu einem Mitarbeiter die vorhandene Ausprägung bewertet werden kann, bzw. bei der Zuordnung einer Qualifikation zu einer Stelle oder Planstelle die gewünschte Ausprägung. Die Skalen werden demnach von den Qualifikationsgruppen auf die Qualifikationen weitervererbt. Die Qualifikationen selbst können folgende Zusatzfunktionen besitzen:

- Gültigkeit
  Mit der Gültigkeit (in Jahren bzw. Monaten) lässt sich abbilden, dass bestimmte Qualifikationen (z.B. Lizenzen) verfallen und regelmäßig erneuert werden müssen.
- Ersatzqualifikation
  Jeder Qualifikation lassen sich Ersatzqualifikationen zuordnen, die mit der ursprünglichen Qualifikation vergleichbar sind.
- Halbwertszeit
  Mit der Halbwertszeit lässt sich simulieren, dass bestimmte Qualifikationen im Zeitverlauf verlernt werden.

Übung: Anzeige Qualifikationskatalog

Im Rahmen der Fallstudie verwenden Sie den im IDES-System bereits vorhandenen Qualifikationskatalog (vgl. Abb. 7.79). Lassen Sie sich den Qualifikationskatalog über den folgenden Menüpfad anzeigen, oder wählen Sie den entsprechenden Transaktionscode.

Menüpfad

Personal➔Personalmanagement➔ Personalentwicklung ➔ Einstellungen➔laufende Einstellungen ➔ Qualifikationskatalog bearbeiten

Transaktion

OOQA – Katalog: Qualifikationen ändern

Die Anzeige erfolgt als Baumstruktur, deren Knoten geöffnet werden können, um die weiteren Ebenen (Qualifikationsgruppen und Qualifikationen) anzeigen zu lassen. Zur Anzeige der Zusatzdaten (z.B. Ausprägungsskalen oder Gültigkeiten) wählen Sie im Menü *Sicht* ➔ *Zusatzdaten ein*. Dadurch werden die zugeordneten Skalen bzw. eventuell vorhandene Gültigkeiten und Halbwertszeiten angezeigt. Zur Detailanzeige einer Skala klicken Sie diese einfach an, so dass die jeweils zur Verfügung stehenden Einzelausprägungen angezeigt werden.

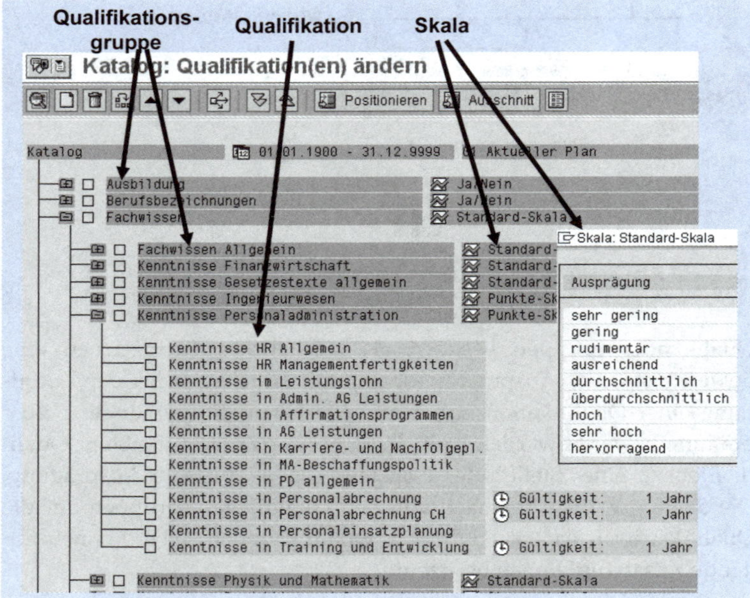

Abb. 7.79: Qualifikationskatalog (OOQA) © SAP AG

Übung: Profilpflege

Die im Qualifikationskatalog angelegten Qualifikationen (nicht die Qualifikationsgruppen) können nun den Mitarbeitern im Rahmen von Qualifikations- bzw. den Stellen und Planstellen im Rahmen von Anforderungsprofilen zugeordnet werden. Im Folgenden ordnen Sie den verschiedenen Objekten, die Sie in den vorherigen Übungen bereits angelegt haben, Profile zu. Im Kapitel *Aufbauorganisation 7.1.1* haben Sie die neue Organisationseinheit *Consulting (D)* angelegt, die drei Planstellen enthält. Diese drei Planstellen wurden im Rahmen der Personaladministration bzw. der Personalbeschaffung jeweils mit Mitarbeitern besetzt. Zur Profilpflege wählen Sie folgenden Menüpfad bzw. den entsprechenden Transaktionscode:

Menüpfad

Personal➔Personalmanagement➔ Personalentwicklung➔ Planung für Organisationseinheit

Transaktion

PPEM – Planung für Organisationseinheit

Beim erstmaligen Aufrufen dieser Transaktion erscheint zunächst ein Dialogfenster, in dem Sie diejenige Organisationseinheit aussuchen müssen, die Sie bearbeiten möchten. Öffnen Sie den Knoten *IDES AG* → *Vorstand Deutschland* → *Produktion und Vertrieb (D)* und wählen Sie per Doppelklick Ihre neue Organisationseinheit *Consulting (D)* aus (vgl. Abb. 7.80).

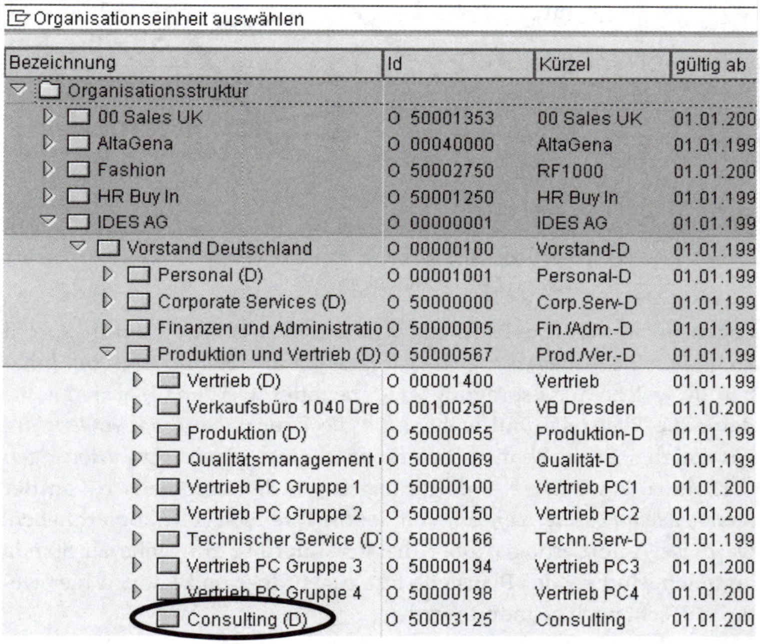

Organisationseinheit auswählen

Bezeichnung	Id	Kürzel	gültig ab
Organisationsstruktur			
00 Sales UK	O 50001353	00 Sales UK	01.01.200
AltaGena	O 00040000	AltaGena	01.01.199
Fashion	O 50002750	RF1000	01.01.200
HR Buy In	O 50001250	HR Buy In	01.01.199
IDES AG	O 00000001	IDES AG	01.01.199
Vorstand Deutschland	O 00000100	Vorstand-D	01.01.199
Personal (D)	O 00001001	Personal-D	01.01.199
Corporate Services (D)	O 50000000	Corp.Serv-D	01.01.199
Finanzen und Administratio	O 50000005	Fin./Adm.-D	01.01.199
Produktion und Vertrieb (D)	O 50000567	Prod./Ver.-D	01.01.199
Vertrieb (D)	O 00001400	Vertrieb	01.01.199
Verkaufsbüro 1040 Dre	O 00100250	VB Dresden	01.10.200
Produktion (D)	O 50000055	Produktion-D	01.01.199
Qualitätsmanagement	O 50000069	Qualität-D	01.01.199
Vertrieb PC Gruppe 1	O 50000100	Vertrieb PC1	01.01.200
Vertrieb PC Gruppe 2	O 50000150	Vertrieb PC2	01.01.200
Technischer Service (D	O 50000166	Techn.Serv-D	01.01.199
Vertrieb PC Gruppe 3	O 50000194	Vertrieb PC3	01.01.200
Vertrieb PC Gruppe 4	O 50000198	Vertrieb PC4	01.01.200
Consulting (D)	O 50003125	Consulting	01.01.200

Abb. 7.80: Auswahl der Einstiegs-organisationseinheit © SAP AG

Die einzelnen Objekte Ihrer ausgewählten Organisationseinheit werden nun wieder als Baumstruktur angezeigt (vgl. Abb. 7.81). Beim Öffnen der Planstellen sehen Sie zum einen die Mitarbeiter, die die Planstellen besetzen, und zum anderen die Stellen, von denen die Planstellen kopiert wurden.

Hinweis: Je nach Einstiegsdatum ist es möglich, dass bei der Planstelle Juniorberater die beiden Mitarbeiter *1113 Philipp Schiller* und *1114 Sophie Dengler* angezeigt werden. Dies liegt daran, dass der Mitarbeiter *1113 Philipp Schiller* zunächst Inhaber der Planstelle *Juniorberater* war, und später die Planstelle *Seniorberater* übernahm. Die Transaktion zeigt Ihnen die aktuelle Situation, zusätzlich aber auch bereits für die Zukunft erfasste Änderungen.

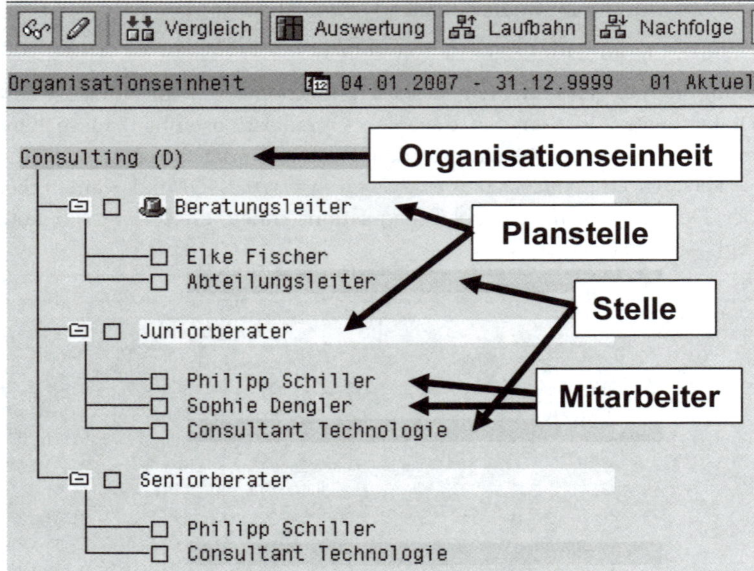

Abb. 7.81: Planung für Organisationseinheit (PPEM) © SAP AG

Legen Sie nun für Ihre Planstelle *Beratungsleiter* ein Anforderungsprofil an, indem Sie festlegen, welche Fähigkeiten und Kenntnisse vom Inhaber in welchem Ausprägungsgrad benötigt werden. Markieren Sie dafür die Planstelle und wählen Sie die Drucktaste *Profil Ändern*. Im angezeigten Profil können Sie erkennen, dass bereits Anforderungen vorhanden sind. Diese Anforderungen wurden automatisch von der Stelle *Abteilungsleiter* vererbt, von der Sie Ihre Planstelle kopiert haben. Da diese Anforderungen über die Verknüpfung zur Stelle zu Stande kommen, sind sie der Planstelle fest zugeordnet und können hier weder gelöscht noch geändert werden.

Um zusätzliche Anforderungen zu erfassen, die nicht für die Stelle, sondern nur für die konkrete Planstelle gelten, wählen Sie nun im unteren Bereich der Transaktion die Drucktaste *Anlegen*. In dem erscheinenden Dialogfenster wählen Sie per Suchhilfe unten stehende Anforderungen aus dem Qualifikationskatalog aus. Ordnen Sie außerdem den neu erfassten Anforderungen die angegebenen erforderlichen Ausprägungen zu (vgl. Abb. 7.82):

Qualifikation	**Ausprägung**
• Kenntnisse Projektmanagement	*durchschnittlich*
• Englisch	*fließend*
• Veränderungsbereitschaft	*hoch*
• Organisations- und Dispositionsfähigkeit	*sehr hoch*

Optional können Sie die neuen Anforderungen auch als Mussanforderungen kennzeichnen. Dies bewirkt, dass z.B. im Rahmen von Nachfolgeplanungen nur Mitarbeiter selektiert werden, die auf jeden Fall die geforderten Mussanforderungen besitzen. Sichern Sie die Daten.

Planstelle: Profil ändern (04.01.2007 - 31.12.9999)

Nachfolgeplanung | Aktueller Inhaber

Planstelle	Beratungsleiter
Gültig	01.01.2006 - 31.12.9999
Inhaber	Elke Fischer
Org.einheit	Consulting (D)

Anforderungen | NQF Anforderungen

Qualifikationsgruppe	Bezeichnung	St...	Ausprägung	M...	Beginn	En
Führungsqualitäten in der Praxis	Führungsqualitäten		durchschnittlich		01.01.2006	31.
Grundlegende Fähigkeiten	Mündliche,schriftliche Ausdruckfähigkeit		ausreichend		01.01.2006	31.
Hochschul-Studium	Diplombetriebswirt		Ja		01.01.2006	31.
Kenntnisse Gesetzestexte allge...	Kenntnisse im Tarifwesen		durchschnittlich		01.01.2006	31.
Kenntnisse Produktion und Ind...	Kenntnisse Projektmanagement		hoch		04.01.2007	31.
Kenntnisse Sprachen	Englisch		Fliessend		04.01.2007	31.
Soziale Kompetenz	Veränderungsbereitschaft		hoch		04.01.2007	31.

Abb. 7.82: Anforderungsprofil der Planstelle © SAP AG

Pflegen Sie nun das Qualifikationsprofil Ihrer Mitarbeiterin *1112 Elke Fischer*, indem Sie in der Übersichtsmaske die Mitarbeiterin markieren und erneut die Drucktaste *Profil ändern* wählen. Dieses Profil enthält noch keine Qualifikationen, da Sie der Mitarbeiterin im Rahmen der Einstellungsmaßnahme keine Qualifikationen zugeordnet haben. Qualifikationsprofile von Mitarbeitern bestehen aus den folgenden Teilprofilen, die Sie über Karteikartenreiter auswählen können:

- Qualifikationen
- Potentiale
- Interessen
- Abneigungen
- Erhaltene bzw. Erstellte Beurteilungen
- Individuelle Entwicklung bzw. Entwicklungsplanhistorie
- Zielvereinbarungen und Beurteilungen

Um Ihren Mitarbeitern Qualifikationen zuzuordnen wählen Sie – genau wie beim Anlegen des Anforderungsprofils – die Drucktaste *Anlegen*. Wählen Sie aus dem Qualifikationskatalog folgende Qualifikationen aus, und versehen Sie diese mit den entsprechenden Ausprägungen (vgl. Abb. 7.83):

Qualifikation	**Ausprägung**
• Führungsqualitäten	*überdurchschnittlich*
• Diplombetriebswirt	*Ja*
• Kenntnisse im Tarifwesen	*durchschnittlich*
• Kenntnisse Projektmanagement	*überdurchschnittlich*
• Englisch	*mittelmäßig*
• Veränderungsbereitschaft	*hoch*
• Organisations- und Dispositionsfähigkeit	*sehr hoch*

Sichern Sie die Daten.

Laufbahnplanung | Aktuelle Planstelle

Name: Elke Fischer
MitarbGruppe: 1 Aktive — PersBer.: 1300 Frankfurt
MitarbKreis: DT AT-Angestellte — Kostenstelle: 1000 Corporate Servi...

Qualifikationen | Potentiale | Interessen | Abneigungen | Individuelle Entwicklung | Entw

Qualifikationsgruppe	T...	ObjektId	Bezeichnung	ID	Ausprägung	Beginn	E
Führungsqualitäten	Q	30000442	Organisations- u. Dispositionfä...	8	sehr hoch	04.01.2007	31
Führungsqualitäten in der Praxis	Q	30000453	Führungsqualitäten	6	überdurchschnittlich	04.01.2007	31
Hochschul-Studium	Q	30000679	Diplombetriebswirt	1	Ja	04.01.2007	31
Kenntnisse Gesetzestexte allge...	Q	30000761	Kenntnisse im Tarifwesen	5	durchschnittlich	04.01.2007	31
Kenntnisse Produktion und Ind...	Q	50025402	Kenntnisse Projektmanageme...	6	überdurchschnittlich	04.01.2007	31
Kenntnisse Sprachen	Q	30000425	Englisch	2	Mittelmässig	04.01.2007	31
Soziale Kompetenz	Q	50025437	Veränderungsbereitschaft	7	hoch	04.01.2007	31

Abb. 7.83: Qualifikationsprofil Mitarbeiter © SAP AG

Weitere Teilprofile der Mitarbeiter

Analog können Sie auch die Teilprofile *Potentiale, Interessen* und *Abneigungen* pflegen. Der Unterschied zum Teilprofil *Qualifikationen* besteht lediglich darin, dass Sie bei diesen Teilprofilen nicht nur das Objekt *Qualifikation* zuordnen können, sondern zusätzlich noch weitere Objekttypen. So kann ein Mitarbeiter Potential für bestimmte Stellen oder Planstellen haben oder Interesse daran äußern, in der Zukunft bestimmte Planstellen zu besetzen. Daher erscheint, wenn Sie z.B. Potentiale anlegen möchten, zunächst ein Dialogfenster, in dem Sie angeben müssen, für welchen Objekttyp Potential besteht. Erst danach kann das jeweilige Objekt ausgewählt werden (vgl. Abb. 7.84).

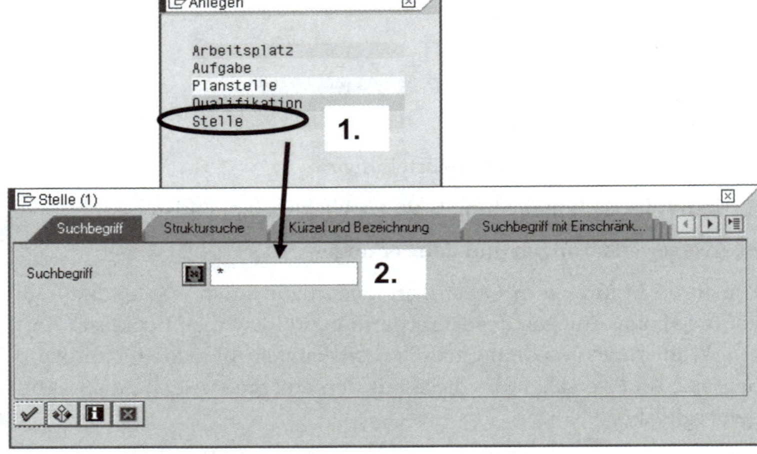

Abb. 7.84: Anlegen Potentiale © SAP AG

Profilvergleich

Sie können nun die beiden angelegten Profile miteinander vergleichen, um festzustellen, ob die benötigten Anforderungen der Planstelle durch die Qualifikationen der Mitarbeiterin abgedeckt werden, oder ob etwaige Qualifikationsdefizite vorliegen. Dies ist der Fall, wenn die Ausprägung der Qualifikation niedriger ist als die geforderte Anforderung bzw. wenn diese überhaupt nicht vorhanden ist.

Für den Qualifikationsvergleich markieren Sie im Ausgangbild der Transaktion *Planung für Organisationseinheit (PPEM)* sowohl die Mitarbeiterin wie auch deren Planstelle und wählen die Drucktaste *Profilvergleich*. Der Profilvergleich wird zunächst als Liste dargestellt, bei der die Qualifikationen mit den jeweils geforderten und erfüllten Ausprägungen angezeigt werden (vgl. Abb. 7.85). Außerdem können Weiterbildungsmöglichkeiten identifiziert und angezeigt werden. Als Weiterbildungsvorschlag werden diejenigen Entwicklungsmaßnahmen (Veranstaltungstypen) angezeigt, durch die eine bestimmte Qualifikation vermittelt oder verbessert werden kann.

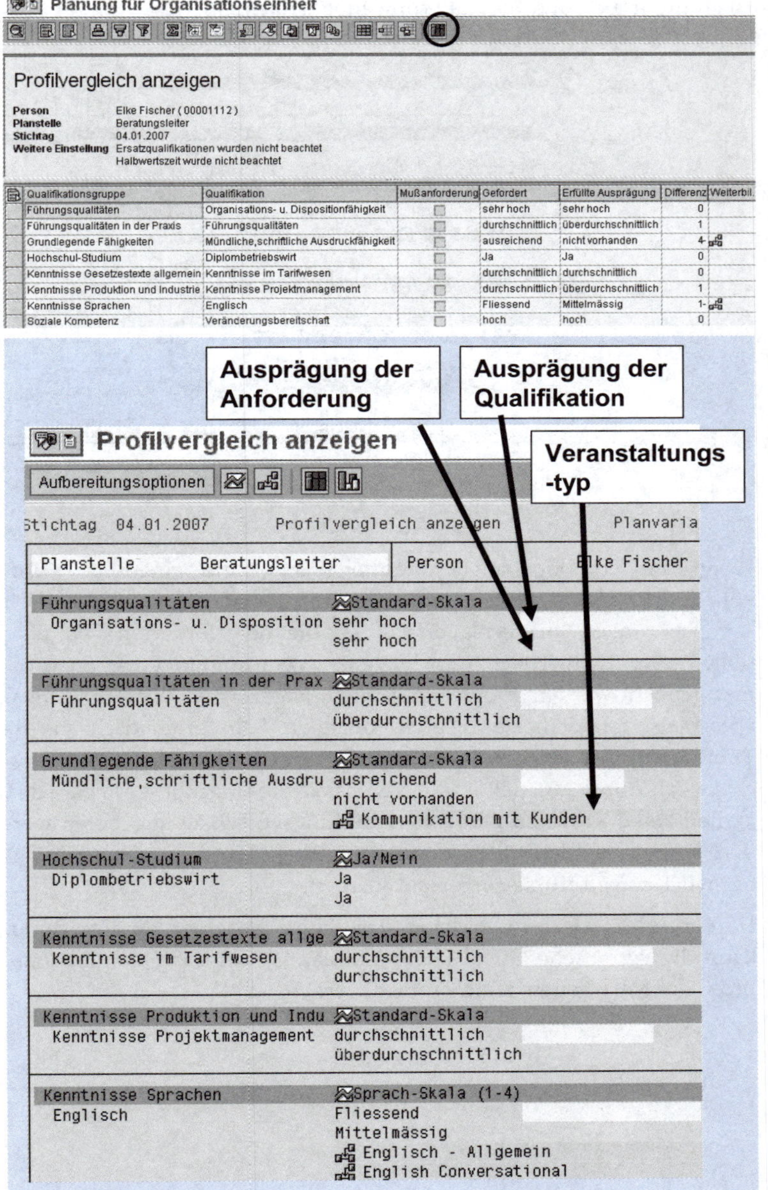

Qualifikationsgruppe	Qualifikation	Mußanforderung	Gefordert	Erfüllte Ausprägung	Differenz	Weiterbil.
Führungsqualitäten	Organisations- u. Dispositionfähigkeit		sehr hoch	sehr hoch	0	
Führungsqualitäten in der Praxis	Führungsqualitäten		durchschnittlich	überdurchschnittlich	1	
Grundlegende Fähigkeiten	Mündliche,schriftliche Ausdruckfähigkeit		ausreichend	nicht vorhanden	4-	
Hochschul-Studium	Diplombetriebswirt		Ja	Ja	0	
Kenntnisse Gesetzestexte allgemein	Kenntnisse im Tarifwesen		durchschnittlich	durchschnittlich	0	
Kenntnisse Produktion und Industrie	Kenntnisse Projektmanagement		durchschnittlich	überdurchschnittlich	1	
Kenntnisse Sprachen	Englisch		Fliessend	Mittelmässig	1-	
Soziale Kompetenz	Veränderungsbereitschaft		hoch	hoch	0	

Abb. 7.85: Profilvergleich © SAP AG

Abb. 7.86: Listanzeige des Profilvergleichs © SAP AG

Durch Auswahl der Drucktaste *Liste* erfolgt die Anzeige des Profilvergleichs in einer grafisch aufbereiteten Liste. Dabei werden die unterschiedlichen Skalen einheitlich skaliert, um vergleichbar zu sein (vgl. Abb. 7.86). Aus der Listanzeige kann die SAP Präsentationsgrafik aufgerufen werden, wodurch eine Vielzahl an Darstellungsmöglichkeiten für den Profilvergleich zur Verfügung steht (vgl. Abb. 7.87).

Hinweis: Sobald Sie die Präsentationsgrafik aufgerufen haben, zeigt Ihnen die rechte Maustaste alle Optionen zur Auswahl verschiedener Diagrammtypen und Formatierungsmöglichkeiten.

Abb. 7.87: Grafischer Profilvergleich © SAP AG

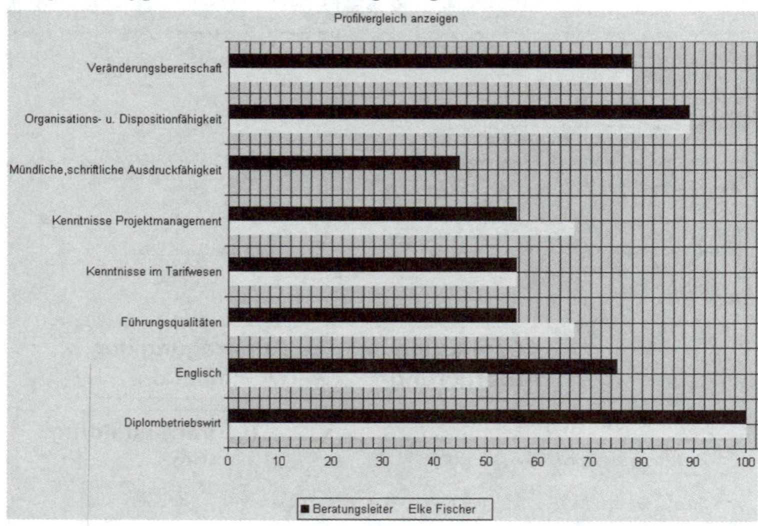

Integration in das Veranstaltungsmanagement

Wenn die Komponente *Veranstaltungsmanagement* eingesetzt wird, können im Falle von auftretenden Qualifikationsdefiziten automatisch Veranstaltungen vorgeschlagen werden, die die geforderten Qualifikationen vermitteln. Die vorgeschlagenen Veranstaltungen können direkt gebucht werden, indem Sie auf den angezeigten Weiterbildungsvorschlag doppelklicken. Damit gelangen Sie automatisch in die Transaktion *Teilnahme Buchen* der Komponente *Veranstaltungsmanagement* (vgl. Abb. 7.88). Sollte kein Veranstaltungsangebot vorliegen, d.h. aktuell keine Kurse zu dem Weiterbildungsvorschlag angeboten werden, können Sie den Mitarbeiter „vormerken", so dass er berücksichtigt wird, sobald Kurse eingeplant werden.

Hinweis: Nach der erfolgreichen Teilnahme an einer Veranstaltung, kann die vermittelte Qualifikation automatisch in das Qualifikationsprofil des Mitarbeiters übernommen werden.

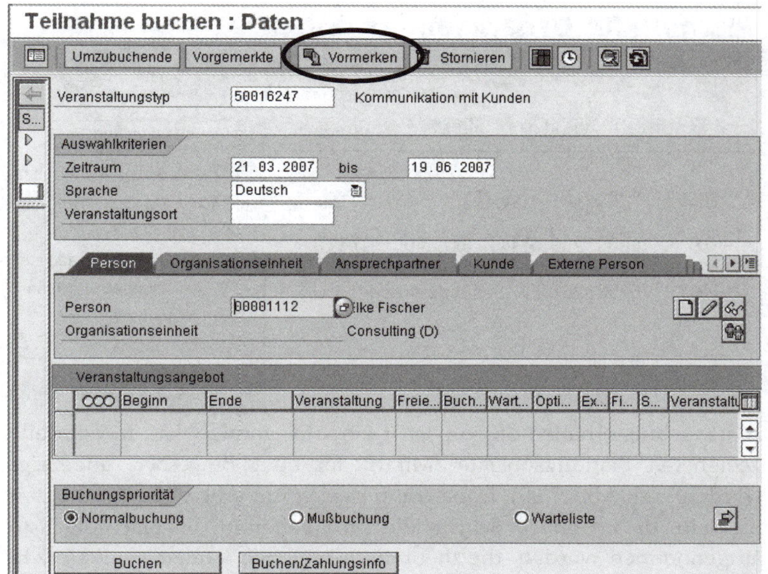

Abb. 7.88: Teilnahme buchen /vormerken © SAP AG

Laufbahn- und Nachfolgeplanung

Eine weitere Funktionalität der Personalentwicklung ist die Laufbahn- und Nachfolgeplanung. Mit Hilfe der Laufbahnplanung können Sie mögliche Karriereziele für Mitarbeiter identifizieren, um die weitere Entwicklung der Mitarbeiter innerhalb des Unternehmens zu planen. Mit der Nachfolgeplanung suchen Sie potentielle Nachfolgekandidaten für vakante oder eventuell zukünftig vakant werdende Planstellen. Eine frühzeitige Nachfolgeplanung bei wichtigen Planstellen gewährleistet, dass rechtzeitig potentielle Kandidaten identifiziert und auf die Übernahme bestimmter Planstellen vorbereitet werden können.

Übung: Nachfolgeplanung

Die Besetzung der Planstelle *Beratungsleiter* der Abteilung *Consulting (D)* unserer Musterfirma *ICS GmbH* ist ausschlaggebend für den Erfolg der Firma. Deshalb muss sichergestellt sein, dass im Falle einer Kündigung oder Versetzung der momentanen Stelleninhaberin geeignete Nachfolgekandidaten vorhanden sind, bzw. rechtzeitig entwickelt werden können. Führen Sie daher eine Nachfolgeplanung für diese Planstelle durch. Dafür markieren Sie im Einstiegsbild der Transaktion *Planung für Organisationseinheit (PPEM)* die Planstelle *Beratungsleiter* und wählen die Drucktaste *Nachfolge*. In dem erscheinenden Dialogfenster wählen Sie die Drucktaste *Alle markieren,* so dass die Suche nach einem potentiellen Nachfolger alle Kriterien berücksichtigt (vgl. Abb. 7.89).

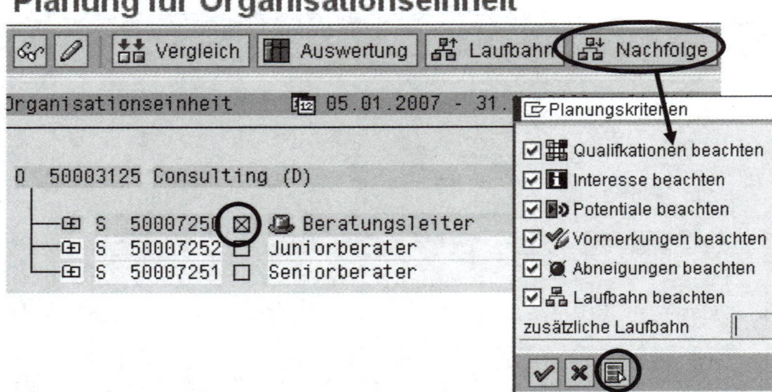

Abb. 7.89: Start der Nachfolgeplanung (PPEM) © SAP AG

Als Ergebnis erhalten Sie zunächst einen Nachfolgeplan, in dem alle geeigneten Planungsobjekte (Mitarbeiter oder Bewerber) angezeigt werden (vgl. Abb. 7.90). Dabei kann es sich um sehr viele Kandidaten handeln, da im ersten Schritt alle Mitarbeiter in die Nachfolgeliste aufgenommen werden, die theoretisch in Frage kämen, weil sie z.B. mindestens eine der von der Planstelle geforderten Qualifikationen besitzen. Beim Öffnen des Knotens *ist Qualifikation von* erhalten Sie die zunächst noch unsortierte Liste aller potentiell in Frage kommenden Kandidaten (vgl. Abb. 7.91). Zur weiteren Bearbeitung der Nachfolgeliste stehen nun verschiedene Möglichkeiten zur Verfügung.

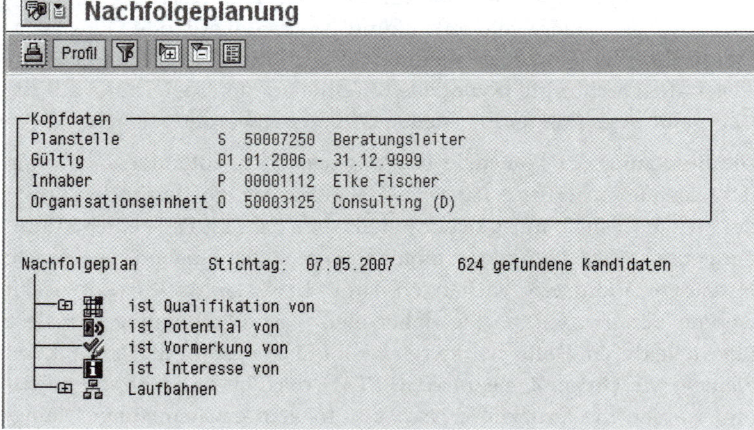

Abb. 7.90: Ergebnis Nachfolgeplanung © SAP AG

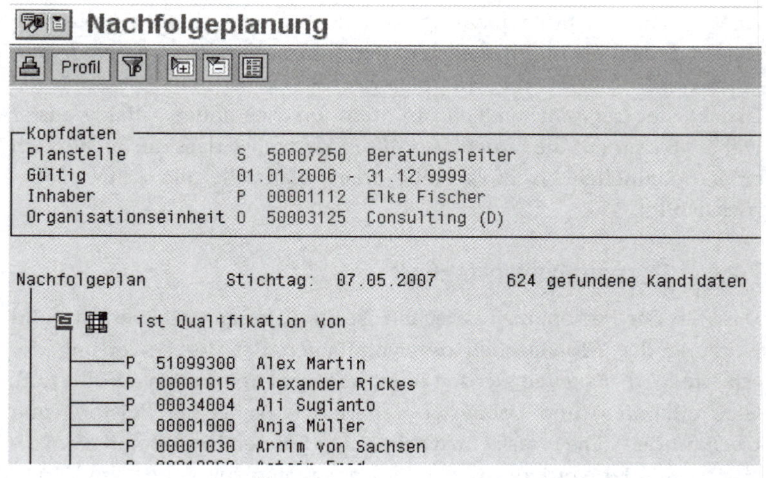

Abb. 7.91: Nachfolgeplan anhand von Qualifikationen © SAP AG

Um einen genaueren Überblick über die vorliegende Eignung der Kandidaten zu erhalten, wählen Sie im Menü *Springen → Rangliste*. Das System berechnet nun die tatsächliche Eignung der Mitarbeiter, den so genannten „Eignungsprozentsatz". Abhängig von der Höhe des Eignungsprozentsatzes werden die Mitarbeiter in verschiedene Kategorien eingestuft: eine grüne Ampel für Mitarbeiter mit einer hohen Eignung, eine gelbe Ampel für Mitarbeiter mit mittlerer Eignung und eine rote Ampel für Mitarbeiter mit niedriger Eignung. Sie können erkennen, dass kein Kandidat (bis auf die jetzige Stelleninhaberin) in die höchste Kategorie fällt (vgl. Abb. 7.92).

Indem Sie einzelne Mitarbeiter markieren, können Sie sich über *Springen → Profilvergleich* die jeweiligen Qualifikationsdefizite der Kandidaten anzeigen lassen, um zu prüfen, welche Entwicklungsmaßnahmen notwendig wären, um die Kandidaten auf die Planstelle vorzubereiten.

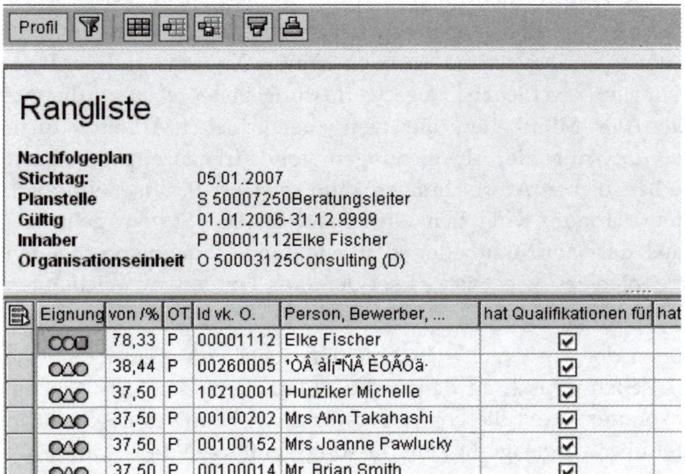

Abb. 7.92: Rangliste Nachfolgeplanung © SAP AG

Analog zur Nachfolgeplanung können Sie eine Laufbahnplanung starten, indem Sie im Einstiegsbild der Transaktion *Planung für Organisationseinheit (PPEM)* die Mitarbeiterin *Elke Fischer* markieren und die Drucktaste *Laufbahn* wählen. In dem erscheinenden Dialogfenster wählen Sie erneut die Drucktaste *Alle markieren,* so dass die Suche nach einer potentiellen Nachfolgestelle oder –planstelle alle Kriterien berücksichtigt.

7.2.4 Personalzeitwirtschaft

Grundlagen

Das Ziel der Personalzeitwirtschaft ist die Erfassung, Bewertung und Nutzung der Arbeitszeiten der Mitarbeiter. Bei der Bewertung der erfassten Arbeitszeiten werden unter anderem Zeitkonten geführt (z.B. Gleitzeitkonten) und Lohnarten generiert (z.B. bei der Leistung von Überstunden). Die erfassten Arbeitszeiten können in weiteren Komponenten genutzt werden, z.B. bei der Kapazitätsplanung oder im Veranstaltungsmanagement.

Arbeitszeitplan

Voraussetzung für die Personalzeitwirtschaft ist, dass alle Mitarbeiter einem Arbeitszeitplan (genauer einer Arbeitszeitplanregel) zugeordnet sind. Über die Zuordnung zu einer Arbeitszeitplanregel werden die genauen Arbeitszeiten der Mitarbeiter für jeden einzelnen Tag festgelegt. Dies beinhaltet auch die Feiertage der jeweiligen Standorte, so dass anhand der Arbeitszeitplanregel definiert ist, wann welche Feiertage gelten, bzw. ob die Mitarbeiter an einem Feiertag arbeiten müssen oder nicht. Außerdem werden über die Arbeitszeitplanregel die durchschnittlichen täglichen, wöchentlichen, monatlichen und jährlichen Arbeitszeiten festgelegt. Die Zuordnung eines Mitarbeiters zu einem Arbeitszeitplan erfolgt im Infotyp *Sollarbeitszeit,* den Sie im Rahmen der Personaleinstellung in Kapitel 7.1.3 bereits gepflegt haben.

Negativ- und Positiverfassung

Ein weiteres Kennzeichen im Infotyp *Sollarbeitszeit* legt fest, wie die Zeiterfassung für den entsprechenden Mitarbeiter erfolgen soll. Grundsätzlich wird zwischen der so genannten Negativ- und der Positiverfassung unterschieden. Negativerfassung bedeutet, dass die Arbeitszeiten des Mitarbeiters auf dem zugeordneten Arbeitszeitplan beruhen, und nur die Abweichungen vom Arbeitszeitplan erfasst werden. Bei solchen Abweichungen kann es sich z.B. um Mehrarbeit, Vertretung, Urlaub, Krankheit usw. handeln. Das System geht also davon aus, dass der Mitarbeiter so arbeitet, wie es im entsprechenden Arbeitszeitplan festgelegt ist, es sei denn, es werden Abweichungen erfasst.

Im Rahmen der Positivzeitwirtschaft dagegen werden zusätzlich die genauen Zeiten erfasst, an denen der Mitarbeiter an seinen Arbeitsplatz gekommen bzw. diesen wieder verlassen hat. Dies geschieht in der Regel über vorgelagerte Zeiterfassungsgeräte, die die „Kommen“- und „Gehen“-Buchungen der Mitarbeiter erfassen und über eine zertifizierte Schnittstelle an das SAP-System übermitteln. Auch bei der

Positivzeiterfassung ist das Vorhandensein eines Arbeitszeitplanes notwendig, da nur so die tatsächlichen und die geplanten Arbeitszeiten verglichen und ausgewertet werden können. Weiterhin sind auch Mischformen zwischen Positiv- und Negativerfassung denkbar.

Übung: Anzeige Arbeitszeitplan

Lassen Sie sich zunächst den Arbeitszeitplan Ihrer Mitarbeiterin *Elke Fischer* anzeigen. Zum Einstieg in die Personalzeitwirtschaft wählen Sie folgenden Menüpfad bzw. den entsprechenden Transaktionscode:

Menüpfad

Personal➔Personalzeitwirtschaft ➔ Administration➔Zeitdaten ➔Pflegen

Transaktion

PA 61 – Zeitdaten pflegen

Da die Zeitdaten – genau wie die Stammdaten auch – in Infotypen abgespeichert werden, erfolgt die Pflege der Zeitdaten ähnlich der Pflege der Stammdaten. Tragen Sie in das Feld Personalnummer die Personalnummer *1112 Elke Fischer* ein. Wählen Sie nun die Registerkarte *Zeitwirtschaft Stammdaten*, markieren Sie den Infotyp *Sollarbeitszeit*, und wählen Sie die Drucktaste *Ändern* (vgl. Abb. 7.93).

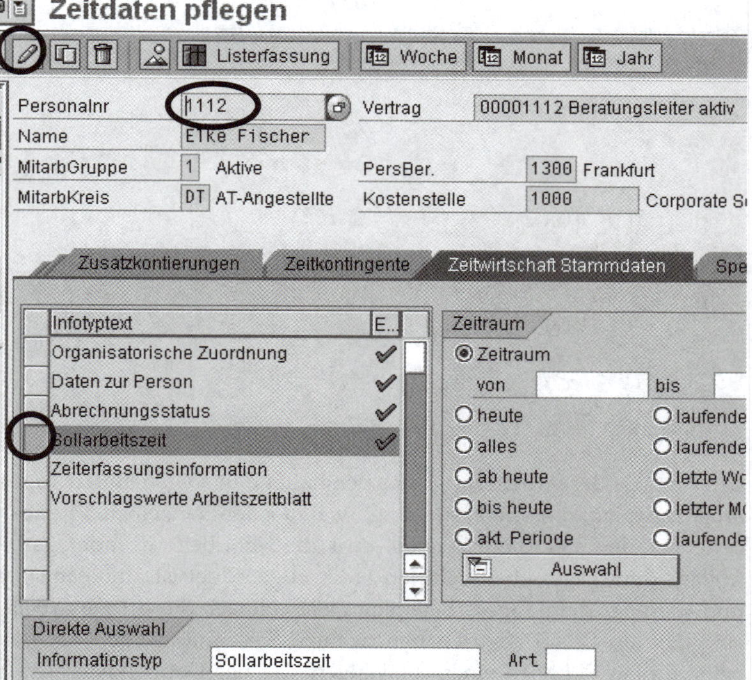

Abb. 7.93: Zeitdaten pflegen (PA61) © SAP AG

Sie können erkennen, dass Ihre Mitarbeiterin im Infotyp *Sollarbeitszeit* der Arbeitszeitplanregel *FLEX* zugeordnet ist. Außerdem gilt Negativzeiterfassung, da im Feld Status Zeitwirtschaft der Wert *keine Zeitauswertung* angegeben ist (vgl. Abb. 7.94). Über die Drucktaste *Arbeitszeitplan* lassen Sie sich den Arbeitszeitplan für den laufenden Monat anzeigen (vgl. Abb. 7.95).

Hinweis: In dieser Anzeige können Sie mittels der Drucktasten *Voriger Monat* bzw. *Nächster Monat* zwischen den Monaten springen.

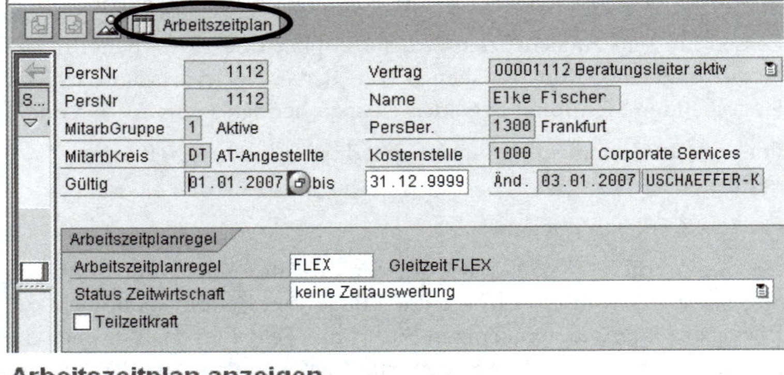

Sollarbeitszeit ändern

Arbeitszeitplan

PersNr	1112	Vertrag	00001112 Beratungsleiter aktiv
PersNr	1112	Name	Elke Fischer
MitarbGruppe	1 Aktive	PersBer.	1300 Frankfurt
MitarbKreis	DT AT-Angestellte	Kostenstelle	1000 Corporate Services
Gültig	01.01.2007 bis 31.12.9999	Änd.	03.01.2007 USCHAEFFER-K

Arbeitszeitplanregel

Arbeitszeitplanregel	FLEX Gleitzeit FLEX
Status Zeitwirtschaft	keine Zeitauswertung

☐ Teilzeitkraft

Abb. 7.94: Kennzeichen im Infotyp Sollarbeitszeit © SAP AG

Arbeitszeitplan anzeigen

Auswählen | Voriger Monat | Nächster Monat

Grpg MitarbKreis	2	Grpg für TagesAZP	01	Arbst. Monat	172,00
Feiertagskalender-ID	06	PeriodenArbZeitplan	FLEX		
Grpg PersTeilbereich	01	Arbeitszeitplanregel	FLEX		

Gültig Januar 2007 Ändg. 03.01.2007 USCHAEFFE...

Arbeitszeitplan

Wo	T	MO	FK	T	DI	FK	T	MI	FK	T	DO	FK	T	FR	FK	T	SA	FK	T	SO	FK
01	01		1	02			03			04			05			06			07		
	1	FLEX			FLEX			FLEX			FLEX			FLEX	B		OFF			OFF	
02	08			09			10			11			12			13			14		
		FLEX			FLEX			FLEX			FLEX			FLEX	B		OFF			OFF	
03	15			16			17			18			19			20			21		
		FLEX			FLEX			FLEX			FLEX			FLEX	B		OFF			OFF	
04	22			23			24			25			26			27			28		
		FLEX			FLEX			FLEX			FLEX			FLEX	B		OFF			OFF	
05	29			30			31														
		FLEX			FLEX			FLEX													

Abb. 7.95: Arbeitszeitplan FLEX © SAP AG

Tagesarbeitszeitplan

Die Anzeige des Arbeitszeitplanes beinhaltet den so genannten Tagesarbeitszeitplan, d.h. die Festlegung, wie an jedem einzelnen Tag gearbeitet werden soll. Sie erkennen, dass die Mitarbeiterin montags bis freitags dem Tagesarbeitszeitplan *FLEX* zugeordnet ist, und samstags und sonntags dem Tagesarbeitsplan *OFF*. Um sich diese Tagesarbeitszeitpläne im Detail anzuschauen, wählen Sie zunächst den Tagesarbeitszeitplan *FLEX* an einem beliebigen Tag per Doppelklick aus. In dieser Tagesdetailsicht sehen Sie nun Informationen bezüglich Sollarbeitsstunden, Kernzeiten, Pausen, Mehrarbeitsgenehmigungen und ähnlichem (vgl. Abb. 7.96).

09.01.2007 Dienstag			Ändg. 03.01.20	
Tagesarbeitszeitplan				
TagesArbZeitPlKlasse	5		Tagestyp	Arb
Sollarbeitsstunden	8,00		Feiertagsklasse	
Sollarbeitszeit	08:00	18:00		
Normalarbeitszeit	08:00	17:00		
Beginn-Toleranz	07:55	08:00		
Kernzeit 1	09:00	11:30		
Kernzeit 2	14:00	16:00		
Ende-Toleranz	18:00	18:05	Arbeitspausenplan	FLEX
Maximale ArbZeit	0,00		TAZPAuswahlregel	01
Minimale ArbZeit	0,00		Reaktion Mehrarbeit	E
Vorholzeit	0,40		K.Mehrarbeit erlaubt	
Stunden zusätzlich	0,00		Bereitschaft	
frei verwendbares K.			Mehrarbeit aut.	

Abb. 7.96: Tagesarbeitszeitplan FLEX © SAP AG

Arbeitspausenplan

Die Pausen sind über einen so genannten Arbeitspausenplan festgelegt, der dem Tagesarbeitszeitplan zugeordnet ist. Über die Auswahlhilfe des Feldes *Arbeitspausenplan* überprüfen Sie die Definition der einzelnen Pausen. Die Lage der Pausen wird entweder über ein festes Uhrzeitintervall bzw. ein Rahmenuhrzeitintervall hintergelegt, oder relativ zum Arbeitsbeginn, d.h. man kann festlegen, dass z.B. 4 Stunden nach Arbeitsbeginn eine Pause gemacht werden muss. Außerdem wird angegeben, ob Pausen bezahlt oder unbezahlt sind (vgl. Abb. 7.97).

Pause	Nr	Beginn	Ende	V	beza...	unbez.	n.Std	P1	P2
AFTN	01	20:00:00	21:00:00	☐	0,00	1,00	0,00		
ERLY	01	07:45:00	08:00:00	☐	0,25	0,00	0,00		
ERLY	02	10:00:00	10:30:00	☐	0,50	0,00	0,00		
ERLY	03	12:30:00	12:45:00	☐	0,25	0,00	0,00		
EXEC	01	12:00:00	12:30:00	☐	0,00	0,50	0,00		
FLEX	01	09:30:00	10:00:00	☐	0,00	0,25	0,00		
FLEX	02	12:00:00	13:30:00	☐	0,00	0,75	0,00		
FLEX	03	22:00:00	22:10:00	☐	0,00	0,17	0,00	O	
GLZ	01	09:30:00	10:00:00	☐	0,00	0,25	0,00		
GLZ	02	11:30:00	13:30:00	☐	0,00	0,75	0,00		
GLZ	03	22:00:00	22:10:00	☐	0,00	0,17	0,00	O	

Abb. 7.97: Arbeitspausenplan © SAP AG

Ein Doppelklick auf den Tagesarbeitszeitplan *OFF* zeigt, dass keine Arbeitsstunden angegeben sind, somit hat die Mitarbeiterin samstags und sonntags frei.

Zeitdatenerfassung

Wie bereits ausgeführt, erfolgt die Erfassung der Zeitdaten analog zur Erfassung der Stammdaten in Infotypen. Viele Abweichungen vom Arbeitszeitplan werden über den Infotyp *Abwesenheiten* erfasst. Mit diesem Infotyp erfassen Sie diejenigen Zeiträume während der Sollarbeitszeit eines Mitarbeiters, in denen er sich nicht im Unternehmen befindet und auch nicht für das Unternehmen tätig ist. Dazu gehören z.B. Abwesenheiten wie Urlaub, Krankheit, Arztbesuch, Kur, Wehrübung, Gleitzeitausgleich, Elternzeit und ähnliches. Unterschiedliche Abwesenheiten müssen unterschiedlich verarbeitet werden. Daher werden sie über spezifische Abwesenheitsarten (Subtypen des Infotyps *Abwesenheiten)* angelegt. So tragen manche Abwesenheiten automatisch ein Abwesenheitskontingent ab, andere wiederum nicht. Beispielsweise muss beim Anlegen von Urlaub ein entsprechender Urlaubsanspruch vorhanden sein, während ein Arztbesuch kein entsprechendes Kontingent benötigt. Außerdem sind manche Abwesenheitsarten bezahlt (z.B. Urlaub) während andere Abwesenheiten unbezahlt sind, und automatisch zu einer Kürzung der Bezüge führen müssen.

Übung: Zeitdaten anlegen

Im Folgenden legen Sie zunächst verschiedene Abwesenheiten, nämlich Urlaub und Krankheit an. Zum Einstieg in die Personalzeitwirtschaft wählen Sie erneut folgenden Menüpfad, bzw. den entsprechenden Transaktionscode:

Menüpfad

Personal➔Personalzeitwirtschaft ➔ Administration➔Zeitdaten ➔Pflegen

Transaktion

PA61 – Zeitdaten pflegen

Die Registerkarte *Arbeitszeiten* wird bereits angezeigt, so dass Sie direkt den Infotyp *Abwesenheiten* auswählen können. Im Unterschied zur Stammdatenpflege sieht die Standardkonfiguration bei der Zeitdatenpflege vor, dass Sie bereits im Einstiegsbild den Zeitrahmen des Infotypsatzes festlegen. Wählen Sie im rechten Bereich den Zeitraum 06.08-10.08 des laufenden Jahres und danach die Drucktaste *Anlegen* (vgl. Abb. 7.98). *Hinweis*: Sie können Zeitdaten – genau wie Stammdaten – beliebig für die Zukunft oder die Vergangenheit erfassen.

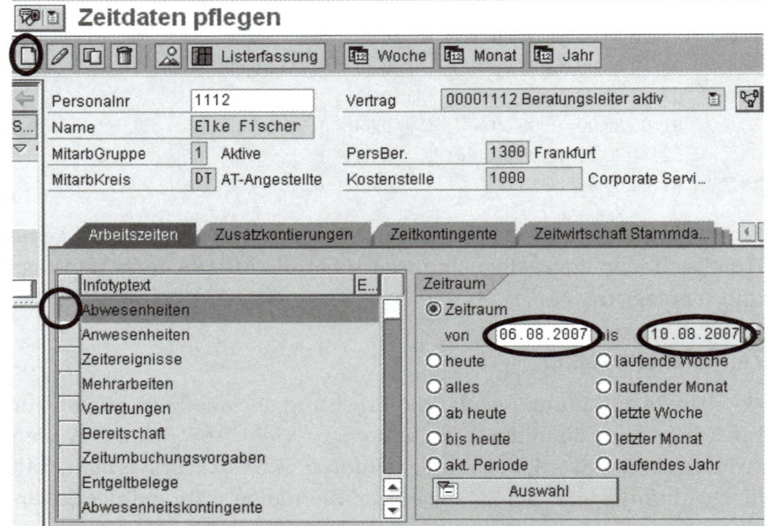

Abb. 7.98: Anlegen Infotyp Abwesenheit (PA61) © SAP AG

Nach dem Auswählen der Funktion *Anlegen* erscheint zunächst ein Dialogfenster in dem Sie die entsprechende Abwesenheitsart (Subtyp des Infotyps *Abwesenheiten*) auswählen müssen. Um zunächst den Urlaubssatz zu erfassen, wählen sie die Abwesenheitsart *0100 Urlaub* aus.

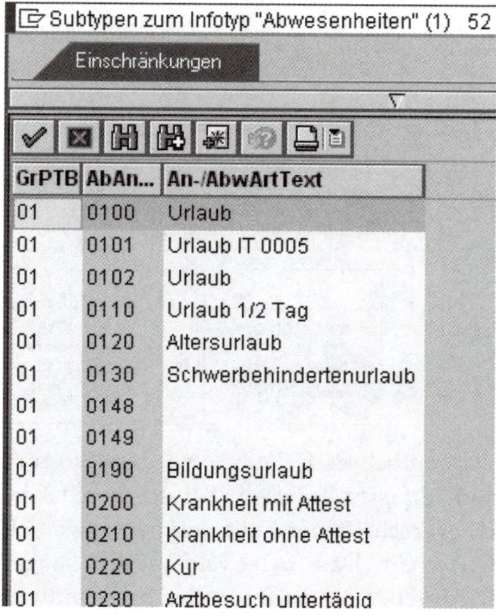

Subtypen zum Infotyp "Abwesenheiten" (1) 52

Einschränkungen

GrPTB	AbAn...	An-/AbwArtText
01	0100	Urlaub
01	0101	Urlaub IT 0005
01	0102	Urlaub
01	0110	Urlaub 1/2 Tag
01	0120	Altersurlaub
01	0130	Schwerbehindertenurlaub
01	0148	
01	0149	
01	0190	Bildungsurlaub
01	0200	Krankheit mit Attest
01	0210	Krankheit ohne Attest
01	0220	Kur
01	0230	Arztbesuch untertägig

Abb. 7.99: Auswahl Abwesenheitsart © SAP AG

Daraufhin wird der Infotyp mit dem ausgewählten Subtyp angezeigt. Von dem ausgewählten Subtyp ist der Aufbau des Infotyps (d.h. die angezeigten Felder) abhängig (vgl. Abb. 7.100). Sie erkennen, dass die einzelnen Felder bereits ausgefüllt und nicht mehr pflegbar sind. Das System hat die Abwesenheitsstunden, die Abwesenheitstage, die Kalendertage und den Kontingentverbrauch bereits anhand des Arbeitszeitplanes ermittelt und ausgefüllt. Sichern Sie den Infotypsatz.

Hinweis: Sollten Fehler- oder Warnmeldungen erscheinen, weil entweder der erste oder der letzte Tag arbeitsfrei sind, korrigieren Sie das Datum und sichern Sie erneut.

Gültig 06.08.2007 bis 10.08.2007

Abwesenheit

Abwesenheitsart	0100	Urlaub	
Uhrzeit		-	Vortag
Abwesenheitsstunden	36,00		ganztägig
Abwesenheitstage	5,00		
Kalendertage	5,00		
Kontingentverbrauch	5,00	Tage	

Abb. 7.100: Erfassung Abwesenheitsart Urlaub © SAP AG

Da die Abwesenheitsart *Urlaub* ein entsprechendes Urlaubskontingent abträgt, prüfen Sie im Infotyp *Abwesenheitskontingente* die automatische Abtragung. Wählen Sie dafür in der Transaktion *Zeitdaten pflegen (PA61)* die Registerkarte *Zeitkontingente,* markieren Sie den Infotyp

Abwesenheitskontingente und wählen Sie die Drucktaste *Ändern*. Sie können erkennen, dass das Urlaubskontingent 30 Tage beträgt und davon nun 5 Tage abgetragen wurden. Über das Menü wählen Sie nun *Springen → Abtragung*, so dass Sie in einem zusätzlichen Fenster angezeigt bekommen, an welchen Kalendertagen die 5 Urlaubstage abgetragen wurden.

Abb. 7.101: Infotyp Abwesenheitskontingent mit Anzeige der Kontingentabtragung © SAP AG

PersNr	1112	Vertrag	00001112 Beratungsleiter aktiv
Name	Elke Fischer		
MitarbGruppe	1 Aktive	PersBer.	1300 Frankfurt
MitarbKreis	DT AT-Angestellte	Kostenstelle	1000 Corporate Servi...
Gültig	01.01.2007 bis 31.12.2007	Änd.	04.01.2007 USCHAEFFER-K

Abwesenheitskontingent

Typ	09 Urlaub (Tage)
Uhrzeit	-
Kont. Anzahl	30,00000 Tage
Abtragung	5,00000
Abtragungsbeginn	01.04.2007
Abtragungsende	31.03.2008

Anzeige Kontingentabtragung

Datum	Abw.Art	Verbrauch	Zeiteir
06.08.2007	0100	1,00000	Tage
07.08.2007	0100	1,00000	Tage
08.08.2007	0100	1,00000	Tage
09.08.2007	0100	1,00000	Tage
10.08.2007	0100	1,00000	Tage

Übung: Erfassung Krankheit

Die Mitarbeiterin erkrankt während ihres Urlaubes, so dass Sie nun auch die Krankheit im System erfassen müssen. Bei solchen Überschneidungen des Zeitrahmens verschiedener Zeitinfotypen zeigt sich eine Besonderheit der Zeitwirtschaft. Das SAP-System führt so genannte „Kollisionsprüfungen" durch, d.h. prüft, ob der neue Infotyp im eingegebenen Zeitraum überhaupt erfasst werden darf, oder ob bereits andere Infotypen (bzw. Subtypen) vorliegen, die „kollidieren", d.h. der Erfassung widersprechen. Die Systemkonfiguration beinhaltet Kennzeichen, die angeben wie in solchen Fällen zu reagieren ist, und zwar abhängig von den jeweiligen Infotypen bzw. Subtypen. Wird beispielsweise bei einem bestehenden Urlaubssatz ein Krankheitssatz erfasst, so reagiert das System mit der Abgrenzung des Urlaubssatzes, d.h. die nicht genommenen Urlaubstage werden wieder gut geschrieben. (*Hinweis*: Dies ist in Deutschland gesetzlich vorgeschrieben, in vielen anderen Ländern allerdings nicht.) Im umgekehrten Fall, d.h. bei dem Versuch, einen Urlaubssatz während einer bereits erfassten Krankheit in das System einzutragen, reagiert das System mit einer Fehlermeldung.

Wählen Sie in der Transaktion *Zeitdaten pflegen (PA61)* wieder die Registerkarte *Arbeitszeiten*, markieren Sie den Infotyp *Abwesenheit* und geben Sie als Datum den Zeitraum 09.08-17.08 des laufenden Jahres an. Wählen Sie die Drucktaste *Anlegen* und im erscheinenden Dialogfenster die Abwesenheitsart *0200 Krankheit mit Att*est aus. Wählen Sie dann die Drucktaste *Enter*, so dass das System die Kollisionsprüfung durchführt und anzeigt (vgl. Abb. 7.102). Indem Sie die Drucktaste *Enter* oder das grüne Häkchen wählen, reagiert das System mit dem Abgrenzen des Subtyps Urlaub.

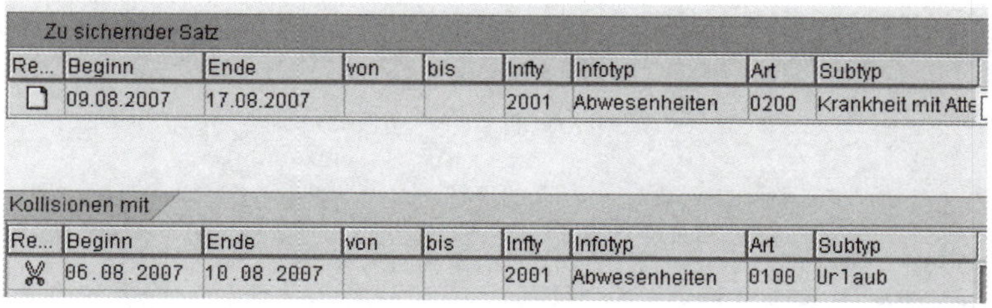

Zu sichernder Satz

Re...	Beginn	Ende	von	bis	Infty	Infotyp	Art	Subtyp
	09.08.2007	17.08.2007			2001	Abwesenheiten	0200	Krankheit mit Atte

Kollisionen mit

Re...	Beginn	Ende	von	bis	Infty	Infotyp	Art	Subtyp
	06.08.2007	10.08.2007			2001	Abwesenheiten	0100	Urlaub

Abb. 7.102: Anzeige der Infotypkollision © SAP AG

Im Erfassungsbild des Subtyps *Krankheit mit Attest* sind die bereits bekannten Felder *Abwesenheitsart, Abwesenheitsstunden, Abwesenheitstage* und *Kalendertage* wieder automatisch gefüllt (vgl. Abb. 7.103). Darüber hinaus erscheinen zusätzliche Felder, die die Fristen für die Bezahlung regeln. Die Felder *Ende Lohnfortzahlung* und *Krankengeldzuschuss* sind bereits gefüllt, da das System diese Informationen den Stammdaten (speziell dem Infotyp *Vertragsbestandteile*) entnimmt. Sichern Sie den Infotyp.

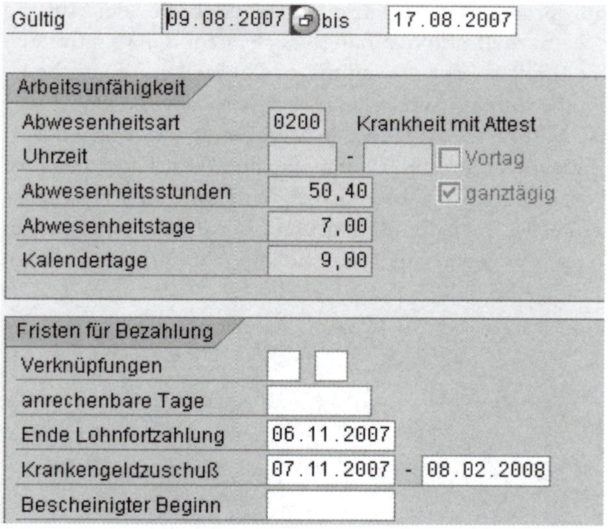

Gültig 09.08.2007 bis 17.08.2007

Arbeitsunfähigkeit

Abwesenheitsart	0200	Krankheit mit Attest
Uhrzeit	-	Vortag
Abwesenheitsstunden	50,40	ganztägig
Abwesenheitstage	7,00	
Kalendertage	9,00	

Fristen für Bezahlung

Verknüpfungen	
anrechenbare Tage	
Ende Lohnfortzahlung	06.11.2007
Krankengeldzuschuß	07.11.2007 - 08.02.2008
Bescheinigter Beginn	

Abb. 7.103: Erfassung Abwesenheitsart Krankheit mit Attest © SAP AG

Überblick Abwesenheitssätze

Lassen Sie sich nun Ihre beiden erfassten Abwesenheitsarten in der Übersicht anzeigen. Markieren Sie dafür den Infotyp *Abwesenheiten* und wählen Sie die Drucktaste *Überblick*.

Hinweis: Achten Sie darauf, dass das Feld *Subtyp* leer, und der Zeitraum nicht eingeschränkt ist, da Sie ansonsten evtl. nur einen bestimmten Subtyp angezeigt bekommen, bzw. nur Zeiträume in einem bestimmten Zeitfenster. In der Übersicht können Sie nun erkennen, dass der Krankheitssatz den Urlaubssatz zeitlich begrenzt hat, und zwar auf den Vortag des Krankheitsbeginns (vgl. Abb. 7.104).

Abb. 7.104: Überblick Abwesenheiten © SAP AG

Abwesenheiten Liste

PersNr	1112	Vertrag	00001112 Beratungsleiter aktiv
PersNr	1112	Name	Elke Fischer
PersBer.	1300 Frankfurt	Kostenst.	1000 Corporate Services
MAKreis	DT AT-Angestellte	AZPRegel	FLEX Gleitzeit FLEX
Auswahl	01.01.1800 bis 31.12.9999	Art	

Abwesenheiten

Beginn	Ende	Ab...	An-/AbwArtText	von	bis	V	AbwTage
09.08.2007	17.08.2007	0200	Krankheit mit Attest				7,00
06.08.2007	08.08.2007	0100	Urlaub				3,00

Übung: Erfassung Mehrarbeit

Ein weiteres Beispiel für die Erfassung von Zeitinfotypen ist die Mehrarbeitserfassung. Markieren Sie dafür in der Transaktion *Zeitdaten pflegen (PA61)* den Infotyp *Mehrarbeiten*, geben Sie das heutige Datum an und wählen danach *Anlegen*. Sie können im Infotyp *Mehrarbeiten* entweder einen konkreten Uhrzeitbereich für die Mehrarbeit angeben, oder die Anzahl der geleisteten Mehrarbeitsstunden. Bei der Angabe der geleisteten Mehrarbeitsstunden hängt das System die Mehrarbeitsstunden zeitlich direkt an den Anschluss des aktuellen Tagesarbeitszeitplans. Im Feld *Mehrarbeitsverrechnungsart* wird angegeben ob die Mehrarbeit bzw. bestimmte Anteile der Mehrarbeit vergütet oder in Freizeit ausgeglichen werden soll. Wählen Sie den Wert *Vergütung* aus. *Hinweis*: Die Vergütung dieser Mehrarbeit wird bei der Personalabrechnung in Kapitel 7.2.5 wieder aufgegriffen. Zusätzlich kann man in dem Infotyp Pausen angeben, die während der Mehrarbeit eventuell angefallen sind (vgl. Abb. 7.105).

Abb. 7.105: Infotyp Mehrarbeit © SAP AG

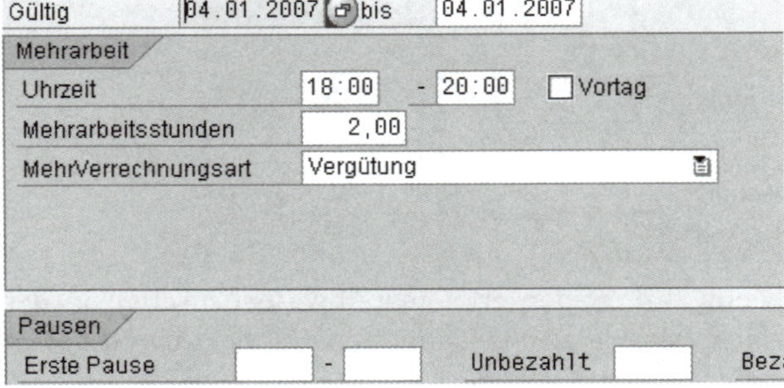

Übung: Kalendererfassung

Zusätzlich zur Erfassung einzelner Infotypsätze haben Sie in der Zeitwirtschaft auch die Möglichkeit der so genannten Kalendererfassung. So gibt der Jahreskalender einen guten Überblick über die bereits erfassten Ab- und Anwesenheiten des Mitarbeiters, und gleichzeitig können über den Jahreskalender neue Ab- und Anwesenheiten angelegt werden. Wählen Sie im Einstiegsbild der Transaktion *Zeitdaten pflegen (PA61)* die Drucktaste *Jahreskalender*. Im Jahreskalender wird jeder Tag durch ein Feld angezeigt. Tage, die laut Sollarbeitsplan Arbeitstage darstellen, sind leer, arbeitsfreie Tage (z.B. Samstag, Sonntag oder Feiertag) sind durch einen Punkt gekennzeichnet. Einzelne Ab- bzw. Anwesenheitssätze werden durch einen entsprechenden Buchstaben gekennzeichnet. So wird der bereits erfasste Urlaubssatz mit einem *H (Holiday)* gekennzeichnet, und der erfasste Krankheitssatz mit einem *K (Krankheit)*. (*Hinweis*: Die Buchstaben können im Rahmen der Systemkonfiguration beliebig zugeordnet werden.)

Um neue Infotypsätze zu erfassen, wählen Sie den entsprechenden Buchstaben aus der Auswahlhilfe aus und sichern Sie den Jahreskalender. In der Regel sind die Buchstaben nicht eindeutig, d.h. sie bilden Kategorien von bestimmten Abwesenheitsarten ab. Z.B. steht der Buchstabe *H* neben dem normalen Urlaub auch für Bildungs- oder Schwerbehindertenurlaub. Daher bietet das System beim Sichern in einem Dialogfenster noch eine Liste an Abwesenheitsarten (Subtypen) an, aus der Sie auswählen können.

Geben Sie nun einen neuen Urlaubssatz im Zeitraum 10.07-20.07 des laufenden Jahres ein, indem Sie in die entsprechenden Felder ein *H* eintragen. Beim Sichern wählen Sie aus dem erscheinenden Dialogfenster den Subtyp *0100 Urlaub* aus (vgl. Abb. 7.106).

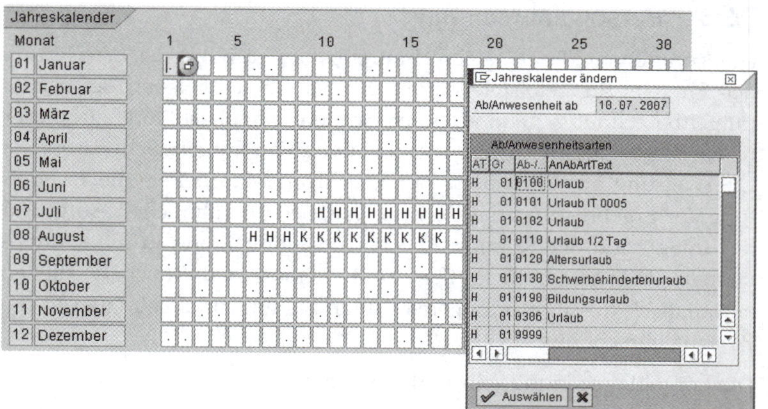

Abb. 7.106: Erfassung und Anzeige von Zeitdaten im Jahreskalender © SAP AG

Zusatzdaten

Viele Zeitinfotypen sind eng mit der Komponente *Personalabrechnung* verzahnt. Daher können gemeinsam mit den Zeitdaten häufig zusätzliche Informationen erfasst werden. So kann man z.B. eine abweichende Bezahlung angeben, wenn bestimmte Leistungen der Mitarbeiter speziell vergütet werden sollen und nicht mit dem normalen Stundensatz (beispielsweise Mehrarbeiten, Vertretungen oder Bereitschaften). Das entsprechende Fenster können Sie sich z.B. im Infotyp *Mehrarbeiten* über die Drucktaste *Abweichende Bezahlung* bzw. über das Menü *Springen → Abweichende Bezahlung* anzeigen lassen (vgl. Abb. 7.107). Sie können unter anderem eine andere Tarifeingruppierung wählen, oder direkt eine neue Bewertungsgrundlage, d.h. einen Stundensatz eintragen. Die Angaben werden im Rahmen der Personalabrechnung bewertet.

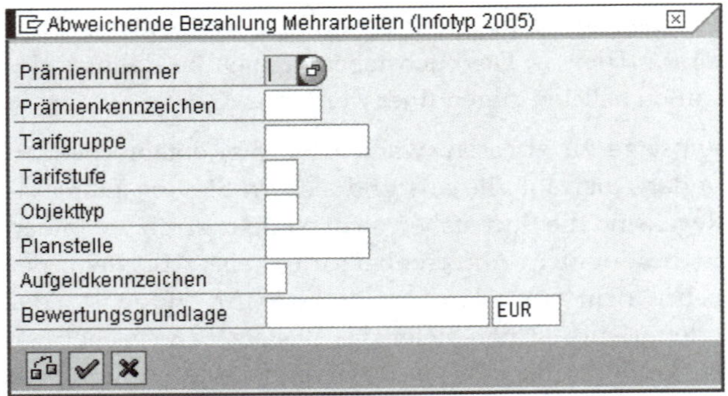

Abb. 7.107: Abweichende Bezahlung © SAP AG

Außerdem können Sie alternative Kostenzuordnungen angeben, damit die Kosten der entsprechenden Arbeitszeit auf abweichende Kostenträger verbucht werden (z.B. andere Kostenstelle, PSP-Element oder Netzplan).

7.2.5 Personalabrechnung

Grundlagen

Die Komponente Personalabrechnung befasst sich mit der Errechnung des Entgelts für geleistete Arbeit pro Mitarbeiter. Neben der reinen Entgeltberechnung gehören noch weitere Arbeitsabläufe zu dieser Komponente, beispielsweise die Erstellung von Entgeltnachweisen, die Überweisung an die Banken der jeweiligen Mitarbeiter, die Überleitung der Ergebnisse an das Rechnungswesen und ähnliches. Aufgrund der Integration der Komponente Personalabrechnung in die Komponenten Personaladministration und Personalzeitwirtschaft fließen automatisch die abrechnungsrelevanten Stamm- und Zeitdaten in die Personalabrechnung ein.

Die Entgeltberechnung selbst erfolgt in zwei Schritten:

- Bruttoabrechnung
- Nettoabrechnung

Bruttoabrechnung

Im Rahmen der Bruttoabrechnung werden diejenigen Entgeltbestandteile eines Mitarbeiters zusammengestellt, die für die jeweilige Abrechnungsperiode relevant sind. Bei den Entgeltbestandteilen handelt es sich um verschiedene Lohn- und Gehaltsarten, die entweder von Sachbearbeitern manuell in den Infotypen erfasst oder automatisch anhand weiterer Informationen und Regeln (z.B. Mehrarbeiten aus der Zeitwirtschaft) generiert werden. Zu den Lohn- und Gehaltsarten, die in die Berechnung des Entgeltes fließen können, gehören unter anderem die Basisbezüge, verschiedene Zulagen wie Urlaubsgeld, Weihnachtsgeld, Gratifikationen etc. Die einzelnen Lohn- und Gehaltsarten tragen Kennzeichen, die angeben, wie der Entgeltbestandteil im Rahmen der Abrechnung zu behandeln ist, z.B. ob solche Leistungen das zu versteuernde Einkommen erhöhen oder mindern.

Nettoabrechnung

Im Rahmen der Nettoabrechnung werden gesetzliche und freiwillige Abzüge (länderabhängig) berechnet. Dazu gehören verschiedene Auszahlungsbeträge, wie z.B. Steuer, Renten-, Arbeitslosen-, Kranken- und Pflegeversicherung.

Rückrechnung

Wie bei den Stammdaten bereits ausgeführt, weisen alle Infotypen einen zeitlichen Gültigkeitsbereich auf. Wenn nach der Abrechnung einer bestimmten Periode rückwirkende Änderungen an abrechnungsrelevanten Infotypen vorgenommen werden, muss die entsprechende Periode für die betroffenen Mitarbeiter neu abgerechnet werden. Dies ist der Fall bei rückwirkenden Gehaltsänderungen, oder wenn z.B. vergessen wurde, eine Mehrarbeit einzutragen. Diese Rückrechnungen müssen nicht manuell angestoßen werden, sondern Änderungen, die die Vergangenheit betreffen, werden erkannt und lösen automatisch eine Rückrechnung aus.

Abrechnungskreis

Das SAP-System verwendet Abrechnungskreise, um Mitarbeiter zusammenzufassen, die gemeinsam und zum gleichen Zeitpunkt abgerechnet werden sollen. Der Abrechnungskreis ist also eine organisatorische Einheit für die Abrechnungsverwaltung und dient unter anderem als Selektionskriterium für das Starten des Abrechnungslaufes sowie der Folgeaktivitäten. Die Zuordnung der Mitarbeiter zu einem Abrechnungskreis erfolgt im Infotyp *Organisatorische Zuordnung*. Mitarbeiter, die zu unterschiedlichen Mitarbeiterkreisen oder unterschiedlichen Personalbereichen gehören, können ein und demselben Abrechnungskreis zugeordnet werden. Verschiedene Abrechnungskreise werden nur dann benötigt, wenn Sie verschiedene Gruppen von Mitarbeitern in unterschiedlichen Zeitabständen (z.B. monatlich oder wöchentlich) abrechnen oder die Gehaltsauszahlung zu unterschiedlichen Zeitpunkten erfolgen soll.

Abrechnungsverwaltungssatz

Zu jedem Abrechnungskreis muss ein so genannter Abrechnungsverwaltungssatz angelegt werden, der den Prozess der Personalabrechnung steuert. Der Verwaltungssatz speichert unter anderem die zuletzt abgerechnete Periode, legt die tiefste rückrechenbare Abrechnungsperiode fest und speichert ab, in welcher Phase sich die Abrechnung gerade befindet.

Abrechnungsprozess

Abb. 7.108 zeigt den Prozess der Personalabrechnung. Im ersten Schritt muss die Abrechnung für einen Abrechnungskreis freigegeben werden, was eine Sperrung der Stamm- und Zeitdatenpflege für die Abrechnungsgegenwart und – wegen potentieller Rückrechnungen – für die Abrechnungsvergangenheit auslöst. Durch die Notwendigkeit der Freigabe der Personalabrechnung ist sichergestellt, dass keine Abrechnung durchgeführt wird, während die Stammdaten derjenigen Personalnummern bearbeitet werden, die abgerechnet werden sollen. Nach der Freigabe der Abrechnung kann der Abrechnungslauf für alle freigegebenen Abrechnungskreise gestartet werden. Ist die Abrechnung beendet, muss geprüft werden, ob alle Mitarbeiter korrekt abgerechnet wurden. Ist dies der Fall, kann die Abrechnung beendet, und Folgeaktivitäten können durchgeführt werden.

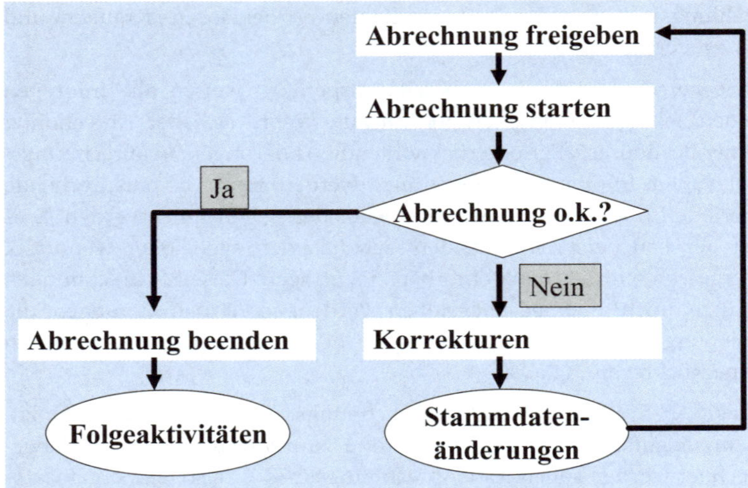

Abb. 7.108: Abrechnungsprozess

Folgeaktivitäten

Die Personalabrechnung speichert die Abrechnungsergebnisse in einer Datenbank, auf die zugegriffen wird, um die Folgeaktivitäten durchzuführen. Zu den Folgeaktivitäten gehört es beispielsweise, die Entgeltnachweise für die abgerechneten Mitarbeiter zu erstellen, sowie die Überweisung der Löhne und Gehälter zu veranlassen. Ist sowohl der Abrechnungslauf, wie auch das Drucken der Entgeltnachweise und die Überweisung durchgeführt worden, fallen eine Vielzahl weiterer Folgeaktivitäten an. Die verschiedenen Folgeaktivitäten werden entweder pro Abrechnungsperiode (d.h. in der Regel monatlich), jährlich, periodenunabhängig oder anhand sonstiger Perioden fällig. Die Folgeaktivitäten betreffen unter anderem die Bereiche Sozialversicherung, Datenerfassungs- und Übertragungsverordnung (DEÜV), Steuer (z.B. die korrekte Abführung der Steuer an die zuständigen Finanzämter) und die Buchung der Abrechnungsergebnisse aus dem Personalwesen in das Rechnungswesen.

Korrekturphase

Sollten während der Abrechnung allerdings Fehler aufgetreten sein (z.B. wegen fehlender oder falscher Daten), kann die Abrechnung nicht beendet werden. Es wird eine Korrekturphase notwendig, während der Korrekturen an Stamm- und Zeitdaten durchgeführt werden. Alle in dieser Phase korrigierten Mitarbeiter erhalten automatisch ein spezielles Kennzeichen (im Infotyp *Abrechnungsstatus*). Nach der Korrekturphase wird die Abrechnung erneut freigegeben, und ein zweiter Abrechnungslauf wird für die gleiche Periode gestartet. Abgerechnet wird jetzt allerdings nicht mehr der gesamte Abrechnungskreis, sondern nur noch diejenigen Mitarbeiter dieses Abrechnungskreises, die ein Korrekturkennzeichen tragen. Diese Schleife im Prozess muss so lange durchgeführt werden, bis alle Mitarbeiter fehlerfrei abgerechnet wurden. Danach kann die Abrechnung beendet werden. Nach Beendigung der Abrechnung kann kein Abrechnungslauf mehr für eine bereits abgerechnete Periode ausgeführt werden. Änderungen, die an bereits abgerechneten Perioden durchgeführt werden, können erst beim nächsten Abrechnungslauf – per Rückrechnung – berücksichtigt werden.

Simulation der Abrechnung

Vor dem Starten einer produktiven Abrechnung können Sie jederzeit die Abrechnung für einzelne Mitarbeiter simulieren. Das ist z.B. sinnvoll, wenn Sie komplexere Stammdatenänderung durchgeführt haben, um frühzeitig Fehlerquellen zu erkennen, und um evtl. vor der produktiven Abrechnung Korrekturen durchführen zu können. Der Unterschied zwischen einer simulierten und einer produktiven Abrechnung ist, dass die Abrechnungsergebnisse bei einer Simulation nicht in der Datenbank gespeichert werden. Sie können die Ergebnisse aber im Abrechnungsprotokoll ansehen und drucken. Außerdem müssen die Stammdaten bei der Simulation nicht für die Pflege gesperrt werden.

Übung: Abrechnungslauf

Führen Sie nun die Personalbrechnung für Ihre Mitarbeiterin *1112 Elke Fischer* durch. Wählen Sie dafür folgenden Menüpfad bzw. die entsprechende Transaktion:

Menüpfad

Personal➔Personalabrechnung ➔ Europa➔Deutschland ➔Abrechnung➔Abrechnung starten

Transaktion

PC00_M01_CALC – Abrechnungsprogramm Deutschland

Hinweis: Im Rahmen unseres Prozesses werden wir nur einzelne Mitarbeiter abrechnen, daher ist es nicht notwendig – anders als im Abrechnungsprozess beschrieben – die Abrechnung freizugeben und zu beenden. Für einzelne Mitarbeiter kann die Abrechnung auch direkt gestartet werden.

Im Selektionsbild des Abrechnungsprogramms machen Sie folgende Eingaben (vgl. Abb. 7.109):

- Abrechnungskreis *d2*
- Andere Periode: wählen Sie *andere Periode*, und tragen Sie einen Monat ein, den Sie abrechnen möchten, z.B. den aktuellen Monat. *Hinweis*: In einem produktiven System müssen Sie die Periode, die Sie abrechnen möchten, nicht manuell eintragen, da dann im Verwaltungssatz gespeichert ist, welche Periode zuletzt abgerechnet wurde, und automatisch die nächste Periode abgerechnet wird. In unserem IDES-Testsystem wird allerdings nicht monatlich abgerechnet, so dass im Verwaltungssatz als letzte abgerechnete Periode eine sehr niedrige Periode eingestellt sein kann, in der Ihre Mitarbeiterin noch gar nicht eingestellt war. In diesem Fall würden Sie keine Abrechnungsergebnisse erhalten, wenn Sie im Bereich Abrechnungsperiode die aktuelle Periode stehen lassen.
- Personalnummer: *1112 Elke Fischer*
- Abrechnungskreis: *d2*
- Markieren Sie das Feld *Protokoll anzeigen*

Die restlichen Parameter lassen Sie unverändert. Wählen Sie die Drucktaste *Ausführen*.

Hinweis: Falls Sie vergessen, eine Personalnummer einzutragen, wird das System damit beginnen, alle Personalnummern des eingegebenen Abrechnungskreises abzurechnen, was zu langen Laufzeiten führen kann.

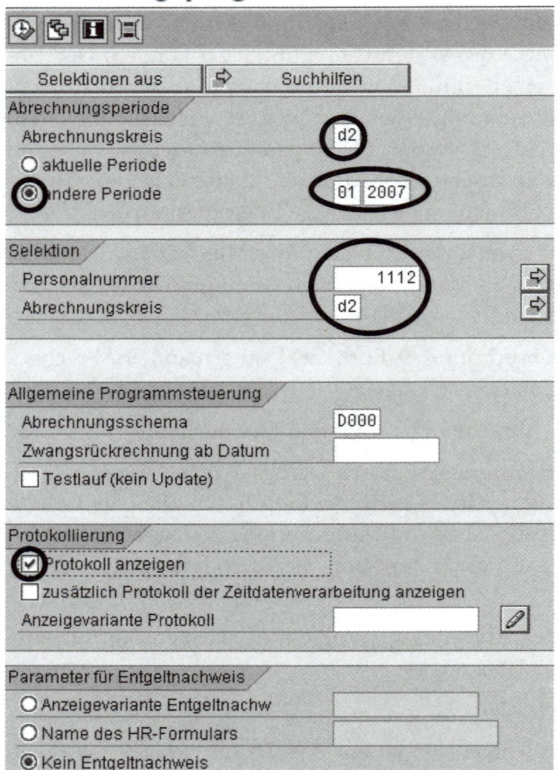

Abb. 7.109: Selektionsbild Abrechnungsprogramm (PC00_M01_CALC) © SAP AG

Nach Beendigung des Abrechnungslaufes wird das Protokoll der Abrechnungsergebnisse in Form einer Baumstruktur angezeigt. Die einzelnen Knoten können Sie jeweils öffnen, um sich Detailinformationen anzeigen zu lassen (vgl. Abb. 7.110). Sollte die Abrechnung für Ihre Personalnummer einen Fehler produzieren (z.B. weil wichtige Stammdaten fehlen), wird die Abrechnung bis zur Entstehung des Fehlers protokolliert. Am Ende des Protokolls sehen Sie die aufgetretene Fehlermeldung. Sie müssen nun über die Transaktion *Personalstammdaten pflegen (PA30)* die entsprechenden Korrekturen vornehmen und die Abrechnung erneut starten.

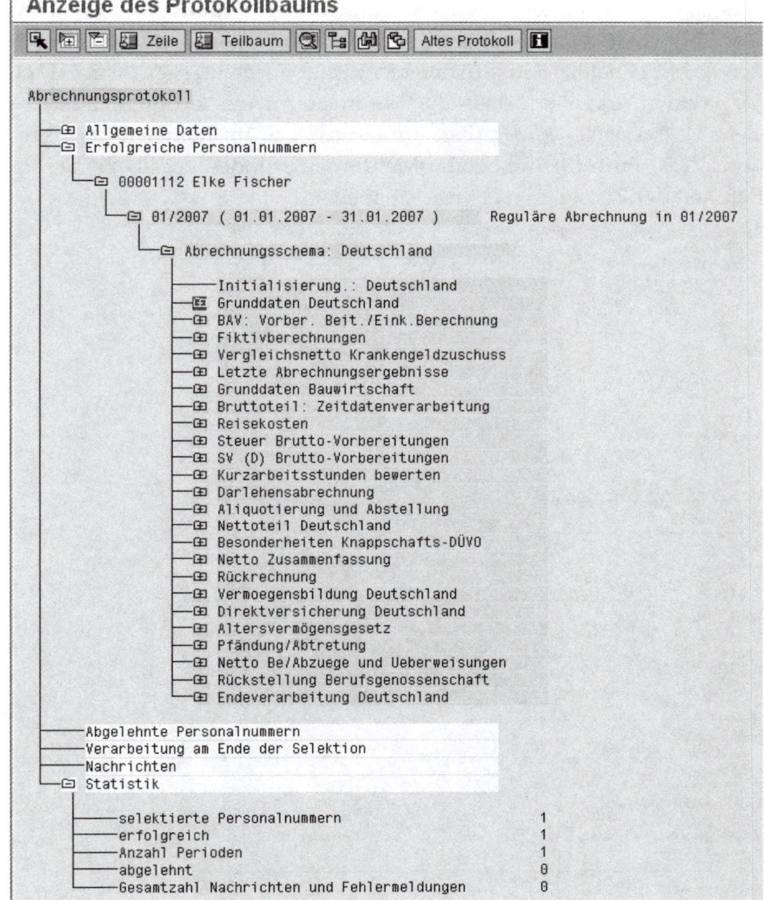

Abb. 7.110: Anzeige des Protokollbaums © SAP AG

Übung: Entgeltnachweis

Lassen Sie sich nun den Entgeltnachweis Ihrer Mitarbeiterin anzeigen, indem Sie folgenden Menüpfad, bzw. den entsprechenden Transaktionscode wählen:

Menüpfad

Personal➔Personalabrechnung➔Europa ➔Deutschland ➔Abrechnung➔Entgeltnachweis

Transaktion

PC00_M01_CEDT – Entgeltnachweise

Im Selektionsbild machen Sie folgende Eingaben:

- Abrechnungskreis: *d2*
- Andere Periode: wählen Sie *andere Periode,* und tragen Sie den Abrechnungsmonat ein. (*Hinweis*: Sie müssen die gleiche Periode wählen wie beim Starten des Abrechnungslaufes, da nur für diese Periode Abrechnungsergebnisse in der entsprechenden Datei abgespeichert sind.)
- Personalnummer: *1112 Elke Fischer*
- Abrechnungskreis: *d2*

Die restlichen Parameter lassen Sie unverändert. Wählen Sie *Ausführen*. Der Entgeltnachweis listet die Be- und Abzüge Ihrer Mitarbeiterin für den abgerechneten Monat in übersichtlicher Form auf (vgl. Abb. 7.111). Sie können erkennen, dass die Mitarbeiterin ein Grundgehalt (AT-Gehalt) von 4500.- Euro erhält, und zusätzlich im Januar noch insgesamt 71,90 Euro für die beiden Mehrarbeitsstunden erhält, die Sie im Rahmen der Zeitwirtschaft erfasst haben.

Abb. 7.111: Entgeltnachweis © SAP AG

Entgeltabrechnung für Januar 2007 Datum 04.01.2007 Seite 1
IDES AG Frankfurt Währung EUR

Ihr Sachbearbeiter ist Herr Gerhard Abrechner
Personalnr..... 1112
Geburtsdatum... 28.05.1966
Eintritt....... 01.01.2007
Kostenstelle... Corporate
Abteilung...... Consulting

Frau
Elke Fischer
Diesterweg 12
67071 Ludwigshafen

ENTGELTBESTANDTEILE	Tg/Std	Betrag/E.	Monat	Jahressummen
AT-Gehalt			4.500,00	
Mehrarbeit 25 %	2,00	28,76	57,52	
Zuschlag Mehrarbeit 25%	2,00	7,19	14,38	
BRUTTOENTGELTE				
Gesamtbrutto			4.571,90	4.571,90
Steuer-Brutto		4.571,90		4.571,90
SV-Brutto KV/PV		3.562,50		3.562,50
SV-Brutto RV		4.571,90		4.571,90
SV-Brutto AV		4.571,90		4.571,90
GESETZLICHE ABZÜGE				
Lohnsteuer			1.129,91	1.129,91
Solidaritätszuschlag			62,14	62,14
Kirchensteuer			101,69	101,69
Krankenversicherung			270,75	270,75
Rentenversicherung			445,76	445,76
Arbeitslosenversicherung			148,59	148,59
Pflegeversicherung			39,19	39,19
Gesetzliches Netto			2.373,87	
ÜBERWEISUNGEN				
Überweisung			2.373,87	

Information zur Überweisung
Überweisung 2.373,87 EUR
10020030 Deutsche Bank 123456

Integration Rechnungswesen

Aus der Vielzahl der Folgeaktivitäten, die monatlich nach der Abrechnung durchgeführt werden müssen, schauen wir uns beispielhaft die Buchung ins Rechnungswesen im Detail an. Zur Überleitung der Abrechnungsergebnisse ins Rechnungswesen werden die relevanten Daten in Belege zusammengefasst und in folgende Komponenten des Rechnungswesens gebucht:

- Finanzbuchhaltung
  Die Finanzbuchhaltung muss die Höhe der Aufwände und Verbindlichkeiten kennen, um einen Überblick über die Mittelverwendung im Unternehmen zu haben.
- Kostenrechnung
  Zur Kontrolle der Budgets muss in der Kostenrechnung bekannt sein, auf welchen Kostenstellen die Kosten angefallen sind.

HCM (Personalabrechnung)
Berechnung der auszuzahlenden Löhne und Gehälter und der Abzüge (Steuer, Sozialversicherung etc.)
FI (externes ReWe)
Buchung der Personalaufwände und Verbindlichkeiten
CO (internes ReWe)
Buchung der Personalkosten auf Kostenträgern

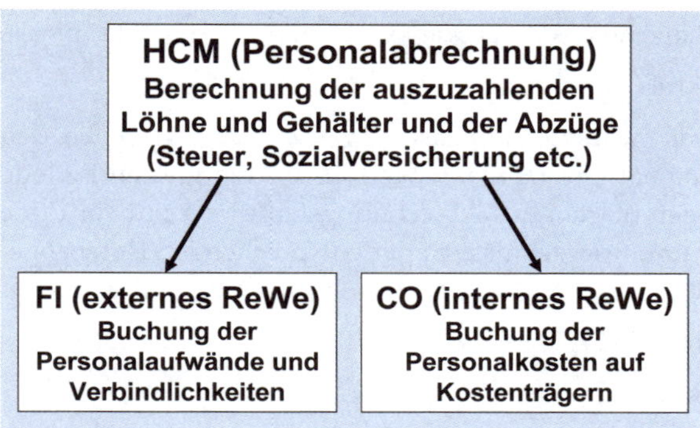

Abb. 7.112: Betriebswirtschaftliche Übersicht über die Buchung ins Rechnungswesen

Übung: Buchungslauf

Leiten Sie nun Ihre Abrechnungsergebnisse in die Finanzbuchhaltung über. Starten Sie den Buchungslauf, indem Sie folgenden Menüpfad bzw. den entsprechenden Transaktionscode wählen:

Menüpfad

Personal➔Personalabrechnung➔Europa➔Deutschland➔Folgeaktivitäten➔Pro Abrechnungsperiode➔Auswertung➔Buchung ins Rechnungswesen➔Buchungslauf erzeugen

Transaktion

PC00_M99_CIPE – Buchung ins Rechnungswesen: Buchungslauf erzeugen

Buchung ins Rechnungswesen: Buchungslauf erzeugen
Selektionen aus
Abrechnungsperiode
Abrechnungskreis
D2
von
01.01.2007
bis
31.01.2007
aktuelle Periode
andere Periode
1
2007
Selektion
Personalnummer
1112
Abrechnungskreis
D2
Laufattribute
Off-Cycle-Abrechnung
Art der Belegerstellung
P
Produktiver Buchungslauf
Protokoll ausgeben
Text zum Buchungslauf
Kostenplanung
Vorgabe für Buchungsdatum
laut Periodendefinition
laut Zahldatum
manuell
31.01.2007
Sonderperioden
Angaben zur Belegerstellung
Belegdatum
Buchungsvariante
SAP
Standardvariante

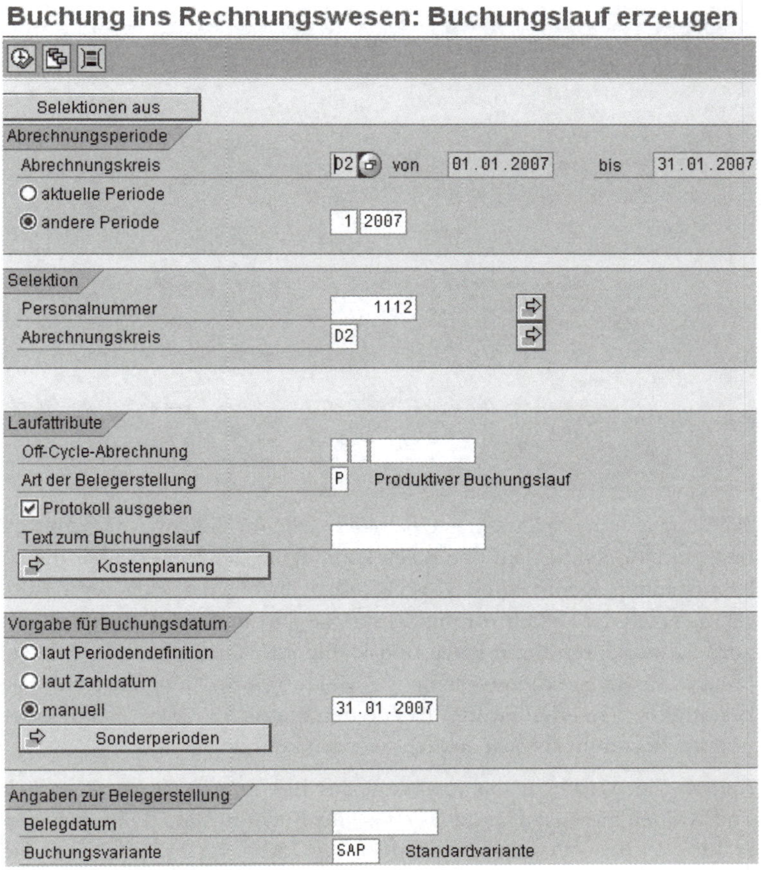

Abb. 7.113: Selektionsbild des Buchungslaufes (PC00_M99_CIPE) © SAP AG

Im Selektionsbild machen Sie folgende Eingaben (vgl. Abb. 7.113):

- Abrechnungskreis: *d2*
- Andere Periode: wählen Sie *andere Periode*, und tragen Sie den Abrechnungsmonat ein. (*Hinweis*: Sie müssen die gleiche Periode wählen wie beim Starten des Abrechnungslaufes, da nur für diese Periode Abrechnungsergebnisse in der entsprechenden Datei abgespeichert sind.)
- Personalnummer: *1112 Elke Fischer*
- Abrechnungskreis: *d2*
- Art der Belegerstellung: *P Produktiver Lauf*
- Markieren Sie das Feld *Protokoll ausgeben*
- Vorgabe für Buchungsdatum: Wählen Sie *manuell* und geben Sie den letzten Tag der aktuellen Periode an

Die restlichen Parameter lassen Sie unverändert. Wählen Sie *Ausführen*. Das Protokoll des Reports wird wieder in Form einer Baumstruktur angezeigt, so dass Sie sich über das Öffnen der einzelnen Knoten Detailinformationen anzeigen lassen können (vgl. Abb. 7.114).

Abb. 7.114: Protokoll des Buchungslaufes © SAP AG

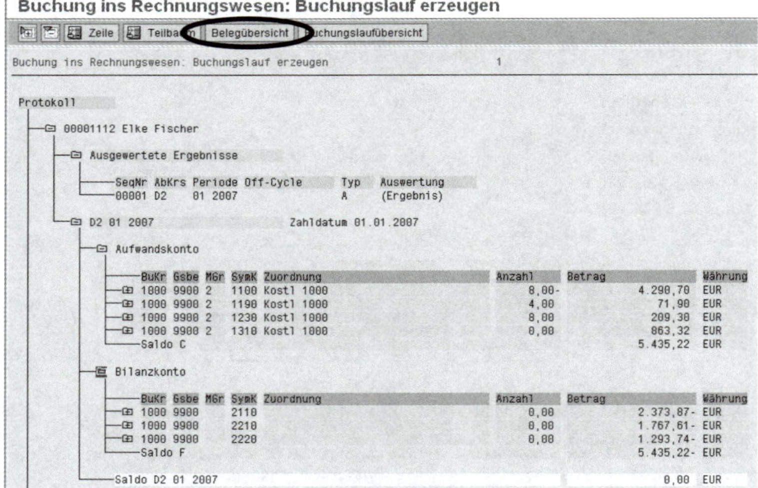

Wählen Sie nun die Drucktaste *Belegübersicht*. Ihr Beleg wird angezeigt, und per Doppelklick auf den Beleg können Sie sich Details über die zu bebuchenden Konten und Kostenstellen anzeigen lassen (vgl. Abb. 7.115). Nach der Detailprüfung kehren Sie wieder in die Belegübersicht zurück, markieren Ihren Beleg und wählen die Drucktaste *Beleg freigeben*. Nachdem Sie die erscheinende Meldung im Dialogfenster mit *Ja* bestätigt haben, erhalten Ihre Belege den Status *freigegeben*, so dass sie nun ins Rechnungswesen gebucht werden können.

Kehren Sie wieder in das Protokoll des Buchungslaufreports zurück und wählen Sie *Buchungslaufübersicht*. Ihr Buchungslauf sollte nun den Status *Alle Belege freigegeben* anzeigen (vgl. Abb. 7.116). Markieren Sie den Buchungslauf und wählen Sie die Drucktaste *Belege buchen*. In dem erscheinenden Dialogfenster wählen Sie *Sofort* (die Buchung erfolgt sofort im Dialog, und nicht per Batch-Input). Sie erhalten eine Maske mit dem Hinweis, dass Ihre Belege erfolgreich ins Rechnungswesen gebucht wurden.

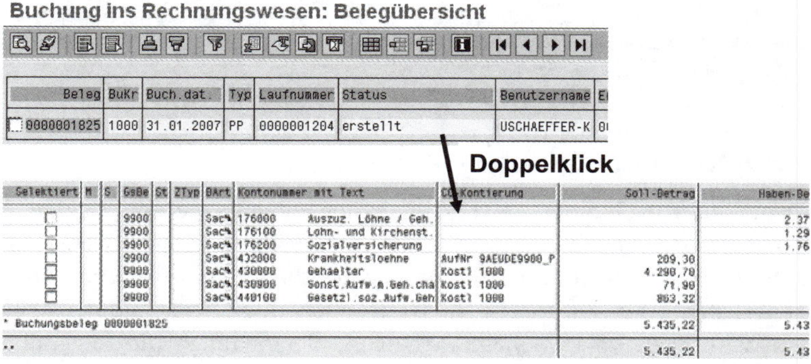

Abb. 7.115: Belegübersicht und Detailbeleg © SAP AG

Buchungsläufe anzeigen

Aktive Filterung über: Status

Typ Bezeichnung / Selektiert	Laufnummer	Text zum Lauf	Laufinformation	Sim	Status	St	Benutzername	Erst.Datum
PP Buchung der Abrechnung								
☐	0000001204		AbKrs D2/01/2007	☐	Alle Belege freigegeben	32	USCHAEFFER-K	06.01.2007
☐	0000001201		AbKrs D2/01/2007	☑	Belege erstellt	31	USCHAEFFER-K	04.01.2007
☐	0000001199		AbKrs UB/16/2004	☑	Belege erstellt	31	SHIPP	17.11.2004
☐	0000001197		AbKrs K4/09/2004	☑	Belege erstellt	31	STUIVENBERG	06.10.2004

Abb. 7.116: Buchungslaufübersicht © SAP AG

Übung: Anzeige der übergeleiteten Abrechnungsergebnisse

Die Abrechnungsergebnisse sind nun im Rechnungswesen auf den entsprechenden Konten bzw. Kostenstellen gebucht. (*Hinweis:* Wenn Sie nach der Buchung der Abrechnungsbelege feststellen, dass die gebuchten Daten fehlerhaft sind, können Sie alle Abrechnungsbelege des entsprechenden Buchungslaufs wieder stornieren.)

Zur Anzeige der gebuchten Ergebnisse im Rechnungswesen wählen Sie z.B. einen Report zur Anzeige der Konten in der Finanzbuchhaltung. Wählen Sie dafür folgenden Menüpfad bzw. den entsprechenden Transaktionscode:

Menüpfad

Rechnungswesen➔Finanzwesen ➔Hauptbuch ➔ Infosystem ➔Berichte zum Hauptbuch ➔Bilanz/GuV/Cash Flow ➔Allgemein ➔Ist-/Ist-Vergleiche ➔Ist/Ist-Vergleich Jahr

Transaktion

S_ALR_87012249 – Ist/Ist-Vergleich Jahr

Im Selektionsbild des Reports wählen Sie die Sachkonten *176000* bis *176200* und den Buchungskreis *1000*. Lassen Sie die Vorgabewerte unverändert und wählen Sie *Ausführen*. Im Ergebnisbild können Sie die angezeigte Hierarchie öffnen, um sich die Detailwerte anzeigen zu lassen (vgl. Abb. 7.117).

Abb. 7.117: Anzeige Sachkonten © SAP AG

Bil/GuV-Pos.	Geschäftsjahr ;2007	Geschäftsjahr ;2006	Ab...
▽ Handelsbilanz	0	0	
▽ PASSIVA	0	0	
▷ Eigenkapital	5.435	10.949.818	
▽ Verbindlichkeiten	5.435-	10.949.818-	
▽ Sonstige Verbindlichkeiten	5.435-	10.949.818-	
▽ Sonstige Verbindlichkeiten aus Steuern	1.294-	8.377.867-	
▽ mit einer Restlaufzeit bis zu einem Jahr	1.294-	8.377.867-	
Abzufuehrende Lohn- und Kirchensteuer	1.294-	8.377.867-	
▽ Sonstige Verbindlichkeiten im Rahmen	1.768-	1.685.885-	
▽ mit einer Restlaufzeit bis zu einem Jahr	1.768-	1.685.885-	
Abzufuehrende Sozialversicherung	1.768-	1.685.885-	
▽ Andere sonstige Verbindlichkeiten	2.374-	886.066-	
▽ mit einer Restlaufzeit bis zu einem Jahr	2.374-	886.066-	
▽ Sonstige	2.374-	886.066-	
Auszuzahlende Loehne und Gehaelter	2.374-	886.066-	

7.3 Reporting und Analyse

Grundlagen

Dem Reporting kommt im Personalmanagement eine entscheidende Rolle zu, da regelmäßig Auswertungen erstellt werden müssen. So benötigen die Führungskräfte und Sachbearbeiter verschiedene Mitarbeiterlisten oder statistische Auswertungen über Personaldaten. Für Auswertungen im Personalmanagement stehen Ihnen die folgenden Auswertungswerkzeuge zur Verfügung:

- Standardreports
- Personalinformationssystem HIS
- Ad-hoc-Query

Standardreports

Standardreports sind fertige Auswertungsmöglichkeiten, die Ihnen über das Easy-Access-Menü zur Verfügung stehen. Bei der Auswahl eines Standardreports erscheint zunächst ein Reportselektionsbild, mit Hilfe dessen Sie über verschiedene Selektionskriterien die Ausgabe des Reports steuern können. Indem Sie in den einzelnen Feldern Eingaben machen (entweder Einzelwerte oder Wertbereiche) schränken Sie die zu lesende Datenmenge und somit das Ergebnis Ihrer Auswertung ein. Sollten die Selektionskriterien nicht ausreichen, haben Sie über die Funktion *Weitere Selektionen* die Möglichkeit, weitere Selektionsfelder hinzuzufügen. Weiterhin können Sie über die Funktion *Sortierung* die gewünschte Mitarbeiterliste nach bis zu sieben Kriterien sortieren lassen. Wenn Sie die für die Ausführung eines Reports gewählten Selektionswerte zu späteren Zeitpunkten wieder verwenden möchten, können Sie diese Werte als Variante sichern.

Übung: Mitarbeiterliste

Erzeugen Sie eine Mitarbeiterliste aller angestellten Mitarbeiter aus dem Personalbereich *Frankfurt*. Wählen Sie dafür folgenden Menüpfad:

Menüpfad

Infosysteme➔Personal➔ Berichte ➔Personalmanagement ➔ Administration➔Mitarbeiter ➔Mitarbeiterliste

Im Selektionsbild wählen Sie im Feld *Personalbereich* den Wert *1300 Frankfurt* und im Feld *Mitarbeiterkreis* den Wert *DU*. Starten Sie den Report über die Drucktaste *Ausführen* (vgl. Abb. 7.118).

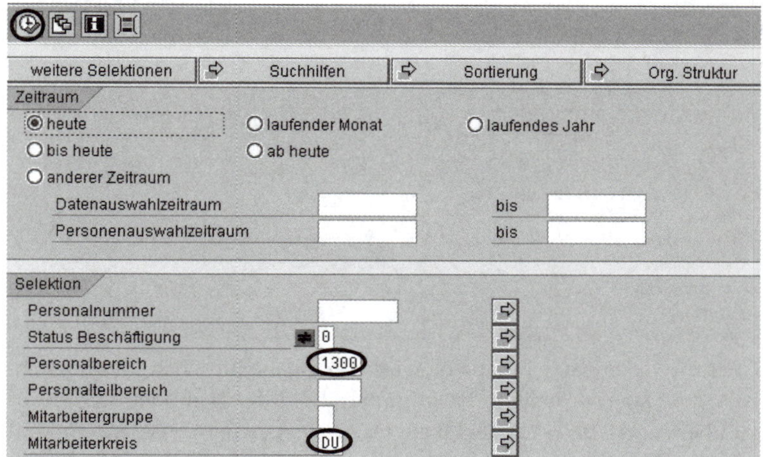

Abb. 7.118: Selektionsbild Mitarbeiterliste © SAP AG

Sie erhalten daraufhin die entsprechende Mitarbeiterliste, sortiert nach der Personalnummer (vgl. Abb. 7.119). Diese Standardliste können Sie anpassen, indem Sie z.B. über die Funktion *Layout ändern*, bestimmte Felder ein- oder andere ausblenden lassen. Beim Sichern des neuen Layouts vergeben Sie einen Namen und können entscheiden, ob dieses Layout immer als Standardlayout erscheinen soll (vgl. Abb. 7.120).

Mitarbeiterliste

Mitarbeiterliste

Stichtag: 03.01.2007
Anzahl selektierter Mitarbeiter: 407

PersNr.	Name	Stellenbezeichnung	Eintrittsdatum	BuKr.	PBer	Kostenst.
00001001	Michaela Maier	Sachbearbeiter	01.01.1994	1000	1300	2100
00001003	Stefan Pfändili	Sachbearbeiter	01.01.1994	1000	1300	2100
00001004	Olaf Paulsen	Sachbearbeiter	01.01.1994	1000	1300	2100
00001005	Hanno Gutjahr	Sachbearbeiter	01.01.1994	1000	1300	2100
00001006	Yasmin Awad	Sachbearbeiter	01.01.1994	1000	1300	2100
00001011	Claudia Förster	Sachbearbeiter	01.01.1996	1000	1300	2100
00001012	Sandra Grundig	Sachbearbeiter	01.01.1996	1000	1300	2100
00001013	Wolfgang Humboldt	Sachbearbeiter	01.01.1996	1000	1300	2100
00001014	Gudrun Hintze	Sekretärin (D)	01.01.1995	1000	1300	2100
00001016	Mike Kaufman	Sachbearbeiter	01.01.1994	1000	1300	2200
00001023	Nicole Hörter	Sekretärin (D)	01.01.1994	1000	1300	2200

Abb. 7.119: Mitarbeiterliste © SAP AG

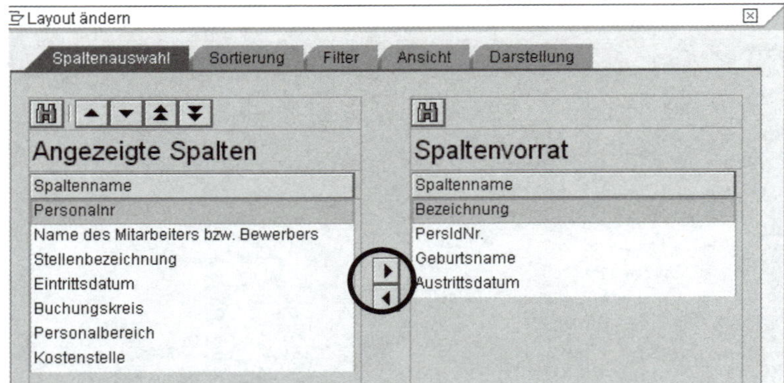

Abb. 7.120: Layout ändern © SAP AG

Über die Listanzeige hinaus bietet das Ausgabebild noch die Möglichkeit, die Daten in weitere Programme (z.B. MS Excel oder MS Word) zu übertragen, bzw. sie als lokale Datei zu speichern. Außerdem können die Daten sortiert, gefiltert, oder als E-Mail in SAP-Office versendet werden. Abb. 7.121 zeigt die einzelnen Bearbeitungsmöglichkeiten innerhalb eines Standardreports.

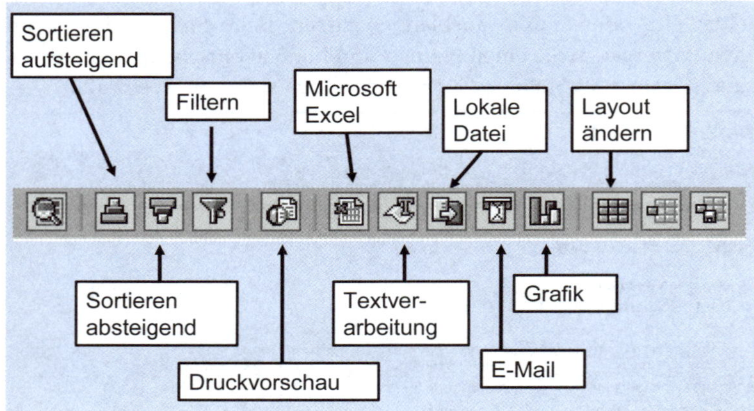

Abb. 7.121: Verarbeitungsmöglichkeiten der Ergebnisliste © SAP AG

Übung: Nationalitätsstatistik

Mittels Standardreports können Sie sich nicht nur Datenlisten anzeigen, sondern auch verschiedene Statistiken generieren lassen. Erzeugen Sie eine Statistik über die Verteilung der Nationalitäten der Mitarbeiter im Personalbereich *Frankfurt*. Wählen Sie dafür den Report *Nationalitäten* über folgenden Menüpfad:

Menüpfad

Infosysteme➔Personal➔ Berichte ➔Personalmanagement ➔ Administration➔Organisatorische Einheit ➔ Nationalitäten

Im Selektionsbild wählen Sie Personalbereich *1300* und danach die Drucktaste *Ausführen*. Sie erhalten eine Statistik über den Anteil der verschiedenen Nationalitäten bei Ihren Mitarbeitern (vgl. Abb. 7.122).

Nationalitäten 1

Stichtag 06.01.2007

Nationalität		-männlich- Anzahl	%	-weiblich- Anzahl	%	=zusammen= Anzahl	%
	undefiniert	70	9,7	34	4,7	104	14,4
AT	östereichisch	2	0,3			2	0,3
AU	australisch	1	0,1			1	0,1
CH	schweizerisch	2	0,3	1	0,1	3	0,4
DE	deutsch	348	48,2	248	34,3	596	82,5
DK	Dänisch	1	0,1			1	0,1
ES	spanisch	1	0,1			1	0,1
FR	französisch			1	0,1	1	0,1
HU	ungarisch	1	0,1			1	0,1
SE	schwedisch	1	0,1	1	0,1	2	0,3
US	amerikanisch	2	0,3	6	0,8	8	1,1
VE	venezolanisch	1	0,1	1	0,1	2	0,3
***		430	59,6	292	40,4	722	100,0
Ausländische Staatangeh.		82	11,4	44	6,1	126	17,5
EU-Angehörige		423	58,6	284	39,3	707	97,9
Nicht-EU-Angehörige		7	1,0	8	1,1	15	2,1

Abb. 7.122: Nationalitätenstatistik © SAP AG

Übung: Personalbestandsentwicklung

Auswertungen müssen nicht nur stichtagsbezogen erfolgen, sondern können sich auch auf einen längeren Zeitraum beziehen, um bestimmte Entwicklungen im Unternehmen verfolgen zu können. Erzeugen Sie eine Übersicht über die Personalbestandsentwicklung in Ihrem Unternehmen. Wählen Sie dafür den Report *Personalbestandsentwicklung* über folgenden Menüpfad:

Menüpfad

Infosysteme➔Personal➔ Berichte ➔Personalmanagement ➔Administration➔Organisatorische Einheit ➔Personalbestandsentwicklung

Im Selektionsbild des Reports wählen Sie Abrechnungskreis *d2* und Personalbereich *1300*. Im unteren Bereich des Selektionsbildes wählen Sie einen Jahreszeitraum (im Feld Auswahlperioden von bis), z.B. 01. aktuelles Jahr – 12. aktuelles Jahr und markieren Sie das Feld *Mitarbeiterkreis*. Wählen Sie *Ausführen*. Sie erhalten zunächst eine Übersicht über die Personalbestandsentwicklung im Personalbereich *1300* (vgl. Abb. 7.123), die Sie sich dann noch grafisch anzeigen lassen können (vgl. Abb. 7.124).

Abb. 7.123: Übersicht Personalbestands-entwicklung © SAP AG

Personalbestandsentwicklung

Personalbereich 1300 Frankfurt

MAKrs	09.2006	10.2006	11.2006	12.2006	01.2007	02.2007	03.2007	04.2007	05.2007
DA	2	2	2	2	2	2	2	2	2
DB	11	11	11	11	11	11	11	11	11
DC	9	9	9	9	9	9	9	9	9
DE	7	7	7	7	7	7	7	7	7
DF	2	2	2	2	2	2	2	2	2
DI	2	2	2	2	2	2	2	2	2
DN	186	186	186	186	186	186	186	186	186
DS	33	33	33	33	33	33	33	33	33
DT	26	26	26	26	27	27	27	27	27
DU	406	406	406	406	407	407	407	407	407
DZ	38	38	38	38	38	38	38	38	38
**	722	722	722	722	724	724	724	724	724

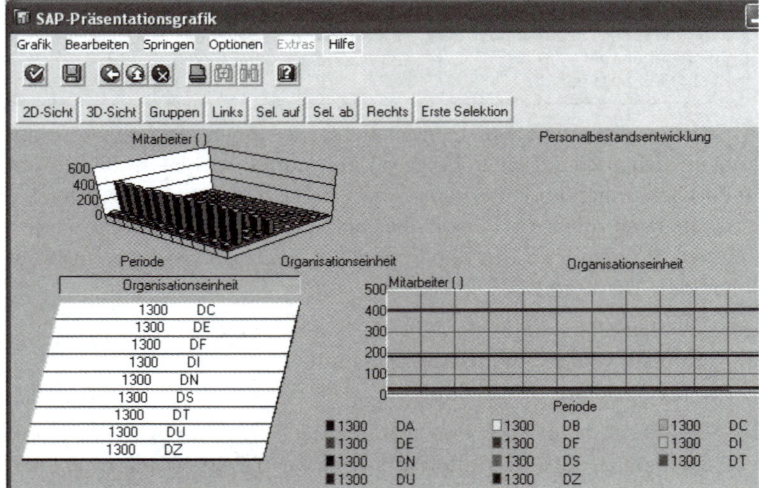

Abb. 7.124: Grafische Darstellung © SAP AG

Personalinformationssystem (HIS)

Das Personalinformationssystem (HIS) ermöglicht Ihnen das Starten von Reports aus der grafischen Anzeige der Aufbauorganisation heraus. Das bedeutet, dass der Einsatz der Komponente *Organisationsmanagement* Voraussetzung für die Nutzung des HIS ist.

Übung: HIS

Zum Einstieg in das HIS wählen Sie folgenden Menüpfad, bzw. den entsprechenden Transaktionscode:

Menüpfad

Infosysteme➔Personal➔Reporting-Werkzeuge➔HIS

Transaktion

PPIS – HIS:Einstieg

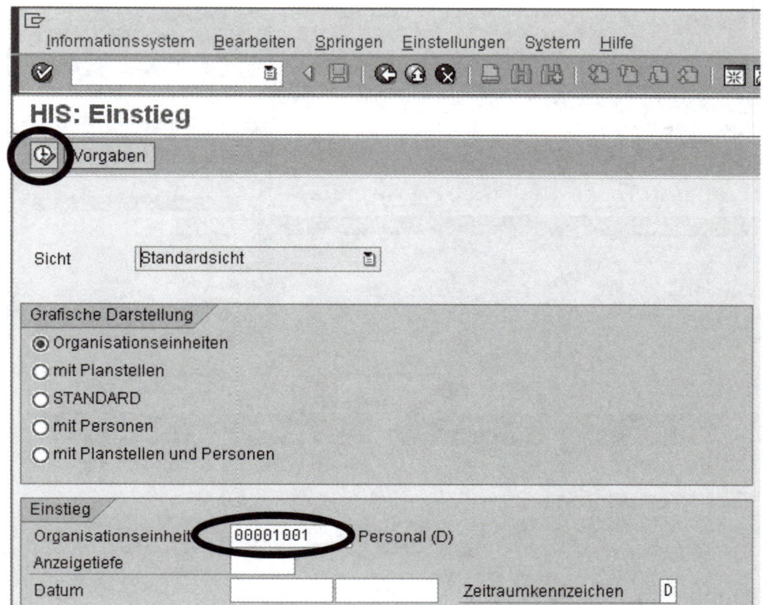

Abb. 7.125: Einstiegsbild HIS (PPIS)
© SAP AG

Im Einstiegsbild wählen Sie zunächst die Elemente der Aufbauorganisation aus, die in der Strukturgrafik angezeigt werden sollen. Wählen Sie im Feld Organisationseinheit die Abteilung *1001 Personal (D)*, lassen Sie die anderen Einstellungen unverändert und wählen Sie *Ausführen* (vgl. Abb. 7.125). Sie erhalten nun eine Maske, in der die ausgewählte Organisationseinheit zusammen mit den dazugehörigen untergeordneten Organisationseinheiten angezeigt wird. Außerdem erscheint ein zusätzliches Fenster, das in zwei Bereiche unterteilt ist. Im oberen Bereich werden Teilgebiete des Personalmanagements angezeigt, während der untere Bereich (Anwendungsfunktionen) die für dieses Teilgebiet zur Verfügung stehenden Auswertungen enthält. Markieren Sie nun in der Strukturgrafik die Organisationseinheit *Personal (D)*, und wählen Sie das Teilgebiet *Administration* aus (vgl. Abb. 7.126). Durch Doppelklicken auf den Report *Geburtstage* erhalten Sie die Geburtstagsliste der gewählten Organisationseinheit in einem neuen Fenster angezeigt (vgl. Abb. 7.127). Analog können Sie auch andere Reports, wie z.B. *Mitarbeiter, Telefon* usw. auswählen.

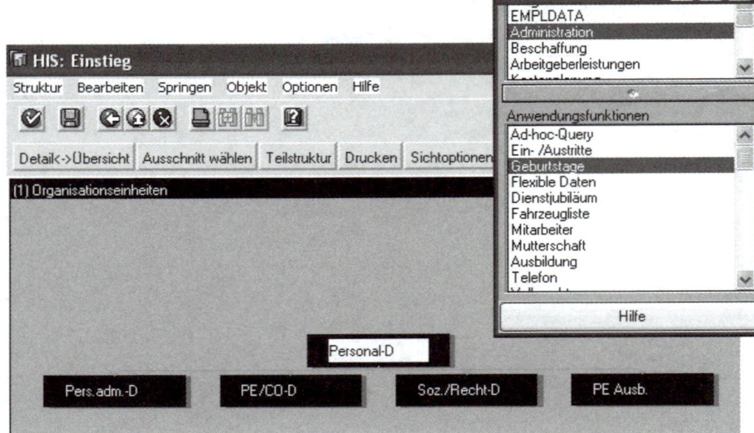

Abb. 7.126: Anzeige Strukturgrafik im HIS
© SAP AG

Abb. 7.127: Anzeige Auswertungsergebnis
© SAP AG

Geburtstagsliste

Geburtstagsliste

PersNr	Nachname	Vorname	Eintritt	Austritt	GebDatum	Tag	GbTg	Jahr
00001000	Müller	Anja	00.00.0000	31.12.9999	05.09.1960	05	0509	1960
00001015	Rickes	Alexander	00.00.0000	31.12.9999	13.11.1952	13	1311	1952
00001016	Kaufman	Mike	00.00.0000	31.12.9999	26.10.1954	26	2610	1954
00001023	Hörter	Nicole	00.00.0000	31.12.9999	07.12.1968	07	0712	1968
00001024	Bauer	Frank	00.00.0000	31.12.9999	07.07.1965	07	0707	1965
00001025	Rottenbaum	Christine	00.00.0000	31.12.9999	09.09.1965	09	0909	1965
00001031	Rauenberger	Maria	00.00.0000	31.12.9999	01.01.1970	01	0101	1970
00001032	Beck	Martin	00.00.0000	31.12.9999	01.01.1970	01	0101	1970
00001033	Bayerle	Michaela	00.00.0000	31.12.9999	01.01.1970	01	0101	1970
00001301	Jordan	Ute	00.00.0000	31.12.9999	03.03.1965	03	0303	1965
00001950	Kuhl-Mayer	Henriette	00.00.0000	31.12.9999	12.06.1958	12	1206	1958
00060999	Kent	John	00.00.0000	31.12.9999	19.11.1969	19	1911	1969
00100415	Bader	Michael	00.00.0000	31.12.9999	12.04.1967	12	1204	1967
00100416	Becker	Georg	00.00.0000	31.12.9999	24.02.1970	24	2402	1970

Ad-hoc-Query (InfoSet Query)

Für den Fall, dass die zur Verfügung stehenden Standardauswertungen die individuellen Auswertungsanforderungen nicht abdecken, steht mit der Ad-hoc-Query ein Werkzeug zur flexiblen Auswertung aller personenbezogenen Daten zur Verfügung. Die Zusammenstellung der benötigten Felder erfolgt durch einfache Auswahl der Infotypfelder, ohne dass Programmierkenntnisse erforderlich wären.

Übung: Ad-hoc-Query

Um sich mittels Ad-hoc-Query eigene Auswertungen zusammenzustellen wählen Sie folgenden Menüpfad:

Menüpfad

Personal→Personalmanagement→Administration→Infosystem → Ad-hoc-Query

In dem erscheinenden Dialogfenster müssen Sie zunächst ein Infoset auswählen. In Infosets werden Felder aus Infotypen je nach Bedarf zusammenfasst, damit nicht alle Felder angezeigt werden und die Auswahl übersichtlicher ist. Wählen Sie Infoset */SAPQUERY/HR_ADM* und bestätigen Sie mit *Weiter*.

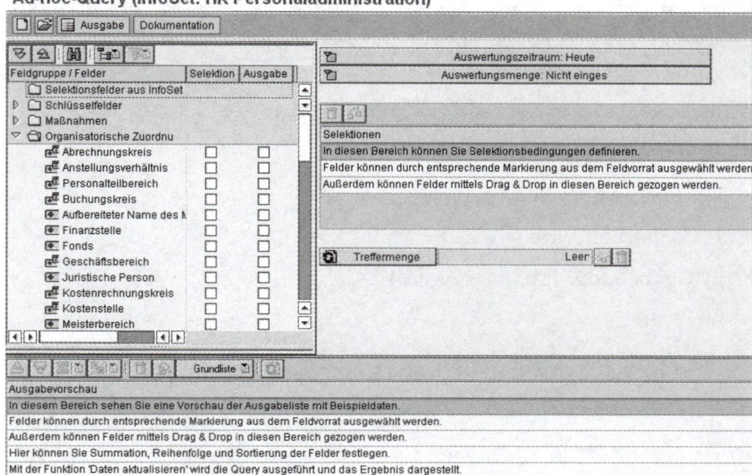

Abb. 7.128: Einstiegsbild Ad-hoc-Query © SAP AG

Sie erhalten jetzt alle Funktionen der Ad-hoc-Query in einer einzigen Maske angezeigt (vgl. Abb. 7.128). Im linken oberen Bereich der Maske wird in einem Übersichtsbaum das ausgewählte InfoSet angezeigt. In der Baumstruktur sehen Sie zunächst die zur Verfügung stehenden Infotypen und beim Öffnen der einzelnen Knoten die jeweiligen Felder der Infotypen, aus denen Sie auswählen können. *Hinweis*: Die Felder können Sie auch über per Texteingabe in der Suchhilfe (Drucktaste mit dem Fernglas) suchen.

Der rechte obere Bereich enthält die Felder zur Definition der Selektionsbedingungen. Dies ist notwendig, um die Auswertungsmenge einzuschränken, d.h. um nur eine bestimmte Menge von Objekten anzeigen zu lassen, z.B. die Mitarbeiter einer Abteilung oder einer Kostenstelle. Der komplette untere Bereich der Transaktion enthält in einer Ausgabevorschau die gewählten Ausgabefelder. Die Auswahl der gewünschten Felder erfolgt entweder durch Anklicken des entsprechenden Feldes (in der Spalte *Selektion* und/oder *Ausgabe*) oder durch Drag&Drop in den entsprechenden Bereich. Um z.B. ein Selektionsfeld auszuwählen, markieren Sie das Feld in der Spalte *Selektion*. Das System übernimmt das gewählte Selektionsfeld in die Liste der Selektionsfelder im rechten Bildbereich. Das jeweilige Wertefeld ist eingabebereit. Alternativ können Sie das Feld auch mit der linken Maustaste anklicken und in den Selektionsbereich ziehen. Um ein Feld für die spätere Anzeige auszuwählen, markieren Sie das Feld in der Spalte *Ausgabe* oder ziehen es per Drag&Drop in den unteren Bildbereich. In diesem Bereich der Transaktion werden alle ausgewählten Ausgabefelder angezeigt. Hier können Sie die Ausgabe auch formatieren, z.B. die Spaltenbreite anpassen oder die Reihenfolge der Spalten ändern. Vor dem Starten der Ausgabe wird eine Ausgabevorschau mit Beispieldaten angezeigt.

Beispiel

Generieren Sie eine Liste, in der alle außertariflich angestellten Mitarbeiter angezeigt werden, die im Personalbereich *Frankfurt* arbeiten. Angezeigt werden sollen jeweils der Name, die Planstelle, die Abteilung und das Geburtsdatum.

Wählen Sie dafür in der Ad-hoc-Query folgende Felder aus:

- Selektionsfelder (Spalte *Selektion*)
  - Personalbereich
  - Mitarbeiterkreis
- Ausgabefelder (Spalte *Ausgabe*)
  - Anrede
  - Vorname
  - Nachname
  - Planstelle
  - Organisationseinheit
  - Geburtsdatum

Selektieren Sie nun alle außertariflich Angestellten im Personalbereich *1300*, indem Sie im rechten oberen Bereich im Feld *Personalbereich* den Wert *1300 Frankfurt* eingeben und im Feld Mitarbeiterkreis den Wert *DT AT-Angestellte*. Zur Überprüfung wie viele Mitarbeiter in der gewählten Selektion enthalten sind, können Sie die Drucktaste *Treffermenge* betätigen, woraufhin die Anzahl der selektierten Personen angezeigt wird (vgl. Abb. 7.129)

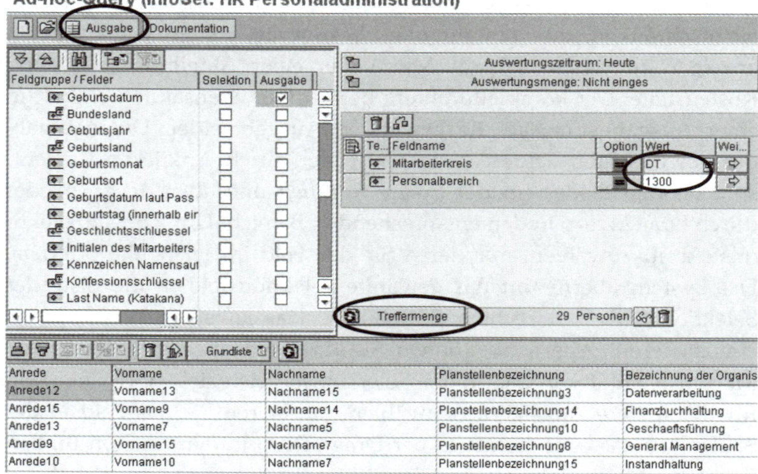

Anrede	Vorname	Nachname	Planstellenbezeichnung	Bezeichnung der Organis
Anrede12	Vorname13	Nachname15	Planstellenbezeichnung3	Datenverarbeitung
Anrede15	Vorname9	Nachname14	Planstellenbezeichnung14	Finanzbuchhaltung
Anrede13	Vorname7	Nachname5	Planstellenbezeichnung10	Geschaeftsführung
Anrede9	Vorname15	Nachname7	Planstellenbezeichnung8	General Management
Anrede10	Vorname10	Nachname7	Planstellenbezeichnung15	Instandhaltung

Abb. 7.129: Auswahlbild Ad-hoc-Query © SAP AG

Sie haben die Möglichkeit, die Ausgabe direkt auf dem Bild der Ad-hoc-Query anzeigen zu lassen, indem Sie im unteren Bereich der Transaktion die Drucktaste *Daten aktualisieren* verwenden. Zusätzlich können Sie das Reportergebnis als Vollbild starten. Wählen Sie dafür die Drucktaste *Ausgabe starten*. Abb. 7.130 zeigt das Reportergebnis als Vollbild.

SAP Query 06.01.2007/22:05:04 USCHAEFFER-K

Anrede	Vorname	Nachname	Planstellenbezeichnung	Bezeichnung der Organisationse	GebDatum
Frau	Ulrike	Zaucker	Abteilungsleiter Kreditoren (D)	Kreditoren (D)	05.09.1960
Frau	Hanna	Ulrich	Abteilungsleiter Debitoren (D)	Debitoren (D)	07.12.1955
Herr	Alexander	Rickes	Abteilungsleiter Personaladm. (D)	Personaladministration (D)	13.11.1952
Frau	Annette	Sturm	Assistentin Vorstandsvorsitzender (D)	Vorstand Deutschland	16.10.1960
Herr	Bruno	Hochlehnert	Abteilungsleiter Finanzen (D)	Finanzen (D)	01.01.1959
Herr	Matthias	Klocke	Abteilungsleiter EDV (D)	EDV Rechenzentrum	04.12.1937
Herr	Jan	Kubat	Abteilungsleiter Interner Service (D)	Interner Service (D)	18.11.1955
Herr	Arnim	Sachsen	Abteilungsleiter Reisekosten (D)	Reisekosten (D)	19.10.1961
Frau	Maria	Rauenberger	Abteilungsl. Pers.entw./Controlling (D)	Personalentwicklung und Controlling (D)	01.01.1970

Abb. 7.130: Ergebnis der Ad-hoc-Query
© SAP AG

Neben der eben erläuterten Generierung einer Grundliste können Sie mittels Ad-hoc-Query auch Statistiken und Ranglisten erzeugen. Möchten Sie z.B. eine Rangliste über die Wohnorte Ihrer Mitarbeiter erstellen, wählen Sie folgendes Vorgehen (vgl. Abb. 7.131): Im Ausgangsbild der Ad-hoc-Query wählen Sie im unteren Bereich anstatt der Grundliste eine Rangliste aus. Zur Ausgabe wählen Sie das Feld *Ort* (aus dem Infotyp *Anschriften*) und zur Selektion das Feld *Personalbereich*, in das Sie den Wert *1300* eintragen. Wählen Sie *Ausgabe starten*.

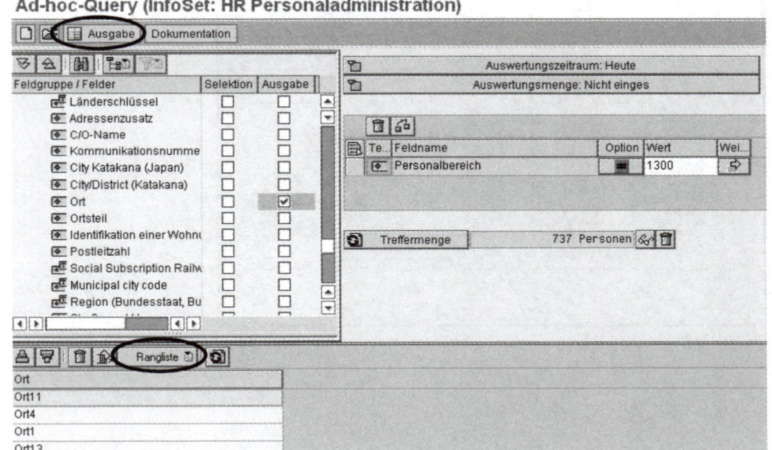

Abb. 7.131: Rangliste mittels Ad-hoc-Query
© SAP AG

Sie erhalten eine Rangliste über die Wohnorte der Mitarbeiter in Personalbereich *1300* (vgl. Abb. 7.132), die Sie sich mittels der Drucktaste *Grafik* auch grafisch anzeigen lassen können (vgl. Abb. 7.133).

Abb. 7.132: Ergebnis Rangliste © SAP AG

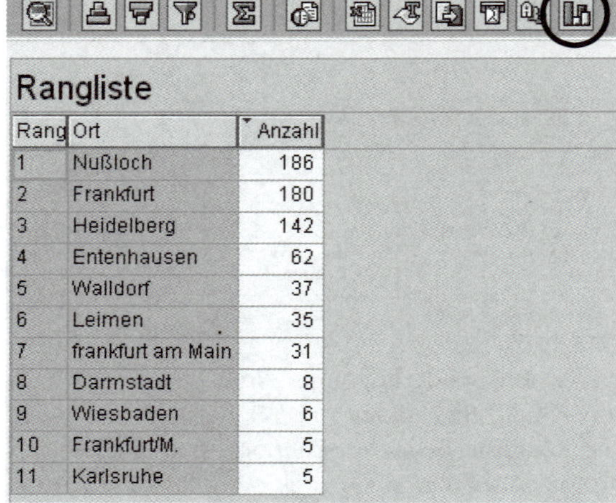

Rangliste

Rang	Ort	Anzahl
1	Nußloch	186
2	Frankfurt	180
3	Heidelberg	142
4	Entenhausen	62
5	Walldorf	37
6	Leimen	35
7	frankfurt am Main	31
8	Darmstadt	8
9	Wiesbaden	6
10	Frankfurt/M.	5
11	Karlsruhe	5

Abb. 7.133: Grafische Anzeige der Rangliste © SAP AG

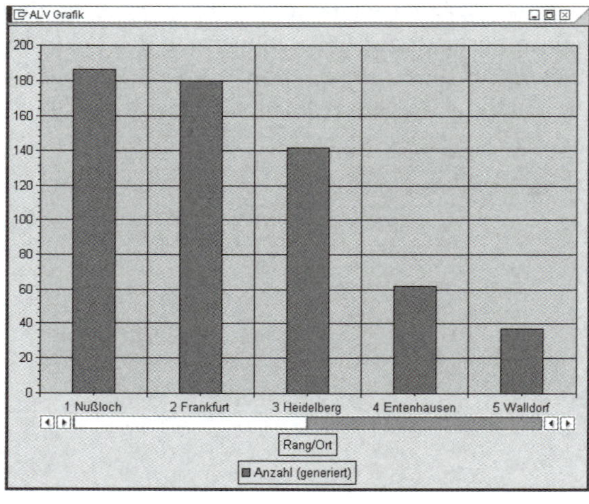

8 Rechnungswesen

8.1 Einführung

Ziel dieses Kapitels ist es, einen groben Einblick in die wesentlichen Aufgaben des SAP-gestützten Rechnungswesens unserer Musterfirma ICS GmbH zu geben.

Das traditionelle Konzept des Rechnungswesens gliedert sich in das interne Rechnungswesen (Controlling) und das externe Rechnungswesen (Finanzbuchhaltung).

Controlling

Das *Controlling* liefert betriebswirtschaftliche Steuerungsinformationen für das Management auf der Grundlage von Plan- und Prognosewerten, Ist-Werten sowie Abweichungsanalysen mit Handlungsempfehlungen. Das Controlling nutzt hierzu die Systeme der *Kostenartenrechnung*, der *Kostenstellenrechnung* und der *Kostenträgerrechnung* durch Erfassung, Weiterverrechnung und Zuordnung der Kosten und Leistungen auf *Produkte* (*Kostenträger*).

Finanzbuchhaltung

Die Aufgabe der *Finanzbuchhaltung* besteht insbesondere darin, Geschäftsvorfälle unter Beachtung nationaler und internationaler Normen aufzuzeichnen und die Ergebnisse für die Veröffentlichung (Bilanz, Gewinn- und Verlustrechnung) und Analyse bereitzustellen. Sie greift hierzu auf das Hauptbuch (Konten für die Bilanz und Gewinn- und Verlustrechnung) und die Nebenbücher (Konten für die Kreditoren-, Debitoren-, Anlagen-, Personal- und Lagerbuchhaltung) zurück. Die Kreditoren- bzw. Debitorenbuchhaltung werden auch als Lieferanten- und Kundenbuchhaltung bezeichnet.

Das Hauptbuch enthält nur Summenwerte, die Nebenbücher verwalten die zugehörigen Einzelbelege, also z.B. Liefarentenrechnungen und Gutschriften für die Kreditorenbuchhaltung.

Sachkonto und Kostenart

Weitere zentrale Begriffe des Rechnungswesens sind das *Sachkonto* und die *Kostenart*. Das Sachkonto wird im externen Rechnungswesen (Buchhaltung) geführt. Kostenarten sind nur die Sachkonten, die für das Controlling relevant sind (z. B. Aufwendungen). Kostenarten sind dem Controlling zugeordnet.

Primäre und sekundäre Kostenarten

Primäre Kostenarten werden als Ist-Kosten bzw. Ist-Erlöse direkt in das Controlling übernommen. Primäre Kostenarten erfordern ein Sachkonto. *Sekundäre Kostenarten* dienen der innerbetrieblichen Leistungsverrechnung. Für sie sind deshalb keine Sachkonten notwendig.

Zur Abbildung der Realität des Unternehmens im SAP-gestützten Rechnungswesen werden u.a. so genannte Organisationseinheiten verwendet. Sie werden im Kapitel 9 *Systemweite Konzepte* ausführlich im Gesamtzusammenhang behandelt. Für das Controlling ist der *Kostenrechnungskreis* von hoher Bedeutung.

Kostenrechnungskreis

Der *Kostenrechnungskreis* ist eine Organisationseinheit, in der eine in sich abgeschlossene Kostenrechnung durchgeführt wird (z. B. einheitliche Kostenarten, Kostenstellenstrukturen). Ein *Kostenrechnungskreis* kann mehreren Buchungskreisen zugeordnet sein. Beispielsweise können dies Tochterunternehmen sein, für die eine gemeinsame Kostenrechnung vorgesehen ist. Für unsere Musterfirma ICS GmbH verwenden wir generell den Kostenrechnungskreis *1000*, der auch dem Buchungskreis *1000* zugeordnet ist.

8.2 Stammdaten und Vorbereitungen für das Controlling

Das SAP-System bietet eine umfangreiche Unterstützung für die Planung, Abrechnung und Analyse der betrieblichen Kosten und Leistungen. Im Rahmen dieser Einführung werden aus Platzgründen nur die zentralen Aspekte der Kostenstellenrechnung betrachtet.

Die *Kostenstellenrechnung* ist der zentrale Teil des internen Rechnungswesens. Sie hat eine grundlegende Bedeutung für weiterführende Funktionen im Controlling, z.B. für die Kalkulation von Erzeugnissen und Dienstleistungen oder die Erstellung einer Deckungsbeitragsrechnung, und liefert Daten für den Fertigungsbereich (z. B. Kostensätze der Fertigungskostenstellen).

Aus diesem Grund beschränken sich die vorbereitenden Übungen auf die beiden Aufgaben: *Kostenstelle anlegen* und *Innenauftrag anlegen*. Weitere Daten werden, sofern erforderlich, in die Übungen integriert.

Bearbeitungshinweis

Es empfiehlt sich daher, die Übungen in der Reihenfolge dieses Buches zu bearbeiten.

8.2.1 Kostenstelle anlegen

Kostenstellen dienen der Erfassung und Verrechnung von Gemeinkosten und zum Teil auch von Erlösen. Gemeinkosten sind Kosten, die einem Kostenträger (z.B. einem Produkt) nicht direkt zugerechnet werden können. Beispiele typischer Gemeinkosten sind Energiekosten, Leitungskosten, Miete, Versicherungen für Gebäude. Kostenstellen stellen den kleinsten Verantwortungsbereich innerhalb einer Kostenrechnung dar. Sie werden zu Entscheidungsbereichen zusammengefasst, die im System als Kostenstellen-Hierarchien dargestellt werden.

Übung: Kostenstelle anlegen

Im Rahmen der folgenden Übung legen Sie für die Musterfirma ICS GmbH eine neue Kostenstelle an, die im Zuge einer organisatorischen Veränderung notwendig wurde.

Menüpfad

Rechnungswesen ➔Controlling➔Kostenstellenrechnung➔ Stammdaten➔Kostenstelle➔Einzelbearbeitung

Transaktion

KS01 – Anlegen

Erfassen Sie im Startbild folgende Werte:

- Kostenstelle = beliebige mehrstellige Nummer,

- Gültig ab = 01.01 des Jahres,
- Gültig bis =31.12 des Folgejahres.

Sollte ein Fenster aufgeblendet werden, müssen Sie den Kostenrechnungskreis auf den Wert *1000* setzen. Bestätigen Sie Ihre Angaben mit *Enter*. Im nächsten Bild (vgl. Abb. 8.1) tragen Sie die Daten der Aufgabenstellung ein.

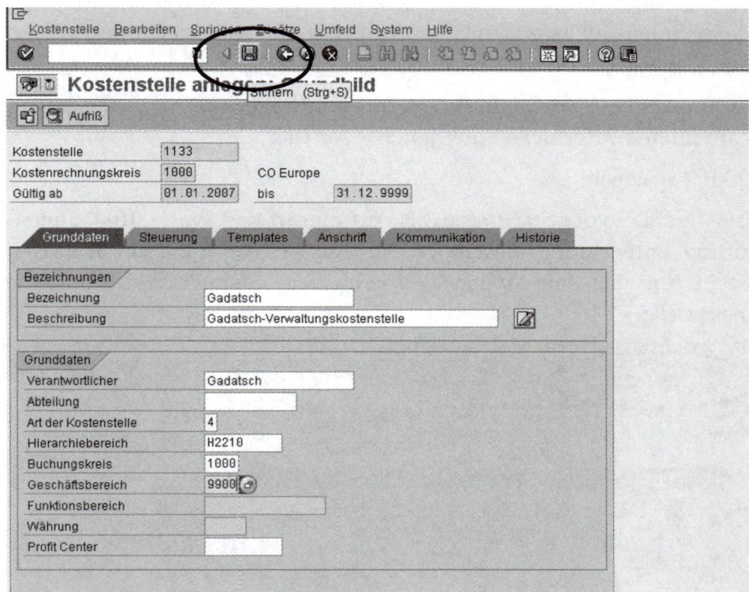

Abb. 8.1: KS01 Kostenstellen-Grunddaten © SAP AG

Die Datenfelder der restlichen Registerblätter werden hier nicht benötigt. Bei Bedarf können Sie dort weitere Angaben machen. *Sichern* Sie anschließend Ihre Daten. Möglicherweise erhalten Sie dann einen Hinweis bezüglich der Profit-Center-Rechnung, den Sie mit *Enter* übergehen können. Abschließend erhalten Sie eine Bestätigung, dass Ihre Kostenstelle angelegt wurde.

8.2.2 Innenauftrag anlegen

Innenaufträge dienen der Planung, Erfassung und Verrechnung von Kosten für innerbetriebliche Maßnahmen. Insbesondere dienen sie als Kostensammler über mehrere Monats- oder ggf. auch Jahresperioden hinweg. Sie werden für unterschiedliche Zwecken genutzt, z. B.

- Kontrolle von Maßnahmen wie Werbekampagnen, Messeauftritte, Reparaturen von Maschinen,
- Eigenherstellung von Produktions- oder Anlagegütern wie dem Bau einer Produktionshalle mit eigenem Personal,
- Erstellung von immateriellen Gütern wie der Einführung einer Standardsoftware.

Innenaufträge werden nach Auftragsarten gegliedert, die sich hinsichtlich der Verrechnungsmethode (Einzelauftrag, Dauerauftrag, statistischer Auftrag) und der Verwendung (Gemeinkostenauftrag, Investitionsauftrag, Abgrenzungsauftrag, Erlösaufträge, Musteraufträge) unterscheiden.

Übung: Innenauftrag anlegen

Für unsere Musterfirma ICS GmbH und die weiteren Übungen dieses Buches benötigen wir einen Einzelauftrag. Diese betreffen einmalige Maßnahmen mit begrenzter Laufzeit. Die Kostenverrechnung erfolgt monatsweise oder nach Abschluss des Auftrages.

Menüpfad

Rechnungswesen ➔Controlling➔Innenaufträge➔ Stammdaten➔Spezielle Funktionen➔Auftrag

Transaktion

KO01 – Anlegen

Erfassen Sie in der Startmaske als Auftragsart den Wert „0100" Innenauftrag Entwicklung. Bestätigen Sie Ihre Angabe mit *Enter*. Erfassen Sie in Abb. 8.2 den *Kurztext, Buchungskreis, Geschäftsbereich* und die *Kostenstelle*.

Abb. 8.2 KO01 Auftrag Anlegen © SAP AG

Innenauftrag anlegen: Stammdaten

AbrechnVorschr
Abrechnungsvorschrift (Umsch+F5)
Auftrag | Auftragsart 0100 Innenauftrag - Ent...
Kurztext Sample Order For Development Orders

Zuordnungen | Steuerung | Periodenabschl. | Allgem. Daten | Investitionen

Zuordnungen

Buchungskreis	1000 IDES AG
Geschäftsbereich	9900
Werk	1000
Funktionsbereich	
Objektklasse	Gemeinkosten
Profit Center	
Verantwortl.KoStl	1133
PSP-Element	
Anfordernde KoStl	
Anfordernder BuKrs	
Anfordernder Auftrag	
Kundenauftrag	
Externe Auftragsnr.	

Wählen Sie anschließend *Abrechnungsvorschrift*. Erfassen Sie nun je Kostenstelle die vorgegebenen Prozentsätze für die Weiterverrechnung. Als Verrechnungstyp wählen Sie „*KST*", d.h. Verrechnung der Auftragskosten auf eine Kostenstelle (vgl. Abb. 8.3).

Abb. 8.3: KO01 Abrechnungsvorschrift erfassen © SAP AG

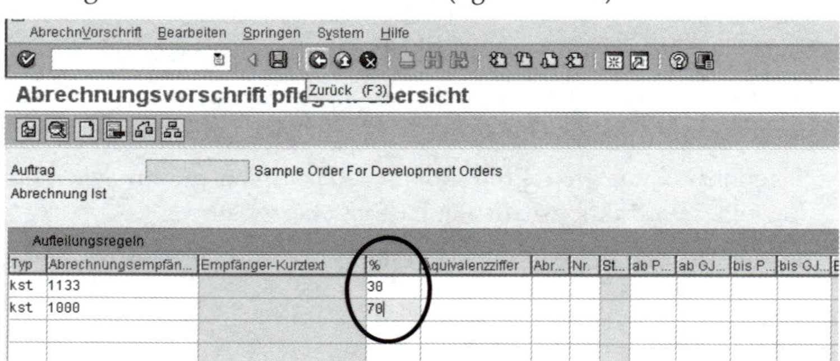

Gehen Sie mit *F3* zurück (vgl. Abb. 8.3) und wählen anschließend *Steuerung* um den Auftrag freizugeben (vgl. Abb. 8.4). Sie erhalten eine Bestätigung der Freigabe.

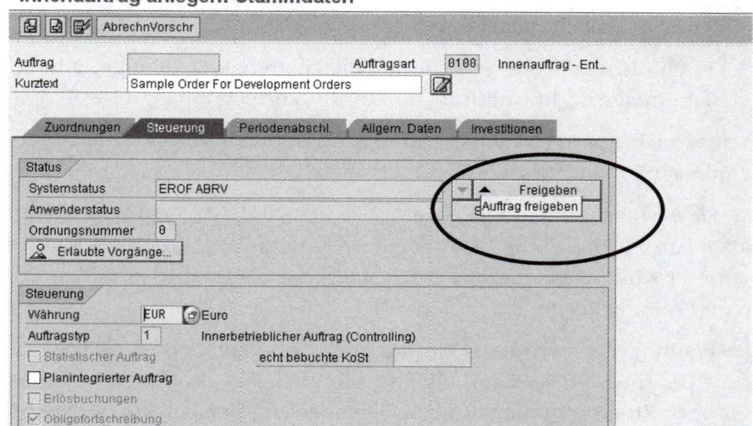

Abb. 8.4: KO01 Auftragsfreigabe © SAP AG

Sichern Sie nun die Daten (vgl. Abb. 8.4). Der Auftrag ist jetzt angelegt und kann beplant und mit Istdaten bebucht werden.

8.3 Ausgewählte Controlling-Prozesse

8.3.1 Grundlagen zur Kostenstellenplanung

Die Kostenstellenplanung unserer Musterfirma ICS GmbH ist ein jährlich wiederkehrender Prozess, der von der Controlling-Abteilung der Musterfirma gesteuert wird. Ziel ist es, die Plankosten des gesamten Unternehmens in einer detaillierten Kostenstellenstruktur zu erfassen. Die Kostenstellen können ganze Bereiche des Unternehmens, einzelne Abteilungen oder auch aus Kostensicht interessante Objekte, wie eine Maschine, ein Fahrzeug etc. umfassen.

Planversionen

Kostenstellen-Planungen werden in der Praxis häufig auf Basis eines Ausgangsplanes mehrmals iterativ überarbeitet, so dass bis zur endgültigen Freigabe eines verbindlichen Kostenstellenplans mehrere Versionen erstellt werden. Gelegentlich werden die Planwerte überschrieben, oft möchte das Unternehmen die einzelnen Planversionen für spätere Vergleiche jedoch auf der Datenbank festhalten.

Üblicherweise werden zumindest pessimistische, optimistische oder wahrscheinliche Planversionen erstellt, um Risikobetrachtungen zu ermöglichen. Sie können im SAP-System mehrere Planversionen erstellen. Jeder Plan bzw. jede Planversion wird separat und dauerhaft auf der Datenbank gespeichert und steht für Analysezwecke zur Verfügung (z. B. Planversion 1 mit Planversion 3).

Planungsfolge

Die Reihenfolge der Planungsschritte orientiert sich an den betriebswirtschaftlichen Anforderungen. Ein möglicher typischer Ablauf der Planung lässt sich wie folgt skizzieren:

- Planung statistischer Kennzahlen,
- Planung von Leistungsarten,
- Planung der Primärkosten,
- Planung der Sekundärkosten,
- Durchführung weiterer Schritte (Planabgrenzung, Planverteilung, Planumlage und Ermittlung der Tarife (Verrechnungspreise).

In der Praxis kommen meist weitere Schritte hinzu, die sich aus unternehmensinternen Anforderungen ergeben.

Planung statistischer Kennzahlen

Da viele statistische Kennzahlen (z. B. Anzahl MA je Kostenstelle, Anzahl m² Grundfläche, Bürofläche je Kostenstelle) für die Planung mehrerer Kostenstellen erforderlich sind, ist es sinnvoll, deren Planung an den Anfang zu stellen.

Planung von Leistungsarten

Die Planung der Leistungsarten legt den mengenmäßigen Output, d. h. die Leistung der Kostenstelle fest. (Beispiel: Anzahl Fertigungsstunden oder Programmiererstunden). Die Planung der Leistungsarten ist eine Voraussetzung für die Planung der Primär- und der Sekundärkosten.

Planung der Primärkosten

Nach Abschluss der Planung der Leistungsarten können die Primärkosten geplant werden. Bei der *manuellen Planung* werden die Primärkosten leistungsabhängig (bezogen auf eine Leistungsart, ggf. getrennt nach variablen und fixen Bestandteilen) und leistungsunabhängig mit Hilfe von Planungsmasken online geplant. Bei der leistungsunabhängigen Planung werden die Kosten nicht in Relation zu einer Leistungsart gebracht. Bei der *maschinellen Planung* werden auf Basis von im System hinterlegten Regeln Primärkosten automatisch ermittelt. Beispiele sind die Planabgrenzung und die Planverteilung.

Planabgrenzung

Auf Basis von kalkulatorischen Zuschlägen werden die Kosten errechnet (z. B. kalkulatorische Mieten).

Planverteilung

Auf Basis von Primärkostenarten erfolgt unter Beibehaltung der Originalkostenart eine Verteilung der primären Kosten auf andere Kostenstellen (z. B. Verteilung von Raumkosten anhand der statistischen Kennzahl m² Grundfläche von einer „Raumkostenstelle, auf der die Eingangsrechnungen gebucht werden).

Planung der Sekundärkosten

Nach der Planung der Primärkosten kann die Planung der Sekundärkosten erfolgen. Analog zur Primärkostenplanung bietet das SAP-System wiederum die Möglichkeiten der manuellen und maschinellen Sekundärkostenplanung an. Bei der *manuellen Planung* werden Leistungsaufnahmen in Planungsmasken online geplant. Somit werden die *Liefermengenbeziehungen* zwischen den Kostenstellen dargestellt. Die *Bewertung* erfolgt erst im Rahmen der Tarifermittlung. Im Rahmen der *maschinellen Planung* stehen wiederum technische Hilfen des SAP-Systems zur Verfügung, für die Regeln vorzugeben sind.

Die Sekundärkosten werden bei der Planumlage wertmäßig ermittelt, d. h. die Kosten der Senderkostenstellen werden auf die Empfängerkostenstellen verteilt. *Planumlage*

Im Rahmen der Tarifermittlung werden die Kosten der Leistungsarten in mehreren Iterationsläufen ermittelt. Die Tarife dienen später als Verrechnungspreise für die Bewertung der internen Leistungsbeziehungen. *Tarife*

Nachfolgend werden aus Platzgründen nur ausgewählte typische Schritte aus den beschriebenen Planungsfunktionen behandelt.

8.3.2 Planung von Kostenstellenkosten

Zunächst muss die technische Durchführung der Planung für die Musterfirma ICS GmbH vorbereitet werden, indem ein sog. Planerprofil ausgewählt wird. Für die Primärkostenplanung steht im Standardsystem das Planerprofil SAP101 und für die Sekundärkostenplanung das Planerprofil SAP102 zur Verfügung. In der Praxis legen die Unternehmen individuelle Planerprofile an, um unternehmensspezifische Belange noch besser zu berücksichtigen. *Übung: Kostenstelle beplanen*

Für die Planung statistischer Kennzahlen können beide Profile verwendet werden. Setzen Sie ein hierfür geeignetes Planerprofil.

Rechnungswesen➔Controlling➔Kostenstellenrechnung➔Planung *Menüpfad*

KP04 – Planerprofil setzen *Transaktion*

Wählen Sie *Planerprofil setzen* und dann den Wert *SAP101*. Bestätigen Sie mit *Enter*.

Anschließend können die fünf grundlegenden Planungsschritte durchgeführt werden:

- 1. Schritt: Planung statistischer Kennzahlen,
- 2. Schritt: Planungsbericht erstellen,
- 3. Schritt: Planung der Leistungsarten,
- 4. Schritt: Planung der Primärkosten und
- 5. Schritt: Planung der Sekundärkosten.

1. Schritt: Planung statistischer Kennzahlen

Planen Sie für die von Ihnen angelegte Kostenstelle die folgenden statistischen Kennzahlen. Sie können später für die Verteilung von Kosten und zur allgemeinen Analyse verwendet werden:

Kennzahl	Bezeichnung	Wert
9101	Fläche	600 qm
9202	Telefone	12 Stück

Rechnungswesen➔Controlling➔Kostenstellenrechnung ➔ Planung ➔Statistische Kennzahlen *Menüpfad*

Transaktion

KP46 – Ändern

Sie erhalten eine Planungsmaske (vgl. Abb. 8.5). Dort erfassen Sie die Planversion „000“, die Planungsperiode (01-12) und das gewünschte Planjahr, die von Ihnen zu beplanende Kostenstelle und das Kennzahlenintervall aus der Aufgabenstellung (hier 9101 bis 9202).

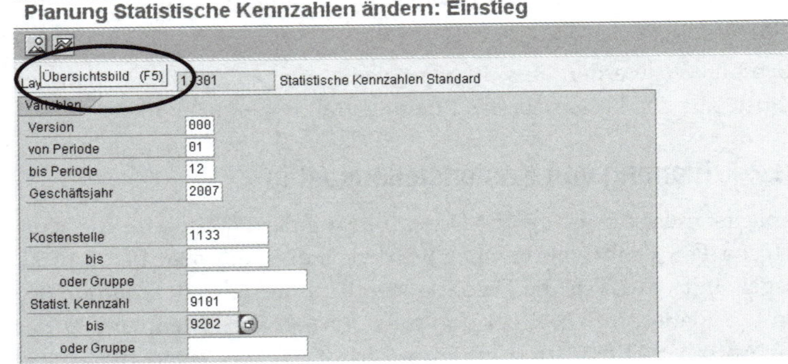

Abb. 8.5: KP46 Kennzahlenplanung © SAP AG

Wählen Sie *Übersichtsbild*. Dort können Sie die Planwerte für jede statistische Kennzahl erfassen (vgl. Abb. 8.6).

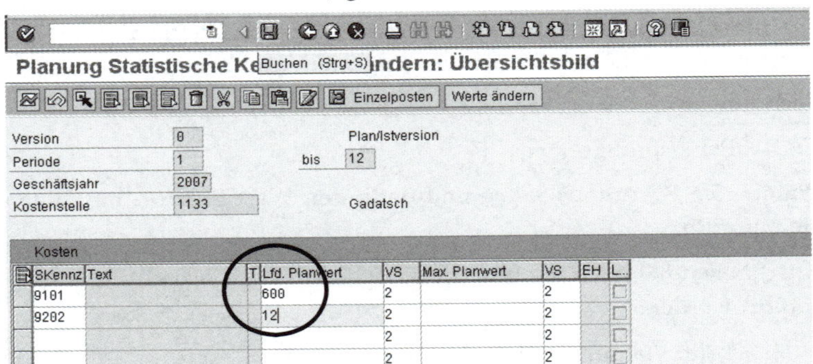

Abb. 8.6: KP46 Erfassung Kennzahlen © SAP AG

Anschließend können Sie die Daten wie gewohnt sichern.

2. Schritt: Planungsbericht erstellen

Nach der Erfassung der Plandaten besteht die Möglichkeit, eine aktuelle *Planungsübersicht* zu erstellen.

Menüpfad

Rechnungswesen➔Controlling➔Kostenstellenrechnung➔
Infosystem➔
Berichte zur Kostenstellenrechnung➔Planungsberichte

Transaktion

KSBL – Kostenstellen Planungsübersicht

Wählen Sie das Feld *Ausführen*. Sie erhalten eine Maske zur Erfassung der Berichtsparameter. In diesem Fall sind die Kostenstellennummer, das betrachtete Geschäftsjahr und die Periode (1-12) zu erfassen. Anschließend erhalten Sie einen Bericht (vgl. Abb. 8.7).

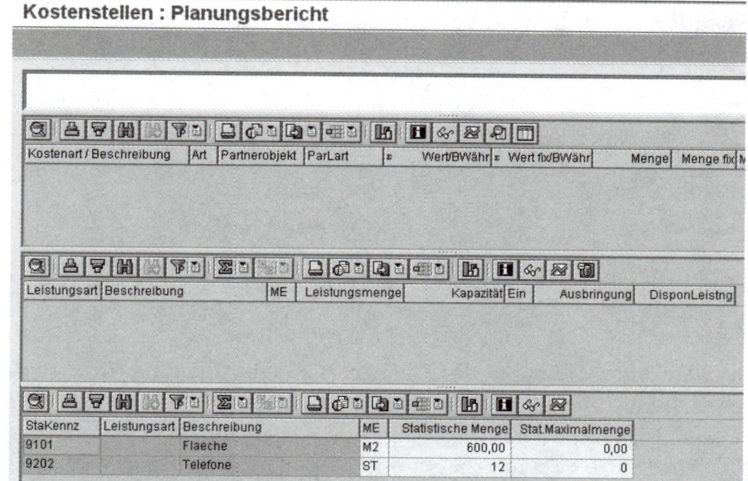

Abb. 8.7: KSBL Planungsübersicht © SAP AG

3. Schritt: Planung der Leistungsarten

Leistungsarten bestimmen den planmäßigen Output von Kostenstellen, d.h. die Arbeitsergebnisse, z.B. Maschinenstunden. Sie sind für die Ermittlung der Soll-Kosten, den Soll-Ist-Vergleich der Kostenstellen und die innerbetriebliche Leistungsverrechnung erforderlich. Tarife (Preise der Kostenstellen) können politisch gesetzt oder iterativ unter Berücksichtigung der Leistungsverflechtungen errechnet werden.

Planen Sie für Ihre Kostenstelle die Leistungsart *1412 DV-Kosten* mit einer Jahresgesamtleistung von 120.000 h. Die maximale Kapazität der Kostenstelle beträgt 150.000 h. Legen Sie einen Preis von 200 Euro / h (variabel) fest. Verwenden Sie das Planerprofil *SAP101*.

Wichtig: Kontrollieren Sie nach der Erfassung Ihrer Daten den Planungsstand mit Hilfe der bereits bekannten Planungsübersicht (Transaktion *KSBL*).

Menüpfad

Rechnungswesen➔Controlling➔Kostenstellenrechnung➔Planung➔ Leistungserbringung / Tarife

Transaktion

KP26 Ändern

Mit einem Doppelklick auf *Ändern* erhalten Sie eine Maske zur Erfassung der Planungsparameter (vgl. Abb. 8.8). In diesem Fall sind die *Kostenstellennummer*, das betrachtete *Geschäftsjahr* und die *Periode (1-12)* sowie die *Leistungsart (1412)* zu erfassen.

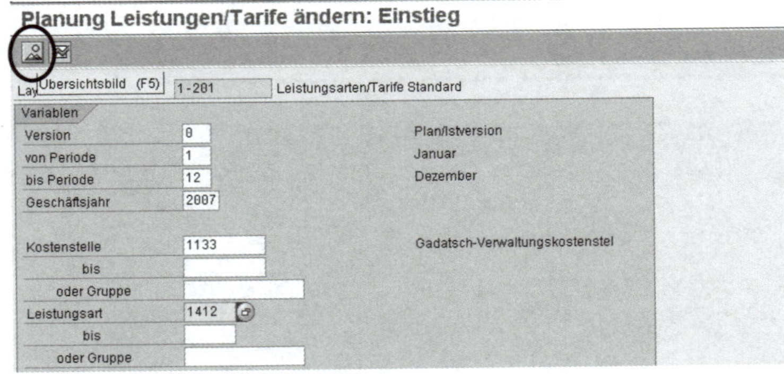

Abb. 8.8: KP26 Planung der Leistungsarten Startbild © SAP AG

Anschließend wählen Sie das Übersichtsbild der Planung. Dort (vgl. Abb. 8.9) können Sie die Planleistung und Kapazität der Kostenstelle erfassen (Planleistung=120.000, Kapazität = 150.000).

Planung Leistungen/Tarife ändern: Übersichtsbild

Buchen (Strg+S)

Einzelposten | Werte ändern

Version	0	Plan/Istversion
Periode	1	bis 12
Geschäftsjahr	2007	
Kostenstelle	1133	Gadatsch

Kosten

LstArt	Planleistung	VS	Kapazität	VS	EH	Tarif fix	Tarif var	Tar.EH	PTK	P..	D..	VKostenart
1412	120.000	2	150.000	2	H		200	00001	1	☐	☐	618000

Abb. 8.9: KP26 Planung der Leistungsarten Übersicht © SAP AG

Buchen Sie anschließend die Daten, indem Sie die Drucktaste *Buchen* wählen (vgl. Abb. 8.9). Überprüfen Sie Ihre Daten erneut mit Hilfe der *Planungsübersicht* (Transaktion *KSBL*).

4. Schritt: Planung der Primärkosten

Primärkosten werden abhängig von einer Leistungsart geplant. Hierbei ist zwischen fixen und variablen Kostenbestandteilen zu unterscheiden. Planen Sie für die Kostenstelle abhängig von der Leistungsart 1412 DV-Kosten unter der Kostenart: 475000 (10.000 € fix/120.000 € variabel). Verwenden Sie das Planerprofil SAP101.

Menüpfad Rechnungswesen➔Controlling➔Kostenstellenrechnung➔Planung➔ Kosten/Leistungsaufnahmen

Transaktion KP06 Ändern

Sie sehen eine Maske zur Erfassung der Planungsparameter (vgl. Abb. 8.10). In diesem Beispiel sind die Kostenstelle, das Geschäftsjahr, die Periode (1-12) sowie die Leistungsart (1412) und die Kostenart (475000) zu erfassen.

Planung Kostenarten/Leistungsaufnahmen ändern: Einstieg

Übersichtsbild (F5) | 1-101 Kostenarten leistungsunabhängig/abhängig

Variablen

Version	0	Plan/Istversion
von Periode	1	Januar
bis Periode	12	Dezember
Geschäftsjahr	2007	
Kostenstelle	1133	Gadatsch-Verwaltungskostenstel
bis		
oder Gruppe		
Leistungsart	1412	
bis		
oder Gruppe		
Kostenart	475000	
bis		
oder Gruppe		

Abb. 8.10: KP06 Primärkostenplanung © SAP AG

Wählen Sie nun das Übersichtsbild der Planung. Sie gelangen in das Bild in Abb. 8.11. Erfassen sie dort die Plankosten (fix = 10.000, variabel = 120.000).

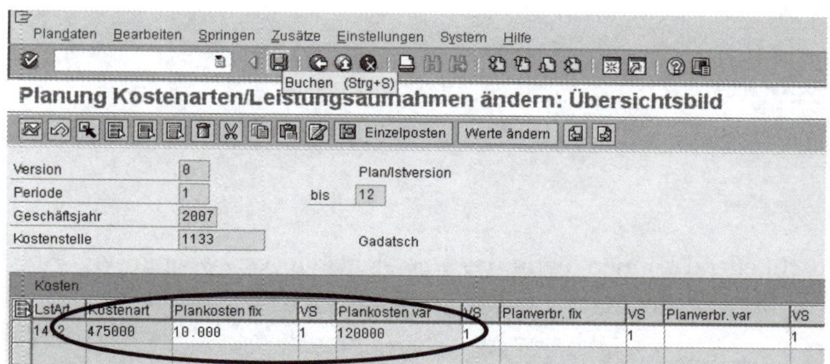

Abb. 8.11: KP06 Planung von Primärkosten © SAP AG

Sichern Sie die Daten und überprüfen die Angaben erneut mit Hilfe der Planungsübersicht (Transaktion *KSBL*).

5. Schritt: Planung der Sekundärkosten

Sekundärkosten entstehen, wenn eine Kostenstelle z. B. Leistungen bezieht, um ihre eigenen Leistungen zu erstellen (z. B. Rechnerkapazität). Bei der manuellen Sekundärkostenplanung müssen die *Leistungsaufnahmen* erfasst werden. Die Bewertung erfolgt später im Rahmen der Tarifermittlung. Dies ergibt die Sekundärkosten als Planmenge mal Plantarif.

Die von Ihnen angelegte Kostenstelle bezieht Leistungen (Beraterstunden) von der Kostenstelle *4120* EDV-Abteilung, die abhängig vom Output der Kostenstelle anfallen. Planen Sie 1.200 Beraterstunden (Leistungsart *1461* auf Ihrer Kostenstelle *4120*) als von der Leistungsart *1412* DV-Kosten abhängige Sekundärkosten. Verwenden Sie das Planerprofil *SAP102* (Transaktion *KP04*). Kontrollieren Sie die Planung.

Hinweis zur Vorbereitung des Fallbeispiels: Die Leistungsart *1461* muss ggf. auf der Senderkostenstelle zuvor geplant und mit einem von Ihnen gewählten Preis (Tarif) versehen werden (Transaktion *KP26*).

Menüpfad Rechnungswesen→Controlling→Kostenstellenrechnung→Planung→ Kosten / Leistungsaufnahmen

Transaktion KP06 Ändern

Sie erhalten eine Maske zur Erfassung der Planungsparameter (vgl. Abb. 8.12). Hier sind die Empfänger-Kostenstelle (*1133*), das Geschäftsjahr und die Periode (*1-12*) sowie die Leistungsart (*1412*), die Sender-Kostenstelle (*4120*) und die Sender-Leistungsart (*1461*) zu erfassen.

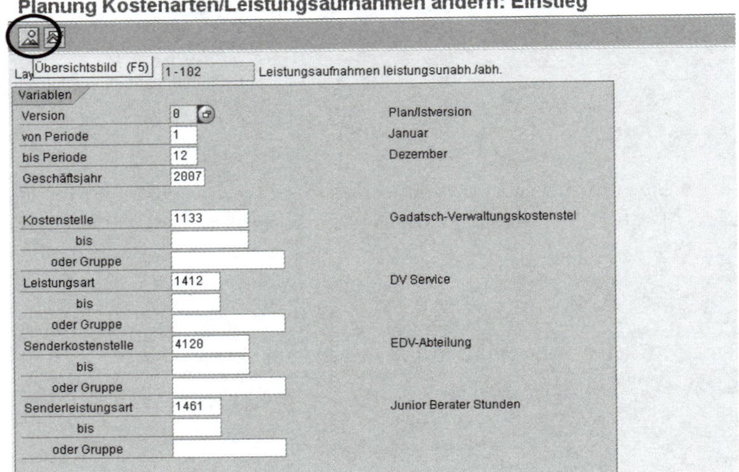

Abb. 8.12: KP06 Einstieg Sekundärkostenplanung © SAP AG

Anschließend können Sie in das Übersichtsbild verzweigen (vgl. Abb. 8.13). Erfassen Sie dort den Planverbrauch in Höhe von *1200* h.

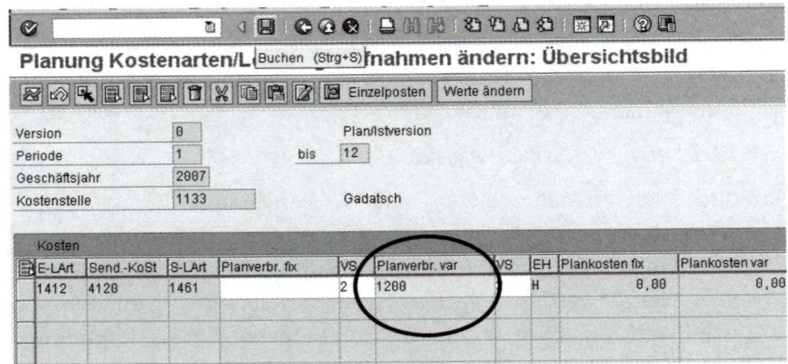

Abb. 8.13: KP06 Planung des Verbrauchs © SAP AG

Sichern Sie die Plandaten und überprüfen die Angaben mit Hilfe der *Planungsübersicht* (Transaktion *KSBL*). Sie müssen die in Abb. 8.14 dargestellten Angaben in Ihrem Planungsbericht wieder finden.

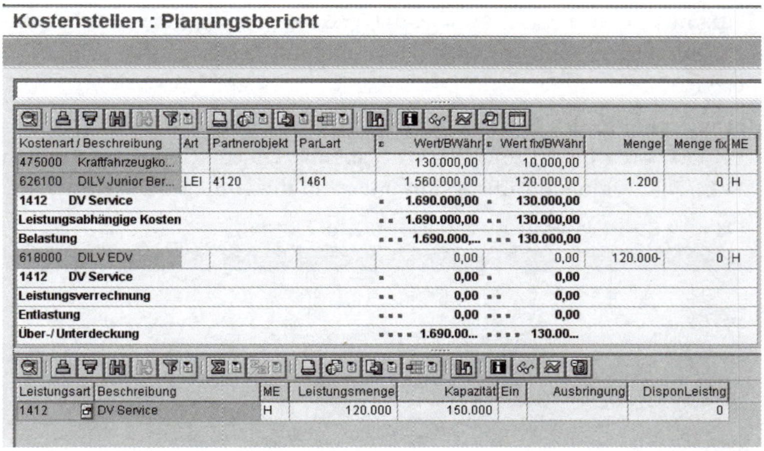

Kostenstellen : Planungsbericht

Kostenart / Beschreibung	Art	Partnerobjekt	ParLart	Σ Wert/BWähr	Σ Wert fix/BWähr	Menge	Menge fix	ME
475000 Kraftfahrzeugko...				130.000,00	10.000,00			
626100 DILV Junior Ber...	LEI	4120	1461	1.560.000,00	120.000,00	1.200	0	H
1412 DV Service				▪ **1.690.000,00**	▪ **130.000,00**			
Leistungsabhängige Kosten				▪▪ **1.690.000,00**	▪▪ **130.000,00**			
Belastung				▪▪▪ **1.690.000,...**	▪▪▪ **130.000,00**			
618000 DILV EDV				0,00	0,00	120.000-	0	H
1412 DV Service				▪ **0,00**	▪ **0,00**			
Leistungsverrechnung				▪▪ **0,00**	▪▪ **0,00**			
Entlastung				▪▪▪ **0,00**	▪▪▪ **0,00**			
Über-/Unterdeckung				▪▪▪▪ **1.690.00...**	▪▪▪▪ **130.00...**			

Leistungsart	Beschreibung	ME	Leistungsmenge	Kapazität	Ein	Ausbringung	DisponLeistng
1412	DV Service	H	120.000	150.000			0

Abb. 8.14: KSBL Planungsübersicht © SAP AG

8.3.3 Planung und Budgetierung von Innenaufträgen

Innenaufträge, nachfolgend kurz als *Aufträge* bezeichnet, können wie Kostenstellen mit Mengen und Werten (Kosten und Erlöse) beplant werden. Im Gegensatz zu Kostenstellen, die auf Jahresebene angelegt werden, haben Innenaufträge einen beliebigen Zeitbezug (fester Zeitraum oder auf Dauer). Das System stellt dem Benutzer mehrere Planungstechniken zur Verfügung, die z. T. auch in der Kostenstellenplanung Verwendung finden, u. a.:

- Gesamtplanung, d. h die kostenartenneutrale Planung von Jahres- oder Gesamtwerten,
- Kosten-/Erlösartenplanung (Planung von Primärkosten und Erlösen),
- Leistungsaufnahmeplanung (Planung der Sekundärkosten),
- Planung statistischer Kennzahlen.

Übung: Innenauftrag beplanen

In der nachfolgenden Übung werden exemplarisch die Kosten- sowie die Leistungsaufnahmeplanung für Innenaufträge vorgestellt. Die Planungstechnik entspricht weitgehend der Kostenstellenplanung.

Aufgabe: Planen Sie für Ihren Auftrag Büromaterialkosten (=*Primärkosten*) unter der Kostenart *405200* in Höhe von *15.000 €*. Hierzu können Sie das Planerprofil *SAP101* verwenden (Transaktion *KP04*).

Planen Sie weiterhin *Sekundärkosten* als Leistungsaufnahme in Höhe von 1000 Beraterstunden unter der Leistungsart *1461* von der Kostenstelle *4120* (EDV-Abteilung). Hierzu nutzen Sie bitte das Planerprofil *SAP102*.

Menüpfad

Rechnungswesen➔Controlling➔Innenaufträge➔
➔Planung➔Kosten-/ Leistungsaufnahmen

Transaktion

KPF6 Ändern

Evtl. müssen Sie nach dem Start der Transaktion in einem vom System aufgeblendeten Fenster den Kostenrechnungskreis auf den Wert *1000* setzen.

Erfassen Sie in der Startmaske (vgl. Abb. 8.15) die Planversion *0*, als Periode von 1 bis 12 und das zu planende Geschäftsjahr. Verwenden Sie Ihre individuelle Auftragsnummer und die vorgegebene Kostenart.

Abb. 8.15: KPF6 Innenauftrag planen © SAP AG

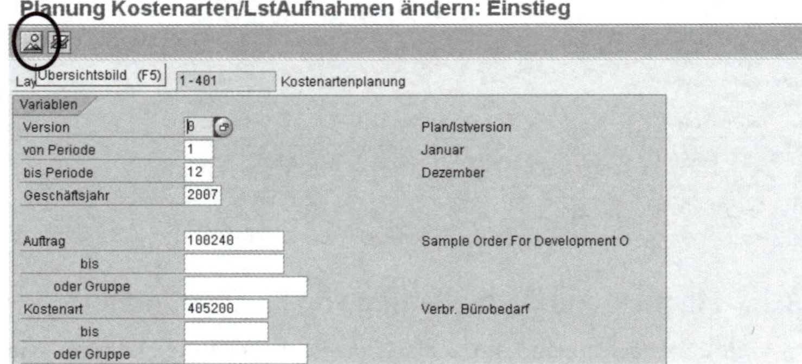

Wählen nach der Erfassung der Daten das Übersichtsbild und erfassen dort die geplanten Kosten für Büromaterial (vgl. Abb. 8.16). Optional können noch Verbrauchsmengen im Feld *Planverbr. ges.* erfasst werden. Im vorliegenden Fall ist es jedoch nicht nötig.

Abb. 8.16: KPF6 Innenauftragsplanung Übersichtsbild © SAP AG

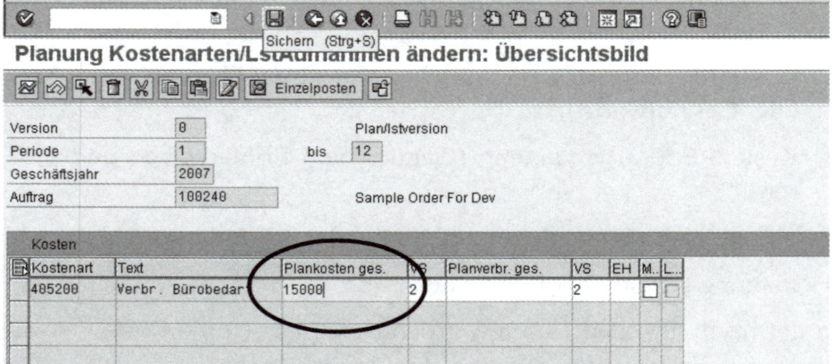

Nach der Planung der Primärkosten folgt die Planung der Sekundärkosten.

Hinweis: Die Reihenfolge der Planung von Primär- oder Sekundärkosten kann auf eine einzelne Kostenstelle bezogen beliebig gewählt werden. Für das Gesamtunternehmen ist es jedoch nur sinnvoll, zunächst die Primärkosten und anschließend die Sekundärkosten zu planen.

Beenden Sie die Planungstransaktion und wechseln in das Planerprofil *SAP102* (Transaktion *KP04*). Starten Sie die Planungstransaktion *KPF6* erneut. Sie erkennen, dass sich aufgrund des anderen Planungsprofils die Startmaske der Transaktion *KPF6* geändert hat (andere Felder werden angezeigt). Nun können Sie die Leistungsaufnahme planen (vgl. Abb. 8.17).

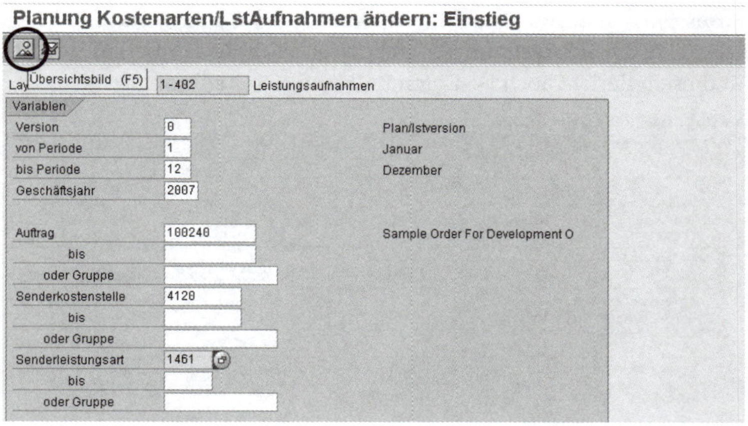

Abb. 8.17: KPF6 Innenauftragsplanung Übersichtsbild © SAP AG

Erfassen Sie die Planversion 0, die Planperiode 01 bis 12, das Geschäftsjahre, Ihre individuelle Auftragsnummer, die Senderkostenstelle *4120* und die vorgegebene Senderleistungsart *1461*. Wählen Sie anschließend das Übersichtsbild (vgl. Abb. 8.18).

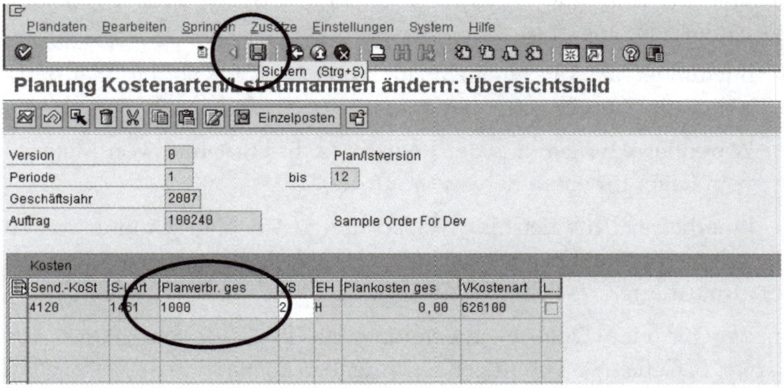

Abb. 8.18: KPF6 Innenauftragsplanung Planungsbild © SAP AG

Erfassen Sie dort die Beraterstunden (*1000 h*) und sichern anschließend die Planungsdaten.

Wählen Sie nun im Infosystem einen Bericht, der Ihnen die Plankosten zum Auftrag anzeigt. Sie können beispielsweise den folgenden Auftragsbericht verwenden.

Menüpfad

Rechnungswesen ➔Controlling➔Innenaufträge Infosystem➔Berichte zu Innenaufträgen➔Plan/Ist-Vergleiche➔

Transaktion

S_ALR_87012993 – Auftrag: Ist/Plan/Abweichung

Erfassen Sie folgende Daten:

- Kostenrechnungskreis: 1000
- Geschäftsjahr: individuell
- Periode: 1 bis 12
- Version (des Plans): 0
- Werte: individuelle Auftragsnummer

Starten Sie den Bericht. Sie erhalten Abb. 8.19. Zu sehen sind nur Plandaten. Sobald Sie Rechnungen auf diesen Auftrag kontieren, werden mit diesem Bericht auch Ist-Daten und Abweichungen angezeigt.

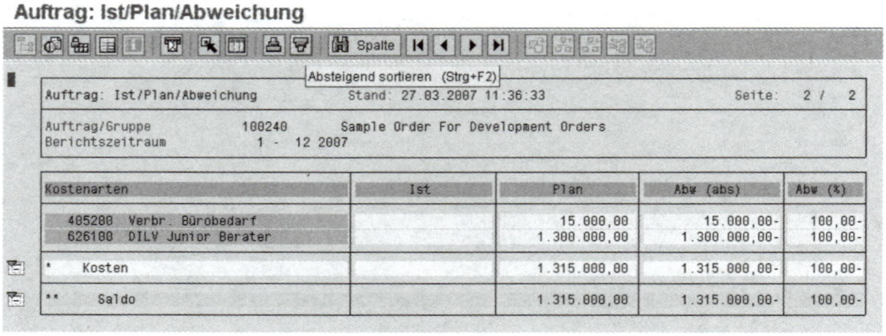

Abb. 8.19: S_ALR_87012993 Auftrag: Ist/Plan/Abweichung © SAP AG

Auftrag: Ist/Plan/Abweichung

Spalte

Absteigend sortieren (Strg+F2)

Auftrag: Ist/Plan/Abweichung Stand: 27.03.2007 11:36:33 Seite: 2 / 2

Auftrag/Gruppe 100240 Sample Order For Development Orders
Berichtszeitraum 1 - 12 2007

Kostenarten	Ist	Plan	Abw (abs)	Abw (%)
405200 Verbr. Bürobedarf		15.000,00	15.000,00-	100,00-
626100 DILV Junior Berater		1.300.000,00	1.300.000,00-	100,00-
* Kosten		1.315.000,00	1.315.000,00-	100,00-
** Saldo		1.315.000,00	1.315.000,00-	100,00-

8.3.4 Buchung einer Lieferantenrechnung mit Kontierung auf Kostenstelle und Auftrag

Grundsätzlich können kostenrechnerisch relevante Vorgänge aus Vorsystemen übernommen werden. Dies können beispielsweise folgende Vorgänge sein:

- Buchungen aus der Finanzbuchhaltung (z. B. Rechnung über Beraterhonorar für ein Softwareprojekt),
- Warenbewegungen aus der Logistik (z. B. Entnahme von Material vom Lager für einen Reparaturauftrag),
- Innerbetriebliche Leistungsverrechnung (z. B. Verrechnung von 20 Arbeiterstunden der Kostenstelle „Haustechnik" auf einen Reparaturauftrag).

Übung: Lieferantenrechnung auf Kostenstelle und Auftrag buchen

Buchen Sie eine Lieferantenrechnung auf Ihr Lieferantenkonto aus Kapitel 5. Gehen Sie von folgenden Angaben aus:

Rechnungsdatum:	Tagesdatum
Zahlungsbedingung	0001 netto, sofort zahlbar
Brutto	1.190 €
Netto	1.000 €
Vorsteuer	19 % (Steuerkennzeichen *VN*)
Auftrag	Individuell

Die Rechnung betrifft in Höhe von 400 Euro (netto) die Kostenart *420000* Büromaterial, die auf dem Auftrag angefallen sind, sowie 600 Euro (netto) für Kfz-Kosten (Kostenart *475000*), die von Ihrer Kostenstelle beauftragt wurden. Prüfen Sie nun das Lieferantenkonto (Kontokorrentkonto), den Auftragsbericht und den Kostenstellenbericht.

Menüpfad Rechnungswesen➔Finanzwesen➔Kreditoren➔Buchung

Transaktion FB60 – Rechnung

In der Erfassungsmaske sind die Belegkopfdaten, anschließend die Rechnungsdaten und die Belegposition für die Gegenbuchung einzugeben. In das Feld *Kreditor* tragen Sie die Nummer Ihres Kreditors ein. Das Feld *Rechnungsdatum* wird mit dem Datum der Original-Rechnung gefüllt. Das Feld *Buchungsdatum* ist normalerweise das Tagesdatum. Es steuert die Buchungsperiode (Jan, Feb, ...), in welche der Beleg gebucht wird. Ggf. kann ein anderer Wert eingetragen werden. Die *Buchungsperiode* wird aus dem Buchungsdatum abgeleitet. Beispiel: Buchungsdatum 02.12.JJ ➔ Buchungsperiode = 12. Ggf. kann in „Sonderperioden" (z. B. Monat „13") gebucht werden, um Korrekturbuchungen für Abschlusszwecke durchzuführen. Es stehen mehrere Sonderperioden zur Verfügung. Der *Rechnungsbetrag* ist brutto, d. h. einschließlich Vorsteuer zu erfassen.

Vorsteuerbehandlung

In das Feld *Steuerbetrag* kann ggf. der Steuerbetrag (Umsatzsteuer) eingegeben werden, sofern er nicht automatisch ermittelt werden soll. Das Feld *Steuer rechnen* kann aktiviert werden, wenn Vorsteuer bzw. Umsatzsteuer aus allen Werten herausgerechnet werden soll. Ist das Feld aktiv, werden *alle* Beträge als Bruttowerte interpretiert. In diesem Fall wird das Feld *Steuerbetrag* ausgeblendet, d. h. es ist nicht mehr sichtbar.

Haben alle Positionen der Rechnung das gleiche Steuerkennzeichen, kann es an dieser Stelle erfasst werden. Das Kennzeichen wird in die Rechnungspositionen übertragen. Es wird im Customizing länderspezifisch für verschiedene Steuersätze hinterlegt.

Haben die Positionen unterschiedliche Umsatzsteuerkennzeichen, so ist das Feld mit „**" zu füllen. In diesem Fall sind alle Einzelpositionen im unteren Teil der Bildschirmmaske mit Steuerkennzeichen zu versehen. Das Feld „Text" ist ein optionales Feld zur Erfassung eines rechnungsbezogenen Textes (vgl. Abb. 8.20).

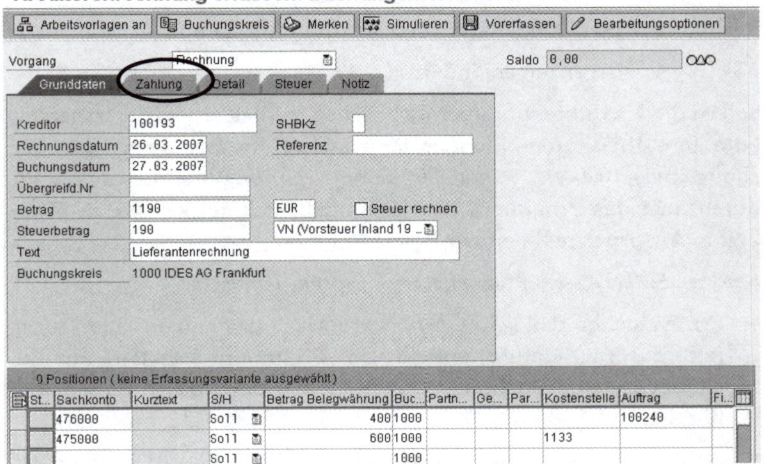

Abb. 8.20: FB60 Rechnung erfassen – Startbild © SAP AG

Im unteren Teil des Bildes sind Angaben zur Gegenbuchung, d. h. der Kostenkontierung zu machen. Sie benötigen für jede der hier notwendigen Kostenarten *(476000 bzw. 475000)* eine eigene Buchungszeile. Die Beträge sind in diesem Fall netto einzugeben, weil der Rechnungsbetrag (Kopfdaten) zusammen mit einem Steuerbetrag eingegeben wurde.

Es gibt auch noch die Möglichkeit, das System die Umsatzsteuer aus den Buchungszeilen herausrechnen zu lassen. Aktivieren Sie hierzu das Kennzeichen *Steuer rechnen*. Die Beträge sind in diesem Fall brutto zu erfassen.

Buchungszeilen mit dem Wert Null werden ignoriert. In das Feld Steuerkennzeichen (St) muss, wenn in den Kopfdaten des Beleges der Wert „*" eingegeben wurde, ein Eintrag erfasst werden.

Tragen Sie in das Feld Kostenstelle Ihre individuelle Kostenstellennummer bzw. im Feld Auftrag Ihre Auftragsnummer ein. Das System benötigt diese kostenrechnungsrelevante Kontierung. Fehlen die Angaben zur Kontierung, erfolgt eine Fehlermeldung.

Anschließend aktivieren Sie das Registerblatt *Zahlung*. Dort sollte als Zahlungsbedingung bereits der Wert *0001* stehen. Ändern Sie ggf. den aus dem Stammsatz des Lieferanten vorgeschlagenen Wert in *0001*, d. h. netto, sofort zahlbar, ab. Bestätigen Sie in diesem Fall zweimal mit Enter, um die auftauchenden Hinweise am unteren Bildschirmrand zu bestätigen. Buchen Sie anschließend den Beleg.

Simulation

Hinweis: Sie können die Buchung auch vorab simulieren, um den Beleg zu prüfen, bevor er auf die Datenbank geschrieben wird. Hierbei werden automatisch zu erzeugende Buchungszeilen (z. B. Vorsteuer) berücksichtigt. Sie können hierzu vor dem Buchen den Druckknopf *Simulieren* wählen oder über das Menü *Beleg* ➔ *Simulieren* wählen.

Im nächsten Schritt erfolgt eine Überprüfung des Kreditorenkontos mit Hilfe der Einzelpostenliste. Wählen Sie hierzu die Transaktion zur Darstellung der Einzelposten im Kreditorenkonto (vgl. Abb. 8.21).

Menüpfad Rechnungswesen➔Finanzwesen➔Kreditoren➔Konto

Transaktion FBL1N – Posten anzeigen/ändern

Sofern die Kreditorennummer nicht schon vorbelegt wurde, tragen Sie bitte Ihre Kreditoren-Nummer in das Feld *Kreditor* sowie den Buchungskreis 1000 ein. Wenn Sie keine Kreditorennummer eintragen, durchsucht das Programm den gesamten Buchungskreis, was etwas Zeit in Anspruch nehmen wird.

Beachten Sie bei diesem Programm noch folgende Hinweise:

- Prüfen sie, ob das Feld *Offen zum Stichtag* das gewünschte Datum (z.B. das Tagesdatum) enthält. Das Programm selektiert nur Buchungen, deren Buchungsperiode kleiner bzw. gleich diesem Datum ist.
- Achten Sie auch darauf, dass das Feld *Offene Posten* aktiviert ist. Nur dann werden die noch zu zahlenden bzw. offenen Belege angezeigt.

- Wenn Sie *Alle Posten* oder *Ausgeglichene Posten* wählen, werden entweder alle Belege oder nur die bereits ausgeglichenen Belege selektiert und angezeigt.

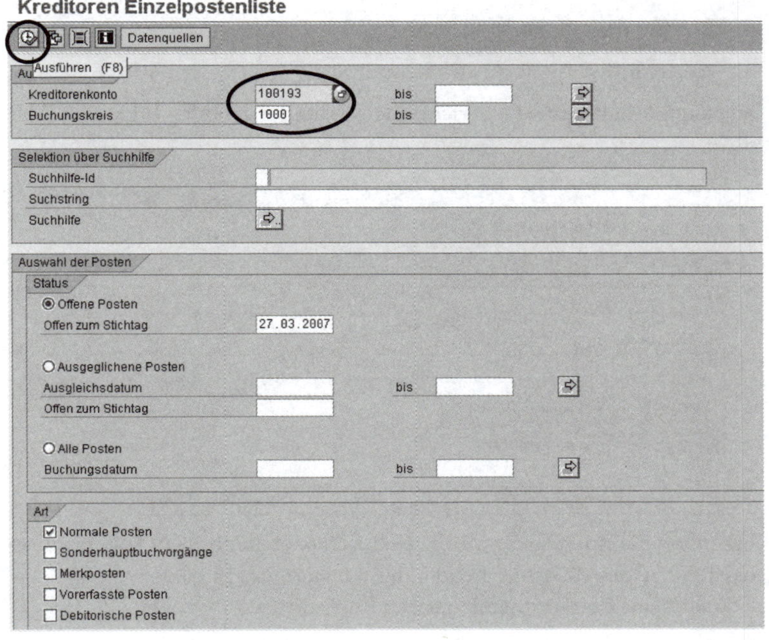

Abb. 8.21: FBL1N Einzelpostenliste – Startbild © SAP AG

Wählen Sie anschließend *Ausführen*. Hierdurch wird das Analyseprogramm gestartet.

Die Einzelpostenliste sehen Sie im nächsten Bild (vgl. Abb. 8.22):

Kreditoren Einzelpostenliste

Selektionen | Klärungsfall

Kreditor 100193
Buchungskreis 1000

Name Gadatsch004GmbH
Ort Testort

St	Zuordnung	Belegnr	Belegart	Belegdatum	S	Fä	Betrag in BW	Währg	Ausgl.bel.	Text
	20070326	1900000003	KR	26.03.2007			1.190,00-	EUR		Lieferantenrechnung
*							1.190,00-	EUR		
** Konto 100193							1.190,00-	EUR		
***							1.190,00-	EUR		

Abb. 8.22: FBL1N Einzelpostenliste © SAP AG

Die Einzelpostenliste zeigt Ihnen den Buchungsbeleg (Rechnung = Belegart „KR“) aus dem obigen Fallbeispiel.

Erzeugen Sie nun den Auftragsbericht. Dort müssten neben den bisherigen Plankosten 400 Euro Istkosten aus der vorangegangenen Buchung zu sehen sein.

Menüpfad

Rechnungswesen ➔Controlling➔Innenaufträge➔Infosystem➔ Berichte zu Innenaufträgen➔Plan/Ist-Vergleiche

Transaktion

S_ALR_87012993 – Auftrag: Ist/Plan/Abweichung

Erfassen Sie folgende Daten:

- Kostenrechnungskreis: 1000
- Geschäftsjahr: individuell
- Periode: 1 bis 12
- Version (des Plans): 0
- Werte: individuelle Auftragsnummer

Starten Sie den Auftragsbericht. Sie erhalten folgendes Bild (vgl. Abb. 8.23):

Abb. 8.23: S_ALR_87012993 Auftragsbericht © SAP AG

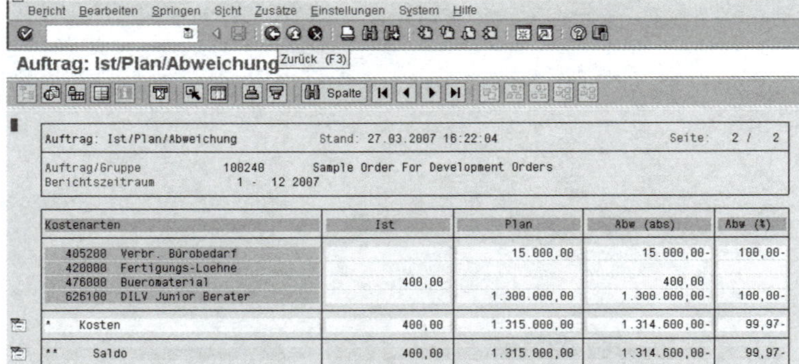

Auftrag: Ist/Plan/Abweichung Stand: 27.03.2007 16:22:04 Seite: 2 / 2

Auftrag/Gruppe 100240 Sample Order For Development Orders
Berichtszeitraum 1 - 12 2007

Kostenarten	Ist	Plan	Abw (abs)	Abw (%)
405200 Verbr. Bürobedarf		15.000,00	15.000,00-	100,00-
420000 Fertigungs-Loehne				
476000 Bueromaterial	400,00		400,00	
626100 DILV Junior Berater		1.300.000,00	1.300.000,00-	100,00-
* Kosten	400,00	1.315.000,00	1.314.600,00-	99,97-
** Saldo	400,00	1.315.000,00	1.314.600,00-	99,97-

Erzeugen Sie nun zur Kontrolle den Kostenstellenbericht für Ihre Kostenstelle. Dort müssten neben den bisherigen Plankosten 600 Euro Istkosten aus der vorangegangenen Buchung zu sehen sein.

Menüpfad Rechnungswesen ➔Controlling➔Kostenstellenrechnung➔ Infosystem➔Berichte zu Kostenstellenrechnung➔Plan/Ist-Vergleiche

Transaktion S_ALR_87013611 – Kostenstellen: Ist/Plan/Abweichung

Erfassen Sie folgende Daten:

- Kostenrechnungskreis: 1000
- Geschäftsjahr: individuell
- Periode: 1 bis 12
- Version (des Plans): 0
- Werte: individuelle Kostenstellennummer

Starten Sie den Bericht. Sie erhalten folgenden Bericht (vgl. Abb. 8.24):

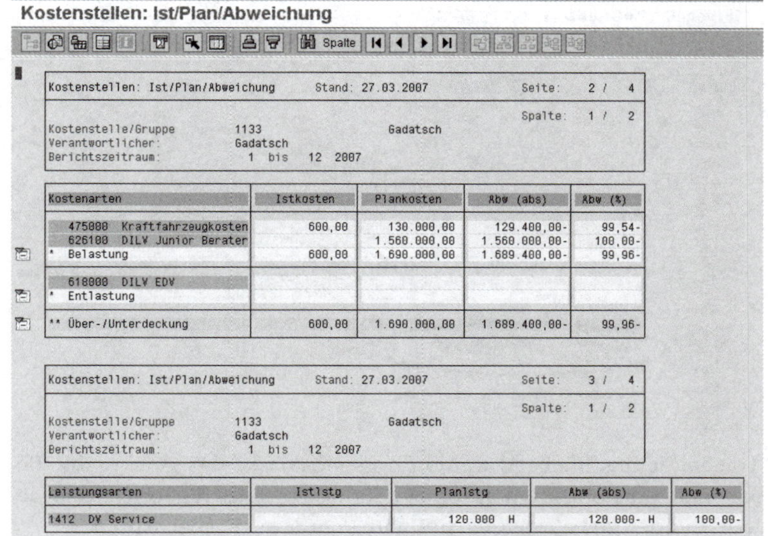

Kostenstellen: Ist/Plan/Abweichung

Kostenstellen: Ist/Plan/Abweichung   Stand: 27.03.2007   Seite: 2 / 4
Spalte: 1 / 2
Kostenstelle/Gruppe   1133   Gadatsch
Verantwortlicher: Gadatsch
Berichtszeitraum: 1 bis 12 2007

Kostenarten	Istkosten	Plankosten	Abw (abs)	Abw (%)
475000 Kraftfahrzeugkosten	600,00	130.000,00	129.400,00-	99,54-
626100 DILV Junior Berater		1.560.000,00	1.560.000,00-	100,00-
* Belastung	600,00	1.690.000,00	1.689.400,00-	99,96-
618000 DILV EDV				
* Entlastung				
** Über-/Unterdeckung	600,00	1.690.000,00	1.689.400,00-	99,96-

Kostenstellen: Ist/Plan/Abweichung   Stand: 27.03.2007   Seite: 3 / 4
Spalte: 1 / 2
Kostenstelle/Gruppe   1133   Gadatsch
Verantwortlicher: Gadatsch
Berichtszeitraum: 1 bis 12 2007

Leistungsarten	Istlstg	Planlstg	Abw (abs)	Abw (%)
1412 DV Service		120.000 H	120.000- H	100,00-

Abb. 8.24: S_ALR87013611 Kostenstellenbericht © SAP AG

8.3.5 Umbuchung von Kostenstelle auf Auftrag

Stellt es sich heraus, dass kostenrechnerisch relevante Kontierungen bei Erfassung der Primärkosten falsch festgelegt wurden oder aus anderen Gründen später eine Umverteilung der Kosten innerhalb der Kostenrechnung erfolgen muss, kann die Funktion *Umbuchung* genutzt werden.

Hinweis: Sie können grundsätzlich den Beleg auch in der Finanzbuchhaltung stornieren und erneut mit der korrekten Kontierung für das Controlling erfassen. Diese Vorgehensweise ist in der Praxis allerdings oft faktisch nicht mehr möglich, weil die Buchungsperioden bereits geschlossen sind oder diese Variante nicht gewünscht wird.

Übung: Innerhalb der Kostenrechnung umbuchen

Im folgenden Beispiel buchen wir Kosten von Ihrer Kostenstelle in Höhe von 5.000,- € unter der Primärkostenart 475000 Kfz-Kosten auf Ihren Innenauftrag um, um die Vorgehensweise kurz zu demonstrieren.

Menüpfad

Rechnungswesen→Controlling→Kostenstellenrechnung →Istbuchungen→Man. Umbuchung Kosten

Transaktion

KB11N – Erfassen

Ggf. müssen Sie den Kostenrechnungskreis festlegen (Wert=*1000*).

Vor der Erfassung der Daten müssen Sie die Erfassungsvariante wechseln, da Sie standardmäßig anders belegt sein dürfte. Wählen Sie hierzu die Variante *Kostenstelle/Auftrag/PersNr* aus (vgl. Abb. 8.25).

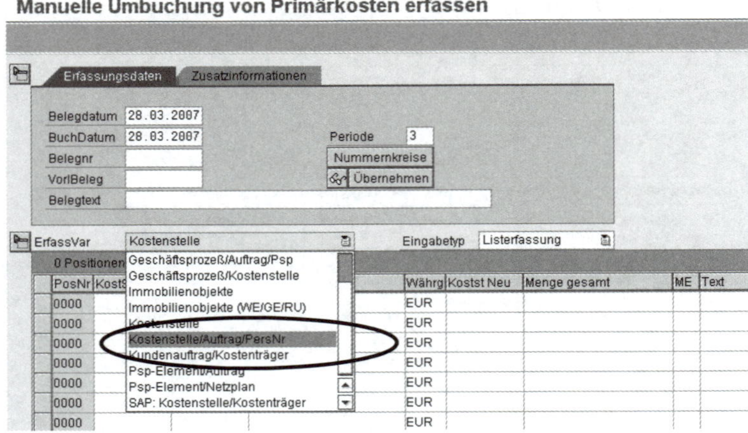

Abb. 8.25: KB11N Umbuchung Kosten Erfassungsvariante © SAP AG

Tragen Sie anschließend in die Erfassungsmaske das gewünschte Beleg- und Buchungsdatum, die Senderkostenstelle, Kostenart, den Betrag und den zu belastenden Empfängerauftrag ein (vgl. Abb. 8.26).

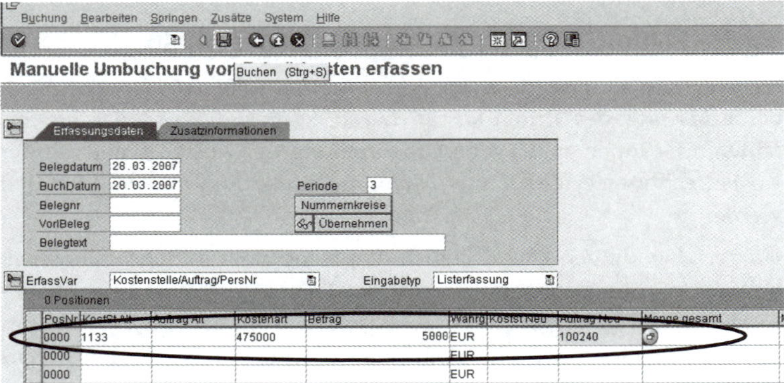

Abb. 8.26: KB11N Umbuchung von Kosten Erfassung © SAP AG

Sichern Sie ihre Daten und überprüfen anschließend die Buchung mit einem Auftragsbericht bzw. einem Kostenstellenbericht.

Die Kostenstelle müsste entlastet worden sein. Sie erkennen dies an negativen Werten im Bericht. Der Auftrag müsste belastet worden sein (positive Werte).

Im Auftragsbericht in der Abb. 8.27 sind unter der Kostenart *475000* insgesamt *5000* Euro Istkosten zu sehen, die aus Ihrer obigen Umbuchung resultieren.

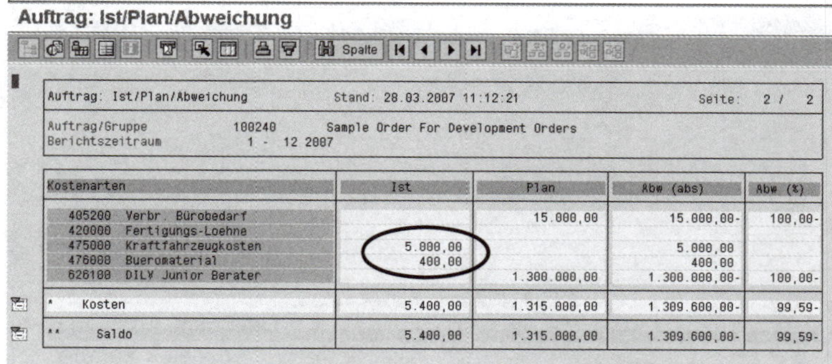

Auftrag: Ist/Plan/Abweichung

Auftrag: Ist/Plan/Abweichung Stand: 28.03.2007 11:12:21 Seite: 2 / 2

Auftrag/Gruppe 100240 Sample Order For Development Orders
Berichtszeitraum 1 - 12 2007

Kostenarten	Ist	Plan	Abw (abs)	Abw (%)
405200 Verbr. Bürobedarf		15.000,00	15.000,00-	100,00-
420000 Fertigungs-Loehne				
475000 Kraftfahrzeugkosten	5.000,00		5.000,00	
476000 Bueromaterial	400,00		400,00	
626100 DILY Junior Berater		1.300.000,00	1.300.000,00-	100,00-
* Kosten	5.400,00	1.315.000,00	1.309.600,00-	99,59-
** Saldo	5.400,00	1.315.000,00	1.309.600,00-	99,59-

Abb. 8.27: S_ALR_87012993 Auftrag: Ist/Plan/Abweichung © SAP AG

8.3.6 Leistungsverrechnung von Kostenstelle auf Auftrag

Übung: Leistungsverrechnung buchen

Die von ihnen angelegte Kostenstelle leistet im laufenden Monat für Ihren Auftrag 50 Stunden unter der Leistungsart *1412*. Diese Leistungsmenge muss mit dem Kostensatz der leistenden Kostenstelle bewertet und dem Auftrag belastet werden.

Menüpfad

Rechnungswesen➔Controlling➔Kostenstellenrechnung➔Istbuchungen➔Leistungsverrechnung

Transaktion

KB21N – Erfassen

Ggf. müssen Sie den Kostenrechnungskreis festlegen (Wert=*1000*).

Starten Sie die Transaktion *KB21N*. Wählen Sie eine geeignete Erfassungsvariante (von Kostenstelle auf Auftrag). Erfassen Sie anschließend die Senderkostenstelle, den empfangenden Auftrag sowie die Leistungsart und –menge (vgl. Abb. 8.28).

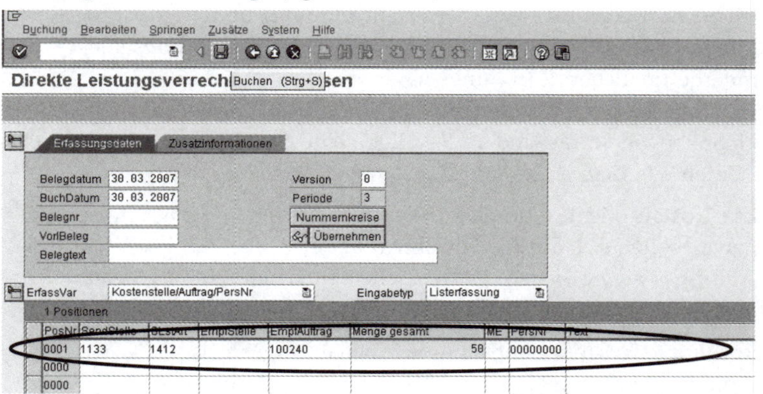

Abb. 8.28: KB21N Leistungserfassung buchen © SAP AG

Buchen Sie die Daten und überprüfen anschließend die Ergebnisse mit einem Auftragsbericht (vgl. Abb. 8.29). Sie müssten unter der Kostenart 618000 einen Betrag von *10.000 Euro* sehen (50 Stunden zu je 200 Euro Planpreis Ihrer Kostenstelle).

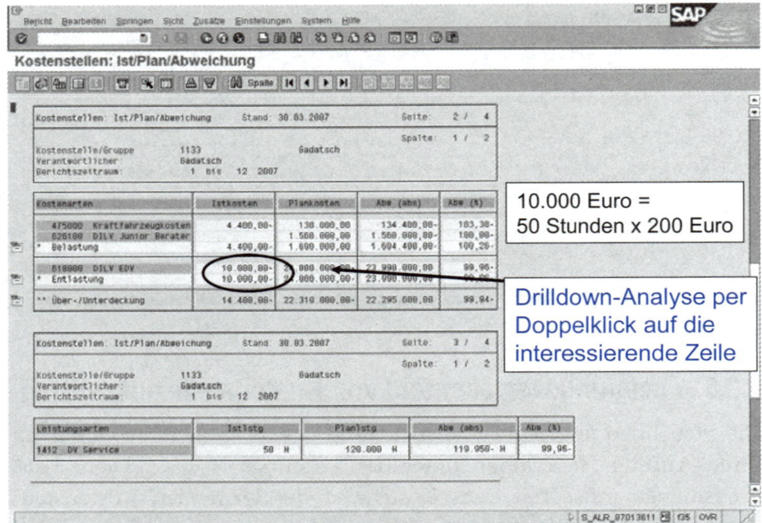

Abb. 8.29: S_ALR_87012993 Auftrag: Ist/Plan/Abweichung © SAP AG

Sie können nun eine *Drilldown-Analyse* durchführen, d.h. die Kosten im Bericht bis zum Urbeleg verfolgen. Dies erreichen Sie durch einen Doppelklick auf die jeweils interessierenden Daten, bis Sie auf die unterste Berichtsebene, den Einzelbeleg gelangen.

8.3.7 Auftrag abrechnen

Die Abrechnung dient der Weiterverrechnung der auf einem Auftrag angefallenen Kosten und Erlöse auf weitere Kontierungsobjekte. Die Abrechnung der angefallenen Kosten und Erlöse ist in das innerbetriebliche Rechnungswesen (Kostenrechnung) und das externe Rechnungswesen (Finanzbuchhaltung) möglich. Kontierungsobjekte des innerbetrieblichen Rechnungswesens sind z. B. Kostenstellen, Aufträge, Projekte oder Kundenaufträge. Mögliche Kontierungsobjekte der Finanzbuchhaltung sind z. B.: allgemeine Sachkonten oder spezielle Konten wie *Anlagen im Bau* oder *Aktivierte Anlagen*.

Übung: Auftrag abrechnen

Die Kosten und Leistungen, die sich auf Ihren Auftrag angesammelt haben, sollen sich auf die von Ihnen in der Abrechnungsvorschrift des Auftrages angegebenen Kostenstellen entlasten. Führen Sie eine Auftragsabrechnung für diesen Auftrag durch.

Menüpfad

Rechnungswesen➔Controlling➔Innenaufträge➔
Periodenabschluss➔Einzelfunktionen➔Abrechnung

Transaktion

KO88 – Einzelverarbeitung

Nach dem Start der Transaktion *KO88* müssen Sie ggf. den Kostenrechnungskreis *1000* erfassen. Erfassen Sie Ihre Auftragsnummer, legen das Buchungsdatum (z.B. Tagesdatum) und die Buchungsperiode (z.B. laufender Monat) fest. Erfassen Sie als Verarbeitungsart *periodisch*. Sie können wählen, ob Sie die Abrechnung testweise durchführen möchten. In diesem Fall aktivieren Sie *Testlauf durchführen* (vgl. Abb. 8.30).

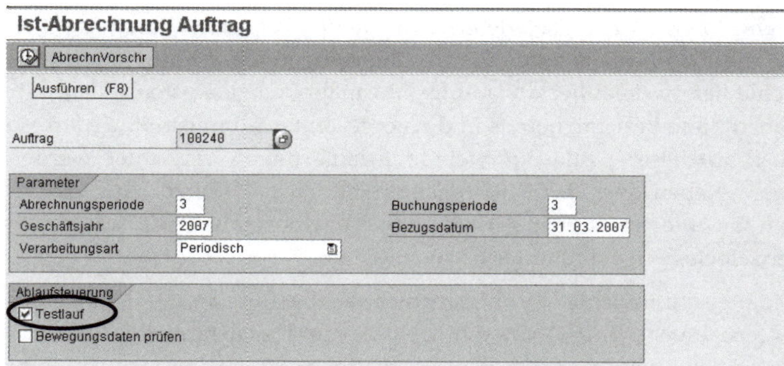

Abb. 8.30: KO88 Auftragsabrechnung starten © SAP AG

Nach dem Programmstart erhalten Sie ein umfangreiches Protokoll (vgl. Abb. 8.31). Sollte ein Fehler gemeldet werden, müssen Sie Ihre Daten überprüfen. Evtl. fehlt eine Abrechnungsvorschrift im Stammsatz, oder es sind keine Kosten auf dem Auftrag, die zu dem gewählten Zeitraum abgerechnet werden könnten.

Nach dem Echtlauf rufen Sie bitte den bereits bekannten Auftragsbericht auf und überprüfen Sie die Daten. Der Bericht zeigt die Entlastung des Auftrags unter der Abrechnungskostenart *650000*. Der Auftragssaldo beträgt *Null Euro*.

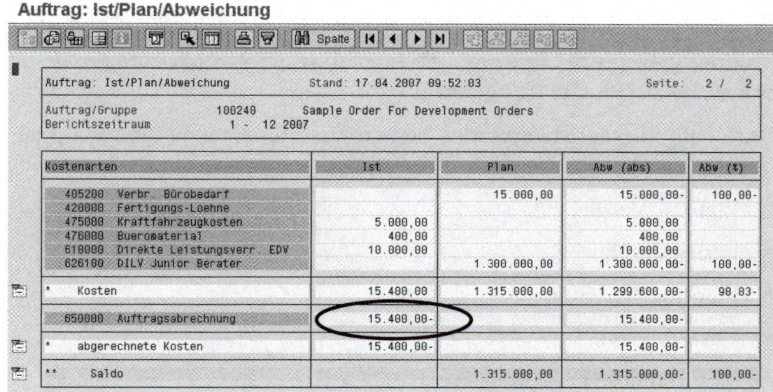

Auftrag: Ist/Plan/Abweichung

Auftrag: Ist/Plan/Abweichung Stand: 17.04.2007 09:52:03 Seite: 2 / 2

Auftrag/Gruppe 100240 Sample Order For Development Orders
Berichtszeitraum 1 - 12 2007

Kostenarten	Ist	Plan	Abw (abs)	Abw (%)
405200 Verbr. Bürobedarf		15.000,00	15.000,00-	100,00-
420000 Fertigungs-Loehne				
475000 Kraftfahrzeugkosten	5.000,00		5.000,00	
476000 Bueromaterial	400,00		400,00	
618000 Direkte Leistungsverr. EDV	10.000,00		10.000,00	
626100 DILV Junior Berater		1.300.000,00	1.300.000,00-	100,00-
* Kosten	15.400,00	1.315.000,00	1.299.600,00-	98,83-
650000 Auftragsabrechnung	15.400,00-		15.400,00-	
* abgerechnete Kosten	15.400,00-		15.400,00-	
** Saldo		1.315.000,00	1.315.000,00-	100,00-

Abb. 8.31: S_ALR_87012993 Auftragsbericht © SAP AG

8.4 Reporting und Analyse im Controlling

8.4.1 Kostenstellenberichte (BAB)

Sie finden im Infosystem der Kostenstellenrechnung im folgenden Menüpfad zahlreiche vorgefertigte Berichte, die für ein Standardberichtswesen von zentraler Bedeutung sind.

Menüpfad

Rechnungswesen➔Controlling➔Kostenstellenrechnung ➔Infosystem➔Berichte zur Kostenstellenrechnung ➔….

Plan-/Ist-Vergleiche liefern ihnen eine Gegenüberstellung der Daten aus Ihrer Kostenplanung mit den gebuchten Ist-Kosten.

Wenn Sie den Kostenstellenbericht *Plan/Ist-Vergleich* aufrufen, sehen Sie die Plan- und Istdaten der vorangegangen Übungen. Planungsberichte liefern detaillierte Planungsinformationen zu Kostenstellen. Wir haben diese Berichte bereits in die vorgestellten Übungen integriert, so dass an dieser Stelle auf weitere Erläuterungen verzichtet werden kann. Neben den *Plan-/Ist-Vergleichen* finden Sie weitere Auswertungen für unterschiedliche Zwecke, z.B. Einzelpostenberichte, welche die Einzelbelege in detaillierter Form auflisten.

Die meisten Berichte sind hinsichtlich des Layouts an die Belange des Unternehmens anpassbar, d.h. Spalten- und Zeileninhalte, Summierungen etc. können durch den Anwender verändert werden. Im Rahmen dieser Einführung können wir leider nicht auf diese Details eingehen.

8.4.2 Auftragsberichte

Das Controlling-Informationssystem stellt analog zur Kostenstellenrechnung zahlreiche Standardberichte für Aufträge zur Verfügung.

Beispiele sind Nachweis von Belastungen und Entlastungen, Plan-/Ist-Vergleiche, Zeitreihenanalysen oder Einzelpostenberichte. Kundenspezifische Berichte können über spezielle Werkzeuge des Herstellers erzeugt werden. Sie finden die Berichte über den folgenden Menüpfad.

Menüpfad

Rechnungswesen➔Controlling➔Innenaufträge➔Infosystem
➔Berichte zu Innenaufträgen➔ …

Unterhalb dieses Menüpfades stehen verschiedene Berichtsgruppen zur Verfügung:

- Plan/Ist-Vergleiche,
- Ist/Ist-Vergleiche,
- Planungsberichte,
- Einzelposten,
- Stammdatenverzeichnisse,
- Verdichtungsberichte und
- Weitere Berichte.

Da wir sowohl den Planungsbericht für Innenaufträge, als auch den Plan-/Ist-Vergleich in die Übungen integriert haben, können wir an dieser Stelle auf weitere Ausführungen verzichten.

Ist/Ist-Vergleiche stellen Ist-Kosten mehrerer Perioden bzw. mehrerer Aufträge gegenüber. Einzelpostenberichte listen Einzelbuchungen in unterschiedlichen Summierungen auf. Stammdatenverzeichnisse geben einen Überblick über die vorhandenen Aufträge, die in großen Unternehmen eine sehr hohe Anzahl umfassen können. Verdichtungsberichte sind eine Besonderheit des SAP-Systems. Über eine vom Unternehmen selbst festzulegende Hierarchie, deren Ausprägungen im Stammsatz des Auftrages hinterlegt werden, können Summenberichte mehrerer Aufträge in mehreren Stufen bis hinauf zum Gesamtunternehmen erzeugt werden.

Beispiel: Das Unternehmen wird in verschiedene Investitionsbereiche (z.B. Neuinvestition, Wartung,) und Investitionsgruppen (Maschinen, Gebäude, Fahrzeuge, Informationstechnik, u.a.) gegliedert. Je Investition wird ein Innenauftrag angelegt, der einer Investitionsgruppe zugeordnet wird. Mit Hilfe der Verdichtungsberichte kann nun problemlos ein mehrstufiges Investitionscontrolling aufgebaut werden.

8.4.3 Produktkalkulation

Die Produktkalkulation dient dazu, auftragsneutrale Kalkulationen von Erzeugnissen zu erstellen, die z. B. für Bewertungszwecke oder die Preisbildung erforderlich sind. Die Kalkulationsergebnisse können in die Ergebnisrechnung oder in Preislisten o.ä. übernommen werden.

Kosten elemente

Kostenelemente aus der Kalkulation (Gruppierungen von Kostenarten in der Kalkulation, z. B. Materialkosten, Fertigungskosten, Montagekosten) können an die Ergebnisrechnung weitergegeben werden, um Sie dort für die Ergebnisplanung und –analyse (z. B. Deckungsbeitragsrechnung) zu nutzen.

Auftrags kalkulation

Hiervon zu unterscheiden ist die mengenbezogene Auftragskalkulation, die beispielsweise dazu verwendet wird, um konkrete Fertigungsaufträge oder Kundenaufträge zu kalkulieren.

Im Rahmen der Produktkalkulation werden zwei *Verfahren der Produktkalkulation* (bzw. auch Materialkalkulation genannt) unterschieden (vgl. Abb. 8.32):

- Erzeugniskalkulation ohne Mengengerüst und
- Erzeugniskalkulation mit Mengengerüst.

Kalkulation ohne Mengengerüst

Die Erzeugniskalkulation ohne Mengengerüst wird ohne Stücklisten und Arbeitspläne manuell, d.h. je Materialnummer, durchgeführt.

Kalkulation mit Mengengerüst

Die Erzeugniskalkulation mit Mengengerüst wird maschinell durchgeführt. Sie setzt neben den Materialstämmen das Vorhandensein von Stücklisten und Arbeitsplänen voraus. Sie rechnet komplette Baugruppen bzw. Erzeugnisstrukturen durch. Aus den Stücklisten werden Einsatzmengen, aus den Arbeitsplänen Bearbeitungszeiten (z. B. Fertigungszeiten, Montagezeiten) übernommen.

Material stamm

Bei beiden Kalkulationsformen werden aus den Materialstämmen Preise für Einsatzmaterialien übernommen. Dies bedeutet, dass in jedem Fall vor einer Produktkalkulation für das zu kalkulierende Produkt ein Materialstamm vorhanden sein muss.

Die Kostenstellenrechnung liefert Verrechnungssätze für die Bewertung der Bearbeitungszeiten sowie Zuschlagssätze für ein Kalkulationsschema. Abb. 8.32 stellt den Zusammenhang zwischen den Kalkulationsarten dar.

Abb. 8.32: Arten der Erzeugniskalkulation

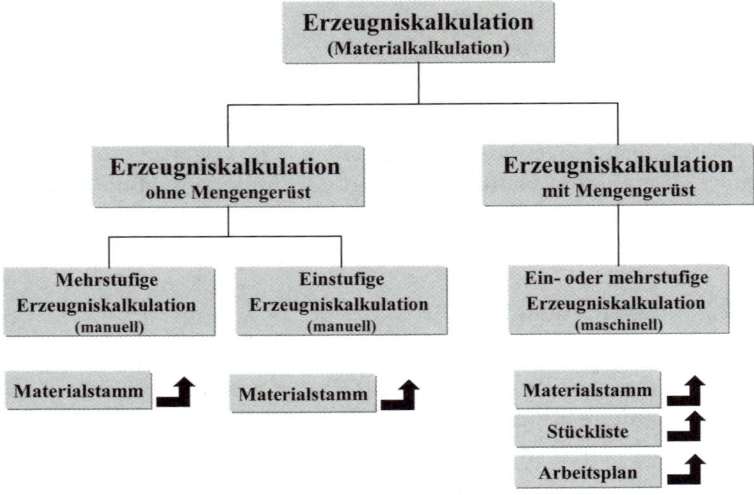

Nach dem Zeitpunkt der Durchführung der Erzeugniskalkulation werden Plankalkulation (auch Standardkalkulation genannt), Inventurkalkulation, Sollkalkulation und Ist-Kalkulation (auch aktuelle Kalkulation) unterschieden (vgl. Abb. 8.33).

Abb. 8.33: Erzeugniskalkulation nach Zeitpunkten

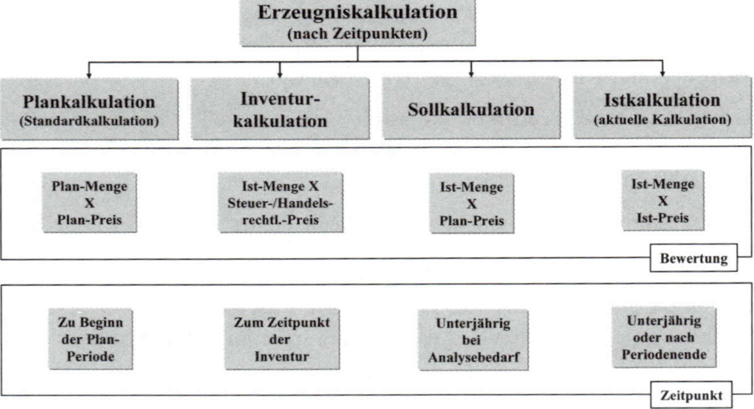

Plankalkulation

Plankalkulationen werden zu Beginn einer Planperiode, d.h. i.d.R. jährlich, durchgeführt. Sie dienen der Ermittlung von Planwerten bzw. Standardwerten (z. B. für die unterjährige Bewertung von Lagerentnahmen, Preislisten). Es erfolgt eine Bewertung von Plan-Mengen mit Planpreisen auf der Basis von Standardlosgrößen. Hinweis: Im Rahmen einer Auftragskalkulation werden konkrete Auftragslosgrößen benutzt.

Inventurkalkulation

Zum Inventurzeitpunkt sind *Inventurkalkulationen* erforderlich, die der Ermittlung von handelsrechtlichen und steuerrechtlichen Bewertungsansätzen dienen. Bei der Inventurkalkulation werden aktuelle Mengen (Ist-Mengen lt. Inventurerhebung) mit steuer- bzw. handelsrechtlichen Wertansätzen bewertet.

Zur Unterstützung unterjähriger Analysen von mengenmäßigen Veränderungen (z. B. Mehr- oder Minderverbrauch) werden *Sollkalkulationen* als Vorgabe- bzw. Vergleichswerte erstellt. Sie bewerten aktuelle Mengen (Ist-Mengen) mit Planpreisen. Sollkalkulationen können konkreten Auftragskalkulationen als Vergleichsgrundlage gegenübergestellt werden.

Sollkalkulation

Bei Bedarf oder nach Periodenabschluss können *Ist-Kalkulationen* erzeugt werden. Sie ermitteln die „tatsächlichen" Kosten durch die Bewertung von aktuellen Mengen (Ist-Mengen) mit Ist-Preisen.

Ist-Kalkulation

Nach den einführenden Hinweisen zur Kalkulation soll nun eine Kalkulation durchgeführt werden. Hierzu verwenden wir exemplarisch das Verfahren der Plankalkulation. Kalkulieren Sie Ihr Fertigerzeugnis aus dem Kapitel 5 als Plankalkulation mit Mengengerüst und sichern das Resultat.

Übung: Produkt kalkulieren

Rechnungswesen➔Controlling➔Produktkosten-Controlling
➔Produktkostenplanung➔Materialkalkulation
➔Kalkulation mit Mengengerüst

Menüpfad

CK11N – Anlegen

Transaktion

Ergänzen Sie die Felder Materialnummer, Werk (1000), Kalkulationsvariante (DPC1 für Kalkulation bis Selbstkosten) und Kalkulationsversion (1). Als Kalkulationsgröße legen Sie bitte 100 Stück fest. Wählen Sie anschließend *Termine* (vgl. Abb. 8.34).

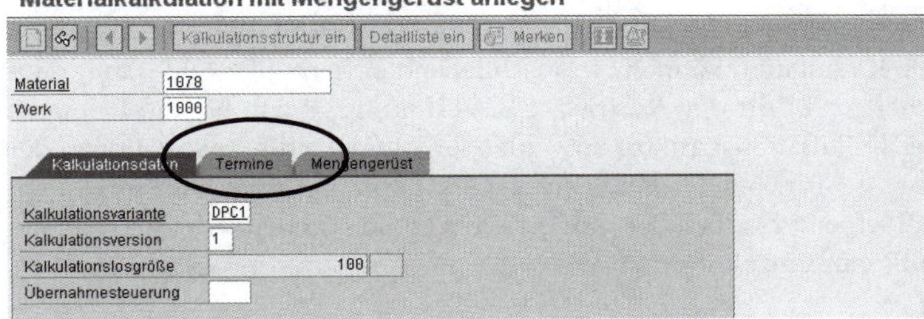

Abb. 8.34: CK11N Kalkulationsdaten anlegen © SAP AG

Im nächsten Bild legen Sie die Zeiträume für die Gültigkeit der Kalkulation fest (vgl. Abb. 8.35). Wählen Sie zunächst *Vorschlagswerte*. Diese können Sie bei Bedarf überschreiben, was aber im Normal nicht nötig sein dürfte.

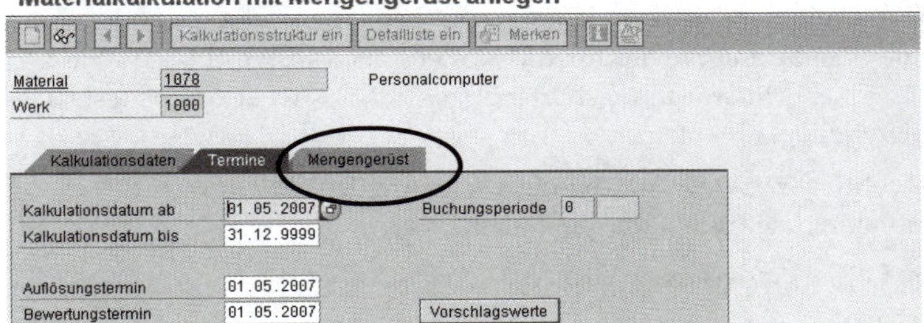

Abb. 8.35: CK11N Kalkulationstermine anlegen © SAP AG

Anschließend wählen Sie bitte *Mengengerüst*, um die Stückliste und den Arbeitsplan für die Kalkulation auszuwählen (vgl. Abb. 8.35). In der Rubrik Stücklistendaten wählen Sie hierzu für die Verwendung *3 (Universalstückliste)*, unter Arbeitsplandaten wählen Sie den Plantyp *N (Normalarbeitsplan)* aus. Wählen Sie anschließend *weiter*.

Nun erfolgt die Berechnung der Kalkulation, die anschließend angezeigt wird (vgl. Abb. 8.36).

Abb. 8.36: CK11N Kalkulationsergebnis sichern © SAP AG

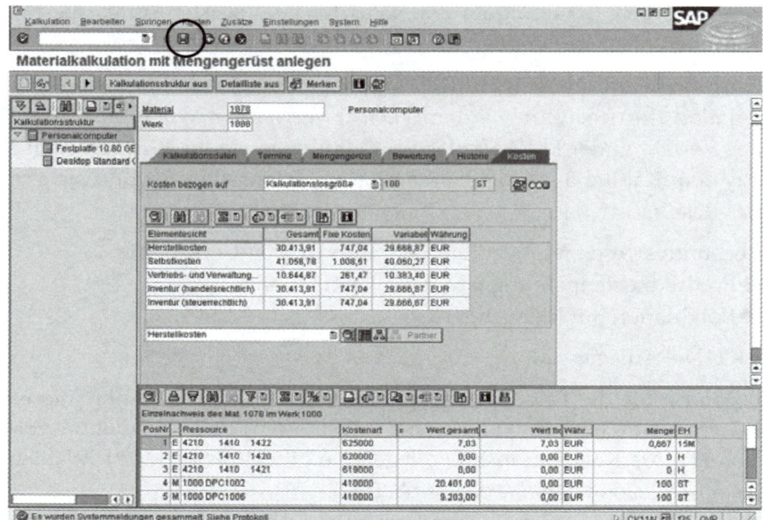

Sie können die Kalkulation auf unterschiedliche Weise analysieren. Die Kalkulation können Sie anschließend sichern. Sie steht damit dauerhaft, z. B. für den Vertrieb, zur Verfügung. Wenn Sie die Elemente der Kalkulationsstruktur anwählen, erhalten Sie die Kalkulationen der untergeordneten Elemente (hier z. B. Desktop, Festplatte) angezeigt. Mit einem Doppelklick auf interessierende Zeilen erhalten Sie detaillierter Einzelinformationen.

8.5 Laufende Einstellungen und Tabellenpflege im Controlling

8.5.1 Kostenstellenhierarchie pflegen

Übung: Kostenstellenhierarchie anzeigen

Bevor mit der Kostenstellenplanung begonnen werden kann, muss eine Standardhierarchie für die Kostenstellen festgelegt sein. Sie legt die Über-/Unterordnungsbeziehungen der Kostenstellen fest. Der Hierarchiepfad lautet:

Menüpfad

Rechnungswesen➔Controlling➔Kostenstellenrechnung ➔Stammdaten➔Standardhierarchie

Transaktion

OKEON – Ändern bzw. OKENN – Anzeigen

Nach dem erstmaligen Anlegen der Hierarchie kann Sie auch mit Hilfe dieser Transaktion aktualisiert werden. Abb. 8.37 zeigt die Kostenstellenhierarchie des Standardsystems. Zu erkennen sind die obersten Knoten der Buchungskreise 1000 u.a. Darunter liegen mehrstufig weitere Kostenstellenknoten (*H1010 Corporate, H1200 Verwaltung und Finanzwesen* u.a.), die hier z. T. eingeblendet wurden..

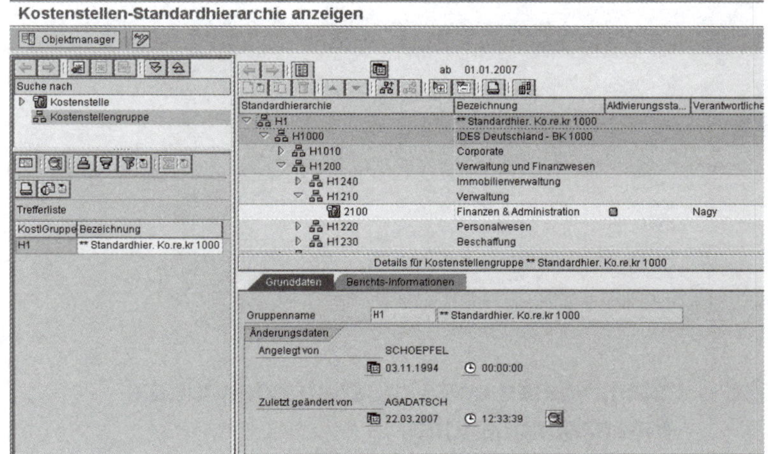

Abb. 8.37: OKENN Kostenstellenhierarchie © SAP AG

8.5.2 Kostenrechnungsperioden verwalten

Das SAP-System stellt eine komplexe Tabelle zur Verfügung, mit deren Hilfe gezielt Perioden – differenziert nach Ist- und Planversionen – geöffnet bzw. für die Bearbeitung gesperrt werden können. Dieses Vorgehen ist erforderlich, um zu verhindern, dass unbeabsichtigt in abgeschlossenen oder noch nicht freigegebenen Monaten / Jahren gebucht werden kann.

Sie erreichen die Tabelle über den folgenden Menüpfad.

Menüpfad

Rechnungswesen➔Controlling➔Kostenstellenrechnung ➔Umfeld➔Periodensperre

Transaktion

OKP1 – Ändern

Nach Erfassung von Kostenrechnungskreis, Geschäftsjahr und Planversion erreicht man eine übersichtliche Tabelle, in denen einzelne Perioden für Plan- und Istbuchungen gesperrt werden können.

Übung: Periodensperrtabelle verwalten

Die Berechtigung für diese Tabelle sollte im Unternehmen zentralisiert werden, d.h. nur für wenige Personen zugänglich sein. Abb. 8.38 zeigt die Tabelle des Standardsystems. Zurzeit ist im Buchungskreis 1000 für das Geschäftsjahr 2007 keine Periode gesperrt, es können also sämtliche Vorgänge in alle Monate gebucht werden.

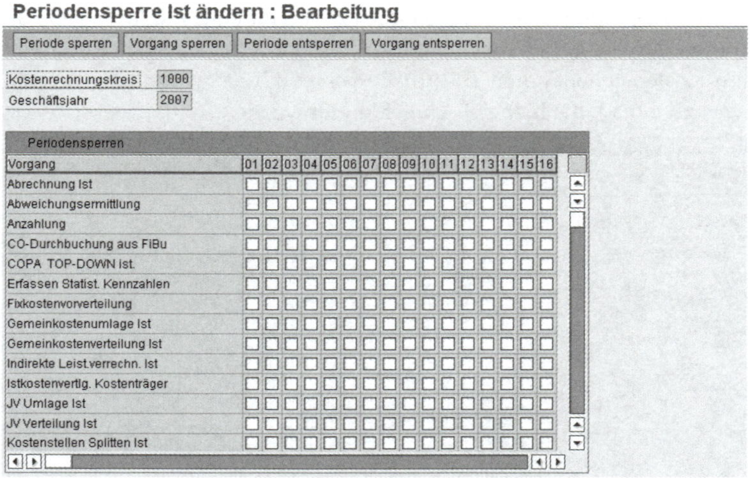

Abb. 8.38: OKP1 Periodensperre ändern © SAP AG

Periodensperre Ist ändern : Bearbeitung

Periode sperren | Vorgang sperren | Periode entsperren | Vorgang entsperren

Kostenrechnungskreis 1000
Geschäftsjahr 2007

Periodensperren

Vorgang	01	02	03	04	05	06	07	08	09	10	11	12	13	14	15	16
Abrechnung Ist	☐	☐	☐	☐	☐	☐	☐	☐	☐	☐	☐	☐	☐	☐	☐	☐
Abweichungsermittlung	☐	☐	☐	☐	☐	☐	☐	☐	☐	☐	☐	☐	☐	☐	☐	☐
Anzahlung	☐	☐	☐	☐	☐	☐	☐	☐	☐	☐	☐	☐	☐	☐	☐	☐
CO-Durchbuchung aus FiBu	☐	☐	☐	☐	☐	☐	☐	☐	☐	☐	☐	☐	☐	☐	☐	☐
COPA TOP-DOWN Ist.	☐	☐	☐	☐	☐	☐	☐	☐	☐	☐	☐	☐	☐	☐	☐	☐
Erfassen Statist. Kennzahlen	☐	☐	☐	☐	☐	☐	☐	☐	☐	☐	☐	☐	☐	☐	☐	☐
Fixkostenvorverteilung	☐	☐	☐	☐	☐	☐	☐	☐	☐	☐	☐	☐	☐	☐	☐	☐
Gemeinkostenumlage Ist	☐	☐	☐	☐	☐	☐	☐	☐	☐	☐	☐	☐	☐	☐	☐	☐
Gemeinkostenverteilung Ist	☐	☐	☐	☐	☐	☐	☐	☐	☐	☐	☐	☐	☐	☐	☐	☐
Indirekte Leist.verrechn. Ist	☐	☐	☐	☐	☐	☐	☐	☐	☐	☐	☐	☐	☐	☐	☐	☐
Istkostenvertlg. Kostenträger	☐	☐	☐	☐	☐	☐	☐	☐	☐	☐	☐	☐	☐	☐	☐	☐
JV Umlage Ist	☐	☐	☐	☐	☐	☐	☐	☐	☐	☐	☐	☐	☐	☐	☐	☐
JV Verteilung Ist	☐	☐	☐	☐	☐	☐	☐	☐	☐	☐	☐	☐	☐	☐	☐	☐
Kostenstellen Splitten Ist	☐	☐	☐	☐	☐	☐	☐	☐	☐	☐	☐	☐	☐	☐	☐	☐

8.6 Stammdaten und Vorbereitungen für die Finanzbuchhaltung

8.6.1 Organisationselemente

Im Rahmen der Softwareeinführung erfolgt die Anpassung an unternehmensspezifische Belange. Zur Abbildung betriebswirtschaftlich-organisatorischer Aspekte dienen in der Finanzbuchhaltung und auch im Controlling Organisationselemente *Buchungskreis, Gesellschaft, Geschäftsbereich* und *Kostenrechnungskreis*. In Kapitel *9 Systemweite Konzepte* werden die Organisationselemente im Gesamtzusammenhang beschreiben. An dieser Stelle werden nur kurze Definitionen vorgestellt.

Buchungskreis

Der *Buchungskreis* ist die kleinste organisatorische Einheit, für die eine Bilanz aufgestellt werden kann. Eine Buchungskreisgrenze bildet ein Kunden-Lieferantenverhältnis ab. Buchungskreise werden für rechtlich selbstständige Tochterunternehmen, Auslandsniederlassungen u.ä. eingerichtet. Die Musterfirma ICS GmbH verwendet den Buchungskreis 1000.

Gesellschaft

Eine *Gesellschaft* ist eine organisatorische Einheit, für die optional eine Bilanz aufgestellt werden kann. Sie kann einen oder mehrere Buchungskreise umfassen, z. B. zur Konsolidierung von mehreren Tochterunternehmen mit dem gleichen Kontenplan.

Geschäftsbereich

Ein *Geschäftsbereich* kann dazu eingesetzt werden, interne Bilanzen und Gewinn- und Verlustrechnungen für Unternehmensbereiche zu erstellen. Ein Buchungskreis kann in mehrere *Geschäftsbereiche* unterteilt werden. Geschäftsbereiche können sich über mehrere Buchungskreise hinweg erstrecken. Beispielweise können strategische Geschäftseinheiten eines Unternehmens hiermit abgebildet werden.

Kontenplan

Der Kontenplan ist ein im Hauptbuch geführtes Gliederungsschema zur Erfassung von Buchungen. Die Positionen eines Kontenplans können gleichzeitig Aufwands- und Ertragskonto in der Finanzbuchhaltung oder Kosten- oder Erlösart im Controlling sein. Zur Abdeckung von länderspezifischen Besonderheiten können parallele Kontenpläne verwendet werden. Mit der Standardsoftware werden Musterkontenpläne ausgeliefert, die jederzeit geändert werden können. Beispiele sind der deutsche Gemeinschaftskontenrahmen (GKR) oder Industriekontenrahmen (IKR). Es ist möglich, innerhalb eines Mandanten mehrere Kontenpläne zu verwenden, um unterschiedliche Anforderungen abzudecken, die einzelne Unternehmensbereiche an die Struktur des Kontenplans stellen. Dies ist z. B. sinnvoll, wenn unterschiedliche Branchen oder Länder zu berücksichtigen sind. Mehrere Buchungskreise können einen gemeinsamen Kontenplan verwenden.

Pflegesprache

Kontenpläne werden in einer Pflegesprache gepflegt (z. B. Deutsch als Konzernsprache in einem deutschen Konzern). Sie können in mehreren Anzeigesprachen entsprechend dem Anmeldesprachkennzeichen des Anwenders angezeigt werden. Voraussetzung hierfür ist die korrekte Pflege der sprachabhängigen Kontentexte. In größeren Unternehmen, insbesondere Konzernen, besteht die Notwendigkeit, unterschiedliche Anforderungen der Teilunternehmen in unterschiedlichen Kontenplänen zu berücksichtigen. Dies kann sich in mehreren Kontenplänen niederschlagen, die unterschiedliche Zwecke erfüllen. In jedem Fall ist ein operativer Kontenplan (z. B. nach dem IKR-Grundschema) notwendig, der die für das normale Tagesgeschäft und die Abschlussarbeiten notwendigen Konten enthält. Besteht darüber hinaus die Notwendigkeit, Konzernvorgaben zu erstellen, so kann hierfür ein zentraler Konzernkontenplan erstellt werden, der die allgemein verbindlichen Konten enthält. Dieser Konzernkontenplan ist eine Teilmenge der operativen Kontenpläne. Ferner können lokale Besonderheiten in dezentralen Kontenplänen berücksichtigt werden.

Stamm- und Bewegungsdaten

Ein wichtiger Begriff zur Unterscheidung der Stammdaten ist die Kontoart, die angibt, zu welchen Buchhaltungsteilbereichen ein Konto gehört. Kontoarten sind beispielsweise Kreditoren, Debitoren, Sachkonten und Anlagenkonten. Die Kontoart ordnet ein Konto dem Hauptbuch (Sachkonto) oder einem Nebenbuch (z. B. Kreditorenkonto) zu. Sie ist Schlüsselbestandteil in der Datenbank und wird mit der Kontonummer zur Identifizierung eines Kontos benötigt.

Kontengruppe

Die Stammdaten der Personenkonten und der Sachkonten werden durch die Kontengruppe strukturiert, die eines der wesentlichen Datenfelder der Stammsätze darstellt. Die Kontengruppe fasst DV-technische Eigenschaften zur Verwaltung der Stammsätze zusammen. Für eine Kontoart (D = Debitoren, K = Kreditoren, S = Sachkonto) können mehrere Kontengruppen definiert werden. Sie steuern die Vergabe der Kontonummer (Kundennummer, Lieferantennummer, Sachkontonummer), die zugehörigen Belegintervalle und den Bildschirmaufbau. So kann es z. B. bei bestimmten Kundengruppen sinnvoll sein, bestimmte Felder im Personenkontenstammsatz zu erfassen, während dies bei anderen Kundengruppen nicht notwendig ist. Derartige Sachverhalte lassen sich über die Kontengruppe abbilden. Jeder Stammsatz muss zwingend einer Kontengruppe zugeordnet werden.

8.6.2 Kreditoren und Debitorenstammsätze

Innerhalb des Rechnungswesens werden die buchhalterischen Teile der Geschäftspartnerstammdaten verwaltet. In Kapitel 5 wurden bereits Stammsätze für Lieferanten (Kreditoren) und Kunden (Debitoren) angelegt. Im Rahmen dieser Übungen wurden bereits alle notwendigen Datenfelder für das Rechnungswesen mitgepflegt.

In der Praxis besteht vielfach der Wunsch nach einer Trennung der Datenpflege in einkaufsrelevante und buchhalterische Daten bzw. vertriebsorientierte und buchhalterische Daten, um die organisatorischen Gegebenheiten auch im System zu berücksichtigen.

In diesem Fall ist es möglich, die Lieferanten und Kundenstammsätze bis auf die Buchhaltungsdaten im Einkauf bzw. Vertrieb anlegen bzw. pflegen zu lassen.

Nur die Buchhaltungsdatenfelder werden in diesem Fall mit den folgenden Transaktionen in der Kreditorenbuchhaltung bzw. Debitorenbuchhaltung nachbearbeitet (ergänzt). Da die Bildschirmbilder aus den Übungen *Lieferant anlegen* bzw. *Kunde anlegen* bereits bekannt sind, kann auf detaillierte Beschreibungen verzichtet werden.

Wir listen hier deshalb nur die Menüpfade auf, unter denen die Transaktionen erreicht werden können.

Den Kreditorenstamm (Buchhaltungssicht auf den Lieferanten) erreichen Sie über den folgenden Pfad:

Menüpfad Rechnungswesen➔Finanzwesen➔Kreditoren➔Stammdaten

Transaktion FK01 – Anlegen

Die Transaktionen zum Ändern bzw. Anzeigen finden Sie in unmittelbarer Nähe im Menü.

Personenkonten können gegen unbeabsichtigte Buchungen gesperrt werden. Dies ist z. B. dann erforderlich, wenn der Stammsatz gelöscht werden soll.

Menüpfad Rechnungswesen➔Finanzwesen➔Kreditoren➔Stammdaten

Transaktion FK05 – Sperren/Entsperren

Die Buchungssperre kann auf Buchungskreisebene oder für alle Buchungskreise gesetzt werden. Wird im Einstiegsbild der Buchungskreis nicht eingegeben, so gilt die Sperre für alle Buchungskreise. Ein Konto sollte nur gesperrt werden, wenn es keine offenen Posten mehr enthält. Andernfalls können diese bei gesperrtem Konto nicht ausgeglichen werden. Im System können Löschvormerkungen gesetzt werden. Sie dienen dem Reorganisationsprogramm als Steuerungsinformation für die physische Löschung, da vor jeder Löschung umfangreiche Abhängigkeiten zu berücksichtigen sind. So ist es z. B. vor dem Löschen von Personenkonten notwendig, die Verkehrszahlen und Belege zu reorganisieren. Ein direktes Löschen von Personenkonten ist daher nicht möglich. Die Löschvormerkung kann jederzeit zurückgenommen werden.

Rechnungswesen➔Finanzwesen➔Kreditoren➔Stammdaten *Menüpfad*

FK06 – Löschvormerkung setzen *Transaktion*

Die Debitorenbuchhaltung unterstützt die Verwaltung der buchhalterischen Kundendaten. Sie ist integriert mit der Vertriebsstammdatenverwaltung, da Vertrieb und Buchhaltung überlappende Anforderungen stellen. So sind z. B. Informationen über die Kreditwürdigkeit, das Zahlungsverhalten oder offene Forderungen für die Buchhaltung und den Vertrieb von Bedeutung. Eine Kreditlimitprüfung vor Auftragserfassung kann verhindern, dass Kunden, die Ihr Kreditlimit überschritten haben, Auftragsbestätigungen für Neuaufträge erhalten.

Die Transaktion zu Pflege der Debitorendatenfelder (Buchhaltungsdaten des Kundenstamms) finden Sie unter folgendem Menüpfad:

Rechnungswesen➔Finanzwesen➔Debitoren➔Stammdaten *Menüpfad*

FD01 – Anlegen *Transaktion*

8.6.3 Bankverbindung

Für den automatisierten Zahlungsverkehr müssen Sie Bankstammdaten erfassen, damit maschinelle Datenträger für Überweisungen etc. erzeugt werden können. Die Stammdaten von möglichen Bankverbindungen (Länderschlüssel, Bankleitzahl, Name und Anschrift der Bank u.a.) können en bloc im Rahmen einer Batch-Verarbeitung auf der Grundlage von Daten der Hausbank oder einzeln mit einer Onlinetransaktion erfasst werden.

Bei der Einzelerfassung können die Daten entweder direkt als Einzeltransaktion oder als Menüpunkt über die Kreditoren- bzw. Debitorenverwaltung angelegt werden. Meist ist es empfehlenswert, die Ersterfassung und laufende Pflege über das folgende Menü durchzuführen, und nur ad hoc Ergänzungen im Tagesgeschäft über das Bankenbild in der Stammdatenverwaltung Kreditoren/Debitoren durchzuführen.

Übung: Bankenstamm anlegen

Die direkte Möglichkeit, einen Bankenstammsatz anzulegen, ist über den folgenden Menüpfad möglich:

Rechnungswesen➔Finanzwesen➔Banken➔Stammdaten ➔Bankenstamm *Menüpfad*

FI01 – Anlegen *Transaktion*

Hierzu müssen Sie in Abb. 8.39 das Bankland, die Bankleitzahl und die Adressdaten der jeweiligen Bank kennen und in den weitgehend selbst erklärenden Masken hinterlegen. Sie finden in dem Menü auch ein Programm, um externe Datenbestände, z. B. von Ihrer Hausbank, einzulesen und in das SAP-System zu integrieren.

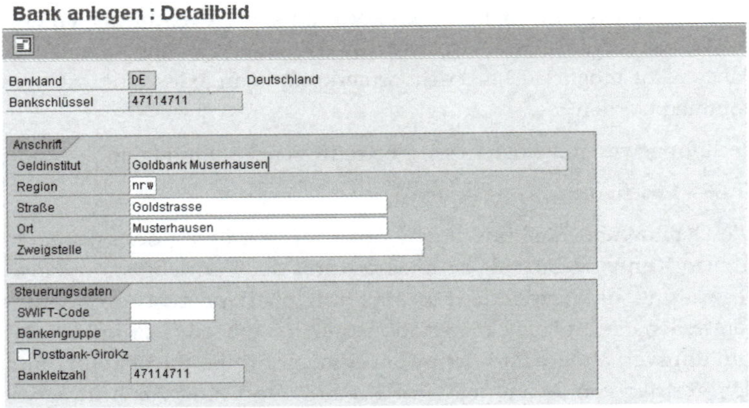

Abb. 8.39: FI01 Bankenstamm anlegen © SAP AG

Bank anlegen : Detailbild

Bankland	DE	Deutschland
Bankschlüssel	47114711	

Anschrift

Geldinstitut	Goldbank Muserhausen
Region	nrw
Straße	Goldstrasse
Ort	Musterhausen
Zweigstelle	

Steuerungsdaten

SWIFT-Code	
Bankengruppe	
☐ Postbank-GiroKz	
Bankleitzahl	47114711

8.7 Ausgewählte Finanzbuchhaltungs-Prozesse

8.7.1 Rechnungseingang (Lieferantenrechnung)

Die Buchung von Lieferantenrechnungen wurde bereits im Rahmen der Innenauftragsbearbeitung auf Seite 276 behandelt. An dieser Stelle muss daher nicht mehr auf die Transaktion *FB60 Buchen Rechnung* eingegangen werden.

8.7.2 Stornierung von Buchungsbelegen

Unter engen Voraussetzungen können gebuchte Belege storniert werden. Hierbei sind einige Restriktionen zu beachten. Es muss sich um einen reinen Finanzbeleg handeln, d.h. er darf nicht aus anderen Modulen (z. B. Logistik, Vertrieb) stammen. Der Beleg darf nicht ausgeglichen sein, wichtige Belegdaten (z. B. Zusatzkontierungen wie Kostenstellen, Auftragsnummern, Steuerkennzeichen, Geschäftsbereich) müssen noch gültig sein. Die Stornierung erfolgt über Stornobelege, die in die gleiche Buchungsperiode gebucht werden, aus welcher der zu stornierende Beleg stammt. Über eine gegenläufige Buchung wird die zu stornierende Buchung wertmäßig neutralisiert. Ist die Buchungsperiode des Ursprungsbeleges bereits geschlossen, muss ein gültiges Buchungsdatum vorgegeben werden. Belege aus der Integration (z. B. Logistik) können nur über eine Gutschrift in der zugrunde liegenden Anwendung korrigiert werden. Wurde eine Belegposition des Ursprungsbeleges ausgeglichen, kann der Beleg nur storniert werden, wenn der Ausgleich vorher zurückgenommen wurde.

Das System bietet die Möglichkeit, einzelne Belege gezielt zu stornieren oder Massenstornierungen vorzunehmen. Für den Fall, dass mehrere Belege zu stornieren sind, kann über die Massenstornierung eine Liste mit relevanten Belegen erzeugt werden, die vom Anwender zu prüfen ist. Das System bietet eine Reihe von Selektionsmöglichkeiten, wie z. B. Belegart, Buchungsdatum, Belegnummer, Name des Benutzers, der die Belege gebucht hat. Selektierte Belege, die nicht stornierbar sind, werden ebenfalls angelistet. Durch Bestätigung der Liste werden die selektierten Belege storniert.

Rechnungswesen➔Finanzwesen➔Kreditoren➔Beleg➔Stornieren *Menüpfad*

F.80 – Massenstornierung *Transaktion*

Im Selektionsbild können Sie die gewünschten Belege sowie einen Stornogrund eintragen. Anschließend erhalten Sie eine Liste der selektierten Belege und können diese dann stornieren.

8.7.3 Stornierung einer einzelnen Gutschrift

Übung: Buchung stornieren

Buchen Sie eine manuelle Gutschrift über 1000 Euro (brutto, einschließlich Umsatzsteuer) auf das Konto Ihres Kunden. Verwenden Sie als Sachkonto das Konto *800200 Umsatzerlöse*. Unterstellen Sie für diese Übung, dass die Buchung fehlerhaft ist und storniert werden muss. Prüfen Sie das Konto und notieren Sie sich die Belegnummer. Stornieren Sie die Gutschrift noch in der gleichen Buchungsperiode. Kontrollieren Sie anschließend erneut das Ergebnis im Konto Ihres Geschäftspartners. Sie benötigen die folgenden Transaktionen:

- FB75 – Buchen Gutschrift,
- FBL5N – Posten anzeigen,
- FB08 – Einzelstorno.

Buchen Sie zunächst eine Gutschrift über 1000 Euro.

Rechnungswesen➔Finanzwesen➔Debitoren➔
Buchung➔ *Menüpfad*

FB75 – Gutschrift *Transaktion*

Erfassen Sie hierzu im Bild *Grunddaten* in Abb. 8.40 folgende Angaben:

- Debitor = individuell
- Betrag = 1000
- Steuer rechnen = aktivieren
- Sachkonto = 800200 Umsatzerlöse Inland.

Wählen Sie anschließend *buchen* und notieren sich die am unteren Bildschirmrand dargestellte Belegnummer.

Abb. 8.40: FB75 Gutschrift buchen © SAP AG

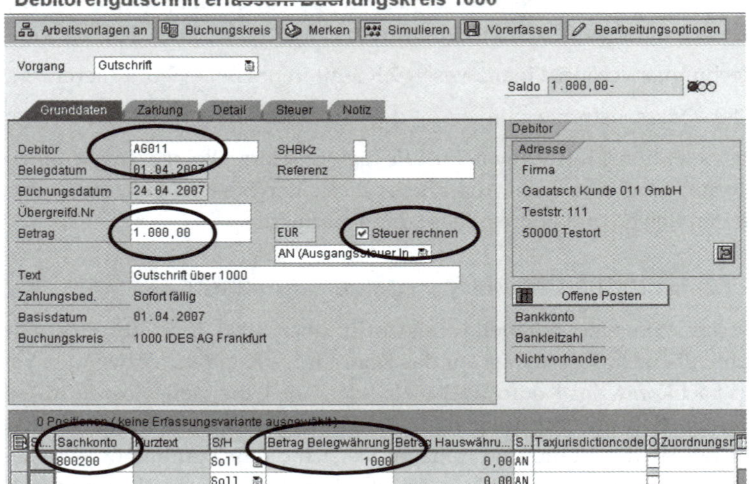

Überprüfen Sie nun den Kontostand mit Hilfe der Transaktion *FBL5N Posten anzeigen / ändern.*

Menüpfad

Rechnungswesen➔Finanzwesen➔Debitoren➔Konto

Transaktion

FBL5N – Posten anzeigen / ändern

Erfassen Sie im Startbild folgende Angaben:

- Debitor = individuell
- Offene Posten = aktivieren
- Stichtag = Tagesdatum (voreingestellt)

Wählen Sie anschließend Ausführen. Das System listet alle offenen Posten des Kunden zum Stichtag auf (vgl. Abb. 8.41).

Abb. 8.41: FBL5N Posten anzeigen/ändern © SAP AG

Debitoren Einzelpostenliste

Debitor AG011
Buchungskreis 1000

Name Gadatsch Kunde 011 GmbH
Ort Testort

St	Belegart	Belegdatum	Nettofäll.	Ausgleich	Betr. in HW	HWähr	Belegnr
	DG	01.04.2007	01.04.2007		1.000,00-	EUR	1600000004
*					1.000,00-	EUR	
** Konto AG011					1.000,00-	EUR	
***					1.000,00-	EUR	

In diesem Fall ist nur die soeben erfasste Gutschrift zu erkennen. Notieren Sie sich die Belegnummer (hier 1600000004). Nun erfolgt der Aufruf der Stornotransaktion.

Menüpfad

Rechnungswesen➔Finanzwesen➔Debitoren➔Beleg➔ Stornieren

FB08 – Einzelstorno

Transaktion

Starten Sie die Transaktion *FB08* (vgl. Abb. 8.42). In das Feld *Belegnummer* ist die Belegnummer des zu stornierenden Beleges einzutragen. Die Felder *Buchungskreis* und *Geschäftsjahr* beschreiben den Buchungskreis des zu stornierenden Beleges und das Geschäftsjahr, in dem der zu stornierende Beleg gebucht wurde. Das Feld *Buchungsdatum* wird gefüllt, sofern der Stornobeleg nicht in die Buchungsperiode des Originalbeleges gebucht werden kann. Dies kann z. B. sein, wenn die Buchungsperiode bereits geschlossen wurde, weil der Monats- oder Jahresabschluss bereits erfolgt ist. Als Stornogrund wählen Sie den Schlüssel *07 falsche Belegdaten*. Danach können Sie den Beleg buchen.

Hinweis: Der Beleg kann vor dem Storno durch Wahl der Taste *F5* geprüft werden um evtl. Fehlbuchungen zu vermeiden. Hiervon sollte Sie im Regelfall Gebrauch machen.

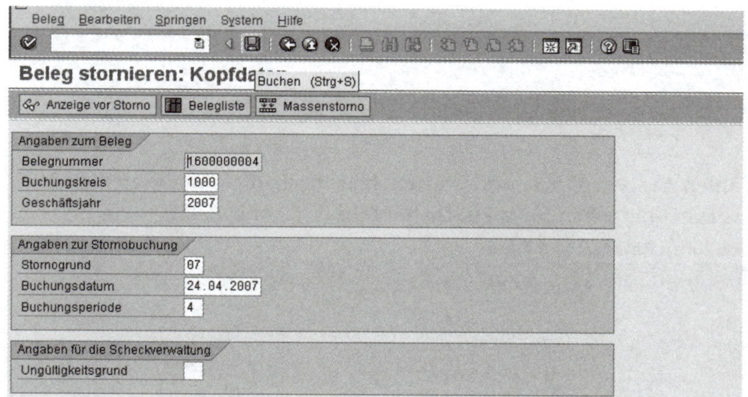

Abb. 8.42: FB08 Belegstorno – Startbild © SAP AG

Im nächsten Schritt erfolgt die erneute Überprüfung des Kontos. Wählen Sie hierzu wieder die Transaktion zur Darstellung der Einzelposten im Debitorenkonto.

Rechnungswesen➔Finanzwesen➔Debitoren➔Konto

Menüpfad

FBL5N – Posten anzeigen/ändern

Transaktion

Tragen Sie bitte die Nummer Ihres Kundenkontos in das Datenfeld *Debitor* ein (vgl. Abb. 8.43). Aktivieren Sie in diesem Fall das Kontrollfeld *Alle Posten*, denn der stornierte Beleg ist nicht mehr unter den offenen Posten zu finden.

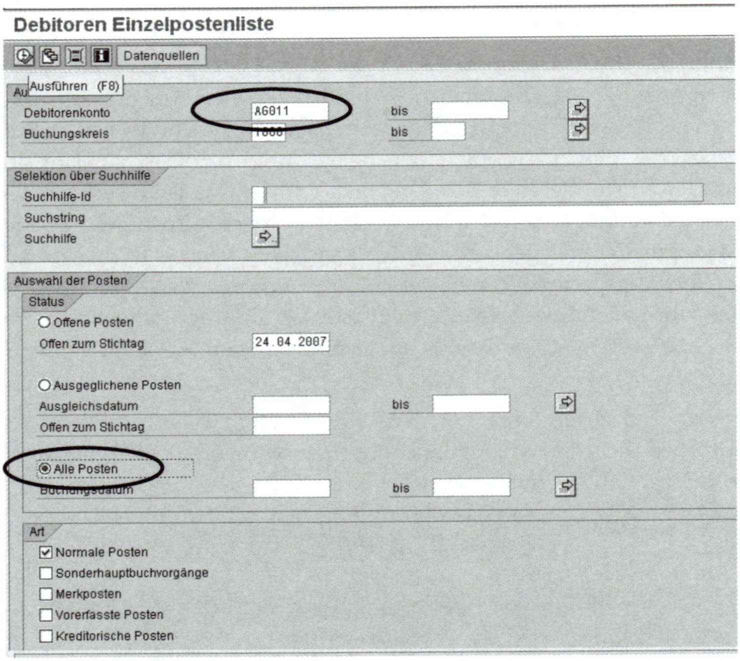

Abb. 8.43: FBL5N Postenanzeige nach Storno Startbild © SAP AG

Wählen Sie *Ausführen* und starten hierdurch das Analyseprogramm. Das Ergebnis sehen Sie im nächsten Bild (vgl. Abb. 8.44).

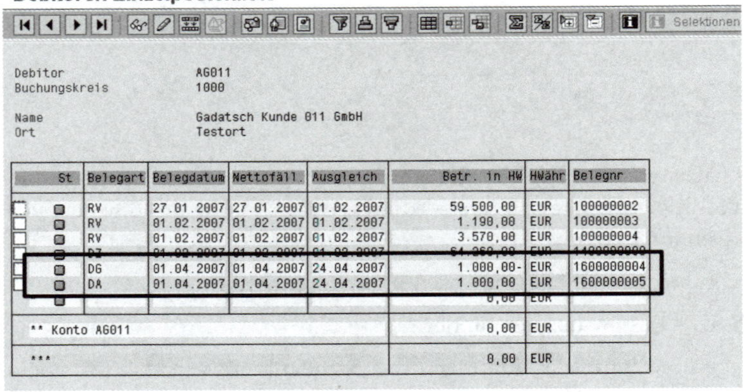

Abb. 8.44: FBL5N Einzelpostenliste nach Storno © SAP AG

Debitoren Einzelpostenliste

Debitor AG011
Buchungskreis 1000

Name Gadatsch Kunde 011 GmbH
Ort Testort

St	Belegart	Belegdatum	Nettofäll.	Ausgleich	Betr. in HW	HWähr	Belegnr
	RV	27.01.2007	27.01.2007	01.02.2007	59.500,00	EUR	100000002
	RV	01.02.2007	01.02.2007	01.02.2007	1.190,00	EUR	100000003
	RV	01.02.2007	01.02.2007	01.02.2007	3.570,00	EUR	100000004
	[illegible]	[illegible]	[illegible]	[illegible]	[illegible]	[illegible]	[illegible]
	DG	01.04.2007	01.04.2007	24.04.2007	1.000,00-	EUR	1600000004
	DA	01.04.2007	01.04.2007	24.04.2007	1.000,00	EUR	1600000005
					0,00	EUR	
** Konto AG011					0,00	EUR	
***					0,00	EUR	

Zu erkennen ist u.a. die stornierte Gutschrift mit der Belegart „DG" (Debitoren Gutschrift) sowie der zuvor gebuchte Stornobeleg mit der Belegart „DA" (Debitorenbeleg allgemein) in der Höhe von 1000 Euro.

8.7.4 Automatisierter Zahllauf

Das Zahlprogramm dient dem maschinellen, d. h. vollautomatischen Ausgleich offener Posten. Es selektiert und zahlt insbesondere offene und fällige Rechnungen unter Berücksichtigung der Zahlungsvereinbarungen, insbesondere dem möglichen Abzug von Skonto.

Das automatisierte Zahlprogramm verarbeitet In- und Auslandszahlungen, erzeugt die Zahlungsbelege und unterstützt alle international gebräuchlichen Zahlverfahren (Zahlwege). Daneben werden Zahlungsträger (Scheckformulare, Magnetband, Disketten u. a.) sowie Zahlungsvorschlagslisten und verschiedene Protokolle erzeugt. Länderspezifische Besonderheiten werden im Rahmen des Customizing berücksichtigt.

Ermittlung fälliger Posten

Die Zielstrategie des Zahlungsprogramms ist die so spät wie mögliche Zahlung der Verbindlichkeiten, ohne hierbei Skontoverlust in Kauf zu nehmen. Die Postenfälligkeit ergibt sich aus den mit den Geschäftspartnern vereinbarten Zahlungskonditionen und dem Skontobasisbetrag. Beide Werte sind im Beleg enthalten. Nach der Ermittlung der fälligen Posten werden die Zahlwege festgestellt. Anschließend erfolgt die Auswahl der Hausbanken, von denen gezahlt werden soll, und bei Überweisungen die Ermittlung der Bankverbindungen der Kreditoren. Hierbei stehen Optimierungsmöglichkeiten zur Verfügung, die auch durch direkte Vorgaben im Kreditorenstammsatz übersteuert werden können. Daneben bietet das ERP-System eine Scheckverwaltung, um den Scheckrücklauf zu verfolgen und auszuwerten.

Abweichende Zahlungsempfänger

Weitere Besonderheiten sind z. B. die Berücksichtigungen abweichender Zahlungsempfänger, wie dies oft bei großen Unternehmen der Fall ist, und die Möglichkeit, im Falle mehrerer eigener Buchungskreise Zahlungen für mehrere Buchungskreise durch einen *Zahlungsbuchungskreis* durchführen zu lassen. Alle hierbei anfallenden Verrechnungsbuchungen etc. werden vom Zahlungsprogramm erstellt.

Mehrere Einflussgrößen bestimmen die Wirkung des Zahlprogramms. Der Stammsatz muss eine korrekte Anschrift sowie gültige Zahlwege enthalten. Zudem darf keine Zahlsperre (z. B. wegen eines Insolvenzverfahrens) gesetzt sein. Es müssen fällige Posten vorhanden sein. Im Customizing müssen die notwendigen Parameter (z. B. Bankenauswahl, Zahlungswegeauswahl) gepflegt sein.

Die aktuellen Steuerdaten wie z. B. Zahldatum, Datum der nächsten Zahlung (zur Ermittlung der Skontoabzugsbeträge) und die Belegabgrenzung müssen korrekt sein.

Begleichen Sie die fälligen Rechnungen Ihres Lieferanten mit dem Zahlprogramm. Gehen Sie von folgenden Daten aus: Die Zahlung soll noch im Laufe dieses Tages veranlasst werden. Der mit dem Lieferanten vereinbarte Zahlweg ist Zahlung per Scheck. Der nächste Zahllauf ist in etwa zwei Wochen.

Übung: Zahllauf durchführen

Die Ausführung des Zahllaufes erfordert Vorbereitungen: Anlegen von Hausbanken und Bankkonten, Festlegen von Zahlenden Buchungskreisen und zulässigen Zahlwegen (Scheck, Überweisung u. a.), Spezifikation der Bankenreihenfolge für die Gelddisposition). Die Transaktionen sind z. T. über den Menüpunkt Umfeld erreichbar.

1. Schritt: Parameterpflege

Zunächst ist das Kreditorenmenü anzuwählen. Anschließend sind der Ausführungstag und eine frei wählbare Identifikation vorzugeben. Danach sind Angaben zum Buchungskreis, der gewünschten Zahlwege und der zu regulierenden Geschäftspartner zu machen. Die Angabe des nächsten Zahlungstermins ist zur Fristenkontrolle notwendig.

Menüpfad

Rechnungswesen➔Finanzwesen➔Kreditoren➔Periodische Arbeiten

Transaktion

F110 – Zahlen

Im nächsten Bild (vgl. Abb. 8.45) sehen Sie die Startmaske des Zahlprogramms. Erfassen Sie die Steuerungsdaten für den Zahlungslauf, das Ausführungsdatum (Tagesdatum) und eine beliebige Identifikation die Sie frei wählen können. Wählen Sie *Enter*.

Maschineller Zahlungsverkehr: Status
Status
Tag der Ausführung
04.05.2007
Identifikation
ag01
Status
Parameter
freie Selektion
Zusatzprotokoll
Druck und Datenträger
Status
Noch keine Parameter erfasst

Abb. 8.45: F110 Zahlprogramm Startbild © SAP AG

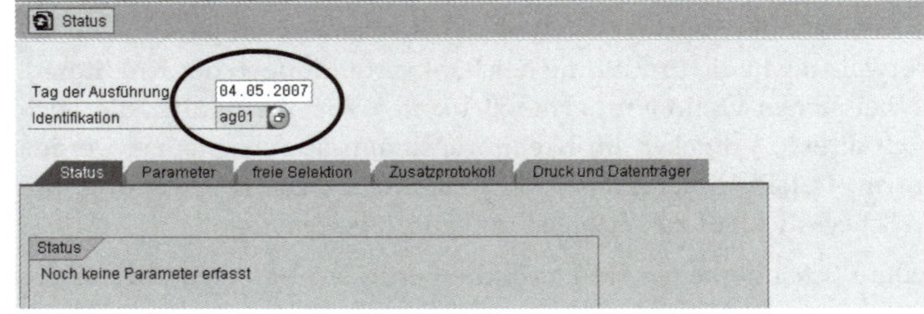

Aktivieren Sie nun das Registerblatt mit der Beschriftung *Parameter*.

Zahllauf Bearbeiten Springen Umfeld System Hilfe
Maschineller Zahlungs
Parameter sichern (Strg+S)
Wechsel/ZahlAuff..
Tag der Ausführung
04.05.2007
Identifikation
AG01
Status
Parameter
freie Selektion
Zusatzprotokoll
Druck und Datenträger
Buchungsdatum
04.05.2007
Belege erfasst bis
04.05.2007
DebitorenPos fällig bis
Steuerung der Zahlungen
Buchungskreise
Zahlwege
Nächst.Budat
1000
S
18.05.2007
Konten
Kreditor
100193
bis
Debitor
bis

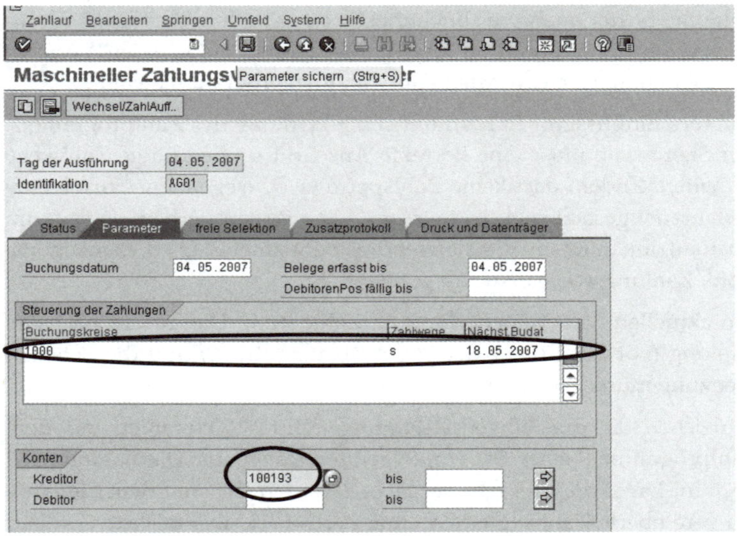

Abb. 8.46: Zahlungsvorschlag erstellen © SAP AG

Erfassen Sie das Buchungsdatum und das Datum, bis zu dem Belege berücksichtigt werden sowie den zu mahnenden Kreditoren (vgl. Abb. 8.46).

Achtung: Wenn Sie im Feld *Kreditor* nichts eintragen, wird der gesamte Buchungskreis selektiert, d.h. es werden alle offenen Rechnungen bezahlt! Dies sollte im Regelfall – auch bei Anwendung in Testsystemen – sorgfältig bedacht werden.

Im Feld *NächstBudat* tragen Sie bitte das Ergebnis aus *Buchungsdatum + 14 Tage* ein, weil der nächste Zahllauf laut Aufgabenstellung erst in zwei Wochen stattfindet. Das Zahlprogramm kann mit Hilfe dieser Angaben feststellen, ob es möglich ist, eine Rechnung noch später zu zahlen.

Sichern Sie die Parameter. Sie erhalten eine Quittung des Systems. Gehen Sie nun in das Menü des Zahlprogramms zurück. Wählen Sie hierzu *F3*. Sie sehen folgendes Bild (vgl. Abb. 8.47): Sie können mit *F7* den Zahllauf einplanen.

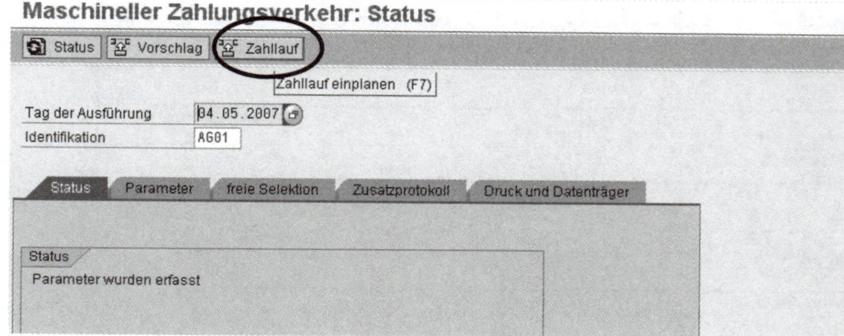

Abb. 8.47: F110 Zahllauf einplanen © SAP AG

Hinweis: Alternativ können Sie auch zunächst einen Zahlungsvorschlag erstellen. Diesen können Sie online prüfen und ggf. manuell bearbeiten. Beispielsweise können Sie Skontobeträge ändern, einzelne Rechnung oder die Rechnung eines Kreditors insgesamt von der Zahlung ausnehmen. Dies kann z.B. der Fall sein, wenn Sie eine Mängelrüge vorliegen haben.

Die Meldung *Vorschlag wurde nicht erstellt. Zahlung trotzdem durchführen?* können Sie mit *Ja* bestätigen, denn wir haben in diesem Fall bewusst auf den Zahlungsvorschlag verzichtet. Aktivieren Sie im darauffolgenden Fester den Jobparameter *Start sofort* und wählen *Einplanen,* damit das Programm unmittelbar startet. Sie erhalten eine Bestätigung. Mit *Enter* können Sie das Bild auffrischen, bis die Vollzugsmeldung *Zahlungslauf wurde erstellt* erscheint. Je nach Datenmenge erscheinen in der zweiten Zeile Angaben über die erzeugten Buchungsaufträge, die vom SAP-System in Echtbuchungen umgesetzt werden (vgl. Abb. 8.48).

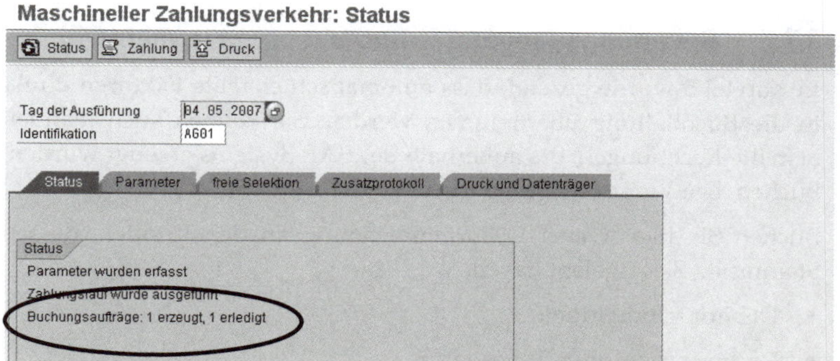

Abb. 8.48: F110 Zahllauf überwachen © SAP AG

Sie können zur Information über die vom Zahlprogramm erzeugten Zahlungsbelege über das Menü ➔*Bearbeiten* ➔*Zahlung* ➔*Zahlungsliste* eine Liste erstellen, welche die Einzelbelege auflistet, für die Zahlungen geleistet wurden. (Zahlungsliste). Ein Beispiel für diese Auswertung sehen Sie in der Abb. 8.49.

Abb. 8.49: F110 Zahlungsliste © SAP AG

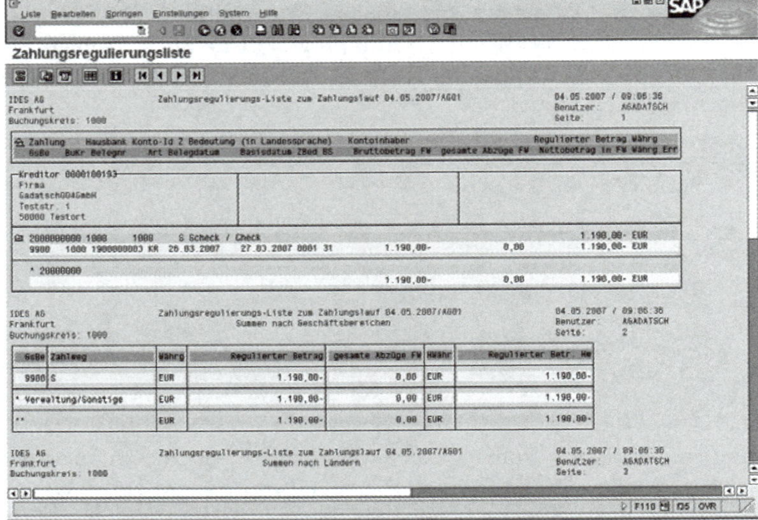

Prüfen Sie anschließend mit Hilfe der bereits mehrfach benutzten Transaktion FBL1N – Posten anzeigen, ob die bezahlte Rechnung nun im Konto als ausgeglichen ausgewiesen wird (vgl. Abb. 8.50). Starten Sie die Transaktion FBL1N mit dem Parameter *Alle Posten.*

Abb. 8.50: FBL1N Konto nach Zahlung prüfen © SAP AG

Kreditoren Einzelpostenliste

Kreditor 100193
Buchungskreis 1000

Name Gadatsch0046mbH
Ort Testort

St	Zuordnung	Belegnr	Belegart	Belegdatum	S	Fä	Betrag in DW	Währg	Ausgl.bel.	Text
	20070326	1700000000	KA	26.03.2007			1.190,00	EUR	1700000000	Lieferantenrechnung
	20070326	1900000002	KR	26.03.2007			1.190,00-	EUR	1700000000	Lieferantenrechnung
	20070326	1900000003	KR	26.03.2007			1.190,00-	EUR	2000000000	Lieferantenrechnung
	20070504	2000000000	ZP	04.05.2007			1.190,00	EUR	2000000000	
*							0,00	EUR		
** Konto 100193							0,00	EUR		

8.7.5 Rechnungsausgang (Kundenrechnung, manuell)

In Kapitel 5 wurde gezeigt, dass automatisch erstellte Fakturen direkt in die Buchhaltung übernommen werden. Sie können auch manuell erstellte Rechnungen, die außerhalb des SAP-Systems erzeugt wurden, buchen. Die Vorgehensweise wird in diesem Abschnitt gezeigt.

Übung: Ausgangsrechnung buchen

Buchen Sie hierzu eine Debitorenrechnung an den Kunden, dessen Stammsatz Sie angelegt haben.

- Debitor = individuell
- Rechnungsdatum = Tagesdatum

- Bruttobetrag = 11.900,- €
- Erlöskonto = 800200 (Umsatzerlöse).

Rechnungswesen➔Finanzwesen➔Debitoren➔Buchung *Menüpfad*

FB70 – Rechnung *Transaktion*

In der Maske sind die Belegkopfdaten, die Rechungsdaten und die Belegposition für die Gegenbuchung einzugeben (vgl. Abb. 8.51).

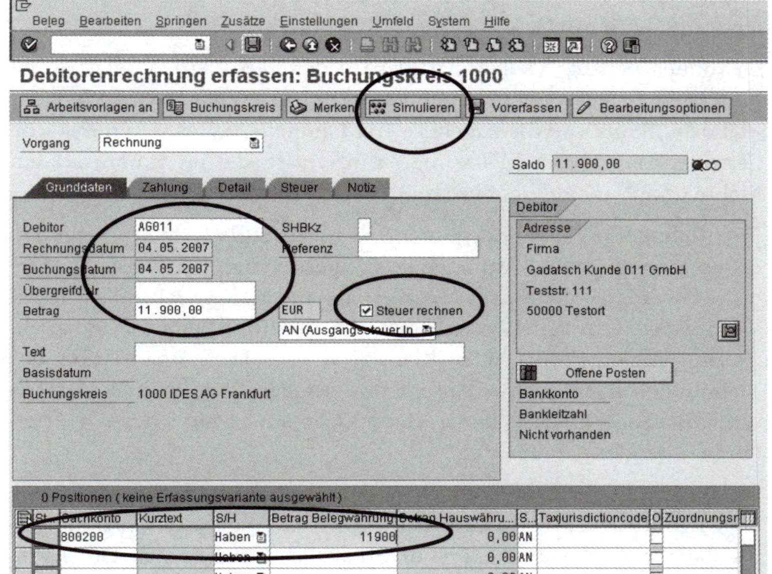

Abb. 8.51: FB70 Rechnung erfassen © SAP AG

Der Beleg kann simuliert oder sofort gebucht werden. Wählen Sie deshalb in Bild Abb. 8.51 zunächst *Simulieren*. Sie erhalten den simulierten Beleg als Übersicht (vgl. Abb. 8.52). *Simulation*

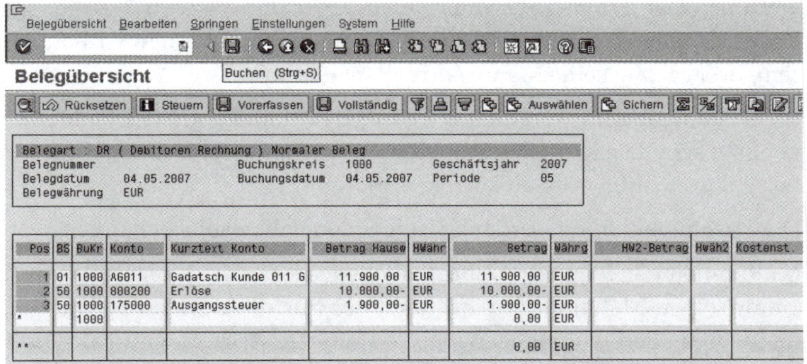

Pos	BS	BuKr	Konto	Kurztext Konto	Betrag Hausw	HWähr	Betrag	Währg	HW2-Betrag	Hwäh2	Kostenst.
1	01	1000	A6011	Gadatsch Kunde 011 G	11.900,00	EUR	11.900,00	EUR			
2	50	1000	800200	Erlöse	10.000,00-	EUR	10.000,00-	EUR			
3	50	1000	175000	Ausgangssteuer	1.900,00-	EUR	1.900,00-	EUR			
*		1000					0,00	EUR			
**							0,00	EUR			

Abb. 8.52: Simulierter Buchungsbeleg © SAP AG

Da der Beleg in diesem Fall korrekt ist, können Sie ihn *buchen*. Für die Anzeige des Kontos finden Sie wie bereits in Kapitel 5 dargestellt im Debitorenmenü analog zur Kreditorenbuchhaltung entsprechende Anzeigeprogramme für die Konteninhalte, z.B. die Transaktion *FBL5N*.

Rechnungswesen➔Finanzwesen➔Debitoren➔Konto *Menüpfad*

FBL5N – Posten anzeigen *Transaktion*

8.7.6 Automatisiertes Mahnwesen

Das Mahnprogramm dient zur automatischen Abwicklung des Mahnwesens. Es kann dazu eingesetzt werden, Kunden mit überfälligen Verbindlichkeiten oder Lieferanten mit einem Sollsaldo an die fälligen Zahlungen zu erinnern. Hierzu werden Mahnbriefe erstellt. Daneben werden zur Kontrolle des Zahlungsverhaltens und für eventuelle weitere Mahnungen im Beleg und im Personenkonto Mahnstufen fortgeschrieben (1. Mahnung, 2. Mahnung usw.).

Mahnverfahren

Es können beliebig viele *Mahnverfahren* definiert werden, welche den Mahnablauf steuern. Hierzu gehören z. B. Anzahl der Mahnstufen, der Mahnrhythmus und die zugehörigen Mahntexte. Es werden nur solche Personenkonten vom Mahnprogramm erfasst, die im Stammsatz ein Mahnverfahren hinterlegt haben.

Mahnstufen

Pro Mahnverfahren können mehrere *Mahnstufen* festgelegt werden, denen Mahntexte und Aktionen (z. B. Sperren des Stammsatzes) zugeordnet werden. Mahnstufen werden anhand der Anzahl der offenen Verzugstage ermittelt. Diese dienen z. B. der Ermittlung von Verzugszinsen offener Posten oder Mahngebühren. Die Organisation der Mahnungen kann nach *Mahnbereichen* erfolgen, d.h. nach Organisationseinheiten, die selbstständig Mahnungen abwickeln. Hier z. B. Sparten und dergleichen denkbar.

Mahntexte

Im System können mehrsprachige *Mahntexte* hinterlegt werden, die über Parameter individualisierbar sind (z. B. Angabe des zuständigen Sachbearbeiters). Abhängig vom Sprachkennzeichen des Geschäftspartners im Debitoren- bzw. Kreditorenstamm und von der Mahnstufe ermittelt das Mahnprogramm den richtigen Mahntext.

Mahnsperre

Eine Reihe von Einflussgrößen bestimmt die Wirkung des Mahnprogramms. Der Stammsatz muss eine korrekte Anschrift sowie ein Mahnverfahren enthalten. Es müssen überfällige Posten vorhanden sein, und es darf keine Mahnsperre gesetzt sein.

Mahntexte

Im Customizing müssen die notwendigen Parameter (z. B. Mahntexte) gepflegt sein. Die aktuellen Steuerdaten, wie z. B. Mahndatum und die Belegabgrenzung, müssen korrekt sein.

Die Zusammenhänge werden im folgenden Fallbeispiel behandelt.

Im Rahmen der folgenden Übung wollen wir für die Musterfirma ICS GmbH einen Mahnlauf durchführen, der nur die Kunden betrifft, für die wir in den vorangegangenen Übungen Rechnungen fakturiert haben. Sie benötigen also die Kundennummern Ihrer Kunden

Der Mahnvorgang wird in drei Schritten durchgeführt, die jeweils aus mehreren Einzelschritten bestehen. Zunächst wird ein Mahnvorschlag erstellt. Dies ist eine temporäre Datei mit zu mahnenden Posten. Das Mahnprogramm ermittelt die Konten und Belege, die gemahnt werden müssen, die jeweilige Mahnstufe (1., 2. Mahnung usw.) und erstellt einen Mahnvorschlag. Dieser Vorgang ist beliebig wiederholbar. Es nehmen nur Personenkonten am Mahnlauf teil, bei denen im Stammsatz ein Mahnverfahren gesetzt ist.

Der im 1. Schritt erzeugte Mahnbestand wird nun bearbeitet. Der Buchhalter kann Mahnsperren setzen oder zurücknehmen. Eine Mahnsperre unterdrückt die Erzeugung einer Mahnung. Das Druckprogramm druckt Mahnbriefe und führt den Update im Stammsatz des Geschäftspartners und in den Buchungsbelegen durch. Ggf. kann ein Probedruck erstellt werden. Mahnformulare und Texte müssen zuvor im Customizing angepasst werden. Zunächst sind die erforderlichen Parameter zu erfassen. Danach kann das Mahnprogramm gestartet oder für einen späteren Zeitpunkt eingeplant werden. Wenn gewünscht, kann der Mahndruck gleichzeitig erfolgen. In diesem Fall entfällt die Möglichkeit, den Mahnbestand vorher zu bearbeiten.

Übung: Mahnlauf durchführen

Im Rahmen der folgenden Übung werden wir für die Musterfirma ICS GmbH einen Mahnlauf durchführen, der nur diejenigen Kunden betrifft, für die wir in den vorangegangenen Übungen Rechnungen fakturiert haben. Sie benötigen also zur Durchführung der Übungen die Kundennummern Ihrer Kunden.

Menüpfad

Rechnungswesen➔Finanzwesen➔Debitoren➔Periodische Arbeiten

Transaktion

F150 – Mahnen

Erfassen Sie zunächst in Abb. 4.13 das Ausführungsdatum (z. B. Tagesdatum) und eine beliebige Identifikation für Ihren Mahnlauf. Der Name ist frei wählbar. Wählen Sie anschließend *Enter*.

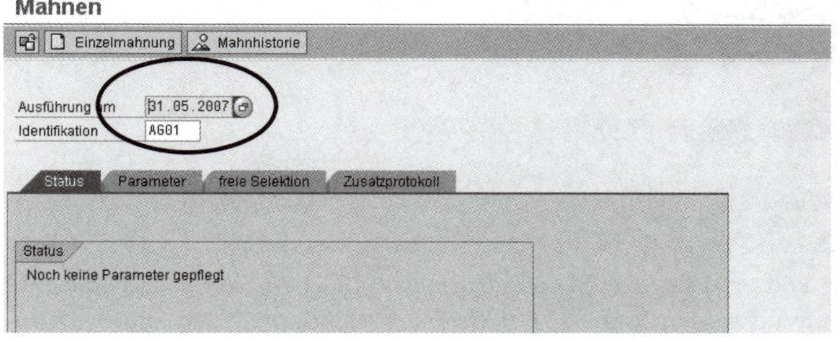

Abb. 8.53: F150 Mahnprogramm Startbild © SAP AG

Aktivieren Sie nun das Registerblatt mit der Beschriftung *Parameter*. Sie erhalten das folgende Bild, in dem Sie die Mahnparameter erfassen können (vgl. Abb. 8.54):

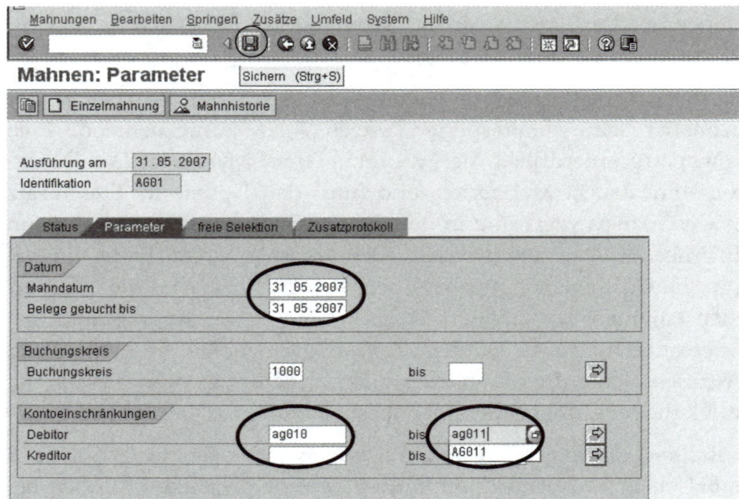

Abb. 8.54: F150 Mahnparameter pflegen © SAP AG

Erfassen Sie das Mahndatum, das Datum, bis zu dem Belege berücksichtigt werden, und ggf. den zu mahnenden Debitoren. Wenn Sie keine Debitorennummer angeben, werden alle Debitoren einbezogen. Geben Sie daher in diesem Fall nur Ihre Debitorennummern ein (ggf. von / bis). Sichern Sie die Parameter. Sie erhalten eine Quittung des Systems. Gehen Sie zurück in das Menü des Mahnprogramms mit *F3*. Sie sehen das folgende Bild (vgl. Abb. 8.55):

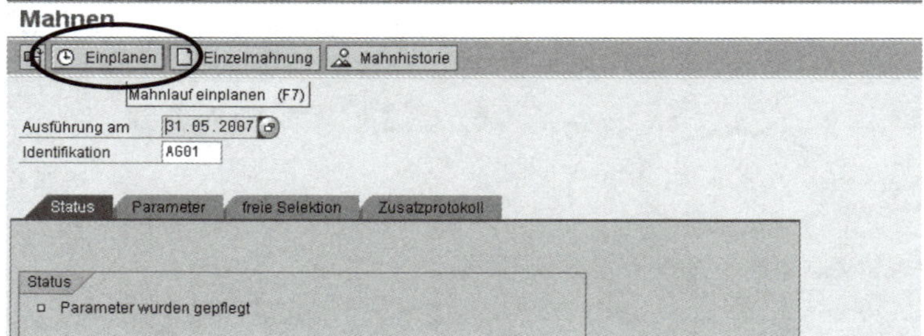

Abb. 8.55: F150 Mahnlauf einplanen © SAP AG

Sie können jetzt den Mahnlauf *einplanen*. Geben Sie im nächsten Bild als Drucker den Namen *LP01* ein oder selektieren einen anderen Drucker. Aktivieren Sie im darauf folgenden Bild (vgl. Abb. 8.56) den Jobparameter *Start sofort* und den Druckknopf *Einplanen*, damit das Programm unmittelbar startet. Alternativ könnten Sie einen beliebigen Startzeitpunkt festlegen.

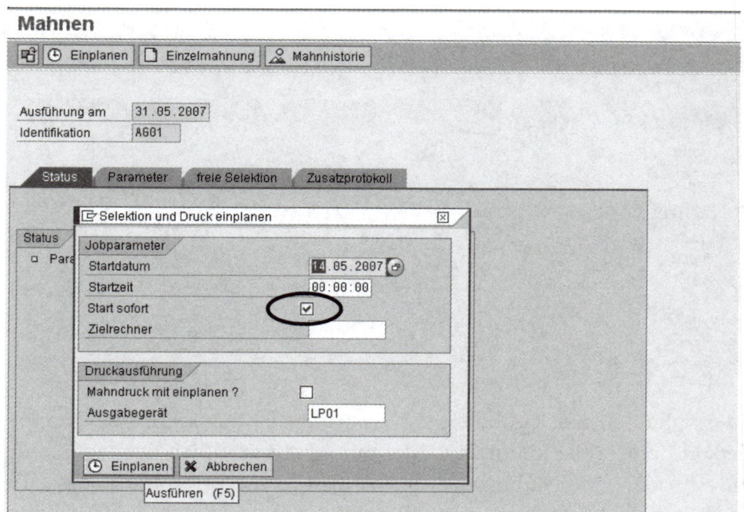

Abb. 8.56: F150 Mahnlauf starten © SAP AG

Sie erhalten eine Bestätigung über den Programmstart. Mit *Enter* können Sie das Bild auffrischen, bis die Vollzugsmeldung *Mahnselektion ist fertig* erscheint (vgl. Abb. 8.57).

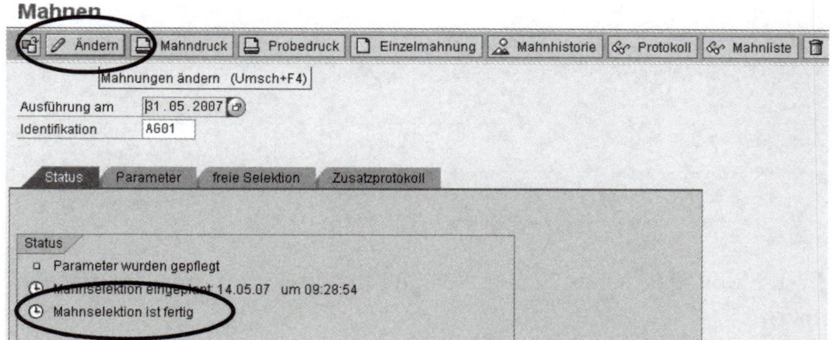

Abb. 8.57: F150 Mahnungen ändern © SAP AG

Der Mahnvorschlag kann nun online durch *Mahnungen ändern* geändert werden. Dieser Schritt ist allerdings optional, der Mahndruck kann auch sofort angestoßen werden.

Sie erhalten nun ein Selektionsbild, mit dem Sie aus einem großen Datenbestand an Mahnungen ggf. eine Auswahl treffen können (vgl. Abb. 8.58). Mit *Ausführen* starten Sie die Mahndatenselektion.

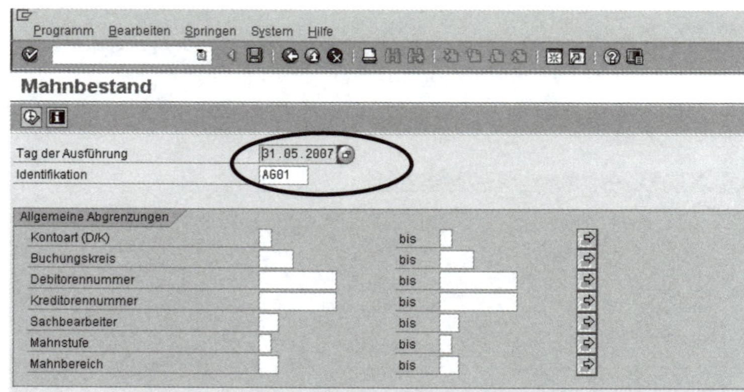

Abb. 8.58: F150 Mahndaten selektieren © SAP AG

Sie erhalten eine Belegübersicht (vgl. Abb. 8.59). Durch einen Doppelklick auf eine Zeile können Sie Mahnungen hinsichtlich der Mahnstufe ändern oder eine Mahnsperre verhängen, d. h. verhindern, dass für diese Belege eine Mahnung erstellt wird.

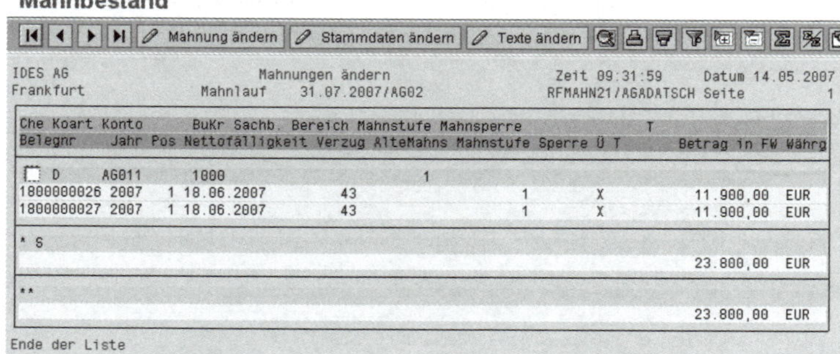

Abb. 8.59: F150 Mahnungen sperren © SAP AG

In der Abb. 8.60 sehen Sie ein Beispiel für die Eintragung einer Mahnsperre.

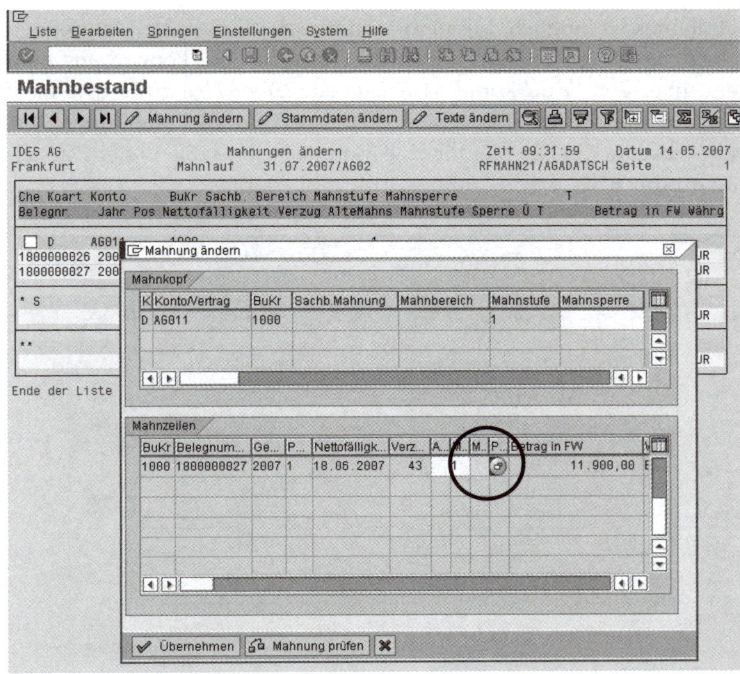

Abb. 8.60: F150 Mahnsperre verhängen © SAP AG

Mit mehrmaligem *F3* gelangen Sie wieder zurück in das Menü. Sofern Sie Mahnungen verändert haben, wird dies protokolliert. Sie können jetzt den Mahndruck und damit auch die Aktualisierung der Buchungsbelege mit Mahnstufen starten. Tragen Sie im nächsten Bild einen Drucker ein (z. B. *LP01*). Aktivieren Sie im hierauf folgenden Fenster *Start sofort*. Aktivieren Sie *Drucken*, um den Druck zu starten (vgl. Abb. 8.61).

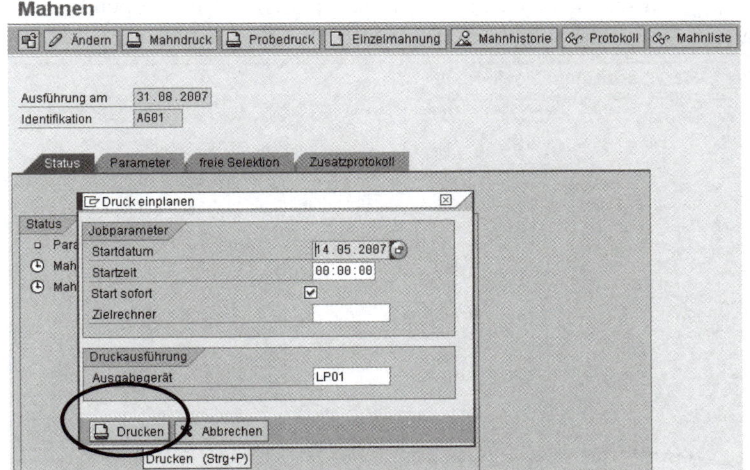

Abb. 8.61: F150 Mahndruck starten © SAP AG

Sie erhalten eine Bestätigung des Systems. Falls gewünscht, kann ein Probedruck durchgeführt werden, ggf. sind dann noch Änderungen des Mahnbestandes möglich. Auch eine komplette Wiederholung des

Mahnlaufes ist möglich. Mit dem Mahndruck werden die Mahnungen erzeugt und Tabellenänderungen durchgeführt. Sie können aus dem Menü über den Druckknopf *Mahnliste* oder über *Umsch+F6* eine Liste erzeugen, welche die Einzelbelege auflistet, für die Mahnungen erzeugt wurden. Ein Beispiel für eine Mahnliste sehen Sie in der Darstellung in Abb. 8.62.

Abb. 8.62: F150 Mahnliste © SAP AG

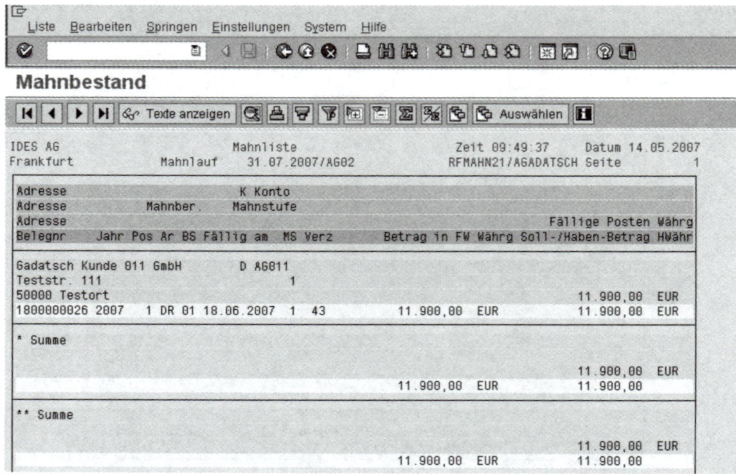

Liste Bearbeiten Springen Einstellungen System Hilfe

Mahnbestand

Texte anzeigen Auswählen

```
IDES AG                      Mahnliste                     Zeit 09:49:37      Datum 14.05.2007
Frankfurt              Mahnlauf    31.07.2007/AG02          RFMAHN21/AGADATSCH Seite          1

Adresse                          K Konto
Adresse               Mahnber.   Mahnstufe
Adresse                                                                   Fällige Posten Währg
Belegnr    Jahr Pos Ar BS Fällig am  MS Verz      Betrag in FW Währg Soll-/Haben-Betrag HWähr

Gadatsch Kunde 011 GmbH          D AG011
Teststr. 111                             1
50000 Testort                                                                11.900,00  EUR
1800000026 2007   1 DR 01 18.06.2007  1  43          11.900,00  EUR          11.900,00  EUR

* Summe
                                                                             11.900,00  EUR
                                                     11.900,00  EUR          11.900,00

** Summe
                                                                             11.900,00  EUR
                                                     11.900,00  EUR          11.900,00
```

Jeder gemahnte Beleg und die zugehörigen Kreditorenstammsätze werden mit dem Mahndatum und der Mahnstufe markiert. Sie finden die Einträge im Buchungsbeleg in der ersten Belegzeile.

Menüpfad Rechnungswesen➔Finanzwesen➔Debitoren➔Konto

Transaktion FBL5N – Posten anzeigen / ändern

Starten Sie die Transaktion FBL5N für Ihren Debitor und selektieren den gewünschten Beleg mit der Maus. Durch einen Doppelklick gelangen Sie auf das folgende Detailbild (vgl. Abb. 8.63).

Abb. 8.63: FBL5N Buchungsbeleg mit Mahndatum © SAP AG

Beleg anzeigen: Position 001

Weitere Daten | Zusatzkomponenten...

Debitor AG011 Gadatsch Kunde 011 GmbH Hauptbuch 140000
BuKr. 1000 Teststr. 111
IDES AG Testort Belegnr. 1800000026

Position 1 / Rechnung / 01
Betrag 11.900,00 EUR
Steuerkennz AN

Zusatzangaben
GeschBereich | PartnerGsber
Skontobasis 11.900,00 | Skontobetrag 0,00 EUR
Zahlungsbed Z001 | Tage/Proz. 14 3,000 % 30 2,000 % 45
Basisdatum 04.05.2007 | Rechnungsbz. / / 0
Zahlsperre
Zahlwährung | Betrag Zahlw 0,00
ZahlReferenz
Mahnsperre | Mahnschl.
Ltz. Mahng. 31.07.2007 1 | Mahnbereich
Vertrag / | Bewegungsart
Zuordnung 20070504
Text | Langtexte

Der markierte Bereich des Bildschirmabzuges zeigt das Mahndatum des Beleges (hier 31.07.2007) sowie seine Mahnstufe (hier 1). Dies bedeutet, dass der Beleg zuletzt am 31.07.07 gemahnt wurde und dies die erste Mahnung war.

Auch im Stammsatz des Debitors werden Mahndatum und Mahnstufe mitgeführt. Sie können in der Stammsatzanzeige die jeweils höchste Mahnstufe und das letzte Mahndatum des Debitors nachprüfen. Rufen sie hierzu die folgende Transaktion auf.

Rechnungswesen➔Finanzwesen➔Debitoren➔Stammdaten *Menüpfad*

FD03 – Anzeigen *Transaktion*

Erfassen Sie zunächst Ihre Debitorennummer und Buchungskreis (1000). Bestätigen Sie mit *Enter*. Wählen sie anschließend *Buchungskreisdaten* und hiernach *Korrespondenz*. Sie sehen im folgenden Bild das Mahndatum und die höchste Mahnstufe, die dem Debitor zugeordnet wurde (vgl. Abb. 8.64). In diesem Fall sind die Angaben mit den Beleginformationen identisch, weil keine weitere Mahnung durchgeführt wurde. Wäre bei diesem Kunden aber bereits ein anderer Beleg in der dritten Mahnstufe, dann würde im Stammsatz der Wert *Mahnstufe 3* stehen.

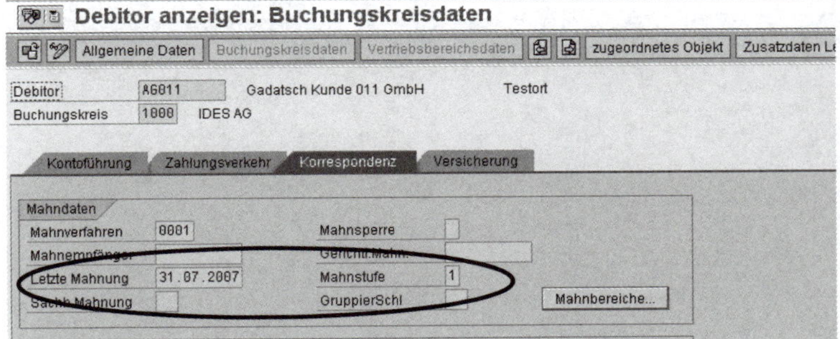

Abb. 8.64: FBL5N Debitorenstammsatz mit Mahndatum © SAP AG

Die beiden Datenfelder *Letzte Mahnung* sowie *Mahnstufe* werden durch das oben beschriebene Mahnprogramm (*F150*) aktualisiert, können aber auch manuell über die Änderungstransaktion *FD02* verwaltet werden.

8.8 Reporting und Analyse in der Finanzbuchhaltung

8.8.1 Kontenanalysen

Übung: Konto analysieren

Für Kontenanalysen stehen zahlreiche Analyseprogramme zur Verfügung. Ein universell einsetzbares Instrument ist das Programm FD11 (Debitorenanalyse), das mehrere Funktionen der Kontenanalyse im Debitorenbereich bündelt:

Rechnungswesen➔Finanzwesen➔Debitoren➔Konto *Menüpfad*

Transaktion

FD11 – Analyse

Starten Sie das Analyseprogramm und erfassen im nächsten Bild folgende Daten:

- Debitor: individuell,
- Buchungskreis: 1000,
- Geschäftsjahr: 2007.

Bestätigen Sie die Angaben mit *Enter*.

Sie erhalten anschließend eine Übersicht über die Bewegungen und können in mehreren Masken weitere Details analysieren (vgl. Abb. 8.65).

Abb. 8.65: FD11 Debitorenkontenanalyse © SAP AG

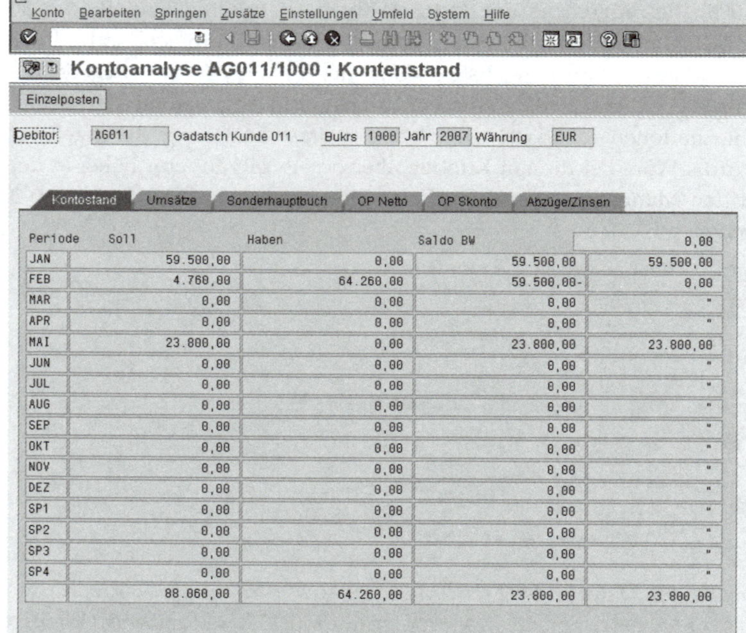

Periode	Soll	Haben	Saldo BW	0,00
JAN	59.500,00	0,00	59.500,00	59.500,00
FEB	4.760,00	64.260,00	59.500,00-	0,00
MAR	0,00	0,00	0,00	"
APR	0,00	0,00	0,00	"
MAI	23.800,00	0,00	23.800,00	23.800,00
JUN	0,00	0,00	0,00	"
JUL	0,00	0,00	0,00	"
AUG	0,00	0,00	0,00	"
SEP	0,00	0,00	0,00	"
OKT	0,00	0,00	0,00	"
NOV	0,00	0,00	0,00	"
DEZ	0,00	0,00	0,00	"
SP1	0,00	0,00	0,00	"
SP2	0,00	0,00	0,00	"
SP3	0,00	0,00	0,00	"
SP4	0,00	0,00	0,00	"
	88.060,00	64.260,00	23.800,00	23.800,00

Zahlreiche weitere Analysen finden Sie im Infosystem mit dem folgenden Menüpfad.

Menüpfad

Rechnungswesen→Finanzwesen→Debitoren→Infosystem →Berichte zur Debitorenbuchhaltung ...

Hinter den Menüpunkten Debitorensalden, Debitoren Posten und Stammdaten verbergen sich zahlreiche Programme, die ausführliche Listen zu unterschiedlichen Fragestellungen erzeugen. Einen identischen Pfad mit analogen Programmen finden Sie auch im Kreditorenmenü, also unter

Menüpfad

Rechnungswesen→Finanzwesen→Kreditoren→Infosystem →Berichte zur Kreditorenbuchhaltung ...

8.8.2 Konten- und Saldenlisten

Von besonderer Bedeutung für das Tagesgeschäft in der Buchhaltung sind die beiden Programme *FBL5N Posten anzeigen/ändern* und *FD10N Salden anzeigen*.

Diese Programme findet man analog im SAP-Menü auf der Kreditorenseite bzw. im Bereich der Sachkonten.

Im Sachkontenbereich lassen sich mit Hilfe dieser Analyseprogramme die Salden oder Einzelposten der Bilanzkonten analysieren. Die Programme wurden zum Teil bereits in den vorangegangenen Aufgaben vorgestellt, so dass auf nähere Erläuterungen zur Bedienung verzichtet werden kann.

Die Menüpfade und zugehörigen Transaktionscodes finden Sie in der folgenden Aufstellung.

Tab. 8.1: Ausgewählte Programme zur Salden- und Postenanalyse

Aufgabe	Pfad	T-Code
Anzeige Debitorenkontosaldo	Rechnungswesen➔Finanzwesen➔ Debitoren➔Konto FD10N Salden anzeigen	FD10N
Anzeige / Ändern Debitorenposten (Belege)	Rechnungswesen➔Finanzwesen➔ Debitoren➔Konto FBL5N Posten anzeigen/ändern	FBL5N
Anzeige Kreditorenkontosaldo	Rechnungswesen➔Finanzwesen➔ Kreditoren➔Konto FK10N Salden anzeigen	FK10N
Anzeige / Ändern Kreditorenposten (Belege)	Rechnungswesen➔Finanzwesen➔ Kreditoren➔Konto FBL1N Posten anzeigen/ändern	FBL1N
Anzeige Hauptbuchkontosaldo	Rechnungswesen➔Finanzwesen➔ Hauptbuch➔Konto FS10N Salden anzeigen	FS10N
Anzeige / Ändern Hauptbuchposten (Belege)	Rechnungswesen➔Finanzwesen➔ Hauptbuch➔Konto FBL3N Posten anzeigen/ändern	FBL3N

8.8.3 Bilanz und Gewinn- und Verlustrechnung (GuV) erstellen

Die Bilanz und die Gewinn- und Verlustrechnung (GuV) sind Auswertungen, die sich aus den Kontensalden der Bilanz- bzw. GuV-Konten ergeben. Daher können sie grundsätzlich jederzeit erstellt werden. Allerdings wird es in der Regel erforderlich sein, ihm Rahmen der Abschlusserstellung durch die Finanzbuchhaltung weitere Buchungen vorzunehmen, bevor die Bilanzauswertung für eine Veröffentlichung geeignet ist.

Übung: Bilanzbericht erzeugen

Den Bilanzbericht können Sie mit Hilfe des Reports SALR87012284 erzeugen.

Wählen Sie hierzu folgenden Pfad aus:

Menüpfad

Rechnungswesen➔Finanzwesen➔Hauptbuch➔Infosystem➔ Berichte zum Hauptbuch➔Allgemein➔Ist-Ist-Vergleiche

Transaktion

SALR87012284 – Bilanz / GuV

Starten Sie das Programm und erfassen folgende Daten:

- Kontenplan: INT,
- Buchungskreis: 1000,
- Bilanz/GuV-Struktur: GKR,

Wählen Sie anschließend *Ausführen*. Sie erhalten einen ausführlichen Bilanzbericht (vgl. Abb. 8.66).

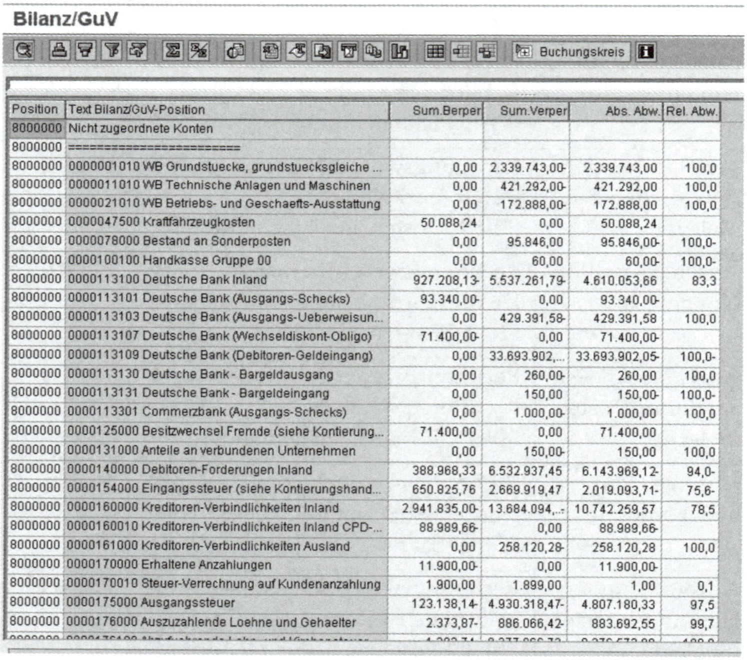

Abb. 8.66: SALR87012284 Bilanz © SAP AG

Bilanz/GuV

Buchungskreis

Position	Text Bilanz/GuV-Position	Sum.Berper	Sum.Verper	Abs. Abw.	Rel. Abw.
8000000	Nicht zugeordnete Konten				
8000000	========================				
8000000	0000001010 WB Grundstuecke, grundstuecksgleiche ...	0,00	2.339.743,00-	2.339.743,00	100,0
8000000	0000011010 WB Technische Anlagen und Maschinen	0,00	421.292,00-	421.292,00	100,0
8000000	0000021010 WB Betriebs- und Geschaefts-Ausstattung	0,00	172.888,00-	172.888,00	100,0
8000000	0000047500 Kraftfahrzeugkosten	50.088,24	0,00	50.088,24	
8000000	0000078000 Bestand an Sonderposten	0,00	95.846,00	95.846,00-	100,0-
8000000	0000100100 Handkasse Gruppe 00	0,00	60,00	60,00-	100,0-
8000000	0000113100 Deutsche Bank Inland	927.208,13-	5.537.261,79-	4.610.053,66	83,3
8000000	0000113101 Deutsche Bank (Ausgangs-Schecks)	93.340,00-	0,00	93.340,00-	
8000000	0000113103 Deutsche Bank (Ausgangs-Ueberweisun...	0,00	429.391,58-	429.391,58	100,0
8000000	0000113107 Deutsche Bank (Wechseldiskont-Obligo)	71.400,00-	0,00	71.400,00-	
8000000	0000113109 Deutsche Bank (Debitoren-Geldeingang)	0,00	33.693.902,...	33.693.902,05-	100,0-
8000000	0000113130 Deutsche Bank - Bargeldausgang	0,00	260,00-	260,00	100,0
8000000	0000113131 Deutsche Bank - Bargeldeingang	0,00	150,00	150,00-	100,0-
8000000	0000113301 Commerzbank (Ausgangs-Schecks)	0,00	1.000,00-	1.000,00	100,0
8000000	0000125000 Besitzwechsel Fremde (siehe Kontierung...	71.400,00	0,00	71.400,00	
8000000	0000131000 Anteile an verbundenen Unternehmen	0,00	150,00-	150,00	100,0
8000000	0000140000 Debitoren-Forderungen Inland	388.968,33	6.532.937,45	6.143.969,12-	94,0-
8000000	0000154000 Eingangssteuer (siehe Kontierungshand...	650.825,76	2.669.919,47	2.019.093,71-	75,6-
8000000	0000160000 Kreditoren-Verbindlichkeiten Inland	2.941.835,00-	13.684.094,...	10.742.259,57	78,5
8000000	0000160010 Kreditoren-Verbindlichkeiten Inland CPD-...	88.989,66-	0,00	88.989,66-	
8000000	0000161000 Kreditoren-Verbindlichkeiten Ausland	0,00	258.120,28-	258.120,28	100,0
8000000	0000170000 Erhaltene Anzahlungen	11.900,00-	0,00	11.900,00-	
8000000	0000170010 Steuer-Verrechnung auf Kundenanzahlung	1.900,00	1.899,00	1,00	0,1
8000000	0000175000 Ausgangssteuer	123.138,14-	4.930.318,47-	4.807.180,33	97,5
8000000	0000176000 Auszuzahlende Loehne und Gehaelter	2.373,87-	886.066,42-	883.692,55	99,7

8.9 Laufende Einstellungen und Tabellenpflege in der Finanzbuchhaltung

8.9.1 Buchungsperioden öffnen und schließen

Beim Buchen eines Buchungsbelegs wird vom System zunächst geprüft, ob die ermittelte Periode überhaupt bebucht werden kann. Welche Buchungsperioden zum Buchen offen sind, wird im System vom Anwender in der Buchhaltung festgelegt.

Es können beliebig viele Perioden gleichzeitig zum Buchen geöffnet sein, was aber allenfalls in Übungs- und Trainingssystemen sinnvoll sein kann. Im Regelfall werden in einem produktiven System nur wenige Perioden geöffnet sein. Welche Perioden für Buchungen offen sind, kann durch Intervalle vom Anwender selbst mit Hilfe einer einfachen Tabelle festgelegt werden. Die Eingrenzung kann bis auf Kontenebene erfolgen.

Menüpfad

Rechnungswesen➔Finanzwesen➔Hauptbuch➔Umfeld ➔Lfd. Einstellungen

Transaktion

S_ALR_87003642 – Buchungsperioden öffnen und schließen

Es ist nicht erforderlich, dass die Buchungszeiträume mit dem Kalenderjahr übereinstimmen. Eventuelle Abweichungen können vom Anwender im Customizing festgelegt werden.

Das System stellt zwölf normale Buchungsperioden (Perioden 1-12) für die Aufnahme von Geschäftsvorfällen und vier Sonderperioden (Periode 13-16) zur Verfügung. Diese können z. B. für die Durchführung von Abschlussarbeiten genutzt werden. In Abb. 8.67 ist ein Auszug der Verwaltungstabelle dargestellt. Zu sehen ist, dass im hier genutzten Übungssystem alle Konten von *blank bis* ZZZZZZZZ für den Zeitraum 2000 bis 2015 geöffnet sind, also bebucht werden können. In der Praxis wäre dieser Zeitraum eher auf einen oder nur wenige Monate beschränkt.

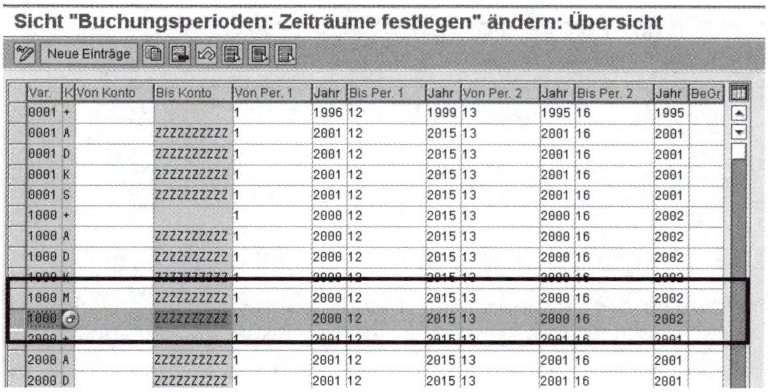

Sicht "Buchungsperioden: Zeiträume festlegen" ändern: Übersicht

Neue Einträge

Var.	K	Von Konto	Bis Konto	Von Per. 1	Jahr	Bis Per. 1	Jahr	Von Per. 2	Jahr	Bis Per. 2	Jahr	BeGr
0001	+			1	1996	12	1999	13	1995	16	1995	
0001	A		ZZZZZZZZZZ	1	2001	12	2015	13	2001	16	2001	
0001	D		ZZZZZZZZZZ	1	2001	12	2015	13	2001	16	2001	
0001	K		ZZZZZZZZZZ	1	2001	12	2015	13	2001	16	2001	
0001	S		ZZZZZZZZZZ	1	2001	12	2015	13	2001	16	2001	
1000	+			1	2000	12	2015	13	2000	16	2002	
1000	A		ZZZZZZZZZZ	1	2000	12	2015	13	2000	16	2002	
1000	D		ZZZZZZZZZZ	1	2000	12	2015	13	2000	16	2002	
1000	K		ZZZZZZZZZZ	1	2000	12	2015	13	2000	16	2002	
1000	M		ZZZZZZZZZZ	1	2000	12	2015	13	2000	16	2002	
1000			ZZZZZZZZZZ	1	2000	12	2015	13	2000	16	2002	
2000	+			1	2001	12	2015	13	2001	16	2001	
2000	A		ZZZZZZZZZZ	1	2001	12	2015	13	2001	16	2001	
2000	D		ZZZZZZZZZZ	1	2001	12	2015	13	2001	16	2001	

Abb. 8.67: S_ALR_87003642 Buchungsperioden öffnen und schließen © SAP AG

8.9.2 Währungskurse pflegen

Buchungsbelege können in beliebigen Währungen erzeugt werden. Belege, die in Fremdwährungen gebucht werden, können anhand einer Umrechnungstabelle in die Hauswährung umgerechnet werden.

Umrechnungskurse

Der Anwender kann bei Buchungen auch von der Umrechungstabelle abweichende Kurse erfassen. Sie werden gegen die Umrechnungstabelle geprüft. Das System weist ggf. auf Abweichungen hin. Der Umrechnungskurs wird dazu verwendet, den Gewinn oder Verlust aus Kursdifferenzen automatisch zu ermitteln.

Die Pflege der Kurstabelle erfolgt über das Menü für laufende periodische Arbeiten. Die Tabellenpflege kann entsprechend den individuellen Anforderungen in unterschiedlichen Zeiträumen erfolgen.

Menüpfad

Rechnungswesen➔Finanzwesen➔Hauptbuch➔Umfeld ➔Lfd. Einstellungen➔

Transaktion

S_BCE_68000174 – Umrechnungskurse eingeben

Umrechnungskurse werden zeitabhängig für verschiedene Zwecke hinterlegt. Sie gelten für alle Buchungskreise. Mit Hilfe unterschiedlicher Kurstypen können parallel mehrere Kurse für verschiedene Aufgaben hinterlegt werden. Die unter dem Kurstyp *M* (Mittelkurs) abgelegten Kurse werden für Umrechnungen beim Buchen und Ausgleich von offenen Posten verwendet. Unter diesem Kurstyp muss ein Eintrag vorhanden sein. Der in Abb. 8.68 dargestellt Kurstyp *G* (Geldkurs) wird oft für bargeldlose Transaktionen (Überweisungen etc.) genutzt. In diesem Fall ist der Umrechnungskurs für die Fremdwährung US Dollar eingetragen.

Abb. 8.68: S_BCE_68000174 Umrechnungskurse © SAP AG

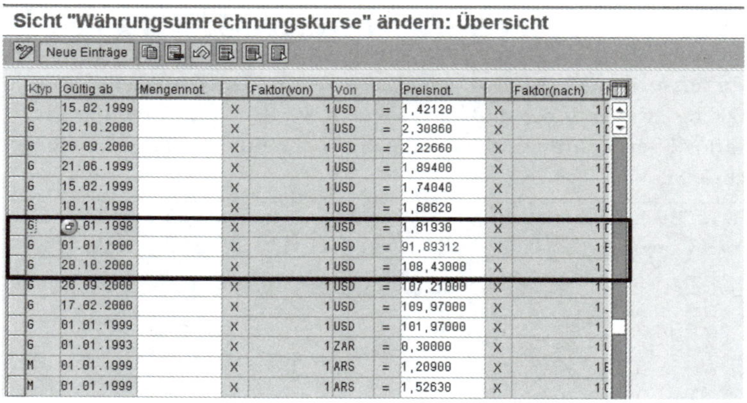

Sicht "Währungsumrechnungskurse" ändern: Übersicht

Neue Einträge

Ktyp	Gültig ab	Mengennot.		Faktor(von)	Von		Preisnot.		Faktor(nach)
G	15.02.1999		X	1	USD	=	1,42120	X	1
G	20.10.2000		X	1	USD	=	2,30860	X	1
G	26.09.2000		X	1	USD	=	2,22660	X	1
G	21.06.1999		X	1	USD	=	1,89400	X	1
G	15.02.1999		X	1	USD	=	1,74040	X	1
G	10.11.1998		X	1	USD	=	1,68620	X	1
G	[illegible].01.1998		X	1	USD	=	1,81930	X	1
G	01.01.1800		X	1	USD	=	91,89312	X	1
G	20.10.2000		X	1	USD	=	108,43000	X	1
G	26.09.2000		X	1	USD	=	107,21000	X	1
G	17.02.2000		X	1	USD	=	109,97000	X	1
G	01.01.1999		X	1	USD	=	101,97000	X	1
G	01.01.1993		X	1	ZAR	=	0,30000	X	1
M	01.01.1999		X	1	ARS	=	1,20900	X	1
M	01.01.1999		X	1	ARS	=	1,52630	X	1

8.9.3 Umsatzsteuertabelle im Customizing ändern

Im Rahmen der Einführung der Standardsoftware sind größere Projektteams meist mehrere Monate mit der Anpassung der Standardsoftware an die Belange des Unternehmens (Customizing) befasst. Im laufenden Betrieb des Systems müssen ebenfalls regelmäßig inhaltliche Änderungen und ggf. Korrekturen vorgenommen werden.

Übung: Umsatzsteuerschlüssel ändern

Im Rahmen dieses Grundkurses würde es zu weit führen, das gesamte Customizing des SAP-Systems zu behandeln. Das Grundprinzip der im Rahmen des Customizing anfallenden Aufgaben soll aber am Beispiel einer Umsatzsteuererhöhung behandelt werden. Im vorliegenden Fall wird gezeigt, wie im SAP-System der Umsatzsteuersatz von z. B. 16% auf 19% geändert werden kann. Zunächst muss hierzu die Customizing-Transaktion aufgerufen werden, in der zentral alle Änderungen vorgenommen werden.

Menüpfad

Werkzeuge➔Customizing➔IMG➔

Transaktion

SPRO – Projektbearbeitung

Innerhalb der Customizing-Transaktion *SPRO* muss die Transaktion für die Pflege der Umsatzsteuertabelle aufgerufen werden. Diese Tabelle enthält die gültigen Umsatzsteuerschlüssel und die jeweilige Berechnungsvorschrift für die Umsatzsteuer. Wählen Sie deshalb zunächst *SAP Referenz-IMG*. Der *IMG* (Implementation Guide) enthält alle Customizing-Transaktionen des Systems. Wählen Sie im IMG folgenden Pfad aus:

IMG-Pfad

SAP-Customizing-Einführungsleitfaden➔Finanzwesen➔
Grundeinstellungen Finanzwesen➔Umsatzsteuer➔Berechnung
➔Umsatzsteuerkennzeichen definieren

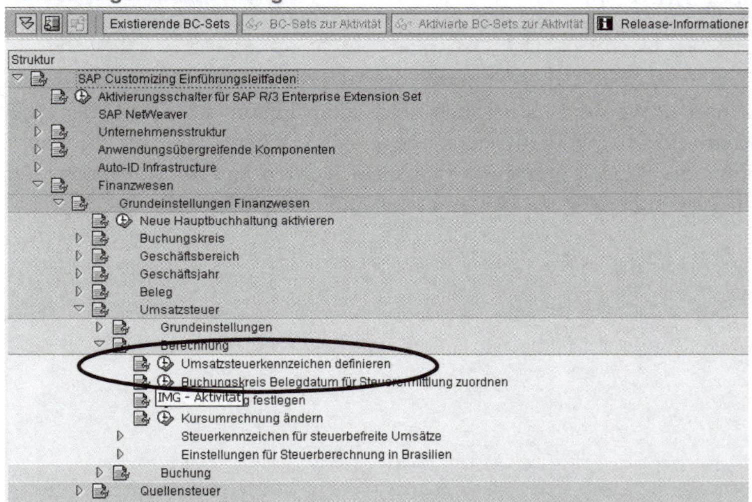

Abb. 8.69: SPRO Customizingpfad Umsatzsteuerkennzeichen © SAP AG

Wählen Sie im nächsten Fenster als Länderschlüssel den Eintrag *DE* für Deutschland. Danach wählen Sie das Steuerkennzeichen *VN* aus. Sie sind nun in der Tabelle zur Verwaltung des Steuerkennzeichens. Dort müsste in der Zeile *Vorsteuer* u.a. der Vorsteuer-Prozentsatz 19% zu sehen sein.

Abb. 8.70: Umsatzsteuerkennzeichen pflegen © SAP AG

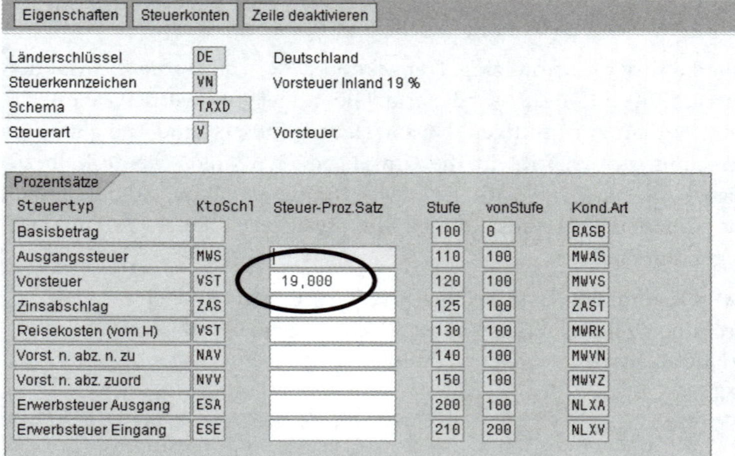
Steuerkennzeichen pflegen: Steuersätze

Eigenschaften | Steuerkonten | Zeile deaktivieren

Länderschlüssel DE Deutschland
Steuerkennzeichen VN Vorsteuer Inland 19 %
Schema TAXD
Steuerart V Vorsteuer

Prozentsätze

Steuertyp	KtoSchl	Steuer-Proz.Satz	Stufe	vonStufe	Kond.Art
Basisbetrag			100	0	BASB
Ausgangssteuer	MWS		110	100	MWAS
Vorsteuer	VST	19,000	120	100	MWVS
Zinsabschlag	ZAS		125	100	ZAST
Reisekosten (vom H)	VST		130	100	MWRK
Vorst. n. abz. n. zu	NAV		140	100	MWVN
Vorst. n. abz. zuord	NVV		150	100	MWVZ
Erwerbsteuer Ausgang	ESA		200	100	NLXA
Erwerbsteuer Eingang	ESE		210	200	NLXV

Der Eintrag für den Steuer-Prozentsatz kann grundsätzlich überschrieben werden. Es empfiehlt sich allerdings nicht, bereits benutzte Kennzeichen mit dem neuen Steuersatz zu überschreiben. Vielmehr sollte ein neues Kennzeichen angelegt werden, um die Konsistenz der im System bereits verbuchten Daten nicht zu gefährden.

9 Systemweite Konzepte

9.1 Organisationselemente

9.1.1 Überblick

Customizing

Im Rahmen der Einführung und Weiterentwicklung der SAP-Standardanwendungssoftware in einem Unternehmen erfolgt die Anpassung des Standardsystems an unternehmensspezifische Belange. Dieser Vorgang wird als Customizing bezeichnet.

Organisationselemente

Zur Abbildung betriebswirtschaftlich-organisatorischer Aspekte eines Unternehmens dienen u. a. die *Organisationselemente*. Hierunter sind Tabellen zu verstehen, mit denen organisatorische Strukturen des Unternehmens (Konzerne, Sparten, bilanzierende Einheiten, Werke, Abteilungen, Lagerorte, Abrechnungsgruppen u.a.m.) im SAP-System abgebildet werden können, ohne dass der Source-Code geändert werden muss.

System und Mandant

Die Abbildung technischer Gesichtspunkte erfolgt über die Elemente *System* und *Mandant*. Auf einem SAP-System können mehrere Mandanten eingerichtet werden. Innerhalb eines Systems können mehrere Unternehmen z.B. in verschiedenen Mandanten verwaltet werden, allerdings unter den gleichen technischen Bedingungen. Insbesondere gilt für alle Unternehmen der gleiche Releasestand. Daneben wirkt sich eine Reihe von Tabellen gleichermaßen auf alle Unternehmen innerhalb eines Systems aus (z.B. Kalender). Fast alle technischen Einstellungen sind mandantenübergreifend. Mandanten können zur Abgrenzung von Geschäftsdaten dienen, um mehrere Unternehmen in einem SAP-System einzurichten. Innerhalb eines Unternehmens werden oft verschiedene Mandanten für unterschiedliche Einsatzzwecke eingerichtet (Test, Abnahme, Schulung, Echtbetrieb, u.a.).

9.1.2 Wichtige Organisationselemente der Buchhaltung

Die wichtigsten Organisationselemente der Buchhaltung sind:

- Buchungskreis,
- Gesellschaft,
- Geschäftsbereich,
- Kostenrechnungskreis,
- Ergebnisbereich.

Sie wurden bereits teilweise im Kapitel 5 bzw. 8 im Rahmen mehrerer Übungen eingesetzt. Einige der Elemente wirken sich auch auf andere Bereiche des Systems aus, wie z.B. der Buchungskreis.

Buchungskreis

Der *Buchungskreis* ist das wichtigste Organisationselement des SAP-Systems. Es bezeichnet die kleinste organisatorische Einheit, für die eine Bilanz aufgestellt werden kann. Eine Buchungskreisgrenze bildet praktisch ein Kunden-Lieferantenverhältnis ab. Buchungskreise müssen für rechtlich selbständige Tochterunternehmen, Auslandsniederlassungen u.ä. eingerichtet werden.

Beispiel

Besteht ein Konzern aus einer bilanzierenden Holding (z. B. eine Aktiengesellschaft) und fünf Tochterfirmen (z. B. GmbH oder andere Rechtsformen), für die jeweils eine eigene Bilanz erstellt werden muss, dann sind mindestens 5 + 1 = 6 Buchungskreise erforderlich.

Die Buchungskreise können in einem oder unterschiedlichen Systemen bzw. Mandanten eingerichtet werden. In einem Mandanten können Sie mehrere Buchungskreise einrichten, um verschiedene abgeschlossene Buchhaltungen gleichzeitig zu führen. In einem Mandant muss aber mindestens ein Buchungskreis eingerichtet werden.

Wichtig: Der Buchungskreis wirkt sich auf alle Bereiche des SAP-Systems aus (Logistik, Personal und Rechnungswesen u.a.).

Die Pflege der Daten eines Buchungskreises wird im Rahmen der Customizing-Aktivitäten durchgeführt (vgl. Abb. 9.1). Das Customizing erfolgt in der Regel innerhalb eines Einführungsprojektes in dem so genannten Projekt-IMG (Implementation Guide). Das entsprechende Projekt kann über die zentrale Transaktion *SPRO* aufgerufen werden. Diese Transaktion steht Anwendern in der Regel nicht zur Verfügung. Sie wird von Projektteams genutzt, welche sich um die Einführung oder Wartung des Systems kümmern.

Menüpfad Werkzeuge➔Customizing➔IMG➔ Projektbearbeitung

Transaktion SPRO – Projektbearbeitung

Hinweis

Zunächst muss über die Projektverwaltung (Transaktion *SPRO_Admin)* ein Projekt generiert werden, damit es in der Transaktion *SPRO* angezeigt werden kann. Sollte in dem zur Verfügung stehenden SAP-System kein Projekt existieren, können Sie über die Drucktaste *SAP Referenz-IMG* in die komplette Liste der Customizing-Aktivitäten einsteigen.

Innerhalb der Customizing-Transaktion *SPRO* muss die Transaktion für die Pflege des Buchungskreises aufgerufen werden. Dort können mehrere Angaben festgelegt werden: Länderschlüssel, Währung und Sprache.

IMG-Menüpfad

Unternehmensstruktur➔Definition ➔Finanzwesen
➔Buchungskreis bearbeiten kopieren löschen prüfen

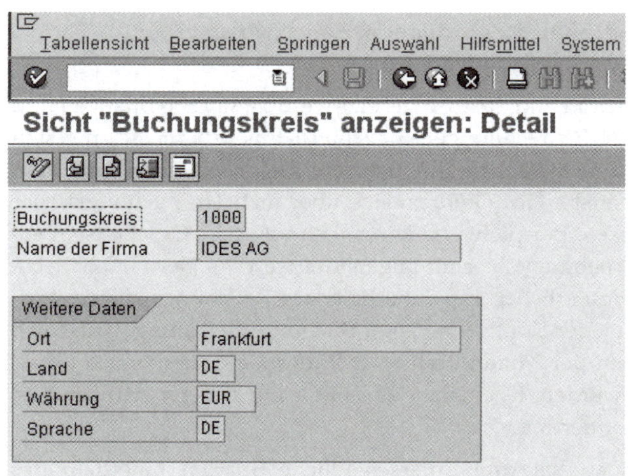

Abb. 9.1: SPRO Customizing Buchungskreis pflegen © SAP AG

Gesellschaft

Eine *Gesellschaft* ist eine organisatorische Einheit, für die optional eine interne Bilanz aufgestellt werden kann. Sie kann einen oder mehrere Buchungskreise umfassen, z. B. zur Konsolidierung von mehreren Tochterunternehmen mit dem gleichen Kontenplan.

Beispiel

Die Nutzung des Organisationselementes *Gesellschaft* empfiehlt sich z.B. für Konzernobergesellschaften, die für mehrere Tochterunternehmen eine konsolidierte Bilanz erstellen müssen.

Innerhalb der Customizing-Transaktion *SPRO* muss die Transaktion für die Pflege der Gesellschaft aufgerufen werden. Dort können Angaben zum Namen und der Anschrift der Gesellschaft, Land, Währung und Sprache hinterlegt werden (vgl. Abb. 9.2).

IMG-Menüpfad

Unternehmensstruktur→Definition →Finanzwesen →Gesellschaft pflegen

Tabellensicht Bearbeiten Springen Auswahl Hilfsmittel System Hilfe

Sicht "Konzernunternehmen" ändern: Detail

Neue Einträge

Gesellschaft	1000
Name der Gesellschaft	IDES AG
Name der Gesellschaft 2	

Detailinformation

Straße	Lyoner Stern 23
Postfach	
Postleitzahl	60441
Ort	Frankfurt
Land	DE
Sprachenschlüssel	DE
Währung	EUR

Abb. 9.2: SPRO Customizing Gesellschaft pflegen © SAP AG

Die Zuordnung eines Buchungskreises zu einer Gesellschaft erfolgt über folgenden Pfad innerhalb der Transaktion SPRO:

IMG-Menüpfad

Unternehmensstruktur→Zuordnung →Finanzwesen →Buchungskreis Gesellschaft zuordnen.

Geschäftsbereich

Ein *Geschäftsbereich* kann dazu eingesetzt werden, interne Bilanzen und Gewinn- und Verlustrechnungen für Unternehmensbereiche zu erstellen. Ein Buchungskreis kann in mehrere *Geschäftsbereiche* unterteilt werden. Geschäftsbereiche können sich über mehrere Buchungskreise hinweg erstrecken. Beispielweise können strategische Geschäftseinheiten eines Unternehmens hiermit abgebildet werden. Der Geschäftsbereich hat im Wesentlichen nur innerhalb des Rechnungswesens Auswirkungen. Bei jeder Kontierung einer Buchung (Rechnung, Gutschrift u.a.) muss neben der Kontonummer auch der Geschäftsbereich (Sparte) mitgeführt werden. Es entsteht also ein leicht höherer Aufwand im Rahmen der Kontierung.

Beispiel

Ein Unternehmen hat drei unterschiedliche Sparten innerhalb des Buchungskreises und möchte je Sparte eine interne Bilanz aufstellen. In diesem Fall bietet sich die Nutzung der Organisationseinheit *Geschäftsbereich* an. Auf Ebene des Buchungskreises wird die externe Bilanz erstellt. Intern werden drei Spartenbilanzen erzeugt.

Kostenrechnungskreis

Der Kostenrechnungskreis ist eine Organisationseinheit, in der eine in sich abgeschlossene Kostenrechnung durchgeführt wird (z. B. einheitliche Kostenarten, Kostenstellenstrukturen). Einem Kostenrechnungskreis können mehrere Buchungskreise zugeordnet werden. Beispielsweise können dies Tochterunternehmen sein, für die eine gemeinsame Kostenrechnung vorgesehen ist (vgl. Abb. 9.3). Nur falls Sie eine buchungskreisübergreifende Kostenrechnung durchführen, müssen Sie die Buchungskreise dem Kostenrechnungskreis explizit zuordnen.

Abb. 9.3: Beispiel für eine Organisationsstruktur

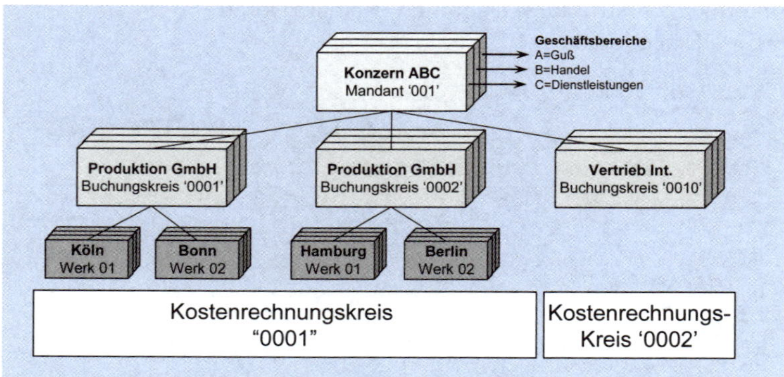

Die Bedeutung des Kostenrechnungskreises liegt innerhalb des Controllings. Die Verwaltung und Zuordnung des Kostenrechnungskreises erfolgt über die Transaktion *SPRO* (vgl. Abb. 9.4).

Menüpfad

Werkzeuge→Customizing→IMG

Transaktion

SPRO – Projektbearbeitung

Innerhalb der Customizing-Transaktion *SPRO* erfolgt die Pflege des Kostenrechnungskreises über folgenden Pfad:

SAP-Referenz-IMG➔Controlling➔Controlling Allgemein ➔Organisation➔Kostenrechnungskreis pflegen

IMG-Menüpfad

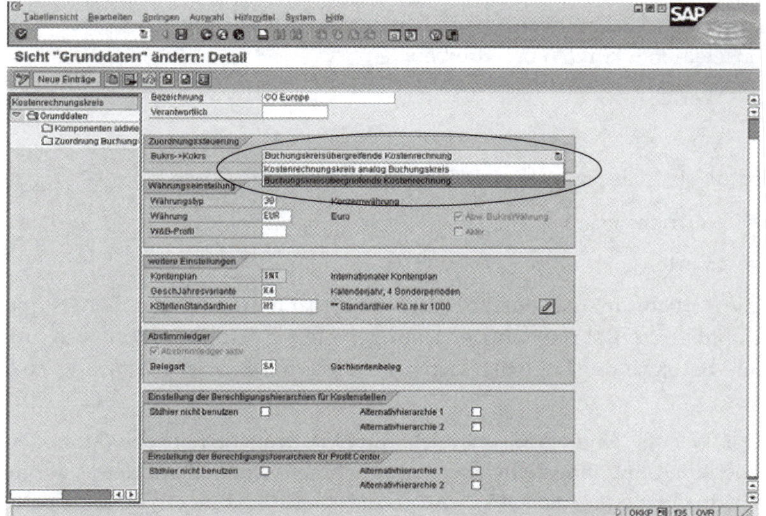

Abb. 9.4: SPRO Customizing Kostenrechnungskreis pflegen © SAP AG

Die konkrete Zuordnung eines Kostenrechnungskreises zu einem Buchungskreis erfolgt über folgenden Pfad der Transaktion SPRO:

Unternehmensstruktur➔Zuordnung ➔Controlling ➔Buchungskreis Kostenrechnungskreis zuordnen.

IMG-Menüpfad

Die grundsätzlichen Zuordnungsmöglichkeiten der Organisationselemente Gesellschaft, Buchungskreis, Kostenrechnungskreis und Geschäftsbereiche werden durch das vereinfachte Entity-Relationship-Model (ERM) in Abb. 9.5 skizziert.

Demnach kann ein Geschäftsbereich einem oder mehreren Buchungskreisen zugeordnet werden. Ein Kostenrechnungskreis kann mehrere Buchungskreise umfassen. Eine Gesellschaft besteht aus einem oder aus mehreren Buchungskreisen, ein Buchungskreis kann einer Gesellschaft zugeordnet werden.

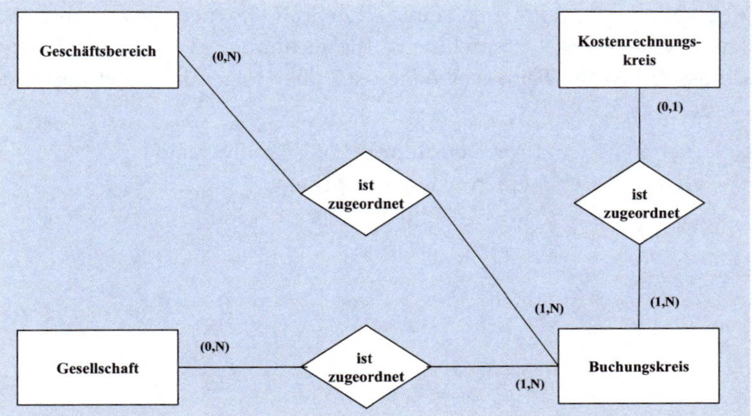

Abb. 9.5: Vereinfachendes ERM-Modell für ausgewählte Organisationselemente

9.1.3 Wichtige Organisationselemente der Logistik

Die Anzahl der Organisationselemente in der Logistik ist sehr umfangreich. Wir beschränken uns daher darauf, die wichtigsten Organisationselemente kurz zu beschreiben:

- Werk,
- Lagerort,
- Verkaufsorganisation,
- Vertriebsweg,
- Sparte.

Die Organisationselemente Werk und Lagerort wurden bereits im Kapitel 5 im Rahmen einiger Übungen eingesetzt. Sie wirken sich auf alle Bereiche der Logistik (Lager, Produktion, Vertrieb, Versand, u.a.) aus.

Werk

Das *Werk* ist eine organisatorische Einheit, die eine Betriebsstätte oder Niederlassung innerhalb eines Unternehmens darstellt, in der Material produziert oder gelagert wird oder Dienstleistungen bereitgestellt werden. Ein *Werk* wird einem *Buchungskreis* zugeordnet. Es stellt die niedrigste Bewertungsebene für die Bestandsbewertung dar (Preisbildung).

Typische Beispiele für Werke sind Logistikzentren, Niederlassungen, Zweigstellen. Die Bedeutung des Werkes betrifft im SAP-System alle Bereiche der Logistik:

- Materialwirtschaft,
- Produktionsplanung,
- Instandhaltung,
- Servicemanagement,
- Vertrieb,
- Qualitätsmanagement.

Innerhalb der Customizing-Transaktion SPRO können die Angaben zu den Werken des Unternehmens (Bezeichnung, Anschrift, Länderschlüssel, Region, Fabrikkalender u.a.) über folgenden Pfad gepflegt werden:

IMG-Menüpfad

Unternehmensstruktur➔Definition➔Logistik allgemein
➔Werk definieren, kopieren, löschen, prüfen

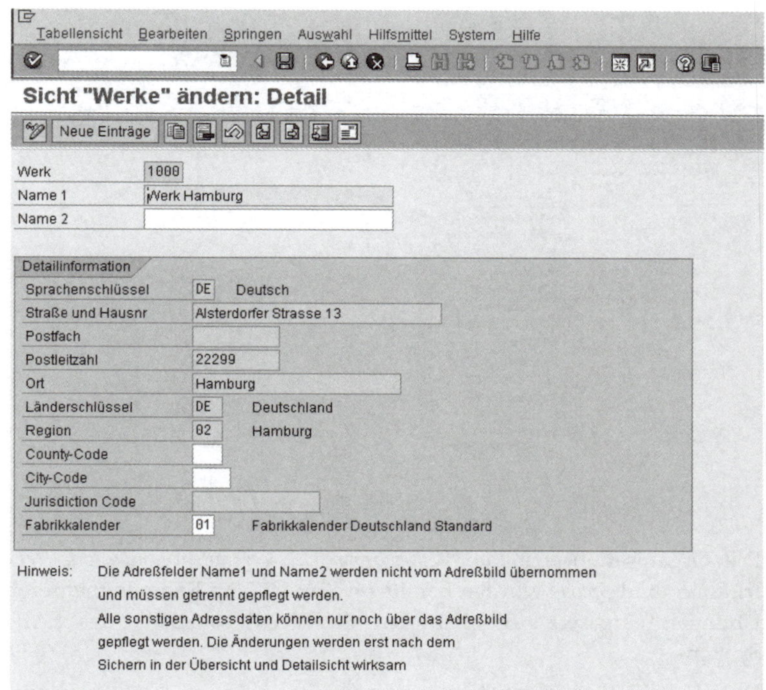

Abb. 9.6: SPRO Customizing Werke pflegen © SAP AG

Lagerort

Der *Lagerort* ist eine organisatorische Einheit zur Trennung von Lagerbeständen innerhalb eines Werkes. Typische Beispiele sind: Wareneingangslager, Qualitätskontrolllager, Fertigwarenlager. Die Bedeutung des Lagerortes entspricht derjenigen des Werkes, umfasst also alle logistischen Bereiche des Systems.

Einem Werk muss mindestens ein Lagerort zugeordnet werden. In der Praxis werden jedoch meist mehrere Lagerorte je Werk angelegt.

Mit Hilfe der Customizing-Transaktion SPRO können die Lagerorte über folgenden Pfad gepflegt werden (vgl. Abb. 9.7):

IMG-Menüpfad

Unternehmensstruktur➔Definition➔Materialwirtschaft ➔Lagerort pflegen

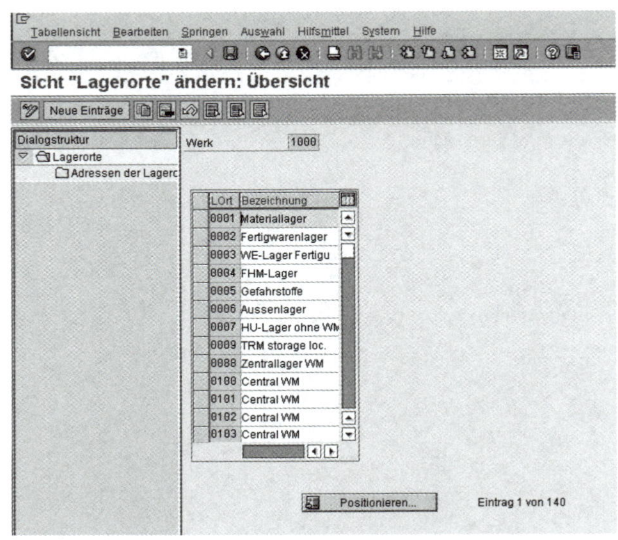

Abb. 9.7: SPRO Customizing Lagerorte pflegen © SAP AG

Die Organisationselemente *Vertriebsbereich, Verkaufsorganisation, Vertriebsweg* und *Sparte* wurden bereits im Kapitel 5 im Rahmen mehrerer Übungen eingesetzt. Sie betreffen die Vertriebslogistik des SAP-Systems.

Vertriebsbereich

Der *Vertriebsbereich* ist kein eigenständiges Organisationselement, sondern eine Kombination aus Verkaufsorganisation, Vertriebswerg und Sparte.

Verkaufsorganisation

Die *Verkaufsorganisation* gliedert ein Unternehmen in vertrieblicher Hinsicht. Mögliche Verkaufsorganisationen eines fiktiven Unternehmens sind z.B. Zentralverkauf Hamburg, Verkaufs-Niederlassung Bonn, Verkaufsbüro New York o.ä.

Vertriebsweg

Der *Vertriebsweg* beschreibt den physischen Weg der Ware bzw. Dienstleistung vom Unternehmen zum Kunden. Mögliche Vertriebswege in der Praxis sind Handel, Großhandel, Direktvertrieb, Versand o.ä. Ein Vertriebsweg kann einer oder auch mehreren Verkaufsorganisationen zugeordnet werden.

Sparte

Die *Sparte* gliedert das Unternehmen in ertragsorientierter Sicht. Sparten werden in der Regel mit eigener Gewinn- und Verlustverantwortung nach unternehmensindividuellen Erfordernissen gegliedert. Mögliche Beispiele wären: Geschäftskunden, Endkunden und Ersatzteile.

Die Organisationseinheiten des Vertriebs können über die Customizing-Transaktion SPRO über folgenden Pfad unternehmensindividuell verwaltet werden:

IMG-Menüpfad

Unternehmensstruktur→Definition→Vertrieb

9.1.4 Wichtige Organisationselemente im Personalmanagement

Unternehmensstruktur

Wie im Kapitel 7.2.1 bereits erläutert, ist es für die Mitarbeiterverwaltung im Rahmen der Personaladministration nötig, den Personalbestand anhand verschiedener Blickwinkel zu strukturieren. So werden die Mitarbeiter anhand ihres Standortes gruppiert, da damit häufig unterschiedliche gesetzliche und tarifliche Regelungen verbunden sind. Diese Strukturierung des Unternehmens nach personaladministrativen, personalzeitwirtschaftlichen und personalabrechnungsorganisatorischen Gesichtspunkten erfolgt im Rahmen der so genannten Unternehmensstruktur. Die beiden obersten Elemente der Unternehmensstruktur für die Personaladministration sind der Mandant, und der in Kapitel 9.1.2 bereits beschriebene Buchungskreis.

Personalbereich

Buchungskreise werden im Rahmen des Personalmanagements in so genannte Personalbereiche unterteilt. Ein Personalbereich ist eine organisatorische Einheit, die einen – im personalwirtschaftlichen Sinne – abgegrenzten Unternehmensbereich darstellt. Personalbereiche müssen innerhalb eines Mandanten eindeutig sein und genau einem Buchungskreis zugeordnet werden. Mit Hilfe des Personalbereiches lassen sich bei der Pflege der Personalstammdaten Vorschlagswerte generieren, um den Erfassungsaufwand für die Sachbearbeiter zu minimieren. Außerdem bildet der Personalbereich ein Selektionskriterium für Auswertungen, sowie eine Einheit für Berechtigungsprüfungen.

Personalteilbereich

Personalbereiche werden weiter untergliedert in so genannte Personalteilbereiche. Auch dieses Organisationselement wird ausschließlich vom Personalmanagement genutzt. Die Eigenschaften der Personalteilbereiche haben Auswirkungen auf sämtliche Prozesse im Personalmanagement. Dies bedeutet, dass hier Regelungen hinterlegt werden, die sich insbesondere auf die Personaladministration, -zeitwirtschaft, und -abrechnung beziehen. So wird z.B. über den Personalteilbereich festgelegt, welche Daten verwendet werden dürfen, um Mitarbeiter näher zu beschreiben. Dazu gehört beispielsweise die Zuordnung zur Tarif- und Lohnartenstruktur, zu Arbeitszeitregelungen und ähnlichem. Anhand der hier festgelegten Regelungen wird die Plausibilität der Daten, die im Personalmanagement eingegeben werden, geprüft. So erhält man z.B. eine Fehlermeldung, wenn man einen Mitarbeiter einer Tarifart oder einem Arbeitszeitplan zuordnet, die in diesem Personalteilbereich gar nicht vorgesehen sind. Zu den Regelungen, die über den Personalteilbereich festgelegt werden, gehören u.a. die folgenden:

- Länderzuordnung, damit bei der Stammdatenerfassung automatisch die länderspezifischen Infotypen ausgewählt werden
- Zuordnung zu einer juristischen Person, mit der einzelne Firmen in juristischer Hinsicht unterschieden werden

- Zuordnungen im Rahmen der Zeitwirtschaft, z.B. zu einer Gruppe von Arbeitszeitplänen, sowie zu Vertretungs-, Abwesenheits- und Urlaubsarten.
- Festlegung eines Feiertagskalenders
- Zuordnung zu Gruppen von Lohnarten

Zusammengefasst stellt sich die Unternehmensstruktur im Personalmanagement also folgendermaßen dar (vgl. Abb. 9.8):

Abb. 9.8: Unternehmensstruktur aus Personalmanagementsicht

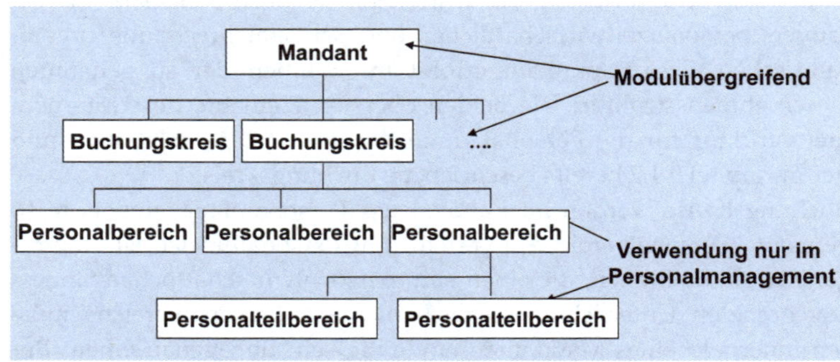

Anlegen / Kopieren Personalbereich

Um einen neuen Personalbereich anzulegen, wählen Sie in dem entsprechenden Customizing-Projekt (Transaktion SPRO) folgenden Menüpfad:

IMG-Menüpfad

Unternehmensstruktur➔Definition ➔ Personalwirtschaft ➔Personalbereiche

In dem erscheinenden Dialogfenster wählen Sie die Aktivität *Personalteilbereich kopieren, löschen, prüfen.* In der nächsten Maske wählen Sie die Drucktaste *Organisationsobjekt kopieren,* worauf ein Dialogfenster erscheint, in dem Sie einen bereits vorhanden Personalbereich eingeben können, um diesen zu kopieren. Außerdem geben Sie einen noch nicht vergebenen Primärschlüssel für Ihren neuen Personalbereich an. Nach dem Wählen von *Enter* wird der vorhandene Personalbereich zusammen mit allen verfügbaren Einträgen in abhängigen Tabellen auf Ihren neuen Personalbereich kopiert. Die Informationsmeldungen bezüglich der Liste der Merkmale sowie der Nummernkreise werden jeweils mit *Enter* bestätigt, woraufhin die Informationsmeldung erscheint, dass der Personalbereich kopiert wurde (vgl. Abb. 9.9).

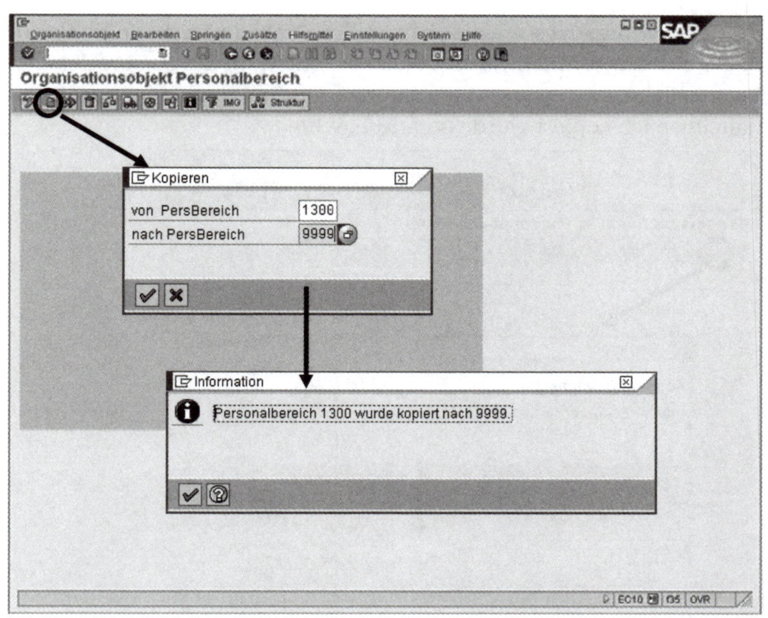

Abb. 9.9: Anlegen / Kopieren Personalbereich © SAP AG

Über den Menüpfad *Zusätze* → *Technische Protokolle* → *'Ergebnis Kopieren'* erhalten Sie einen Überblick über die kopierten Tabelleneinträge.

Zuordnung Personalbereich – Buchungskreis

Nach dem Anlegen eines neuen Personalbereiches muss dieser einem Buchungskreis sowie einem Land zugeordnet werden. Dies geschieht in dem entsprechenden Customizing-Projekt (Transaktion *SPRO*) über folgenden Menüpfad:

IMG-Menüpfad

Unternehmensstruktur→Zuordnung → Personalwirtschaft →Zuordnung Personalbereiche – Buchungskreis.

Hinweis

Falls Sie einen vorhandenen Personalbereich kopiert haben, so wurde automatisch die Buchungskreis- und Länderzuordnung mitkopiert. In diesem Fall müssen Sie über die oben genannte IMG-Aktivität prüfen, ob die kopierte Zuordnung korrekt ist.

Anlegen / Kopieren Personalteilbereich

Um einen neuen Personalteilbereich anzulegen, wählen Sie im Customizing-Projekt (Transaktion *SPRO*) folgenden Menüpfad:

IMG-Menüpfad

Unternehmensstruktur→DefinitionPersonalwirtschaft →Personalteilbereiche

In dem erscheinenden Dialogfenster wählen Sie die Aktivität *Personalteilbereich kopieren, löschen, prüfen* aus. Danach wählen Sie erneut die Drucktaste *Organisationsobjekt kopieren* und geben in dem erscheinenden Dialogfenster einen bereits vorhanden Personalteilbereich, sowie einen noch nicht vergebenen Primärschlüssel für Ihren neuen Personalteilbereich an. Nach dem Wählen von *Enter* wird der vorhandene Personalteilbereich zusammen mit allen verfügbaren Einträgen in abhängigen Tabellen auf Ihren neuen Personalteilbereich kopiert. Die Informationsmeldungen bezüglich der Liste der Merkmale sowie der Nummernkreise werden jeweils wieder mit *Enter* bestätigt. Am Ende des Kopiervorganges muss der neue Personalteilbereich einem Personalbereich zugeordnet werden. Nach der Auswahl des entsprechenden Personalbereiches erscheint die Informationsmeldung, dass der Personalteilbereich kopiert wurde (vgl. Abb. 9.10).

Abb. 9.10: Anlegen / Kopieren Personalteilbereich © SAP AG

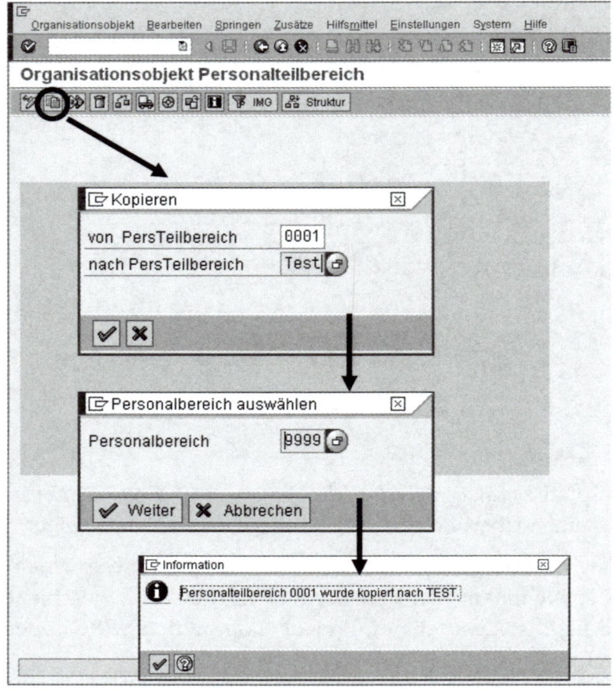

Personalstruktur

Die zweite wichtige Struktur im Personalmanagement ist die Personalstruktur, mit Hilfe derer die Mitarbeiter bezüglich ihres Status im Unternehmen untergliedert werden. Die Personalstruktur beschreibt also die Stellung der Person im Unternehmen aus Sicht des einzelnen Mitarbeiters.

Mitarbeitergruppe

Im Rahmen der administrativen Personalstruktur werden die Mitarbeiter zunächst grob in so genannte Mitarbeitergruppen unterteilt. Eine Mitarbeitergruppe definiert, in welchem Maß die zugehörigen Mitarbeiter ihre Arbeitskraft dem Unternehmen zur Verfügung stellen. Beispielsweise lassen sich über diese erste Grobeinteilung die Mitarbeiter in Aktive, Rentner und Vorruheständler strukturieren. Die Funktion der Mitarbeitergruppe ist der eines Personalbereiches vergleichbar. So lassen sich mit Hilfe der Mitarbeitergruppe bei der Pflege der Personalstammdaten Vorschlagswerte generieren. Außerdem bildet die Mitarbeitergruppe ein Selektionskriterium für Auswertungen, sowie eine Einheit für Berechtigungsprüfungen.

Mitarbeiterkreis

Mitarbeitergruppen werden auf der zweiten Ebene in Mitarbeiterkreise unterteilt. Über die Feineinteilung der Mitarbeitergruppe *Aktive* lassen sich z.B. gewerbliche Mitarbeiter, Auszubildende, Tarifangestellte und außertariflich Angestellte unterscheiden (vgl. Abb. 9.11).

Analog zu der Ebene der Personalteilbereiche steuern die Eigenschaften der Mitarbeiterkreise die Dateneingabemöglichkeiten bei den jeweiligen Mitarbeitern. So sind z.B. für außertariflich Angestellte andere Lohnarten vorgesehen als für Angestellte oder Auszubildende. Gleichzeitig gelten andere Tarifgruppen, Arbeitszeitpläne, Beurteilungsmuster usw. Zu den Regelungen, die über den Mitarbeiterkreis festgelegt werden, gehören u.a. die folgenden:

- Zuordnung zu Personalrechenregeln, die die Behandlung der Mitarbeiter in der *Personalabrechnung* steuern
- Zuordnung zu Gruppen von Lohnarten
- Zuordnung zu einer Tarifstruktur
- Zuordnung zu Gruppen von Arbeitszeitplänen
- Zuordnung zu Beurteilungsarten

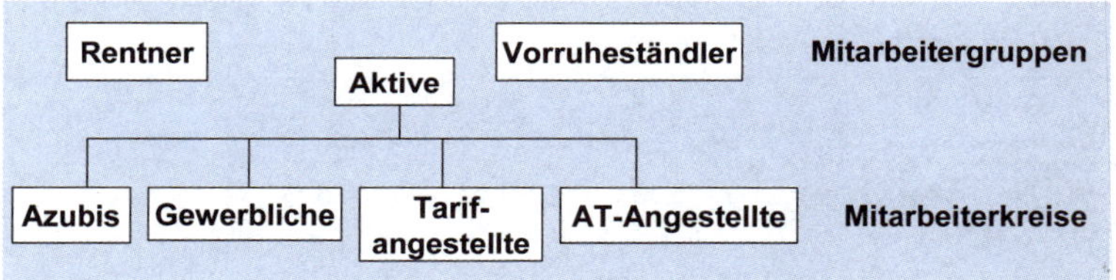

Abb. 9.11: Personalstruktur

Anlegen / Kopieren Mitarbeitergruppe

Um eine neue Mitarbeitergruppe anzulegen wählen Sie in dem entsprechenden Customizing-Projekt (Transaktion *SPRO*) folgenden Menüpfad:

IMG-Menüpfad

Unternehmensstruktur➔Definition➔Personalwirtschaft ➔Mitarbeitergruppe

In der entsprechenden Tabelle tragen Sie eine neue Mitarbeitergruppe ein, bzw. kopieren Sie eine vorhandene Mitarbeitergruppe mittels Drucktaste *Kopieren als* (vgl. Abb. 9.12). Sichern Sie die neue Mitarbeitergruppe.

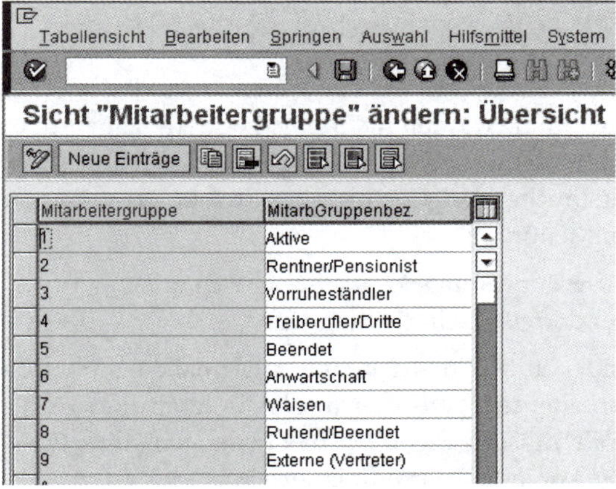

Abb. 9.12: Anlegen / Kopieren Mitarbeitergruppe © SAP AG

Um einen neuen Mitarbeiterkreis anzulegen, wählen Sie im Customizing-Projekt (Transaktion *SPRO*) folgenden Menüpfad:

IMG-Menüpfad

Unternehmensstruktur➔Definition➔Personalwirtschaft
➔Mitarbeiterkreis

In dem erscheinenden Dialogfenster wählen Sie die Aktivität *Mitarbeiterkreis Umfeld bearbeiten* aus. In der nächsten Maske wählen Sie die Drucktaste *Organisationsobjekt kopieren,* worauf ein Dialogfenster erscheint, in dem Sie einen bereits vorhandenen Mitarbeiterkreis, sowie einen noch nicht vergebenen Primärschlüssel für Ihren neuen Mitarbeiterkreis angeben. Nach dem Wählen von *Enter* wird der vorhandene Mitarbeiterkreis zusammen mit allen verfügbaren Einträgen in abhängigen Tabellen auf Ihren neuen Mitarbeiterkreis kopiert. Die Informationsmeldungen bezüglich der Liste der Merkmale sowie der Nummernkreise werden jeweils wieder mit *Enter* bestätigt, woraufhin die Informationsmeldung erscheint, dass der Mitarbeiterkreis kopiert wurde (vgl. Abb. 9.13). Auch hier erhalten Sie über den Menüpfad *Zusätze* ➔ *Technische Protokolle* ➔ *‚Ergebnis Kopieren'* einen Überblick über die kopierten Tabelleneinträge.

Abb. 9.13: Anlegen / Kopieren Mitarbeiterkreis © SAP AG

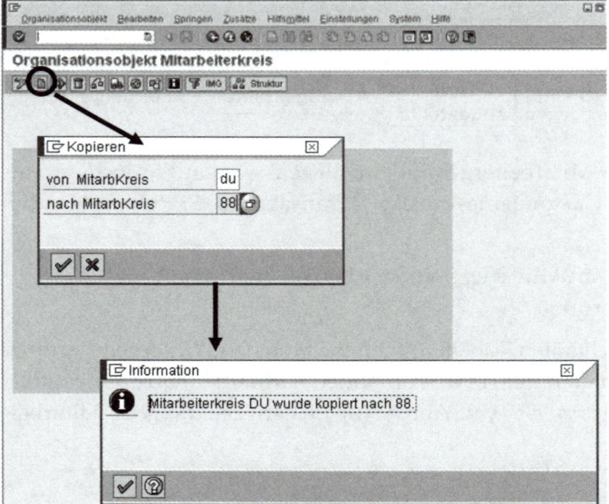

Nach dem Anlegen eines neuen Mitarbeiterkreises muss dieser einer Mitarbeitergruppe sowie einem oder mehreren Ländern zugeordnet werden, indem der Mitarbeiterkreis verwendet werden kann. Dies geschieht in dem entsprechenden Customizing-Projekt (Transaktion *SPRO*) über folgenden Menüpfad:

IMG-Menüpfad

Unternehmensstruktur➔Zuordnung➔Personalwirtschaft
➔Zuordnung Mitarbeiterkreis – Mitarbeitergruppe

Hinweis

Falls Sie einen vorhandenen Mitarbeiterkreis kopiert haben, so wurde automatisch die Mitarbeitergruppen- und die Länderzuordnung mitkopiert. In diesem Fall müssen Sie über die oben genannte IMG-Aktivität prüfen, ob die kopierte Zuordnung korrekt ist.

9.2 Belegprinzip

Geschäftsvorfälle (z. B. Rechnung, Lieferung, Fakturierung oder Reklamation) werden im SAP-System als Buchungsbelege abgelegt (vgl. Abb. 9.14). Buchungen, die sich im Hauptbuch der Finanzbuchhaltung niederschlagen, können mehreren Quellen entstammen. Operative Geschäftsprozesse der Logistik oder der Personalwirtschaft führen automatisch zu Buchungen in der Finanzbuchhaltung. Daneben gibt es Buchungen in den Nebenbüchern (Personenkonten), die sich über die Mitbuchtechnik im Neben- und Hauptbuch niederschlagen.

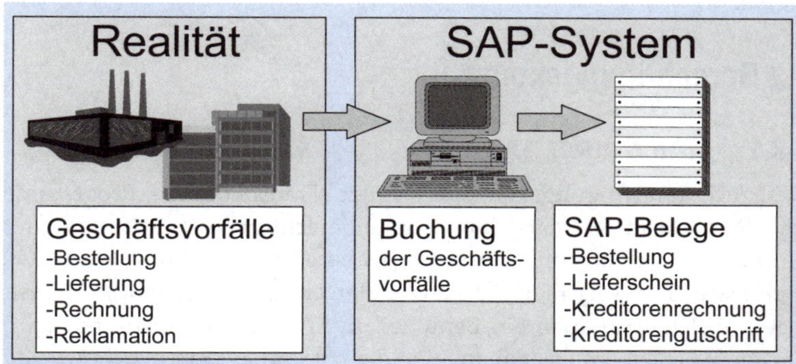

Abb. 9.14: Abbildung von Geschäftsvorfällen über Belege

Abb. 9.15 zeigt den Aufbau eines SAP-Beleges. Ein Buchungsbeleg besteht aus einem Belegkopf und mehreren Belegpositionen (mind. zwei, max. 999). Ein Buchungsbeleg muss immer einen Nullsaldo aufweisen.

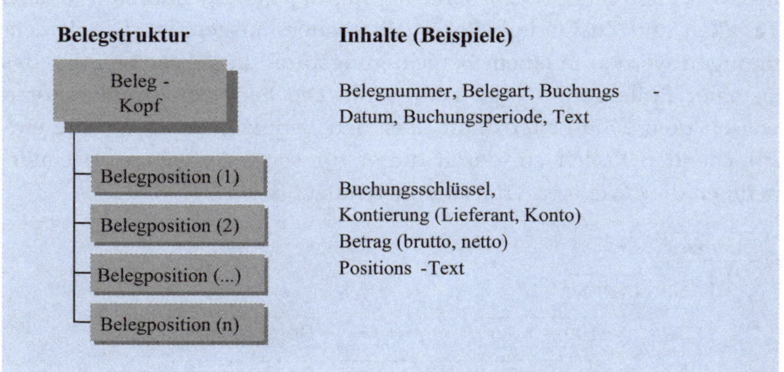

Abb. 9.15: Belegaufbau

Belegnummer

Die SAP-Belegnummer dient der eindeutigen Identifikation eines Beleges. Sie stellt die Verbindung vom SAP-Beleg zum Originalbeleg (z. B. Rechnung, Gutschrift, Umlagerung) her.

Belegdatum

Das Belegdatum dient der Ableitung der Buchungsperiode, in die das System die Verkehrszahlen der Buchungen fortschreibt. Die Belegart differenziert nach betriebswirtschaftlichen Vorgängen. Sie gilt für den ganzen Buchungsbeleg und steuert z. B. die Belegnummernvergabe (z. B. Nummernintervall).

Belegart

Die Belegart legt fest, welche Kontoarten bebucht werden dürfen. So ist z. B. bei der Belegart „KR“ (Kreditorenrechnung) keine Buchung auf ein Debitorenkonto möglich.

Buchungsschlüssel

Der Buchungsschlüssel beschreibt die Belegposition. Er spezifiziert den betriebswirtschaftlichen Vorgang weiter (z. B. Eingangsrechnung, Gutschrift, Storno) und legt fest, ob die Position als Soll- oder Habenbuchung zu interpretieren ist. Weiterhin legt der Buchungsschlüssel fest, ob die Buchung umsatzwirksam ist (Verkehrszahlenfortschreibung!). So ist z. B. eine Rechnung umsatzwirksam, eine Zahlung dagegen nicht.

9.3 Berechtigungskonzept

9.3.1 Grundlagen

Das SAP-Berechtigungskonzept schützt Transaktionen, Programme und Services in SAP-Systemen vor unberechtigtem Zugriff. Auf der Grundlage des Berechtigungskonzepts vergibt der Administrator den Benutzern Berechtigungen (positives Berechtigungskonzept), die festlegen, welche Aktionen ein Benutzer im SAP-System ausführen darf, nachdem er sich am System angemeldet hat und authentifiziert wurde.

Berechtigungsobjekt

Um auf betriebswirtschaftliche Objekte zuzugreifen oder SAP-Transaktionen auszuführen, benötigt ein Benutzer entsprechende Berechtigungen, da betriebswirtschaftliche Objekte oder Transaktionen durch Berechtigungsobjekte geschützt sind. Die Berechtigungen stellen Instanzen der generischen Berechtigungsobjekte dar und sind je nach Tätigkeit und Zuständigkeit des Mitarbeiters ausgeprägt. Die Berechtigungen werden in einem Berechtigungsprofil zusammengefasst, das zu einer Rolle gehört (vgl. Abb. 9.16). Die Benutzeradministratoren weisen dem Mitarbeiter dann über den Benutzerstammsatz die entsprechenden Rollen zu, damit dieser für seine Aufgaben im Unternehmen die jeweiligen Transaktionen nutzen kann.

Abb. 9.16: Berechtigungskonzept

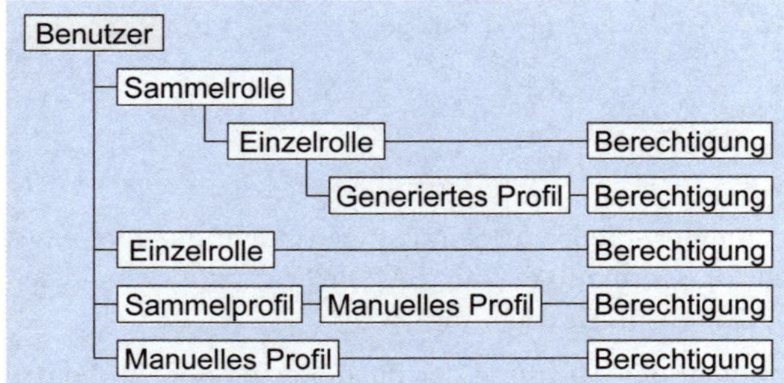

Ein Berechtigungsobjekt könnte z.B. das Objekt „Materialstamm – Werk“ sein. Hierbei geht es darum, Materialstammsätze anzulegen, zu ändern etc. Durch den Zusatz Werk soll gezeigt werden, dass nicht nur das Objekt „Materialstamm“ mit seinen zugehörigen Aktionen, sondern auch das Feld „Werk", von der Berechtigung geschützt werden soll (vgl. Abb. 9.17).

Abb. 9.17: Berechtigungsobjekt

Eine Berechtigung ist nun eine bestimmte Kombination von zulässigen Werten (Aktivitäten und Felder) zu einem Berechtigungsobjekt. Angewendet auf das Beispiel der Materialwirtschaft wäre eine Berechtigung für das Objekt „Materialstamm – Werk" die Aktivität „anzeigen" und der Feldwert 1000. Wenn ein Benutzer diese Berechtigung zugewiesen bekommt, kann er sich beliebige Materialstammdaten zum Werk mit dem Schlüssel 1000 anzeigen lassen. Die Anwendung „Material ändern" könnte von einem Benutzer, der die Beispielberechtigung hat, nicht aufgerufen werden.

Berechtigungskonzept

In größeren SAP-Systemen mit vielen Benutzern macht es Sinn, für die Entwicklung der Rollen und Profile zunächst ein Berechtigungskonzept zu entwickeln. Hier werden zunächst auf der Basis der Geschäftsprozesse und der daraus abgeleiteten Aufgaben der Stellen Rollen identifiziert, die sich aus Einzelrollen und generierten Profilen zusammensetzen können. Dieses Konzept kann direkt mit dem Human Resource Management gekoppelt werden, so dass mit der Übernahme einer Stelle durch einen Benutzer auch gleichzeitig die notwendigen Berechtigungen auf den Benutzer übergehen. Wenn der Benutzer eine Stelle abgibt, dann verliert er auch gleichzeitig die bisherigen Berichtigungen. Das Berechtigungskonzept muss also auch Verfahren zur Berechtigungsvergabe und -rücknahme beschreiben. Da Berechtigungen auch kritische Aktivitäten beinhalten können, sind auch Verfahren zum Berechtigungsaudit im Unternehmen festzulegen.

Zentrale Benutzerverwaltung

Zunehmend werden SAP-Systeme in einer komplexen Systemlandschaft eingesetzt. In den Unternehmen kommen nicht nur ein SAP ERP-System, sondern auch weitere Systeme (z.B. Customer Relation Management, Data Warehouse, Unternehmensportal) zum Einsatz. Es ist sehr aufwändig, wenn in den verschiedenen Systemen jeweils lokale Benutzerverwaltungen aufgebaut werden. Selbst wenn es sich bei den verschiedenen Systemen jeweils um SAP-Systeme handelt, müssten die Benutzer in jedem System auf Mandantenebene administriert werden, da die Benutzer immer nur in einem Mandanten gültig sind. Um in solchen Szenarien den Aufwand zu reduzieren und die Übersicht zu behalten, existiert in den SAP-Systemen die Möglichkeit, eine

Zentrale Benutzerverwaltung (ZBV) zu aktivieren. Über ALE-Szenarien werden dann die Benutzerdaten an die angeschlossenen SAP-Systeme verteilt (vgl. Abb. 9.18). Über die ZBV lassen sich auch Verzeichnisdienste (meist auf der Basis von LDAP – Lightweight Directory Access Protocol) anschließen, so dass auch eine Benutzerverwaltung außerhalb von SAP angesiedelt werden kann. Damit lässt sich in heterogenen, komplexen Systemlandschaften eine konsistente Benutzerveraltung realisieren.

Abb. 9.18: Zentrale Benutzerverwaltung

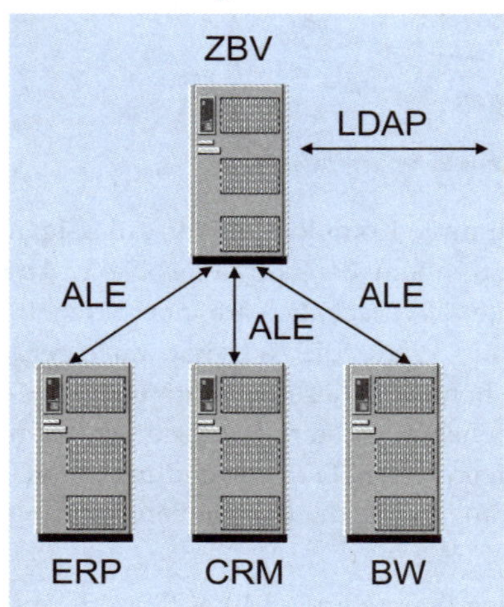

9.3.2 Benutzerpflege

Die Berechtigungen im SAP-System werden über Zwischenstufen (Rollen bzw. Profile) direkt dem Benutzer zugeordnet. Deshalb wird in diesem Abschnitt kurz auf die Benutzerpflege und die Zuordnung von Rollen bzw. Profilen eingegangen.

Menüpfad Werkzeuge➔Administration➔Benutzerpflege

Transaktion SU01 – Benutzer

Im Einstiegsbild der Transaktion wählen Sie einen vorhandenen Benutzer (hier *STUD00*) und betätigen die Drucktaste *Ändern* (oder *Umsch+F6*) (vgl. Abb. 9.19).

Abb. 9.19: SU01 – Benutzerpflege – Einstieg © SAP AG

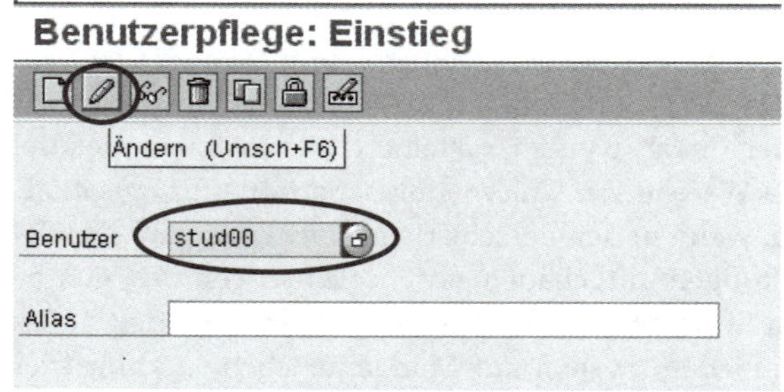

Der Benutzer sollte in Ihrem System bereits vorhanden sein. Eine Liste der vorhandenen Benutzer können Sie über die F4-Hilfe erhalten. In dem nachfolgenden Fenster können Sie die verschiedenen Daten im Benutzerstamm pflegen. Für die Berechtigungen des Benutzers sind die beiden Registerkarten *Rollen* und *Profile* relevant.

Profile

Profile sind technische Zusammenfassungen von Berechtigungen. In der Regel werden solche Profile mit Hilfe des Profilgenerators im Rahmen der Rollenpflege automatisch generiert. Profile lassen sich aber auch manuell bearbeiten.

Rollen

Rollen beinhalten nicht nur Profile, sondern umfassen auch Benutzermenüs und Berichte. Sie sind vom Konzept her also als umfangreicher anzusehen. Rollen werden mit dem sog. Profilgenerator gepflegt.

Sammelrolle

Die Abb. 9.20 zeigt die Rollen, die dem Benutzer *STUD00* zugeordnet wurden. Dabei handelt es sich eigentlich nur um die Sammelrolle *Z_SAP_AUDITOR*. Dies ist an dem Symbol in der Spalte *Typ* erkennbar. Diese Sammelrolle umfasst sämtliche Einzelrollen, die auch auf der Registerkarte angegeben sind.

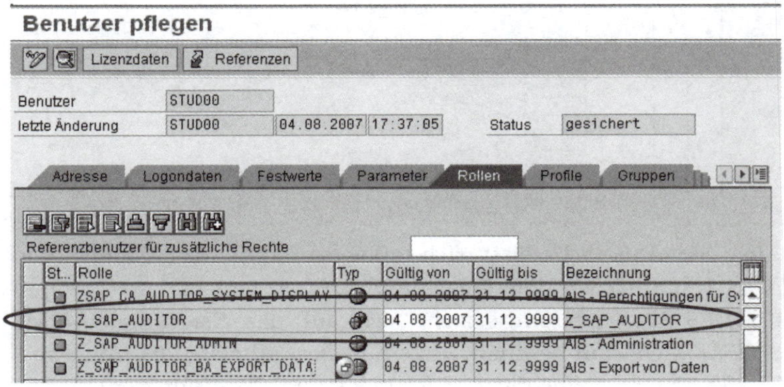

Abb. 9.20: SU01 – Benutzerpflege – Rollen © SAP AG

Sammelprofil

In der nachfolgenden Abb. 9.21 ist die Registerkarte Profile zu den Benutzer STUD00 dargestellt. Dem Benutzer ist nur das Profile *IDES_USER* zugeordnet. Die übrigen Profile wurden für die Rollen mit Hilfe des Profilgenerators generiert. Dies ist jeweils durch das Symbol in der Spalte Typ erkennbar. Das Profil IDES_USER ist ein Sammelprofil, d.h. es setzt sich wiederum aus Einzelprofilen zusammen.

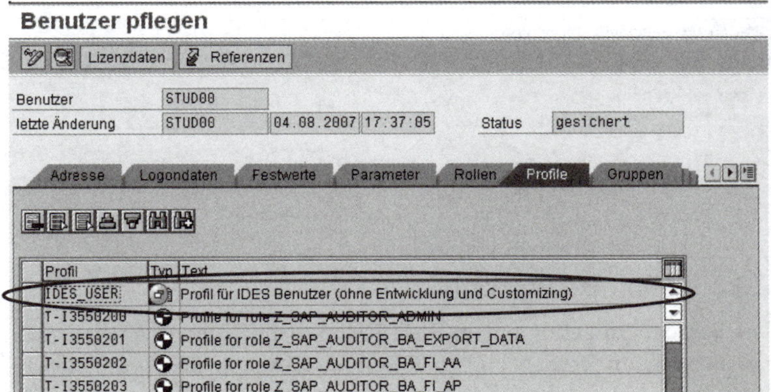

Abb. 9.21: SU01 – Benutzerpflege – Profile © SAP AG

Durch einen Doppelklick auf den Profilnamen (hier *IDES_USER*) können Sie sich den Inhalt des Sammelprofils anschauen. Wenn Sie die Hierarchie des Sammelprofils vollständig aufklappen, erhalten Sie die in Abb. 9.22 dargestellten Informationen.

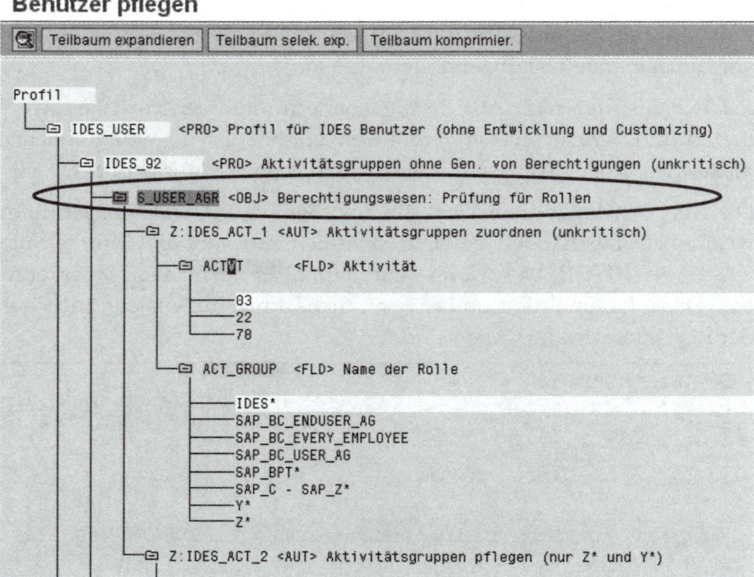

Abb. 9.22: SU01 – Benutzerpflege – Sammelprofil © SAP AG

Aus der Abb. 9.22 lässt sich erkennen, dass das Sammelprofil *IDES_USER* u.a. aus dem Einzelprofil *IDES_92* besteht. Das Einzelprofil *IDES_92* wiederum bezieht sich auf das Berechtigungsobjekt *S_USER_AGR* und bestimmt, dass nur die Aktivitäten 03 (Anzeigen), 22 (Eintragen, Aufnehmen, Zuordnen) und 78 (Zuordnen) für bestimmte Werte (hier Rollen) zulässig sind.

Welche Änderungen bisher an dem Benutzerstamm vorgenommen wurden, lässt sich aus den Änderungsbelegen erkennen. Über die Menüfolge Info➔Änderungsbelege für Benutzer können Sie sich die Änderungsbelege zu dem von Ihnen selektierten Benutzer anzeigen lassen (vgl. Abb. 9.23).

Änderungsbelege für Benutzer

Anzahl selektierter Änderungsbelege: 22

Benutzer	Datum	Zeit	Nr.	Anderer	Aktion	Alter Wert	Text	Neuer Wert	Text zum neuen Wert
STUD00	20.03.2007	11:03:31	1	DFRICK	Benutzer angelegt				
			2	DFRICK	Profil hinzugefügt			IDES_USER	Profil für IDES Benutzer (ohne Entwicklung und Customizing)
	04.08.2007	17:36:36	1	DFRICK	Profil hinzugefügt			T-I3550210	
			2	DFRICK	Profil hinzugefügt			T-I3550211	
			3	DFRICK	Profil hinzugefügt			T-I3550212	
			4	DFRICK	Profil hinzugefügt			T-I3550213	
			5	DFRICK	Profil hinzugefügt			T-I35502131	

Abb. 9.23: SU01 – Benutzerpflege – Änderungsbelege © SAP AG

9.3.3 Informationssystem

Die Berechtigungen in einem SAP-System kennzeichnen einen sensiblen Bereich im Betrieb von SAP-Systemen. Wenn kein umfassendes Berechtigungskonzept vorliegt, besteht leicht die Gefahr, dass die

Berechtigungen einzelner Mitarbeiter im Laufe der Zeit anwachsen und über die verschachtelten Strukturen (Einzelprofil, Sammelprofil, Einzelrolle, Sammelrolle) die Übersicht verloren geht. Es kann in der Praxis leicht der Fall eintreten, dass zu viele Benutzer kritische Berechtigungen erhalten, ohne dass das für ihre Aufgabenerledigung notwendig wäre.

Im SAP-System existieren dazu eine Reihe von Reports und Analysen, die die Berechtigungsadministratoren und auch andere Zielgruppen (z.B. Wirtschaftsprüfer) bei ihren Prüfungstätigkeiten unterstützen. Berechtigungsadministratoren können direkt aus der Benutzerpflege heraus in das Info-System verzweigen.

Menüpfad

Werkzeuge➔Administration➔Benutzerpflege

Transaktion

SU01 – Benutzer

Über die Menüfolge Info➔Infosystem gelangen Sie direkt in das Infosystem zur Benutzer- und Berechtigungsadministration (vgl. Abb. 9.24). Von dort aus lassen sich Reports und Analyse nach unterschiedlichsten Kriterien (z.B. Benutzer mit kritischen Berechtigungen) erstellen.

Diese vielfältigen Analysen können der Berechtigungsadministration helfen, dass sie in ihrem Aufgabenbereich die Übersicht behält und frühzeitig auf ungewollte Zustände aufmerksam gemacht wird. Allerdings lassen sich für diese Analysen keine weiteren Selektionskriterien vorgeben, so dass sich die Ergebnisse immer auf sämtliche Benutzer, Rollen etc. beziehen. Für solche gezielten Analysen stehen weitere Reports bereits.

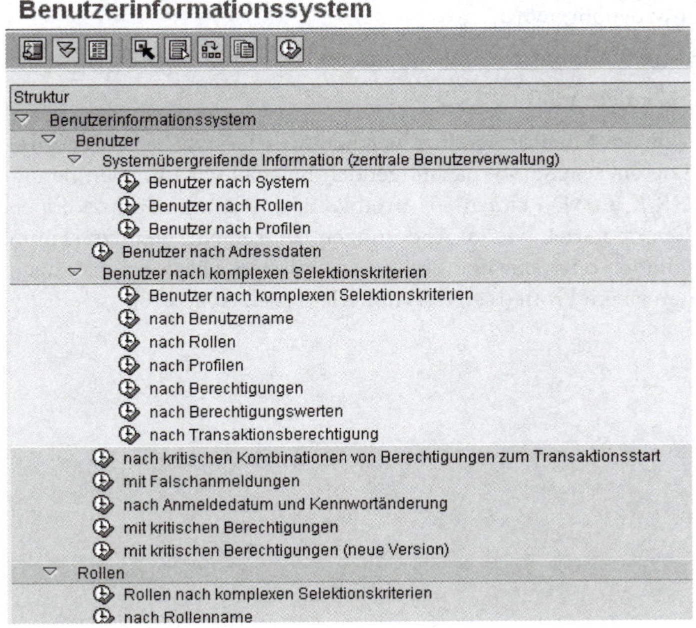

Abb. 9.24: SU01 – Benutzerpflege – Benutzerinformationssystem © SAP AG

Eine Möglichkeit der Analyse nach Benutzergruppen können Sie exemplarisch an dem nachfolgenden Beispiel erkennen. In diesem Beispiel werden die Benutzer nach Anmeldedatum und Kennwortänderung zusammengefasst, die im Benutzernamen mit *REWE* beginnen (vgl. Abb. 9.25).

Menüpfad

Werkzeuge➔Administration➔Benutzerpflege➔Infosystem ➔Benutzer

Transaktion

RSUSR200 – nach Anmeldedatum und Kennwortänderung

Liste der Benutzer nach Anmeldedatum und Kennwortänderung

Liste der Benutzer nach Anmeldedatum und Kennwortänderung

Benutzer	Gruppe	Typ	Angelegt durch	am	Gültig bis	Letzte Anmeldung	Kennwort geändert	Benutzer gesperrt
REWE-00		A	DFRICK	20.03.2007		27.03.2007 07:47:01	✔ 27.03.2007	
REWE-01		A	DFRICK	20.03.2007		04.05.2007 07:54:01	✔ 27.03.2007	Anzahl Falschanmeld.: 1
REWE-02		A	DFRICK	20.03.2007		12.06.2007 08:25:21	✔ 27.03.2007	
REWE-03		A	DFRICK	20.03.2007		12.06.2007 08:29:51	✔ 27.03.2007	
REWE-04		A	DFRICK	20.03.2007		22.05.2007 08:59:39	✔ 27.03.2007	
REWE-05		A	DFRICK	20.03.2007		27.03.2007 09:06:37	✔ 27.03.2007	
REWE-06		A	DFRICK	20.03.2007		24.04.2007 09:13:46	✔ 27.03.2007	
REWE-07		A	DFRICK	20.03.2007		14.06.2007 15:15:13	✔ 27.03.2007	
REWE-08		A	DFRICK	20.03.2007		03.04.2007 08:51:54	✔ 27.03.2007	
REWE-09		A	DFRICK	20.03.2007		27.06.2007 16:50:01	✔ 27.03.2007	
REWE-10		A	DFRICK	20.03.2007		14.06.2007 15:32:14	✔ 27.03.2007	
REWE-11		A	DFRICK	20.03.2007		27.03.2007 08:08:51	✔ 27.03.2007	
REWE-12		A	DFRICK	20.03.2007		12.06.2007 08:33:38	✔ 27.03.2007	
REWE-13		A	DFRICK	20.03.2007		10.06.2007 10:54:26	✔ 27.03.2007	
REWE-14		A	DFRICK	20.03.2007		21.07.2007 13:57:42	✔ 27.03.2007	
REWE-15		A	DFRICK	20.03.2007		23.07.2007 10:40:35	✔ 27.03.2007	
REWE-16		A	DFRICK	20.03.2007		04.06.2007 01:31:30	✔ 27.03.2007	
REWE-17		A	DFRICK	20.03.2007		09.06.2007 16:24:40	✔ 27.03.2007	
REWE-18		A	DFRICK	20.03.2007		03.06.2007 19:02:09	✔ 27.03.2007	
REWE-19		A	DFRICK	20.03.2007		20.06.2007 13:43:27	✔ 27.03.2007	
REWE-20		A	DFRICK	20.03.2007		[illegible]	✔ 27.03.2007	
REWE-21		A	DFRICK	20.03.2007		unbenutzt	✘ 20.03.2007	
REWE-22		A	DFRICK	20.03.2007		[illegible]	✔ 27.03.2007	
REWE-23		A	DFRICK	20.03.2007		15.05.2007 12:57:32	✔ 27.03.2007	
REWE-24		A	DFRICK	20.03.2007		03.04.2007 08:46:33	✔ 27.03.2007	Anzahl Falschanmeld.: 3
REWE-25		A	DFRICK	20.03.2007		17.04.2007 00:57:36	✔ 27.03.2007	Anzahl Falschanmeld.: 3

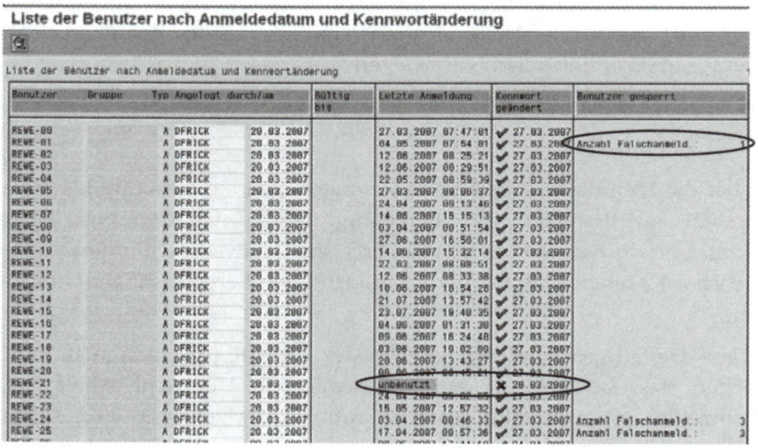

Abb. 9.25: RSUSR200 – Benutzer nach Anmeldedatum und Kennwortänderung © SAP AG

Aus dem Report lassen sich gleichzeitig auch Informationen zu den Falschanmeldungen einzelner Benutzer erkennen. Es ist auch ersichtlich, welche Benutzer bisher noch keine Anmeldung durchgeführt haben. Hier müsste also die Frage geklärt werden, ob der Benutzer überhaupt benötigt wird?

Menüpfad

Werkzeuge➔Administration➔Monitor➔Security-Audit-Log

Transaktion

SM19 – Konfiguration

Zum gezielten Monitoring einzelner Benutzer lässt sich das Security-Audit-Log einschalten. In nachfolgenden Beispiel wird für den Benutzer *DFRICK* im Mandanten *904* protokolliert, wenn er Transaktionen oder Report startet, wenn Änderungen an seinem Benutzerstamm vorgenommen oder sonstige Ereignisse eintreten. Diese Einstellungen werden in einem Profil (hier *Test*) hinterlegt (vgl. Abb. 9.26).

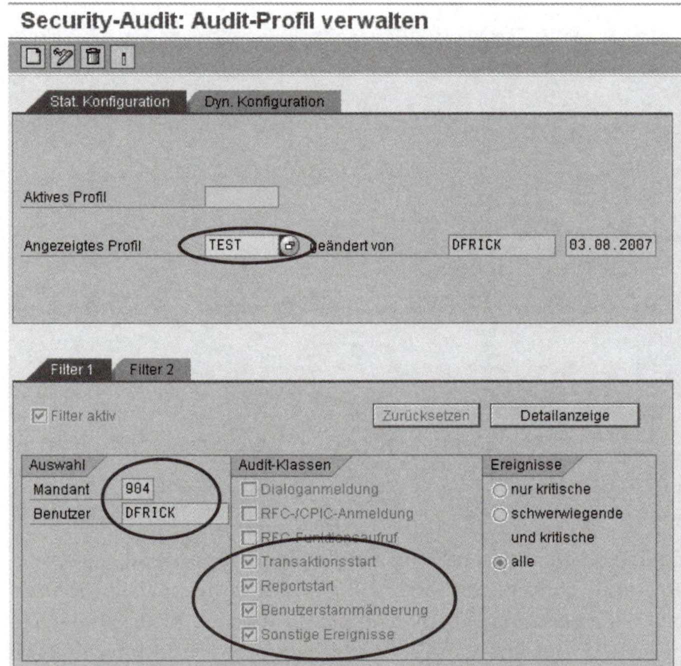

Abb. 9.26: SM19 – Security-Audit-Log – Konfiguration © SAP AG

Nach dem Start der Konfiguration werden alle Vorgänge protokolliert, die zu dem Audit-Profil passen. Es lassen sich damit bestimmte sicherheitsrelevante Aktivitäten gezielt überprüfen. Dies wird insbesondere von Auditoren für Benutzer mit besonders kritischen Berechtigungen zur Gewährleistung der Revisionssicherheit des Systems gefordert. Voraussetzung für die Nutzung des Security-Audit-Logs ist natürlich die Einhaltung der Rahmenbedingungen hinsichtlich der Mitbestimmungsrechte und des Datenschutzes.

Menüpfad

Werkzeuge➔Administration➔Monitor➔Security-Audit-Log

Transaktion

SM20 – Auswertung

Mit dieser Transaktion lässt sich bestimmen, welcher Teil des Security-Audit-Logs angezeigt werden soll. Die nachfolgende Abb. 9.27 zeigt einen solchen Report. Es ist erkennbar, welche Transaktionen der Benutzer gestartet hat.

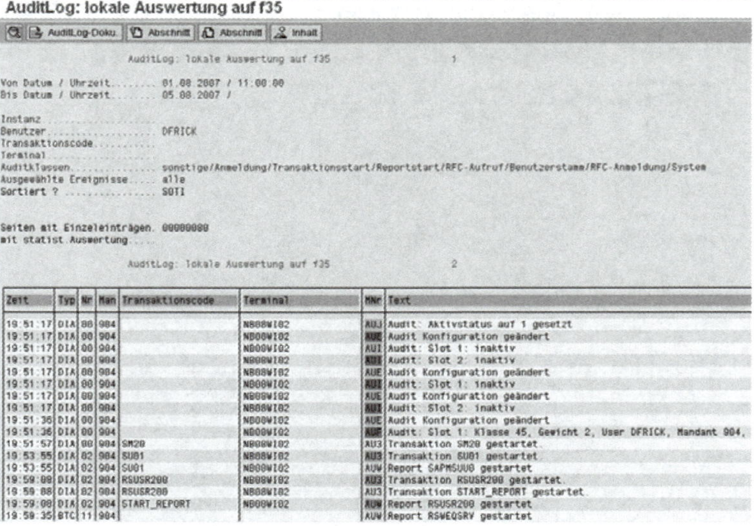

AuditLog: lokale Auswertung auf f35

AuditLog-Doku | Abschnitt | Abschnitt | Inhalt

AuditLog: lokale Auswertung auf f35 1

Von Datum / Uhrzeit........ 01.08.2007 / 11:00:00
Bis Datum / Uhrzeit........ 05.08.2007 /

Instanz ....
Benutzer................... DFRICK
Transaktionscode...........
Terminal ....
AuditKlassen............... sonstige/Anmeldung/Transaktionsstart/Reportstart/RFC-Aufruf/Benutzerstamm/RFC-Anmeldung/System
Ausgewählte Ereignisse..... alle
Sortiert ? .... SOTI

Seiten mit Einzeleinträgen. 00000000
mit statist.Auswertung.....

AuditLog: lokale Auswertung auf f35 2

Zeit	Typ	Nr	Man	Transaktionscode	Terminal	MNr	Text
19:51:17	DIA	00	904		NB00WI02	AUJ	Audit: Aktivstatus auf 1 gesetzt
19:51:17	DIA	00	904		NB00WI02	AUE	Audit Konfiguration geändert
19:51:17	DIA	00	904		NB00WI02	AUI	Audit: Slot 1: inaktiv
19:51:17	DIA	00	904		NB00WI02	AUI	Audit: Slot 2: inaktiv
19:51:17	DIA	00	904		NB00WI02	AUE	Audit Konfiguration geändert
19:51:17	DIA	00	904		NB00WI02	AUI	Audit: Slot 1: inaktiv
19:51:17	DIA	00	904		NB00WI02	AUE	Audit Konfiguration geändert
19:51:17	DIA	00	904		NB00WI02	AUI	Audit: Slot 2: inaktiv
19:51:36	DIA	00	904		NB00WI02	AUE	Audit Konfiguration geändert
19:51:36	DIA	00	904		NB00WI02	AUE	Audit: Slot 1: Klasse 45, Gewicht 2, User DFRICK, Mandant 904,
19:51:57	DIA	00	904	SM20	NB00WI02	AU3	Transaktion SM20 gestartet.
19:53:55	DIA	02	904	SU01	NB00WI02	AU3	Transaktion SU01 gestartet.
19:53:55	DIA	02	904	SU01	NB00WI02	AUW	Report SAPMSUU0 gestartet
19:59:08	DIA	02	904	RSUSR200	NB00WI02	AU3	Transaktion RSUSR200 gestartet.
19:59:08	DIA	02	904	RSUSR200	NB00WI02	AU3	Transaktion START_REPORT gestartet.
19:59:08	DIA	02	904	START_REPORT	NB00WI02	AUW	Report RSUSR200 gestartet
19:59:35	BTC	11	904			AUW	Report RSWEQSRV gestartet

Abb. 9.27: SM19 – Security-Audit-Log – Report © SAP AG

Audit-Information-System

Berechtigungen sind aber nicht nur für die Berechtigungsadministratoren interessant. Auch Wirtschaftsprüfer und interne Revision interessieren sich neben anderen Themenbereichen auch für kritische Berechtigungen im SAP-System. Um die Wirtschaftsprüfer und interne Revision bei ihren Prüfungen zu unterstützen, wurde im SAP-System das Audit-Information-System (AIS) bereitgestellt. Bis zum Release 4.6C gab es hierzu eine eigene Transaktion (SECR). Ab diesem Release 4.6C wurden die Audit-Aktivitäten in verschiedenen Rollen abgebildet und können über den Profilgenerator unternehmensspezifisch angepasst werden. Die Transaktion SECR ist zwar in den SAP-Systemen noch vorhanden, sollte aber nicht mehr benutzt werden.

9.3.4 Profilgenerator

Da im vorgehenden Abschnitt bereits der Profilgenerator angesprochen worden ist, soll hier kurz auf ihn eingegangen werden. Der Profilgenerator gehört zu den wichtigsten Instrumenten für die Berechtigungsentwickler und -administoren, um die Berechtigungen im System zu entwickeln und zu pflegen. Mit Hilfe des Profilgenerators werden nicht nur Profile, sondern insbesondere Rollen (Einzel- oder Sammelrollen) angelegt und gepflegt. Nachfolgend soll dies an der vorhandenen Sammelrolle *SAP_AUDITOR* gezeigt werden.

Menüpfad Werkzeuge➔Administration➔ Benutzerpflege➔Rollenverwaltung

Transaktion PFCG – Rollen

Nach dem Start der Transaktion tragen Sie im dem Feld *Rolle* den Wert *SAP_AUDITOR* ein und betätigen die Drucktaste *Anzeigen*. Anschließend erhalten Sie das Einstiegsfenster zur Rollenanzeige. Dort wählen Sie die Registerkarte *Rollen* und erhalten die in Abb. 9.28 dargestellte Übersicht. Angezeigt werden die Profile bzw. Rollen, aus denen sich die Sammelrolle *SAP_AUDITOR* zusammensetzt.

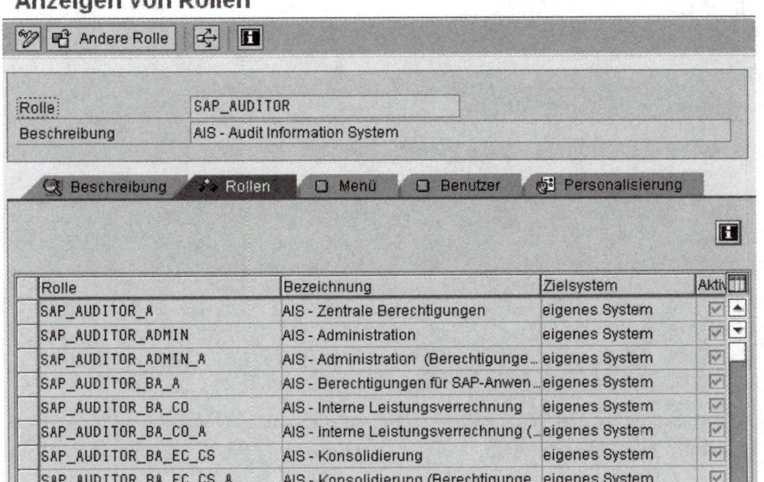

Abb. 9.28: PFCG – Profilgenerator – Rollen © SAP AG

Durch einen Doppelklick auf eine Rolle können Sie sich in diese Rolle navigieren. Bei einer Einzelrolle wird als zusätzliche Registerkarte *Berechtigungen* angezeigt. Hier lassen sich die Berechtigungen einstellen. Dazu müssen Sie auf der Registerkarte *Berechtigungen* in der Gruppe *Berechtigungsdaten pflegen und Profile generieren* die Drucktaste *Berechtigungsdaten ändern* anklicken. Dazu müssen Sie aber zunächst vom Anzeigen- in den Bearbeiten-Modus wechseln. Außerdem erhalten Sie den Hinweis, dass sich die betreffende Rolle nicht im Kundennamensraum befindet. Bevor Sie also die Berechtigungen ändern, sollten Sie sie in den Kundennamensraum kopieren und sollten auch nur die Kopien bearbeiten.

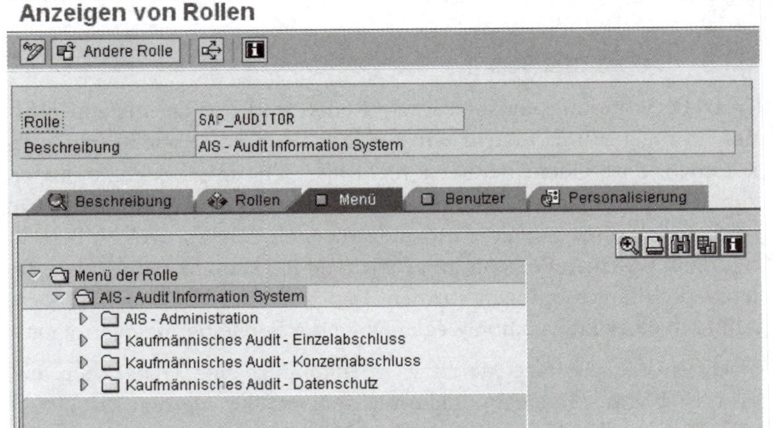

Abb. 9.29: PFCG – Profilgenerator – Menü © SAP AG

Auf der Registerkarte *Menü* erhalten Sie die derzeitige Definition des Menüs für diese Rolle (vgl. Abb. 9.29). Die Registerkarte *Benutzer* zeigt an, welchen Benutzern diese Rolle bisher zugewiesen wurde (vgl. Abb. 9.30). Unter anderem wurde diese Rolle auch dem Benutzer *STUD00* zugewiesen.

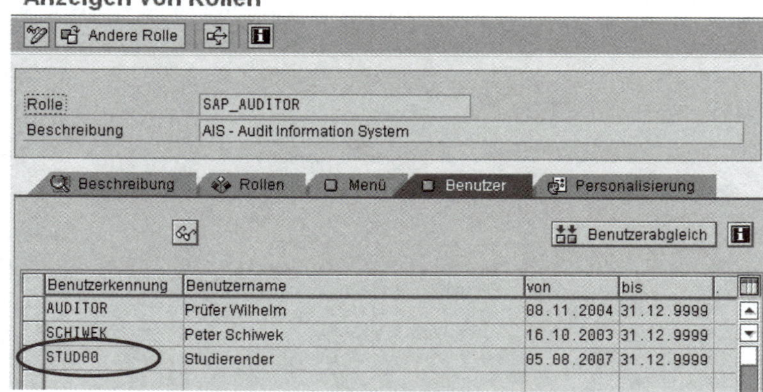

Abb. 9.30: PFCG – Profilgenerator – Benutzer © SAP AG

Wenn Sie sich also mit diesem Benutzer am SAP-System anmelden, erhalten Sie das in Abb. 9.31 dargestellte Menü. Das in der Rolle SAP_AUDITOR eingestellte Menü wird dem Benutzer als Menü angeboten.

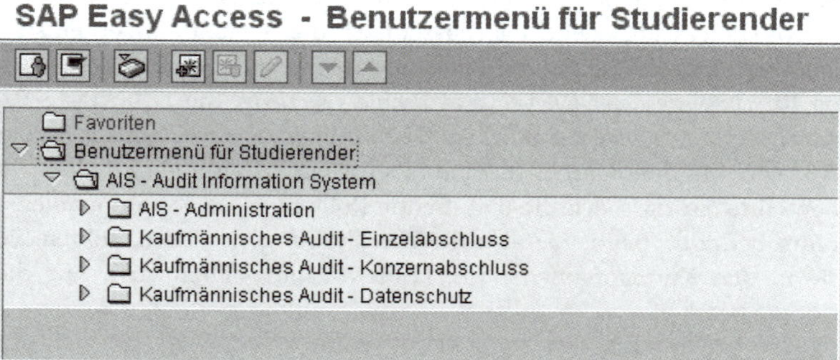

Abb. 9.31: Benutzermenü © SAP AG

9.3.5 Fehleranalyse

Trotz Berechtigungskonzept sowie Rollen und Profile, die mit Hilfe des Profilgenerators erstellt wurden, kann es immer wieder mal vorkommen, dass einem Benutzer nicht alle benötigten Berechtigungen zur Verfügung stehen. Damit die Berechtigungsentwickler in einem solchen Fall ohne großen Aufwand erkennen können, welche Berechtigung in welchem Berechtigungsobjekt fehlte, kann man eine Liste der fehlenden Berechtigungen abrufen. Dies muss unmittelbar nach dem Abbruch einer Transaktion wegen fehlender Berechtigungen erfolgen.

Nachdem Sie also eine Meldung erhalten, dass eine Transaktion aufgrund fehlender Berechtigungen nicht ausgeführt werden kann, starten Sie über die Menüfolge *System ➔Hilfsmittel ➔Anz.Berecht.prüfung* die Transaktion *SU53* (nicht im SAP-Menü enthalten) (vgl. Abb. 9.32). Voraussetzung ist dazu natürlich, dass Sie zumindest die Berechtigung für die Ausführung der Transaktion SU53 besitzen, was aber in den meisten Fällen zutreffen sollte.

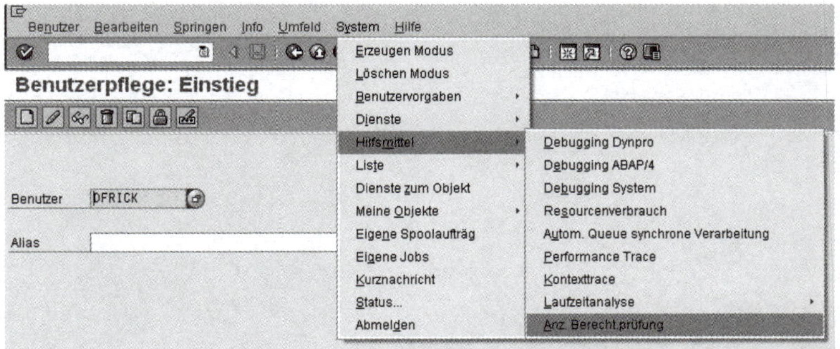

Abb. 9.32: Anzeige Berechtigungsprüfung © SAP AG

Sie erhalten dann das Ergebnis der vorhergegangenen und fehlgeschlagenen Berechtigungsprüfung. In der Abb. 9.33 ist das Ergebnis einer solchen fehlgeschlagenen Berechtigungsprüfung dargestellt. Dem Benutzer REWE-21 fehlten notwendige Berechtigungen zum Berechtigungsobjekt S_USER_GRP. Ihm fehlte die Berechtigung für die Aktivität *02* (Ändern) der Benutzergruppe *SUPER*. Welche Berechtigungen dem Benutzer zugeordnet wurden, wird nicht angezeigt, weil er dazu auch nicht über die notwendigen Berechtigungen verfügt. Diese Informationen könnte sich ein anderer Benutzer, z.B. ein Berechtigungsadministrator, der über die entsprechenden Berechtigungen verfügt, jedoch auch anzeigen lassen.

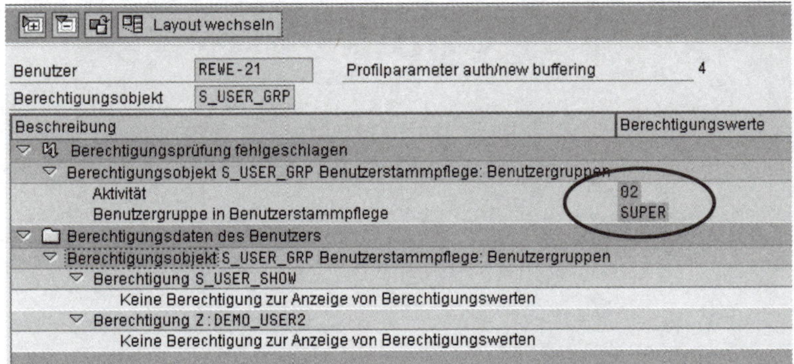

Abb. 9.33: Anzeige Berechtigungsdaten © SAP AG

Mit diesen Informationen lassen sich dann gezielt fehlende Berechtigungen in einzelnen Profilen oder Rollen ergänzen.

Literaturverzeichnis

Buxmann, P.; König, W. (1996): Organisationsgestaltung bei der Einführung betrieblicher Standardsoftware, in: Management & Computer, 4. Jg., 1996, S. 161-168

Gadatsch, A. (2005): Der Einsatz von ERP-Systemen, in: WISU, Das Wirtschaftsstudium, Heft 06, 2005, S. 796-800

Maucher, I. (2001): ERP-Einführung: Den komplexen Wandel bewältigen, in: Zeitschrift für industrielle Geschäftsprozessen, Heft 4, 2001, S. 23-26

Thome, R. (1998): Vom Customizing zur Adaption des Standardsoftwaresystems R/3, in: Schriften zur Unternehmensführung, Band 62, Wiesbaden 1998.

Stichwortverzeichnis

Über die Autoren

Prof. Dr. rer. oec. Detlev Frick

Professor für BWL, insb. Wirtschaftsinformatik
Hochschule Niederrhein
Niederrhein University of Applied Sciences
Fachbereich Wirtschaftswissenschaften
Webschulstraße 41 – 43
D-41065 Mönchengladbach

(Jahrgang 1956), Studium der Wirtschaftswissenschaften mit Schwerpunkt Wirtschaftsinformatik bei *Prof. Dr. Jörg Biethahn* an der *Universität Gesamthochschule Duisburg,* Abschluss als Diplom-Ökonom. Anschließend wiss. Mitarbeiter an der Ruhr-Universität Bochum am Lehrstuhl von *Prof. Dr. Roland Gabriel* und Promotion zum Dr. rer. oec. an der *Gerhard-Mercator-Universität Duisburg* (Gutachter: *Prof. Dr. Roland Gabriel* und *Prof. Dr. Bernd Rolfes).*

Tätigkeit als festangestellter und freiberuflicher SAP-Berater. Ab 1995 Projektleiter in der Softwareentwicklung (Individualsoftware). Beteiligung an Softwareprojekten in der Größenordnung von 10 bis 140 Mitarbeitern. Von 1999 bis 2001 verantwortlich für den Bereich Methoden und Standards der SAP-Systeme im zentralen Informationsmanagement des Konzerns Deutsche Telekom AG. Von 2001 bis 2004 Kompetenzmanager und Projektleiter der T-Systems Nova in der BU Essen und dort verantwortlich für den Themenbereich SAP. Durchführung von zahlreichen SAP-Projekten. Engagement beim Aufbau des Qualitätsmanagementsystems.

Lehraufträge an der FH Köln im Studiengang Betriebswirtschaftslehre (WS 2001/2002 – WS 2003/2004). Zum SS 2004 Berufung als Professor für Betriebswirtschaftslehre, insb. Wirtschaftsinformatik an die *HS Niederrhein.*

Die anwendungsbezogene Lehre und Forschung umfasst die Fachgebiete Standardanwendungssoftware (insb. SAP), Software Qualitätsmanagement, Projektmanagement, Informationsmanagement und Business Intelligence. Zahlreiche Beratungsprojekte, Vorträge, Seminare, Workshops und Publikationen zu den vorgenannten Fachgebieten.

Kontakt : Detlev.Frick@hs-niederrhein.de

Prof. Dr. rer. pol. Andreas Gadatsch

Professor für BWL, insb. Wirtschaftsinformatik
University of Applied Sciences (FH Bonn-Rhein-Sieg)
Grantham-Allee 20
D-53757 Sankt Augustin

(Jahrgang 1962), abgeschlossene Lehre zum Industriekaufmann, Erwerb der Fachhochschulreife, Studium der Betriebswirtschaftslehre mit Schwerpunkt Controlling und Rechnungswesen bei *Prof. Dr. Elmar Mayer* an der *FH Köln,* Abschluss als Diplom-Betriebswirt. Anschließend nebenberuflich Studium der Wirtschaftswissenschaften an der *FernUniversität Hagen,* Abschluss als Diplom-Kaufmann, Promotion als externer Doktorand zum Dr. rer. pol. am Lehrstuhl für Wirtschaftsinformatik bei *Prof. Dr. Hermann Gehring.*

Von 1986 bis 2000 in verschiedenen Unternehmen *(Jean Walterscheid GmbH, Lohmar; Uni Cardan Informatik GmbH, Rösrath; Klöckner Humboldt Deutz AG, Köln und Deutsche Telekom AG, Bonn)* als Berater, Projektleiter und IT-Manager tätig. Zahlreiche SAP-Projekte. Zuletzt tätig als Leiter SAP-Management und Leiter Arbeitsplatzsystem-Management und IT-Sicherheit im zentralen Informationsmanagement der Deutschen Telekom AG.

Zum WS 2000/2001 Berufung als Professor für Betriebswirtschaftslehre, insb. Organisation und Datenverarbeitung an die *FH Köln.* Zum SS 2002 Wechsel auf den Lehrstuhl für Betriebswirtschaftslehre, insb. Wirtschaftsinformatik am Fachbereich Wirtschaft der *FH Bonn-Rhein-Sieg* in Sankt Augustin. Lehraufträge an weiteren Hochschulen (seit WS 1996: FH Köln im Studiengang Betriebswirtschaftslehre, im SS 2001 und WS 2001/2002: Universität Siegen im Studiengang Wirtschaftsinformatik, ab WS 2004/2005 u. a.)

Die anwendungsbezogene Lehre und Forschung umfasst die Einsatzmöglichkeiten betriebswirtschaftlicher Standardanwendungssoftware (insb. SAP-Software), das Geschäftsprozess- und Workflow-Management und IT-Controlling.

Zahlreiche Beratungsprojekte, Vorträge, Seminare, Workshops und Konferenzleitungen für Unternehmen unterschiedlicher Branchen auf den vorgenannten Fachgebieten. Weit über 100 Publikationen, davon 12 Bücher.

Kontakt: Andreas.Gadatsch@fh-bonn-rhein-sieg.de

Prof. Dr. phil. Ute Schäffer-Külz

Fakultät für Informatik
SRH Hochschule Heidelberg
Ludwig-Guttmann-Straße 6
69123 Heidelberg

(Jahrgang 1967), Studium der Wirtschaftspsychologie und Betriebswirtschaftslehre mit Schwerpunkt Personalmanagement an der Universität Mannheim, Abschluss 1992 als Diplom-Psychologin.

Studienbegleitend Tätigkeit als freie Mitarbeiterin bei der *Personalberatung Dr. Vollmer & Partner Consulting*, Mannheim.

In den Jahren 1992 bis 2002 fest angestellte Mitarbeiterin der *SAP AG* in Walldorf. Das Aufgabengebiet umfasste zunächst die Entwicklung und Durchführung von Schulungen in den Bereichen Personalmanagement und SAP HR sowie die Koordination der weltweiten Entwicklung von Trainingsstrategien und -konzepten in diesem Gebiet. Zuletzt tätig in den Bereichen Beratung und Presales, als Spezialistin für SAP HR, Self-Services, Mitarbeiterportale und E-Learning.

Ab dem Jahr 2002 selbständige Tätigkeit als Beraterin und Managementtrainerin. Zu den Schwerpunkten gehören zum einen Beratungsprojekte im Umfeld der Einführung von SAP HR, Mitarbeiter- und Manager-Self-Services (ESS/MSS), Mitarbeiterportalen und E-Learning-Systemen. Zum anderen Durchführung von Seminaren im Bereich Personalführung, Konfliktmanagement, Kommunikation und Präsentation.

Promotion (2004) als externe Doktorandin zur Dr. phil. an der Christian-Albrechts-Universität zu Kiel am Lehrstuhl für Arbeits-, Betriebs- und Organisationspsychologie bei *Prof. Dr. Udo Konradt*.

Lehraufträge an verschiedenen Hochschulen (*SRH Hochschule Heidelberg, Hochschule Niederrhein, Fachhochschule Würzburg-Schweinfurt, Hochschule Karlsruhe* u.a.). Zum WS 2007/2008 Berufung als Professorin für Wirtschaftsinformatik an die *SRH Hochschule Heidelberg*.

Zahlreiche Publikationen, Vorträge, Seminare und Beratungsprojekte zu den vorgenannten Fachgebieten

Kontakt: ute.schaeffer-kuelz@gmx.de